图的匹配多项式及其应用

马海成 著

科学出版社
北京

内容简介

本书前三章主要介绍图的匹配多项式及其性质，包括匹配多项式的概念及性质、一些特殊图的匹配多项式、匹配多项式的根与系数等. 第 4—8 章介绍匹配多项式对图的刻画，包括匹配根对图的刻画、匹配多项式唯一确定的图、一些图的匹配等价图类、使两图匹配等价的若干充要条件以及某些图类的匹配等价图个数等. 第 9 章介绍匹配多项式的一些应用，包括一些置换的计数、图及补图的匹配能量和 Hosoya 指标的排序等.

本书可作为数学专业高年级本科生或研究生的教材，也可供从事图论工作的教学和科研人员参考.

图书在版编目(CIP)数据

图的匹配多项式及其应用/马海成著. —北京：科学出版社，2019.12
ISBN 978-7-03-063620-1

Ⅰ.①图… Ⅱ.①马… Ⅲ.①图论–研究 Ⅳ.①O157.5

中国版本图书馆 CIP 数据核字(2019) 第 273208 号

责任编辑：李静科　贾晓瑞／责任校对：杨聪敏
责任印制：吴兆东／封面设计：陈　敬

科学出版社 出版
北京东黄城根北街 16 号
邮政编码：100717
http://www.sciencep.com

北京虎彩文化传播有限公司 印刷
科学出版社发行　各地新华书店经销
＊

2019 年 12 月第　一　版　开本：720×1000　1/16
2019 年 12 月第一次印刷　印张：17
字数：334 000
定价：118.00 元
(如有印装质量问题，我社负责调换)

前　言

自 1736 年大数学家 L. Euler 发表有关图论的第一篇文章以来, 便产生了密切联系实际的图论学科, 近年来, 随着计算机科学的发展, 图论和组合数学学科有了长足的发展. 由于研究的手段和方法不同, 图论可分为代数图论、随机图论和拓扑图论. 本书属于代数图论, 主要是利用多项式、矩阵、群等代数工具来刻画图的组合结构, 同时研究各种组合结构的代数性质.

多项式是处理图的一个代数工具. 常见的有各种矩阵的特征多项式, 为组合计数而产生的色多项式、匹配多项式等. 匹配多项式是这个图上的匹配数的一种生成函数. 设 G 是一个 n 阶图. G 的一个匹配是指 G 的一个生成子图, 它的每个分支是孤立点或是孤立边. t-匹配是指其中有 t-条边的匹配. 文献 [1] 定义图 G 的匹配多项式为

$$\mu(G,x) = \sum_{k\geqslant 0}(-1)^k p(G,k) x^{n-2k}.$$

$p(G,k)$ 是 G 的所有 k-匹配的数目.

匹配多项式在数学、统计物理和化学中都有很重要的应用. 在统计物理上, 它是描述一种物理系统的数学模型. 物理学家 O. J. Heilmann 和 E. H. Lieb 为研究这种物理系统首先引进了图的匹配多项式中[1]. 在理论化学中, 匹配多项式根的绝对值的和称为该图的匹配能量, 它与这个图所表示的芳香烃的活性有关[2]. 它的所有系数的绝对值的和 (即所有匹配的总数) 就是这个图表示的碳氢化合物的 Hosoya 指标, 该指标与这个化合物的沸点有关[3].

匹配多项式是一种组合计数多项式, 与图的特征多项式、色多项式和其他多项式有许多联系. 对于无圈图, 它等于特征多项式; 对于一般图, 它是该图的路树的特征多项式的一个因式. 它有许多优美性质, 如它的根都是实数, 且关于坐标原点对称; 它的某种形式的积分可以计算满足某些不等式条件的置换的个数; 它的另一种形式的积分可以计算该图的匹配能量. 每一个图都有一个匹配多项式, 反之, 一个图的匹配多项式所确定的图不一定是唯一的, 即不同构的图可能共享一个匹配多项式. 如果一个图的匹配多项式唯一确定这个图, 则称这个图是匹配唯一的; 如果两个不同构的图拥有相等的匹配多项式, 则称这两个图是匹配等价的.

匹配多项式的概念自提出以来, 有许多学者对它进行过研究, 获得了大量的成果, 这些成果散见在国内外不同期刊上. 我们将收集到的这些成果整理汇集成册形成本书. 全书共 9 章. 第 1 章介绍了匹配多项式的概念及性质, 包括匹配多项式与

特征多项式之间的联系等; 第 2 章计算了一些图的匹配多项式; 第 3 章介绍了匹配多项式的根与系数的性质; 第 4 章研究了匹配多项式的根对图的刻画; 第 5 章证明了一些匹配唯一的图; 第 6 章刻画了一些图的匹配等价图类; 第 7 章证明了一些使两图匹配等价的充要条件, 也给出了构造匹配等价图的若干方法; 第 8 章给出了一些图类的匹配等价图个数的计数公式; 第 9 章介绍了匹配多项式的一些应用, 包括一些置换的计数、图及补图的匹配能量和 Hosoya 指标的排序等. 每一章还安排了一节说明, 以阐明该章内容的背景、最原始的出处以及后来的研究进展, 还提出一些值得进一步思考的问题.

感谢申世昌教授、赵宁副教授阅读了初稿并提出了许多宝贵修改意见. 感谢研究生刘小花、解承玲、李丹阳和高尚, 他们承担了大量的计算机录入和初稿的校对工作. 感谢国家自然科学基金项目 (11561056) 和青海省自然科学基金项目 (2016-ZJ-914) 对本书出版的资助.

限于作者水平, 书中难免存在疏漏和不足之处, 亟盼读者批评、指正.

马海成
2019 年 5 月于青海民族大学

目 录

前言
第 1 章 匹配多项式的概念及性质 ··· 1
  1.1 图的基本概念、术语和记号 ··· 1
  1.2 图的匹配多项式及相关概念 ··· 3
  1.3 递推公式 ·· 6
  1.4 积分公式 ·· 10
  1.5 图与它的补图的匹配多项式 ··· 14
  1.6 图的匹配多项式与特征多项式 ·· 17
  1.7 一些说明 ·· 21

第 2 章 一些特殊图的匹配多项式 ··· 22
  2.1 特殊图的匹配多项式 ··· 22
  2.2 圈链图的匹配多项式 ··· 26
  2.3 广义圈链的匹配多项式 ·· 31
  2.4 剖分图的匹配多项式 ··· 35
  2.5 图的运算和匹配多项式 ·· 39
    2.5.1 第一种图变换 ·· 39
    2.5.2 第二种图变换 ·· 41
    2.5.3 第三种图变换 ·· 42
    2.5.4 第四种图变换 ·· 44
  2.6 一些说明 ·· 45

第 3 章 匹配多项式的根与系数 ··· 46
  3.1 匹配多项式的根 ·· 46
  3.2 匹配多项式的系数 ·· 53
  3.3 一些图类的匹配最大根 ·· 56
  3.4 匹配多项式与特征多项式的性质类比 ································· 64
  3.5 匹配根的 Gallai 定理 ·· 65
  3.6 一些说明 ·· 74

第 4 章 匹配根对图的刻画 ·· 75
  4.1 匹配最大根对图的刻画 ·· 75
  4.2 匹配次大根小于 1 的图 ·· 78

 4.3 匹配次大根等于 1 的图 ································· 82
 4.4 至多有两个正匹配根的图 ······························ 90
 4.5 最多有五个不同匹配根的图 ···························· 93
 4.6 恰有 k 个正匹配根的树 ································ 96
 4.7 一些说明 ·· 99

第 5 章 匹配唯一的图 ·· 100
 5.1 匹配唯一的正则图 ···································· 100
 5.2 匹配唯一的几乎正则图 ································ 104
 5.3 梅花图的匹配唯一性 ·································· 110
 5.4 匹配唯一的 T-形树 ··································· 119
 5.5 带有较少匹配根的匹配唯一图 ························· 131
 5.6 一些说明 ··· 138

第 6 章 图的匹配等价图类 ······································ 139
 6.1 路及点圈并图的匹配等价图类 ························· 139
 6.2 I_n 的匹配等价图类 ··································· 144
 6.3 $K_1 \cup I_n$ 的匹配等价图类 ························· 150
 6.4 两种度序列图的匹配等价图类 ························· 153
 6.5 一些说明 ··· 159

第 7 章 图匹配等价的充要条件 ································· 160
 7.1 最大根小于 2 的图匹配等价的一个充要条件 ············ 160
 7.2 最大根不大于 2 的图匹配等价的一个充要条件 ·········· 164
 7.3 图的线性表示和匹配等价 ····························· 170
 7.4 构造匹配等价图的若干方法 ··························· 173
 7.5 一些说明 ··· 177

第 8 章 图的匹配等价图的个数 ································· 178
 8.1 路并图的匹配等价图的个数 ··························· 178
 8.2 I-形图并图的匹配等价图数 ··························· 181
 8.3 点圈并图的匹配等价图数 ····························· 186
 8.4 一些说明 ··· 192

第 9 章 匹配多项式的应用 ······································ 193
 9.1 满足某些不等式条件的置换的计数 ···················· 193
  9.1.1 满足一个线性不等式条件的置换的计数 ··········· 193
  9.1.2 满足两个线性不等式条件的置换的计数 ··········· 195
  9.1.3 满足一个二次不等式条件的置换的计数 ··········· 198
 9.2 匹配能量和 Hosoya 指标的计算公式 ··················· 201

9.3	树及单圈图中的匹配能量极值图	208
9.4	θ-图的匹配能量全排序	212
9.5	8-字图的匹配能量全排序	218
9.6	哑铃图的匹配能量局部排序	221
9.7	双圈图中的匹配能量极值图	228
9.8	广义 θ-图匹配能量排序	232
9.9	树、单圈及双圈图的补图的匹配能量	238
9.10	由路产生的一些图的补图的匹配能量	245
	9.10.1 路并补图的匹配能量	246
	9.10.2 k-叉树补图的匹配能量	246
	9.10.3 梅花图补图的匹配能量	248
	9.10.4 广义 θ-图补图的匹配能量	249
9.11	一些说明	250

参考文献 ... 252
附录 ... 258

第1章 匹配多项式的概念及性质

1.1 图的基本概念、术语和记号

在没有特别约定的前提下, 本书仅研究有限的简单图, 即没有重边、环和方向的有限图. 但在有些地方, 也涉及有向图、多重图或赋权图. 设 $G = (V(G), E(G))$ 是一个简单图, $V(G)$ 是它的顶点集, $E(G)$ 是它的边集, 其中 $E(G)$ 的每一个元素是 $V(G)$ 上的无序对, 称为一条边. 有限图是指 $V(G)$ 中的元素是有限个, 其中的元素个数叫图 G 的点数或阶. 一条边的端点被说是与这条边关联, 反之亦然. 与同一条边关联的两个点被说是邻接的. 有时我们用 $u \sim v$ 表示两个点 u 和 v 邻接. 设 G 和 H 是两个图, 如果存在一个一一映射 $f : V(G) \longrightarrow V(H)$, 使得图 G 的任意两点 u 和 v 在 G 中邻接当且仅当 $f(u)$ 和 $f(v)$ 在图 H 中邻接, 称图 G 和 H 同构, 记为 $G \cong H$. 两个同构的图有时称为相等, 简记为 $G = H$.

称图 H 是 G 的子图 (记为 $H \subseteq G$), 如果满足 $V(H) \subseteq V(G)$, $E(H) \subseteq E(G)$, 此时, G 称为 H 的母图. 当 $H \subseteq G$, 但 $H \neq G$ 时, 称 H 是 G 的真子图. 满足 $V(H) = V(G)$ 的 G 的子图 H 称为生成 (或支撑) 子图. $U \subseteq V(G)$, 以 U 为顶点集, 以两个端点均关联于 U 中的点的所有边构成边集的图 G 的子图叫由点子集 U 导出的点导出子图, 记为 $G[U]$. $F \subseteq E(G)$, 以 F 为边集, 以 F 中的所有边关联的点为点集的图 G 的子图叫由边子集 F 导出的边导出子图, 记为 $G[F]$.

设 G 是一个图, $u \in V(G)$, G 中和点 u 邻接的所有点构成的集合叫点 u 的邻域, 记为 $N_G(u)$. $N_G(u)$ 中的点数 $|N_G(u)|$ 叫顶点 u 的度数, 记为 $d_G(u)$. $d_G(u) = 1$ 的点 u 称为悬挂点. 和悬挂点邻接的点称为拟悬挂点. 以 $\delta(G)$ 和 $\Delta(G)$ 分别表示 G 的顶点的最小度数和最大度数. 若 $\delta(G) = \Delta(G) = r$, 称 G 是 r-正则图. 对任何一个图, 有下面的命题.

命题 1.1.1[4] $\sum_{v \in V(G)} d_G(v) = 2|E(G)|.$

设 G 是一个图, $u, v \in V(G)$, 从 u 开始, 到 v 结束的一个点边交错序列: $v_0 e_1 v_1 e_2 v_2 \cdots e_k v_k$ 称为从 u 到 v 的一条长为 k 的途径, 其中 $u = v_0, v = v_k$, 且边 $e_i (1 \leqslant i \leqslant k)$ 的端点是 v_{i-1} 和 v_i. 起点和终点相同的途径称为关于这一点的一条闭途径; 边互不相同的途径称为迹; 点互不相同的途径称为路; 两个端点相同的路称为圈. 称图 G 中的两个点 u 和 v 是连通的, 如果在 G 中存在 (u, v) 路. 连通关系是图上的顶点之间的一个等价关系, 这个等价关系将 $V(G)$ 进行分类: $V_1, V_2, \cdots, V_\omega$,

G 中的点相互连通当且仅当它们属于同一类. 子图 $G[V_i](1 \leqslant i \leqslant \omega)$ 称为 G 的一个连通分支. $\omega(G) = \omega$ 称为连通分支数. 若 $\omega(G) = 1$, 则称 G 是连通的. 若点 u 和 v 在 G 中连通, 则 u 和 v 之间的距离是 G 中最短的 (u, v) 路的长, 记为 $d_G(u, v)$.

设 G 是一个图, 如果 G 的顶点集 $V(G)$ 能分解成两两互不相交的 k 个子集 $V_1, V_2, \cdots, V_k$, 使得属于同一子集 $V_i(1 \leqslant i \leqslant k)$ 中的任何两点均不邻接, 即 $G[V_i]$ 是一个空图, 称图 G 是一个 k 部图. 属于不同部中任何两点均邻接的 k 部图称为完全 k 部图. 二部图也称为二分图 (或偶图). 对偶图有下面的命题.

命题 1.1.2[4]   一个图是二分图当且仅当它不包含奇圈.

不包含圈的图称为无圈图, 连通的无圈图称为树. 对树有下面的命题.

命题 1.1.3[4]   设 T 是一棵树, 则 $|E(T)| = |V(T)| - 1$.

经过图 G 的每一条边的迹称为 G 的 Euler 迹. 起点和终点重合的 Euler 迹称为 Euler 闭迹. 包含 Euler 闭迹的图称为 Euler 图. 1736 年, 大数学家 Euler 以哥尼斯堡城的七桥问题 (在一次穿过城镇的散步中, 要通过哥尼斯堡城的七座桥, 要求每座桥通过一次且仅通过一次的路径存不存在?) 为例, 首先研究了一个图中这种 Euler 迹的存在性. 这也是图论最早的著名论文. 文中证明了下面的著名结论.

命题 1.1.4[4]   一个非空的连通图是 Euler 图当且仅当它没有奇数度的点.

包含 G 的每个点的路称为 G 的 Hamilton 路. 类似地, G 的 Hamilton 圈是指包含 G 的每个顶点的圈. 一个图若包含 Hamilton 圈, 则称这个图为 Hamilton 图. 1856 年大数学家 Hamilton 在给他的朋友 Graves 的一封信中描述了关于十二面体的一个数学游戏: 一个人在十二面体的任意五个相继的顶点上插上五个大头针, 形成一条路, 要求另一个人扩展这条路以形成一个生成子圈. 正因为数学家 Hamilton 首先研究了这样的问题, 故用他的名字命名这类图. 与 Euler 图的情形相反, 直到目前为止 Hamilton 图的非平凡的充分必要条件尚不知道.

通常, K_n, C_n, P_n 分别表示有 n 个点的完全图、完全圈、完全路. 有 n 个点、n 条边的连通图 G 称为单圈图, 也就是说 G 只包含一个圈. 如果单圈图中所包含的单圈的长为奇数, 则称该图为奇单圈图, 否则, 称为偶单圈图. 有 n 个点、$n+1$ 条边的连通图称为双圈图. 有 n 个点、$n+2$ 条边的连通图称为三圈图. 图 G 的围长是指 G 中最短圈的长. G 的一个完全子图称为图 G 的一个团. 图 $K_{m,n}$ 指两个部的顶点数分别为 m, n 的完全二分图, 形如 $K_{1,n}$ 的图称为 n-爪图或星图. 更一般地, $K_{n_1, n_2, \cdots, n_k}$ 表示完全 k 部图, 每个部的点的个数分别是 $n_1, n_2, \cdots, n_k$.

设 G 和 H 是两个顶点不相交的图, 以 $G \cup H$ 表示这两个图的并图, 它的顶点集是 $V(G) \cup V(H)$, 边集是 $E(G) \cup E(H)$. 以 mG 表示 m 个图 G 的不交的并. 以 $G \vee H$ 表示 G 和 H 的联图, 它是在图 $G \cup H$ 中把 G 的每个点和 H 的每个点均连接得到的图. 特别地, $K_1 \vee H$ 称为 H 上的锥体. 以 $\overline{G}$(或 G^c) 表示 G 的补图, 它与 G 有一样的顶点集, 两个点在 $\overline{G}$ 中邻接当且仅当它们在 G 中不邻接. 如果 e 是

图 G 的一条边，以 $G\setminus e$(或 $G-e$) 表示从图 G 中删除边 e 后得到的图. 一般地，如果 E 是图 G 的一个边子集，以 $G\setminus E$ 表示从图 G 中删去 E 中的所有边后得到的图. 如果 $v\in V(G)$，以 $G\setminus v$ 表示删去点 v 及与之相关联的边后得到的图. 若 $U\subseteq V(G)$，以 $G\setminus U$ 表示删去 U 中的点及与 U 中的每个点相关联的所有边后得到的图.

图 G 的自同构是点集 $V(G)$ 的保持邻接关系的一个置换 π：即 $u\sim v$ 当且仅当 $\pi(u)\sim\pi(v)$. 显然，图 G 的所有自同构构成一个群，称为 G 的自同构群. 若对于图 G 中的任意两个点 u,v，都存在 G 的一个自同构映射 π，使得 $\pi(u)=v$，则称图 G 是点可传递的.

书中没有提及的其他概念、术语和记号均参见 [4].

1.2 图的匹配多项式及相关概念

设 G 是一个 n 阶图. G 的一个匹配是指 G 的一个生成子图，它的每个分支或是孤立点或是孤立边. t-匹配是指其中有 t 条边的匹配. 文献 [5] 定义图 G 的匹配多项式为

$$M(G,W)=\sum_{k\geqslant 0}p(G,k)x^{n-2k}y^k, \qquad (1.2.1)$$

这里 $W=(x,y)$，x 和 y 分别是点和边的权重，$p(G,k)$ 是 G 的所有 k-匹配的数目.

假如令 $y=-1$，我们便得到文献 [6] 中定义的匹配多项式

$$\mu(G,x)=\sum_{k\geqslant 0}(-1)^k p(G,k)x^{n-2k}. \qquad (1.2.2)$$

多项式 (1.2.1) 是由 E. J. Farrell 在文献 [5] 中引进的，多项式 (1.2.2) 是由 C. D. Godsil 和 I. Gutman 在文献 [6] 中引进的. 明显地，这两个多项式相互确定. 有许多作者如 E. J. Farrell, J. M. Guo, Z. Y. Guo, G. Y. Li 等使用多项式 (1.2.1) 研究图的性质. 由于 (1.2.1) 是二元多项式，而 (1.2.2) 是一元多项式，它比 (1.2.1) 有更明显的代数性质，在本书中，我们说的匹配多项式指的是多项式 (1.2.2).

匹配多项式在数学、统计物理和化学中都有很重要的应用. 在统计物理上，它是描述一种物理系统的数学模型. 物理学家 O. J. Heilmann 和 E. H. Lieb 在文献 [1] 中为研究这种物理系统首先引进了图的匹配多项式. 设 G 是有 n 个点的图，$M_1,M_2,\cdots,M_n$ 是多项式 $\mu(G,x)$ 的 n 个根，在第 3 章中我们将证明这些 $M_i(i=1,2,\cdots,n)$ 都是实数，定义它们的绝对值的和为这个图的匹配能量，记为 $ME(G)$，即

$$ME(G)=\sum_{i=1}^{n}|M_i|,$$

它与这个图所表示的芳香烃的活性有关 (见 [2]).

多项式 $\mu(G,x)$ 的所有系数的绝对值的和 (即所有匹配的总数) 称为这个图的 Hosoya 指标, 记为 $Z(G)$, 即

$$Z(G) = \sum_{k \geqslant 0} p(G,k),$$

它与这个图所表示的碳氢化合物的沸点有关 (见 [3]).

每一个图存在唯一的匹配多项式, 反之, 不同构的图可能拥有相同的匹配多项式. 例如, 图 1.1 中的两个图的匹配多项式都是 $x^4 - 3x^2$. 图 1.2 中的两个图的匹配多项式都是 $x^5 - 5x^3 + 4x$. 如果两个图 G 和 H 的匹配多项式相等, 称这两个图是匹配等价的, 记为 $G \sim H$. 如果与图 G 匹配等价的任何图 H 均同构于 G, 称图 G 是匹配唯一的.

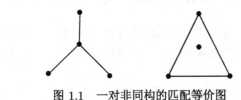

图 1.1　一对非同构的匹配等价图

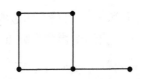

图 1.2　一对非同构的连通匹配等价图

从上面的例子可以看出图的匹配多项式不能确定一个图是否连通、是否是树、是否是二分图以及它们的围长是多少, 等等.

例 1.2.1　求完全图 K_n 的匹配多项式.

解　明显地, $p(K_n, r) = \binom{n}{2r} p(K_{2r}, r)$, 而 $p(K_{2r}, r) = (2r-1) p(K_{2r-2}, r-1)$.

对 r 使用归纳法易求得 $p(K_{2r}, r) = (2r-1) \times (2r-3) \times \cdots \times 3 \times 1 = \dfrac{(2r)!}{2^r r!}$, 故

$$p(K_n, r) = \frac{n!}{r!(n-2r)! 2^r},$$

于是

$$\mu(K_n, x) = \sum_{r \geqslant 0} (-1)^r \frac{n!}{r!(n-2r)! 2^r} x^{n-2r}.$$

1.2 图的匹配多项式及相关概念

例 1.2.2 求完全二分图 $K_{n,n}$ 的匹配多项式.

解 明显地, $p(K_{n,n}, r) = \binom{n}{r}^2 r!$, 于是

$$\mu(K_{n,n}, x) = \sum_{r \geqslant 0} (-1)^r \binom{n}{r}^2 r! x^{2n-2r}.$$

设 G 是 $K_{n,n}$ 的一个生成子图, 我们定义它的车多项式为

$$\rho(G, x) = \sum_{r=0}^{n} (-1)^r p(G, r) x^{n-r}.$$

明显地,

$$\rho(G, x^2) = \mu(G, x).$$

设 G 是 $K_{n,n+a}$ 的一个生成子图, 我们也定义它的车多项式为

$$\rho(G, x) = \sum_{r=0}^{n} (-1)^r p(G, r) x^{n-r}.$$

此时有

$$x^a \rho(G, x^2) = \mu(G, x).$$

饱和了所有顶点的匹配叫完美匹配. 设 G 是有 n 个点的图, 它可以看成 K_n 的一个生成子图, 以 $h(G, r)$ 表示恰有 r 条边在 G 中的 K_n 的完美匹配的个数, 我们定义 G 的打击多项式为

$$\alpha(G, x) = \sum_{r \geqslant 0} h(G, r) x^r.$$

明显地,

$$\alpha(\overline{G}, x) = x^{\frac{n}{2}} \alpha(G, x^{-1}).$$

设 G 是 $K_{n,n}$ 的一个生成子图, 以 $h(G, r)$ 表示恰有 r 条边在 G 中的 $K_{n,n}$ 的完美匹配的个数, 我们也定义 G 的打击多项式为

$$\beta(G, x) = \sum_{r \geqslant 0} h(G, r) x^r.$$

以 $\widetilde{G}$ 表示 G 在 $K_{n,n}$ 中的补图, 叫图 G 的完全二分补图. 明显地,

$$\beta(\widetilde{G}, x) = x^n \beta(G, x^{-1}).$$

我们可以将匹配多项式和车多项式的概念推广到赋权图上. 设 G 是有 n 个点的一个图, 对 G 的每条边 e 指派一个实函数 $f(e)$, 称图 G 是带有权 f 的赋权图. 将 G 看成 K_n 的一个生成子图, 把不是 G 的 K_n 的所有边指派函数值为 0, 则得到带权

$$F(e) = \begin{cases} f(e), & e \in E(G), \\ 0, & \text{其他} \end{cases}$$

的完全图 K_n, 且定义 $\overline{G}$ 的权为 $\overline{f}(e) = 1 - F(e)$, $\forall e \in E(K_n)$. 设 G 是一个带有权 f 的一个赋权图, 以 $G \setminus e$ 表示将边 e 的权变为 0 以后得到的赋权图. $S \subseteq V(G)$, 以 $G \setminus S$ 表示赋权图 G 在 $G \setminus S$ 上的限制. 定义图 G 的一个匹配的权是这个匹配上所有边的权的乘积, 以 $p(G,k)$ 表示 G 的所有 k-匹配的权的和. 定义赋权图 G 的匹配多项式为

$$\mu(G,x) = \sum_{k \geqslant 0} (-1)^k p(G,k) x^{n-2k}. \tag{1.2.3}$$

设 G 是 $K_{n,n}$ 的一个生成子图, 对 G 的每条边 e 指派一个实函数 $f(e)$, 称图 G 是赋权 f 的完全二分图. 把不是 G 的 $K_{n,n}$ 的所有边指派函数值为 0, 则我们得到带权

$$F(e) = \begin{cases} f(e), & e \in E(G), \\ 0, & \text{其他} \end{cases}$$

的完全二分图 $K_{n,n}$, 且定义 $\widetilde{G}$ 的权为 $\widetilde{f}(e) = 1 - F(e)$, $\forall e \in E(K_{n,n})$. 类似地, 定义赋权图 G 的车多项式为

$$\rho(G,x) = \sum_{k \geqslant 0} (-1)^k p(G,k) x^{n-k}. \tag{1.2.4}$$

1.3 递推公式

定理 1.3.1 设 G 是一个图, $u \in V(G)$, $e = uv \in E(G)$, 则它的匹配多项式满足

(a) $\mu(G \cup H, x) = \mu(G, x)\mu(H, x)$;

(b) $\mu(G, x) = \mu(G \setminus e, x) - \mu(G \setminus \{u, v\}, x)$;

(c) $\mu(G, x) = x\mu(G \setminus u, x) - \sum\limits_{i \sim u} \mu(G \setminus \{u, i\}, x)$;

(d) $\dfrac{d}{dx}\mu(G, x) = \sum\limits_{i \in V(G)} \mu(G \setminus i, x)$.

证明 (a) 图 $G \cup H$ 的每一个 r-匹配都可以分解成 G 的一个 s-匹配和 H 的一个 $(r-s)$-匹配, $0 \leqslant s \leqslant r$, 反之亦然. 于是

1.3 递推公式

$$p(G\cup H,r)=\sum_{s=0}^{r}p(G,s)p(H,r-s).$$

多项式 $\mu(G,x)\mu(H,x)$ 中 x^{n-2r} 的系数也等于

$$\sum_{s=0}^{r}(-1)^{s}p(G,s)(-1)^{r-s}p(H,r-s).$$

故 (a) 成立.

(b) 图 G 的每一个 r-匹配按它是否包含边 e 分为两类. 包含边 e 的 r-匹配数等于图 $G\setminus\{u,v\}$ 的 $(r-1)$-匹配数, 不包含边 e 的 r-匹配数等于图 $G\setminus e$ 的 r-匹配数, 即

$$p(G,r)=p(G\setminus e,r)+p(G\setminus\{u,v\},r-1).$$

于是

$$\begin{aligned}\mu(G,x)&=\sum_{r\geqslant 0}(-1)^{r}p(G\setminus e,r)x^{n-2r}+\sum_{r\geqslant 1}(-1)^{r}p(G\setminus\{u,v\},r-1)x^{n-2r}\\&=\sum_{r\geqslant 0}(-1)^{r}p(G\setminus e,r)x^{n-2r}\\&\quad+(-1)\sum_{r-1\geqslant 0}(-1)^{r-1}p(G\setminus\{u,v\},r-1)x^{n-2-2(r-1)}\\&=\mu(G\setminus e,x)-\mu(G\setminus\{u,v\},x).\end{aligned}$$

(c) 图 G 的每一个 r-匹配按它是否饱和点 u 分为两类. 饱和了点 u 的 r-匹配数等于图 $\sum_{i\sim u}p(G\setminus\{u,i\},r-1)$, 这里的 $\sum$ 跑遍点 u 的所有邻点 i. 未饱和点 u 的 r-匹配数等于图 $p(G\setminus u,r)$, 即

$$p(G,r)=p(G\setminus u,r)+\sum_{i\sim u}p(G\setminus\{u,i\},r-1).$$

于是

$$\begin{aligned}\mu(G,x)&=\sum_{r\geqslant 0}(-1)^{r}p(G\setminus u,r)x^{n-2r}+\sum_{r\geqslant 1}(-1)^{r}\sum_{i\sim u}p(G\setminus\{u,i\},r-1)x^{n-2r}\\&=x\sum_{r\geqslant 0}(-1)^{r}p(G\setminus u,r)x^{n-1-2r}\\&\quad+(-1)\sum_{i\sim u}\sum_{r-1\geqslant 0}(-1)^{r-1}p(G\setminus\{u,i\},r-1)x^{n-2-2(r-1)}\\&=x\mu(G\setminus u,x)-\sum_{i\sim u}\mu(G\setminus\{u,i\},x).\end{aligned}$$

(d) 多项式 $\frac{d}{dx}\mu(G,x)$ 的 x^{n-2r-1} 项的系数为 $(-1)^r p(G,r)(n-2r)$, 其绝对值等于图 G 上的一种有序对的个数, 这种有序对的第一个成员是图 G 上的一个 r-匹配, 第二个成员是没有被这个 r-匹配饱和的一个点. 假如我们先选择点, 然后再选 r-匹配, 则这种有序对的个数等于 $\sum_{i\in V(G)} p(G\setminus i, r)$. 于是

$$\begin{aligned}\frac{d}{dx}\mu(G,x) &= \sum_{r\geqslant 0}(-1)^r p(G,r)(n-2r)x^{n-2r-1}\\ &= \sum_{r\geqslant 0}(-1)^r \sum_{i\in V(G)} p(G\setminus i, r)x^{n-2r-1}\\ &= \sum_{i\in V(G)}\sum_{r\geqslant 0}(-1)^r p(G\setminus i, r)x^{n-2r-1}\\ &= \sum_{i\in V(G)}\mu(G\setminus i, x). \end{aligned}$$
□

由匹配多项式和车多项式的关系以及定理 1.3.1, 我们容易证明下面的推论.

推论 1.3.1 设 G 是 $K_{m,m+a}$ 的一个生成子图, H 是 $K_{n,n+b}$ 的一个生成子图, 把 $G\cup H$ 看成 $K_{m+n,m+n+a+b}$ 的一个生成子图, $e=uv\in E(G)$, 则它的车多项式满足

(a) $\rho(G\cup H, x) = \rho(G,x)\rho(H,x)$;

(b) $\rho(G,x) = \rho(G\setminus e, x) - \rho(G\setminus uv, x)$.

定理 1.3.2 设 G 是一个图, $v\in V(G)$, $d(v)=d$, $N(v)=\{\omega_1,\omega_2,\cdots,\omega_d\}$, 再设边 $e_i=v\omega_i(i=1,2,\cdots,d)$, 则

$$\mu(G,x) = \mu(G\setminus\{e_1,e_2,\cdots,e_t\}, x) + \mu(G\setminus\{e_{t+1},\cdots,e_d\}) - \mu(G\setminus\{e_1,e_2,\cdots,e_d\}, x).$$

证明 由定理 1.3.1(c) 知道

$$\mu(G\setminus\{e_1,e_2,\cdots,e_t\}, x) = x\mu(G\setminus u, x) - \sum_{i=t+1}^{d}\mu(G\setminus\{u,\omega_i\}, x),$$

$$\mu(G\setminus\{e_{t+1},e_2,\cdots,e_d\}, x) = x\mu(G\setminus u, x) - \sum_{i=1}^{t}\mu(G\setminus\{u,\omega_i\}, x),$$

$$\mu(G\setminus\{e_1,e_2,\cdots,e_d\}, x) = x\mu(G\setminus u, x),$$

则由定理 1.3.1(c) 知, 结论成立. □

定理 1.3.3 设 G 是带有权 f 的一个赋权图, $u\in V(G)$, $e=uv\in E(G)$, 则它的匹配多项式满足

(a) $\mu(G \cup H, x) = \mu(G, x)\mu(H, x)$;
(b) $\mu(G, x) = \mu(G \setminus e, x) - f(e)\mu(G \setminus \{u, v\}, x)$;
(c) $\mu(G, x) = x\mu(G \setminus u, x) - \sum_{i \sim u} f(ui)\mu(G \setminus \{u, i\}, x)$;
(d) $\dfrac{d}{dx}\mu(G, x) = \sum_{i \in V(G)} \mu(G \setminus i, x)$.

证明 仅证明 (b), 其余与定理 1.3.1 类似.

(b) 图 G 的每一个 r-匹配按它是否包含边 e 分为两类. 包含边 e 的 r-匹配在 $p(G, r)$ 中的贡献等于 $f(e)p(G \setminus \{u, v\}, r-1)$, 不包含边 e 的 r-匹配在 $p(G, r)$ 中的贡献等于 $p(G \setminus e, r)$, 即

$$p(G, r) = p(G \setminus e, r) + f(e)p(G \setminus \{u, v\}, r-1).$$

于是

$$\begin{aligned}
\mu(G, x) &= \sum_{r \geqslant 0}(-1)^r p(G \setminus e, r)x^{n-2r} + \sum_{r \geqslant 1}(-1)^r f(e)p(G \setminus \{u, v\}, r-1)x^{n-2r} \\
&= \sum_{r \geqslant 0}(-1)^r p(G \setminus e, r)x^{n-2r} \\
&\quad + (-1)f(e)\sum_{r-1 \geqslant 0}(-1)^{r-1}p(G \setminus \{u, v\}, r-1)x^{n-2-2(r-1)} \\
&= \mu(G \setminus e, x) - f(e)\mu(G \setminus \{u, v\}, x).
\end{aligned}$$
□

推论 1.3.2 设 G 是带有权 f 的 $K_{m,m}$ 的一个生成子图, H 是带有权 g 的 $K_{n,n}$ 的一个生成子图, $e = uv \in E(G)$, 则它的车多项式满足

(a) $\rho(G \cup H, x) = \rho(G, x)\rho(H, x)$;
(b) $\rho(G, x) = \rho(G \setminus e, x) - f(e)\rho(G \setminus \{u, v\}, x)$.

设 G 和 H 是两个图, $u \in V(G)$, $v \in V(H)$, 以 $G_{uv}H$ 表示 G 中的点 u 与 H 中的点 v 黏结后得到的图.

定理 1.3.4 $\mu(G_{uv}H, x) = \mu(G, x)\mu(H \setminus v, x) + \mu(G \setminus u, x)\mu(H, x) - x\mu(G \setminus u, x)\mu(H \setminus v, x)$.

证明 对图 $G_{uv}H$ 的黏结点使用定理 1.3.1(c) 得证. □

设 F 是有 f 个点的图, G 是有一个根为 v 的图, 且记 $H = G \setminus v$. 以 $F : G$ 表示一个图 F 和 f 个图 G 按如下方法获得的图, 它是将 F 中的第 i 个点与第 i 个图 G 上的点 v 黏结后得到的图.

定理 1.3.5
$$\mu(F : G, x) = \mu(H, x)^f \mu\left(F, \dfrac{\mu(G, x)}{\mu(H, x)}\right).$$

证明 对 f 用数学归纳法. 当 $f = 1$ 时, 结论显然.

将图 F 中的第 f 个点记为 ω_f, 黏结以后, $F:G$ 中这个点仍记为 ω_f, 并使用定理 1.3.1 知

$$\mu(F:G,x) = x\mu((F:G)\backslash\omega_f,x) - \mu(H,x)^2 \sum_{\substack{u\sim\omega_f \\ u\in V(F)}} \mu(F\backslash\{u,\omega_f\}:G,x)$$

$$- \mu((F\backslash\omega_f):G,x) \sum_{\substack{u\sim v \\ u\in V(G)}} \mu(G\backslash\{u,v\},x)$$

$$= x\mu((F\backslash\omega_f):G,x)\mu(G\backslash v,x) - \mu(H,x)^2 \sum_{\substack{u\sim\omega_f \\ u\in V(F)}} \mu(F\backslash\{u,\omega_f\}:G,x)$$

$$- \mu((F\backslash\omega_f):G,x) \sum_{\substack{u\sim v \\ u\in G}} \mu(G\backslash\{u,v\},x)$$

$$= \mu((F\backslash\omega_f):G,x)\mu(G,x) - \mu(H,x)^2 \sum_{\substack{u\sim\omega_f \\ u\in V(F)}} \mu(F\backslash\{u,\omega_f\}:G,x)$$

$$= \mu(H,x)^{f-1}\mu\left(F\backslash\omega_f, \frac{\mu(G,x)}{\mu(H,x)}\right)\mu(G,x)$$

$$- \mu(H,x)^2 \sum_{\substack{u\sim\omega_f \\ u\in V(F)}} \mu(H,x)^{f-2}\mu\left(F\backslash\{u,\omega_f\}, \frac{\mu(G,x)}{\mu(H,x)}\right)$$

$$= \mu(H,x)^f \left[\frac{\mu(G,x)}{\mu(H,x)}\mu\left(F\backslash\omega_f, \frac{\mu(G,x)}{\mu(H,x)}\right) - \sum_{\substack{u\sim\omega_f \\ u\in V(F)}} \mu\left(F\backslash\{u,\omega_f\}, \frac{\mu(G,x)}{\mu(H,x)}\right)\right]$$

$$= \mu(H,x)^f \mu\left(F, \frac{\mu(G,x)}{\mu(H,x)}\right). \qquad \Box$$

特别地, 设 $G=K_{1,m}$, 规定它的根是它的中心点 v, 则

$$\mu(F:G,x) = x^{mf}\mu\left(F, x - \frac{m}{x}\right).$$

1.4 积分公式

饱和了图的每一个点的匹配叫这个图的一个完美匹配, 图 G 的完美匹配的个数记为 $pm(G)$. 由例 1.2.1 知道

$$pm(K_n) = \begin{cases} \dfrac{(2m)!}{2^m m!}, & n=2m \text{ 为偶数}, \\ 0, & n \text{ 为奇数}. \end{cases}$$

引理 1.4.1 对任何正整数 n, 有

$$pm(K_n) = \frac{1}{\sqrt{2\pi}} \int_{-\infty}^{\infty} e^{-x^2/2} x^n dx. \qquad (1.4.1)$$

1.4 积分公式

证明 记 $M(n) := \frac{1}{\sqrt{2\pi}} \int_{-\infty}^{\infty} e^{-x^2/2} x^n dx$. 明显地, $M(1) = 0, M(0) = 1$.
由分部积分方法我们知道

$$M(n) = -\frac{1}{\sqrt{2\pi}} \left[x^{n-1} e^{-x^2/2} \right]_{-\infty}^{\infty} + \frac{1}{\sqrt{2\pi}} \int_{-\infty}^{\infty} (n-1) x^{n-2} e^{-x^2/2} dx$$

$$= \frac{1}{\sqrt{2\pi}} \int_{-\infty}^{\infty} (n-1) x^{n-2} e^{-x^2/2} dx = (n-1) M(n-2),$$

于是按上式很容易算出

$$M(n) = \begin{cases} \dfrac{(2m)!}{2^m m!}, & n = 2m \text{ 为偶数}, \\ 0, & n \text{ 为奇数}. \end{cases}$$

故 $M(n) = pm(K_n)$. □

定理 1.4.1 对任何图 G, 有

$$pm(\overline{G}) = \frac{1}{\sqrt{2\pi}} \int_{-\infty}^{\infty} e^{-x^2/2} \mu(G, x) dx. \tag{1.4.2}$$

证明 当图 G 没有边时, 由引理 1.4.1 知定理成立. 当图 G 至少有一条边且假定定理对边数少于 G 的任何子图成立时, 设 $e = uv \in E(G)$, 记 $I(G) := \frac{1}{\sqrt{2\pi}} \int_{-\infty}^{\infty} e^{-x^2/2} \mu(G, x) dx$. 由定理 1.3.1(b) 知道

$$I(G) = I(G \setminus e) - I(G \setminus \{u, v\}).$$

另一方面, $\overline{G \setminus e}$ 中的完美匹配按是否包含边 e 分为两类, 包含边 e 的每个完美匹配一一对应于 $\overline{G \setminus \{u, v\}}$ 的完美匹配; 不包含边 e 的完美匹配就是 $\overline{G}$ 的完美匹配. 于是

$$pm(\overline{G}) = pm(\overline{G \setminus e}) - pm(\overline{G \setminus \{u, v\}}).$$

由归纳假定 $pm(\overline{G \setminus e}) = I(G \setminus e), pm(\overline{G \setminus \{u, v\}}) = I(G \setminus \{u, v\})$. 则

$$pm(\overline{G}) = I(G) = \frac{1}{\sqrt{2\pi}} \int_{-\infty}^{\infty} e^{-x^2/2} \mu(G, x) dx. \qquad \square$$

设 G 是完全二分图 $K_{m,n}$ 的一个生成子图, 以 $\widetilde{G}$ 表示 G 在 $K_{m,n}$ 中的补图, 叫 G 的完全二分补图. 由例 1.2.2 知道, $pm(K_{n,n}) = n!$. 于是下面的引理是明显的.

引理 1.4.2 对任何正整数 n, 有

$$pm(K_{n,n}) = \int_0^{\infty} x^n e^{-x} dx. \tag{1.4.3}$$

定理 1.4.2 设 G 是 $K_{n,n}$ 的一个生成子图, 则

$$pm(\widetilde{G}) = \int_0^\infty \rho(G,x)e^{-x}dx. \qquad (1.4.4)$$

证明 当图 G 没有边时, 由引理 1.4.2 知定理成立. 当图 G 至少有一条边且假定定理对边数少于 G 的任何子图成立时, 设 $e = uv \in E(G)$, 记 $J(G) := \int_0^\infty \rho(G,x)e^{-x}dx$. 由推论 1.3.1(b) 知道

$$J(G) = J(G \setminus e) - J(G \setminus \{u,v\}).$$

另一方面, $\widetilde{G \setminus e}$ 中的完美匹配按是否包含边 e 分为两类, 包含边 e 的每个完美匹配一一对应于 $\widetilde{G} \setminus \{u,v\}$ 的完美匹配; 不包含边 e 的完美匹配就是 $\widetilde{G}$ 的完美匹配. 于是

$$pm(\widetilde{G}) = pm(\widetilde{G \setminus e}) - pm(\widetilde{G} \setminus \{u,v\}).$$

由归纳假定 $pm(\widetilde{G \setminus e}) = J(G \setminus e), pm(\widetilde{G} \setminus \{u,v\}) = J(G \setminus \{u,v\})$. 则

$$pm(\widetilde{G}) = J(G) = \int_0^\infty \rho(G,x)e^{-x}dx. \qquad \square$$

定理 1.4.3 设 G 时 $K_{n,n+a}$ 的一个生成子图, 则 $\widetilde{G}$ 的 n-匹配数等于

$$p(\widetilde{G},n) = \frac{1}{a!}\int_0^\infty \rho(G,x)x^a e^{-x}dx. \qquad (1.4.5)$$

证明 当图 G 没有边时, $\rho(G,x) = x^n$, $p(\widetilde{G},n) = p(K_{n,n+a},n) = \dfrac{(n+a)!}{a!}$, 容易验证定理成立. 当图 G 至少有一条边且假定定理对边数少于 G 的任何子图成立时, 设 $e = uv \in E(G)$, 记 $L(G) := \dfrac{1}{a!}\int_0^\infty \rho(G,x)x^a e^{-x}dx$. 由推论 1.3.1(b) 知道

$$L(G) = L(G \setminus e) - L(G \setminus \{u,v\}).$$

另一方面, $\widetilde{G \setminus e}$ 中的 n-匹配按是否包含边 e 分为两类. 包含边 e 的每个 n-匹配一一对应于 $\widetilde{G} \setminus \{u,v\}$ 的 $(n-1)$-匹配; 不包含边 e 的 n-匹配就是 $\widetilde{G}$ 的 n-匹配. 于是

$$p(\widetilde{G},n) = p(\widetilde{G \setminus e},n) - p(\widetilde{G} \setminus \{u,v\}, n-1).$$

由归纳假定 $p(\widetilde{G \setminus e},n) = L(G \setminus e), p(\widetilde{G} \setminus \{u,v\}, n-1) = L(G \setminus \{u,v\})$. 则

$$p(\widetilde{G},n) = L(G) = \frac{1}{a!}\int_0^\infty \rho(G,x)x^a e^{-x}dx. \qquad \square$$

1.4 积分公式

设 G 是一个赋权图, 一个匹配的权是这个匹配上所有边的权的乘积, 以 $pm(G)$ 表示 G 的所有完美匹配的权的和.

定理 1.4.4 设 G 是带有权 f 的一个赋权图, 则

$$pm(\overline{G}) = \frac{1}{\sqrt{2\pi}} \int_{-\infty}^{\infty} e^{-x^2/2} \mu(G, x) dx. \tag{1.4.6}$$

证明 当图 G 没有边时, $\overline{G} = K_n$, $\mu(G, x) = x^n$, 此时结论与非赋权图一致, 由引理 1.4.1 知定理成立. 当图 G 至少有一条边且假定定理对边数少于 G 的任何子图成立时, 设 $e = uv \in E(G)$, 记 $I(G) := \frac{1}{\sqrt{2\pi}} \int_{-\infty}^{\infty} e^{-x^2/2} \mu(G, x) dx$. 由定理 1.3.3(b) 知道

$$I(G) = I(G \setminus e) - f(e) I(G \setminus \{u, v\}).$$

另一方面, $\overline{G \setminus e}$ 中的完美匹配按是否包含边 e 分为两类, 包含边 e 的每个完美匹配一一对应于 $\overline{G} \setminus \{u, v\}$ 的完美匹配; 不包含边 e 的完美匹配就是 $\overline{G}$ 的完美匹配. 于是

$$pm(\overline{G}) = pm(\overline{G \setminus e}) - f(e) pm(\overline{G} \setminus \{u, v\}).$$

由归纳假定 $pm(\overline{G \setminus e}) = I(G \setminus e), pm(\overline{G} \setminus \{u, v\}) = I(G \setminus \{u, v\})$. 则

$$pm(\overline{G}) = I(G) = \frac{1}{\sqrt{2\pi}} \int_{-\infty}^{\infty} e^{-x^2/2} \mu(G, x) dx. \qquad \square$$

定理 1.4.5 设 G 是 $K_{n,n}$ 的一个生成子图且是带有权 f 的一个赋权图, 则

$$pm(\widetilde{G}) = \int_0^{\infty} \rho(G, x) e^{-x} dx. \tag{1.4.7}$$

证明 与定理 1.4.4 类似, 略. $\qquad \square$

定理 1.4.6 设 G 是一个图, 则

$$\frac{1}{\sqrt{2\pi}} \int_{-\infty}^{\infty} e^{-x^2/2} (1-s)^{n/2} \mu\left(G, \frac{x}{(1-s)^{1/2}}\right) dx = \alpha(G, s). \tag{1.4.8}$$

证明 将图 G 的每条边指派一个权值 s 得到的赋权图记为 G^s,

$$\begin{aligned}
\mu(G^s, x) &= \sum_{r \geqslant 0} (-1)^r p(G^s, r) x^{n-2r} \\
&= \sum_{r \geqslant 0} (-1)^r p(G, r) s^r x^{n-2r} \\
&= s^{n/2} \mu\left(G, \frac{x}{s^{1/2}}\right).
\end{aligned}$$

另一方面, G 的每一条边也是 K_n 的边, 它在 G^s 中拥有权为 s, 在 $\overline{G^s}$ 中拥有权为 $1-s$. 不是 G 中的边在 $\overline{G^s}$ 中拥有权为 1, 则 $\overline{G^s}$ 的完美匹配按其包含 G 中的边分类, 有

$$pm(\overline{G^s}) = \sum_{r \geqslant 0} h(G,r)(1-s)^r.$$

由定理 1.4.4,

$$\sum_{r \geqslant 0} h(G,r)(1-s)^r = \frac{1}{\sqrt{2\pi}} \int_{-\infty}^{\infty} e^{-x^2/2} s^{n/2} \mu\left(G, \frac{x}{s^{1/2}}\right) dx.$$

定理得证. □

定理 1.4.7 设 G 是 $K_{n,n}$ 的一个生成图, 则

$$\int_0^\infty (1-s)^n \rho\left(G, \frac{x}{1-s}\right) e^{-x} dx = \beta(G,s). \tag{1.4.9}$$

证明 与定理 1.4.6 类似, 略. □

1.5 图与它的补图的匹配多项式

在这一节中我们给出图与它的补图的匹配多项式之间的关系, 也给出二分图与它的完全二分补图的匹配多项式之间的关系. 由于 $K_s \cup K_t$ 的补图是 $K_{s,t}$, 由定理 1.4.1 知

$$\frac{1}{\sqrt{2\pi}} \int_{-\infty}^{\infty} e^{-x^2/2} \mu(K_s,x)\mu(K_t,x) dx = \begin{cases} s!, & t=s, \\ 0, & \text{否则}. \end{cases}$$

另一方面, 多项式 $\mu(K_r,x)$ 是首项系数为 1 的 r 次多项式, 多项式组 $\{\mu(K_r,x), r \geqslant 0\}$ 可以看成实系数多项式空间的一组基. 设 G 是有 n 个点的一个图, 则多项式 $\mu(G,x)$ 可以由多项式组 $\{\mu(K_r,x), r \geqslant 0\}$ 线性表示, 设

$$\mu(G,x) = \sum_{r=0}^{n} c_r \mu(K_r,x),$$

再由定理 1.4.1 知

$$pm(\overline{G \cup K_t}) = \frac{1}{\sqrt{2\pi}} \int_{-\infty}^{\infty} e^{-x^2/2} \left[\sum_{r=0}^{n} c_r \mu(K_r,x)\right] \mu(K_t,x) dx$$

$$= \sum_{r=0}^{n} c_r \frac{1}{\sqrt{2\pi}} \int_{-\infty}^{\infty} e^{-x^2/2} \mu(K_r,x)\mu(K_t,x) dx = c_t t!,$$

我们知道 $pm(\overline{G \cup K_t}) = p\left(\overline{G}, \dfrac{n-t}{2}\right)t!$，故

$$c_t = p\left(\overline{G}, \dfrac{n-t}{2}\right).$$

这就得到下面的定理.

定理 1.5.1 对任何 G, 有

$$\mu(G,x) = \sum_{r=0}^{n} p\left(\overline{G}, \dfrac{n-r}{2}\right)\mu(K_r, x) = \sum_{m=0}^{\lfloor n/2 \rfloor} p(\overline{G}, m)\mu(K_{n-2m}, x). \quad (1.5.1)$$

由定理 1.5.1 我们得到下面的推论.

推论 1.5.1 设 G 是一个图，则多项式 $\mu(G,x)$ 和 $\mu(\overline{G}, x)$ 相互确定. 进一步, $G \sim H$ 当且仅当 $\overline{G} \sim \overline{H}$, G 匹配唯一当且仅当 $\overline{G}$ 匹配唯一.

由于 $K_{s,s} \cup K_{t,t}$ 的完全二分补图是 $K_{s,t} \cup K_{s,t}$，由定理 1.4.2 知

$$\int_0^\infty \rho(K_{s,s}, x)\rho(K_{t,t}, x)e^{-x}dx = \begin{cases} (s!)^2, & t=s, \\ 0, & \text{否则}. \end{cases}$$

另一方面，多项式 $\rho(K_{r,r}, x)$ 是首项系数为 1 的 r 次多项式，多项式组 $\{\rho(K_{r,r}, x), r \geqslant 0\}$ 可以看成实系数多项式空间的一组基. 设 G 是 $K_{n,n}$ 的一个生成子图，则多项式 $\rho(G, x)$ 可以由多项式组 $\{\rho(K_{r,r}, x), r \geqslant 0\}$ 线性表示，设

$$\rho(G,x) = \sum_{r=0}^n c_r \rho(K_{r,r}, x),$$

再由定理 1.4.2 知

$$pm(\widetilde{G \cup K_{t,t}}) = \int_0^\infty \left[\sum_{r=0}^n c_r \rho(K_{r,r}, x)\right]\rho(K_{t,t}, x)e^{-x}dx$$
$$= \sum_{r=0}^n c_r \int_0^\infty \rho(K_{r,r}, x)\rho(K_{t,t}, x)e^{-x}dx = c_t(t!)^2,$$

我们知道 $pm(\widetilde{G \cup K_{t,t}}) = p(\widetilde{G}, n-t)(t!)^2$, 故

$$c_t = p(\widetilde{G}, n-t).$$

这就得到下面的定理.

定理 1.5.2 设 G 是 $K_{n,n}$ 的一个生成子图，则

$$\rho(G,x) = \sum_{t=0}^n p(\widetilde{G}, n-t)\rho(K_{t,t}, x). \quad (1.5.2)$$

下面的推论是显然的.

推论 1.5.2   设 G 是 $K_{n,n}$ 的一个生成子图, 则多项式 $\rho(G,x)$ 和多项式 $\rho(\widetilde{G},x)$ 相互确定. 进一步地, 若 H 也是 $K_{n,n}$ 的一个生成子图, $G \sim H$ 当且仅当 $\widetilde{G} \sim \widetilde{H}$.

我们可以将 $K_{s,s+a} \cup K_{t+a,t}$ 看成 $K_{s+t+a,s+t+a}$ 的一个生成子图, 它的完全二分补图是 $K_{s,t} \cup K_{s+a,t+a}$, 由定理 1.4.2 知

$$\int_0^\infty \rho(K_{s,s+a},x)\rho(K_{t+a,t},x)e^{-x}dx = \begin{cases} s!(s+a)!, & t=s, \\ 0, & \text{否则}. \end{cases}$$

另一方面, 多项式 $\rho(K_{r,r+a},x)$ 是首项系数为 1 的 r 次多项式, 多项式组 $\{\rho(K_{r,r+a},x), r \geqslant 0\}$ 可以看成实系数多项式空间的一组基. 设 G 是 $K_{n,n+a}$ 的一个生成子图, 则多项式 $\rho(G,x)$ 可以由多项式组 $\{\rho(K_{r,r+a},x), r \geqslant 0\}$ 线性表示, 设

$$\rho(G,x) = \sum_{r=0}^n c_r \rho(K_{r,r+a},x),$$

图 $G \cup K_{t+a,t}$ 可以看成 $K_{n+t+a,n+t+a}$ 的一个生成子图, 由定理 1.4.2 知

$$pm(\widetilde{G \cup K_{t+a,t}}) = \int_0^\infty \left[\sum_{r=0}^n c_r \rho(K_{r,r+a},x)\right] \rho(K_{t+a,t},x)e^{-x}dx$$

$$= \sum_{r=0}^n c_r \int_0^\infty \rho(K_{r,r+a},x)\rho(K_{t+a,t},x)e^{-x}dx = c_t t!(t+a)!,$$

我们知道 $pm(\widetilde{G \cup K_{t+a,t}}) = p(\widetilde{G}, n-t)t!(t+a)!$, 故

$$c_t = p(\widetilde{G}, n-t).$$

这就得到下面的定理.

定理 1.5.3   设 G 是 $K_{n,n+a}$ 的一个生成子图, 则

$$\rho(G,x) = \sum_{t=0}^n p(\widetilde{G}, n-t)\rho(K_{t,t+a},x). \tag{1.5.3}$$

下面的推论是显然的.

推论 1.5.3   设 G 是 $K_{n,n+a}$ 的一个生成子图, 则多项式 $\rho(G,x)$ 和多项式 $\rho(\widetilde{G},x)$ 相互确定. 进一步地, 若 H 也是 $K_{n,n+a}$ 的一个生成子图, $G \sim H$ 当且仅当 $\widetilde{G} \sim \widetilde{H}$.

1.6 图的匹配多项式与特征多项式

与匹配多项式密切联系的另一个多项式是图的特征多项式. 我们有时将图的多项式 $f(G,x)$ 简记为 $f(G)$.

设 G 是一个简单图, 它的顶点被 $1,2,\cdots,n$ 标号. 把 (0,1)-矩阵 A 叫图 G 的邻接矩阵, 定义如下: $A = A(G) = (a_{ij})_{n\times n}$,

$$a_{ij} = \begin{cases} 1, & i \sim j, \\ 0, & \text{其他}. \end{cases}$$

显然, A 是一个对角线元素全为 0, 其他元素为 0 或 1 的实对称矩阵. A 的特征多项式

$$\phi(G,x) = \det(xI - A)$$

也称为图 G 的特征多项式. 它的 n 个根称为 A 的特征值, 也称为图 G 的特征值. 它与图 G 的顶点标号无关. 因为改变顶点的标号后得到的邻接矩阵 A' 与原来的邻接矩阵 A 满足 $A' = P^{-1}AP$, 这里的 P 是一个置换矩阵, 即矩阵 A 和 A' 相似, 它们有一样的特征多项式. 图 G 的 n 个特征值构成的全体称为 G 的谱. 因为 A 是一个实对称矩阵, 它的特征值都是实数. 我们通常用 $\lambda_1,\lambda_2,\cdots,\lambda_n$ 表示 G 全部特征值, 且假定 $\lambda_1 \geqslant \lambda_2 \geqslant \cdots \geqslant \lambda_n$. 最大的特征值 $\lambda_1(G) = \lambda_1$ 叫作 G 的谱半径 (或 G 的指标).

设 D 是一个多重有向图, 我们可类似地定义 D 的邻接矩阵和特征多项式, 见 [7]. $\overrightarrow{C_n}$ 是 D 的一个长度为 n 的有向圈, 它的点集为 $\{x_1,x_2,\cdots,x_n\}$, 它的弧集是 $(x_i,x_{i+1})(i=1,2,\cdots,n-1)$ 和 (x_n,x_1). 每个点的出度和入度均等于 1 的有向子图称为 D 的线性有向子图. 它是 D 中的若干个有向圈的并图.

设 G 是一个多重的无向图, 为了方便, 我们将 G 的每一条边 $e = uv$ 替换为具有正向和逆向的两个弧: $(u,v),(v,u)$. 此时, 无向图也可以看成一个有向图.

定理 1.6.1[7] 设 D 是一个多重有向图, $A = A(D)$ 是它的邻接矩阵, $\phi_D(x) = |xI - A| = x^n + a_1 x^{n-1} + \cdots + a_n$ 是图 D 的特征多项式, 则

$$a_i = \sum_{L \in \mathcal{L}_i} (-1)^{p(L)} \quad (i = 1,2,\cdots,n),$$

这里 $\mathcal{L}_i$ 是图 D 的恰有 i 个点的线性有向子图的集合, $p(L)$ 是图 L 的连通分支数.

设 G 是一个图. 我们把图 G 的若干孤立边和孤立圈的并图称为图 G 的基本子图. 对于无向图, 定理 1.6.1 演变成下面的定理.

定理 1.6.2[7] 设 G 是一个 (多重) 无向图，$A = A(G)$ 是它的邻接矩阵，

$$\phi_G(x) = |xI - A| = x^n + a_1 x^{n-1} + \cdots + a_n$$

是图 G 的特征多项式，则

$$a_i = \sum_{U \in \mathcal{U}_i} (-1)^{p(U)} 2^{c(U)} \quad (i = 1, 2, \cdots, n),$$

这里的 $\mathcal{U}_i$ 是图 G 的恰有 i 个点的基本子图的集合，$p(U)$ 是图 U 的连通分支数，$c(U)$ 是图 U 中的圈的个数.

下面我们给出匹配多项式和特征多项式之间的一些联系.

定理 1.6.3 设 G 是一个图，则

$$\phi(G) = \mu(G) + \sum_C (-2)^{t(C)} \mu(G - C),$$

这里的 C 是图 G 中的非平凡 (至少有三个点) 的点不相交的圈的并图 (即 2-正则子图)，$\sum_C$ 跑遍图 G 的所有子图 C，$t(C)$ 是图 C 的连通分支数.

证明 以 ε_i^k 表示图 G 中的恰有 i 个点，且恰有 k 个不相交圈的并图构成的集合. $M_i(G)$ 表示图 G 中的 i 匹配的集合. $\mathcal{U}_i$ 表示图 G 中的恰有 i 个点的基本子图的集合，则

$$\mathcal{U}_i = \bigcup_{j \leqslant i} \bigcup_{k \geqslant 0} \bigcup_{C \in \varepsilon_j^k} \bigcup_{M \in M_{\frac{i-j}{2}}(G \setminus C)} (C \cup M),$$

于是由定理 1.6.2，有

$$\phi(G, x) = \sum_{i=0}^n \sum_{j=0}^i \sum_{k \geqslant 0} \sum_{C \in \varepsilon_j^k} \sum_{M \in M_{\frac{i-j}{2}}(G \setminus C)} (-1)^{k + \frac{i-j}{2}} 2^k x^{n-i}$$

$$= \sum_{j=0}^n \sum_{i=j}^n \sum_{k \geqslant 0} \sum_{C \in \varepsilon_j^k} \sum_{M \in M_{\frac{i-j}{2}}(G \setminus C)} (-1)^{k + \frac{i-j}{2}} 2^k x^{n-i}$$

$$= \sum_{j=0}^n \sum_{k \geqslant 0} \sum_{C \in \varepsilon_j^k} (-2)^k \sum_{s=0}^{\lfloor \frac{n-j}{2} \rfloor} \sum_{M \in M_s(G \setminus C)} (-1)^s x^{n-j-2s}$$

$$= \sum_{j=0}^n \sum_{k \geqslant 0} \sum_{C \in \varepsilon_j^k} (-2)^k \sum_{s=0}^{\lfloor \frac{n-j}{2} \rfloor} (-1)^s p(G \setminus C, s) x^{n-j-2s}$$

$$= \sum_{k \geqslant 0} \sum_{j=0}^n \sum_{C \in \varepsilon_j^k} (-2)^k \mu(G \setminus C)$$

1.6 图的匹配多项式与特征多项式

$$= \mu(G) + \sum_C (-2)^k \mu(G\backslash C),$$

这里 k 就是 $t(C)$. □

推论 1.6.1 设 G 是一个图, 则

$$\mu(G) = \phi(G) + \sum_C 2^{t(C)} \phi(G-C),$$

这里的 C 是 G 中的非平凡的点不相交圈的并图 (即 2-正则), 其中 $t(C)$ 是图 C 的连通分支数.

证明 首先由定理 1.6.3 知, $\phi(G) + \sum_C 2^{t(C)} \phi(G-C)$ 可以表示成 $\mu(G), \mu(G-C)$ 的线性和, 设 $C = C_1 \cup C_2 \cup \cdots \cup C_k$ 是图 G 中的 k 个独立圈的并图. 我们考察和式 $\phi(G) + \sum_C 2^{t(C)} \phi(G-C)$ 中项 $\mu(G-C) = \mu(G-C_1-\cdots-C_k)$ 的系数.

由定理 1.6.3 知, $\phi(G)$ 的展开式中项 $\mu(G-C_1-\cdots-C_k)$ 的系数为 $\binom{k}{0}(-2)^k$. $\phi(G-C_i)$ 中项 $\mu(G-C_1-\cdots-C_k)$ 的系数为 $(-2)^{k-1}$, $i=1,2,\cdots,k$. 于是 $\sum_{i=1}^k \sum_{C_i} \phi(G-C_i)$ 中项 $\mu(G-C_1-\cdots-C_k)$ 的系数为 $\binom{k}{1}(-2)^{k-1}$.

同理 $\sum_{1 \leqslant i_1 < i_2 < \cdots < i_m \leqslant k} \sum_{C_{i_1} \cup C_{i_2} \cup \cdots \cup C_{i_m}} \phi(G-C_{i_1}-\cdots-C_{i_m})$ 中项 $\mu(G-C_1-\cdots-C_k)$ 的系数为 $\binom{k}{m}(-2)^{k-m}$.

故 $\phi(G) + \sum_C 2^{t(C)} \phi(G-C)$ 中项 $\mu(G-C_1-\cdots-C_k)$ 的系数为

$$\sum_{m=0}^k 2^m \binom{k}{m}(-2)^{k-m} = (2-2)^k = 0,$$

则

$$\phi(G) + \sum_C 2^{t(C)} \phi(G-C) = \mu(G).$$
□

推论 1.6.2 设 G 是一个图, M_1 和 λ_1 分别是 $\mu(G,x)$ 和 $\phi(G,x)$ 的最大根, 则 $M_1 \leqslant \lambda_1$. 若 G 连通, 则 $M_1 = \lambda_1$ 当且仅当 G 是一棵树.

证明 假设 C 是 G 的一个子圈, 我们由文献 [7] 知道, $\lambda_1(G) \geqslant \lambda_1(G-C)$, 于是由推论 1.6.1 知道当 $x > \lambda_1$ 时, 有 $\mu(G,x) \geqslant 0$. 则 $\lambda_1 \geqslant M_1$. 若 G 连通, 我们知道 $\lambda_1(G) > \lambda_1(G-C)$. 于是由推论 1.6.1 知当 $x > \lambda_1$ 时, 有 $\mu(G,x) > 0$. 则 $\lambda_1 > M_1$. 若 $\lambda_1 = M_1$, 则 G 中不存在这样的圈子图 C, 即 G 是一棵树. 反之, 若 G 是一棵树, 由定理 1.6.2, 易知 $\mu(G,x) = \phi(G,x)$, $\lambda_1 = M_1$. □

设 G 是有 n 个点, m 条边的一个图, 我们对图 G 的每一条边 e_i 输一个权值 t_i, 此时, 我们得到一个赋权图 G_t, 它的邻接矩阵为 $A_t = (a_{ij})_{n \times n}$, 其中

$$a_{ij} = \begin{cases} t_k, & \text{边 } u_i u_j = e_k, \\ 0, & \text{否则}. \end{cases}$$

设 C 是图 G 的一个圈, 我们定义 C 的权为它的每条边的权的乘积, 记为 $T(C)$. 设 K_2 是图 G 的由边 e_i 生成的一条孤立边, 我们定义这个 K_2 的权为 t_i^2, 记为 $T(K_2)$. 设 U 是图 G 的一个基本子图, 定义它的权为每个连通分支的权的乘积, 记为 $T(U)$. 类似地, 定理 1.6.2 变为下面的定理.

定理 1.6.4 设 G_t 是图 G 的一个赋权图, $A_t = (a_{ij})_{n \times n}$,

$$\phi_{G_t}(x) = |xI - A| = x^n + a_1 x^{n-1} + \cdots + a_n$$

是它的特征多项式, 则

$$a_i = \sum_{U \in \mathcal{U}_i} T(U)(-1)^{p(U)} 2^{c(U)} \quad (i = 1, 2, \cdots, n),$$

这里的 $\mathcal{U}_i$ 是图 G 的恰有 i 个点的基本子图的集合, $p(U)$ 是图 U 的连通分支数, $c(U)$ 是图 U 的圈的个数, $T(U)$ 是子图 U 的权.

设 G_t 是图 G 的一个赋权图, $e_1, e_2, \cdots, e_k$ 是 G_t 的 k 条孤立的边, 定义由这 k 条边构成的匹配的权为 $(t_1 t_2 \cdots t_k)^2$. 我们定义 $p(G_t, k)$ 为图 G_t 的所有 k-匹配的权的和. 且定义 G_t 的匹配多项式为

$$\mu(G_t, x) = \sum_{k \geqslant 0} (-1)^k p(G_t, k) x^{n-2k}.$$

在这种情况下, 我们容易验证定理 1.6.3 会变为下面的定理.

定理 1.6.5 设 G_t 是图 G 的一个赋权图, 则

$$\phi(G_t) = \mu(G_t) + \sum_C (-2)^{t(C)} T(C) \mu(G_t - C),$$

这里的 C 是 G 中的非平凡的点不交圈的并图 (即 2-正则子图), $t(C)$ 是图 C 的连通分支数, $T(C)$ 是图 C 的权.

设 G 是有 n 个点, m 条边的一个图, $E(G) = \{e_1, e_2, \cdots, e_m\}$, $u = (u_1, u_2, \cdots, u_m)$ 是一个 m 维向量, 其中每个分量 $u_i = \pm 1 (i = 1, 2, \cdots, m)$. 我们对图 G 的每条边 e_i 赋权为 u_i, 得到的赋权图记为 G_u. 这样赋权图共有 2^m 个. 于是我们有如下定理.

定理 1.6.6 $\mu(G) = \dfrac{1}{2^m} \sum\limits_{u} \phi(G_u)$.

证明 在这种情况下, 有 $\mu(G_u) = \mu(G)$. 由定理 1.6.5,

$$\phi(G_u) = \mu(G) - 2\sum_{i} T(C_i)\mu(G-C_i) + 2^2 \sum_{i<j} T(C_i)T(C_j)\mu(G-C_i-C_j)$$
$$- 2^3 \sum_{i<j<k} T(C_i)T(C_j)T(C_k)\mu(G-C_i-C_j-C_k) + \cdots,$$

$$\sum_u \phi(G_u) = 2^m \mu(G) - 2\sum_i \mu(G-C_i)\sum_u T(C_i)$$
$$+ 2^2 \sum_{i<j} \mu(G-C_i-C_j)\sum_u T(C_i)T(C_j) - \cdots.$$

注意到

$$\sum_u T(C_i) = \sum_u T(C_i)T(C_j) = \sum_u T(C_i)T(C_j)T(C_k) = \cdots = 0.$$

故

$$\mu(G) = \frac{1}{2^m}\sum_u \phi(G_u). \qquad \square$$

1.7 一些说明

匹配多项式 (matching polynomial) 前期也称为无圈多项式 (acyclic polynomial) 或参考多项式 (reference polynomial). 由于匹配是图论的古老概念, 1958 年文献 [8] 对二分图提出了车多项式的概念, 1969 年文献 [9] 中对匹配数已经做了大量的研究. 这个多项式在统计物理 (mono-mer-dimer 系统理论) 和量子有机化学 (芳香性理论) 中起着重要作用. 第一次提出匹配多项式的是统计物理学家 O. J. Heilmann 和 E. H. Lieb, 1970 年他们在文献 [1] 中提出了匹配多项式的概念, 用于模拟一种统计物理系统 (mono-mer-dimer), 他们也贡献了匹配多项式的许多理论, 如它的根都是实数等. 几乎同时物理学家 H. Kunz 在文献 [10] 中也提出了匹配多项式的概念. 1971 年理论化学家 H. Hosoya 在饱和烃热力学行为的研究中提出了 Hosoya 指标的概念, 它是匹配多项式所有系数的绝对值的和, 与这个化合物的沸点有关[3]. 1979 年 E. J. Farrell 在文献 [5] 中从数学的角度提出了二元的匹配多项式, 1981 年 C. D. Godsil 和 I. Gutman 在文献 [6] 中提出了一元的匹配多项式, 也就是本书所使用的匹配多项式的表达式. 自匹配多项式的概念提出以来, 产生了研究匹配多项式的许多文献[11-33], 特别是文献 [20] 中总结了匹配多项式的许多性质. 第 1 章的大部分内容引自文献 [20]. 1.6 节的内容来自文献 [15].

第 2 章 一些特殊图的匹配多项式

2.1 特殊图的匹配多项式

在这一节中, 我们先给出一些常见图的匹配多项式, 首先由例 1.2.1 和例 1.2.2, 我们知道完全图 K_n 和完全二分图 $K_{n,n}$ 的匹配多项式

$$\mu(K_n, x) = \sum_{k=0}^{\lfloor \frac{n}{2} \rfloor} (-1)^k \frac{n!}{(n-2k)!k!2^k} x^{n-2k}, \tag{2.1.1}$$

$$\mu(K_{n,n}, x) = \sum_{k \geqslant 0} (-1)^k \binom{n}{k}^2 k! x^{2n-2k}, \tag{2.1.2}$$

对图 $K_{m,n}$, 当 $k \leqslant \min\{m, n\}$ 时, 容易知道

$$p(K_{m,n}, k) = \binom{m}{k} \binom{n}{k} k!,$$

于是

$$\mu(K_{m,n}, x) = \sum_{k \geqslant 0} (-1)^k \binom{m}{k} \binom{n}{k} k! x^{m+n-2k}, \tag{2.1.3}$$

对于路 P_n, 我们可以按如下的方法计算它上面的 k-匹配的数目. 假如图 P_n 上找到一个 k-匹配, 将这个匹配上的每条边收缩到它的左端点, 我们得到一个带有 k 个收缩点的路 P_{n-k}; 反之, 在给定的路 P_{n-k} 上选择 k 个点, 将这 k 个点劈分为一条边, 我们就得到 P_n 的一个 k-匹配, 且它们是一一对应的. 于是

$$p(P_n, k) = \binom{n-k}{k},$$

$$\mu(P_n, x) = \sum_{k \geqslant 0} (-1)^k \binom{n-k}{k} x^{n-2k}. \tag{2.1.4}$$

对于圈 C_n, 可以按如下的方法计算 $p(C_n, k)$. 我们考虑这样的有序对, 它的第一个元素是 C_n 上的一个 k-匹配, 第二个元素是没有被这个 k-匹配饱和的一个点,

易知这样的有序对的个数为 $p(C_n,k)(n-2k)$; 假如我们首先选取一个点, 然后再选一个不饱和这个点的 k-匹配, 这样的有序对的个数为 $n\binom{n-1-k}{k}$. 于是

$$p(C_n,k) = \frac{n}{n-2k}\binom{n-1-k}{k} = \frac{n}{n-k}\binom{n-k}{k},$$

$$\mu(C_n,x) = \sum_{k\geqslant 0}(-1)^k \frac{n}{n-2k}\binom{n-1-k}{k}x^{n-2k}$$

$$= \sum_{k\geqslant 0}(-1)^k \frac{n}{n-k}\binom{n-k}{k}x^{n-2k}. \tag{2.1.5}$$

定理 2.1.1 设 G 是一个 n 阶图, 则

$$p(\overline{G},k) = \sum_{r=0}^{k}(-1)^r \frac{(n-2r)!}{(n-2k)!(k-r)!2^{k-r}}p(G,r). \tag{2.1.6}$$

证明 将 $\mu(K_{n-2m},x) = \sum_{r\geqslant 0}(-1)^r p(K_{n-2m},r)x^{n-2m-2r}$ 代入 (1.5.1) 式得

$$\mu(\overline{G},x) = \sum_{r\geqslant 0}\sum_{m\geqslant 0}(-1)^r p(G,m)p(K_{n-2m},r)x^{n-2m-2r}, \tag{2.1.7}$$

比较 (2.1.7) 式两边 x^{n-2k} 的系数, 左边为 $(-1)^k p(\overline{G},k)$, 右边为

$$\sum_{r=0}^{k}(-1)^{k-r}p(G,r)p(K_{n-2r},k-r),$$

又由 (2.1.1) 知

$$p(K_{n-2r},k-r) = \frac{(n-2r)!}{(n-2k)!(k-r)!2^{k-r}},$$

故

$$p(\overline{G},k) = \sum_{r=0}^{k}(-1)^r \frac{(n-2r)!}{(n-2k)!(k-r)!2^{k-r}}p(G,r). \qquad \square$$

对于路的补图 $\overline{P_n}$, 由 (2.1.4) 我们知道

$$p(\overline{P_n},k) = \sum_{r=0}^{k}(-1)^r \frac{(n-2r)!}{(n-2k)!(k-r)!2^{k-r}}\binom{n-r}{r}$$

$$= \sum_{r=0}^{k}(-1)^r \frac{(n-r)!}{r!(k-r)!(n-2k)!2^{k-r}},$$

$$\mu(\overline{P_n},x) = \sum_{k\geqslant 0}\sum_{r=0}^{k}(-1)^{k+r}\frac{(n-r)!}{r!(k-r)!(n-2k)!2^{k-r}}x^{n-2k}. \tag{2.1.8}$$

对于圈的补图 $\overline{C_n}$, 由 (2.1.5) 我们知道

$$p(\overline{C_n},k) = \sum_{r=0}^{k}(-1)^r\frac{(n-2r)!}{(n-2k)!(k-r)!2^{k-r}}\frac{n}{n-r}\binom{n-r}{r}$$

$$= \sum_{r=0}^{k}(-1)^r\frac{n(n-r)!}{(n-r)r!(k-r)!(n-2k)!2^{k-r}},$$

$$\mu(\overline{C_n},x) = \sum_{k\geqslant 0}\sum_{r=0}^{k}(-1)^{k+r}\frac{n(n-r)!}{(n-r)r!(k-r)!(n-2k)!2^{k-r}}x^{n-2k}. \tag{2.1.9}$$

对完全多部图 $K_{p_1,p_2,\cdots,p_f}(p_1+p_2+\cdots+p_f=n)$, 它的补图是 $K_{p_1}\cup K_{p_2}\cup\cdots\cup K_{p_f}$, 由于

$$p(K_{p_1}\cup K_{p_2}\cup\cdots\cup K_{p_f},r)$$
$$= \sum_{s_1+s_2+\cdots+s_f=r}p(K_{p_1},s_1)p(K_{p_2},s_2)\cdots p(K_{p_f},s_f)$$
$$= \sum_{s_1+s_2+\cdots+s_f=r}\frac{p_1!p_2!\cdots p_f!}{s_1!s_2!\cdots s_f!(p_1-2s_1)!(p_2-2s_2)!\cdots(p_f-2s_f)!2^r},$$

由定理 2.1.1 知

$$p(K_{p_1,p_2,\cdots,p_f},k)$$
$$=\sum_{r=0}^{k}\sum_{s_1+s_2+\cdots+s_f=r}(-1)^r$$
$$\cdot\frac{(n-2r)!p_1!p_2!\cdots p_f!}{(n-2k)!(k-r)!s_1!s_2!\cdots s_f!(p_1-2s_1)!(p_2-2s_2)!\cdots(p_f-2s_f)!2^k}, \tag{2.1.10}$$

于是我们很容易写出多项式 $\mu(K_{p_1,p_2,\cdots,p_f},x)$.

对于图 $\overline{G}=(n-2t)K_1\cup tK_2$, 即 $G=\overline{(n-2t)K_1\cup tK_2}$. 由于 $p(\overline{G},r)=\binom{t}{r}$, 则

$$p(G,k)=\sum_{r=0}^{k}(-1)^r\binom{t}{r}\frac{(n-2r)!}{(n-2k)!(k-r)!2^{k-r}},$$

$$\mu(G,x)=\sum_{k=0}^{n}\sum_{r=0}^{k}(-1)^{k+r}\binom{t}{r}\frac{(n-2r)!}{(n-2k)!(k-r)!2^{k-r}}x^{n-2k}. \tag{2.1.11}$$

2.1 特殊图的匹配多项式

定理 2.1.2 设 G 是一个 $K_{n,n+a}$ 的一个生成子图, 则

$$p(\widetilde{G},k) = \sum_{r=0}^{n}(-1)^{r-k}\binom{n+r-k}{r}\binom{n+r-k+a}{r}r!p(G,k-r). \quad (2.1.12)$$

证明 将 $\rho(K_{t,t+a},x) = \sum_{r=0}^{t}(-1)^r p(K_{t,t+a},r)x^{t-r} = \sum_{r=0}^{t}(-1)^r \binom{t}{r}\binom{t+a}{r}\cdot$
$r!x^{t-r}$, 代入 (1.5.3) 式得

$$\rho(\widetilde{G},x) = \sum_{t=0}^{n}\sum_{r=0}^{t}(-1)^r\binom{t}{r}\binom{t+a}{r}r!p(G,n-t)x^{t-r}$$

$$= \sum_{r=0}^{n}\sum_{t=r}^{n}(-1)^r\binom{t}{r}\binom{t+a}{r}r!p(G,n-t)x^{t-r}, \quad (2.1.13)$$

比较 (2.1.13) 式两边 x^{n-k} 的系数, 左边为 $(-1)^k p(\widetilde{G},k)$, 右边为

$$\sum_{r=0}^{n}(-1)^r\binom{n+r-k}{r}\binom{n+r-k+a}{r}r!p(G,k-r),$$

于是

$$p(\widetilde{G},k) = \sum_{r=0}^{n}(-1)^{r-k}\binom{n+r-k}{r}\binom{n+r-k+a}{r}r!p(G,k-r). \quad \square$$

将 P_n 看成 $K_{\lfloor\frac{n}{2}\rfloor,\lceil\frac{n}{2}\rceil}$ 的一个生成子图, 则

$$p(\widetilde{P_n},k) = \sum_{r=0}^{\lfloor\frac{n}{2}\rfloor}(-1)^{r-k}r!\binom{\lfloor\frac{n}{2}\rfloor+r-k}{r}\binom{\lceil\frac{n}{2}\rceil+r-k}{r}\binom{n+r-k}{k-r},$$

$$\mu(\widetilde{P_n},x) = \sum_{k=0}^{n}\sum_{r=0}^{\lfloor\frac{n}{2}\rfloor}(-1)^r r!\binom{\lfloor\frac{n}{2}\rfloor+r-k}{r}\binom{\lceil\frac{n}{2}\rceil+r-k}{r}\binom{n+r-k}{k-r}x^{n-2k}.$$

$$(2.1.14)$$

当 n 为偶数时, 将 C_n 看成 $K_{\frac{n}{2},\frac{n}{2}}$ 的一个生成子图, 则

$$p(\widetilde{C_n},k) = \sum_{r=0}^{\frac{n}{2}}(-1)^{r-k}r!\frac{n}{n+r-k}\binom{\frac{n}{2}+r-k}{r}^2\binom{n+r-k}{k-r},$$

$$\mu(\widetilde{C_n},x) = \sum_{k=0}^{n}\sum_{r=0}^{\frac{n}{2}}(-1)^r r!\frac{n}{n+r-k}\binom{\frac{n}{2}+r-k}{r}^2\binom{n+r-k}{k-r}x^{n-2k}.$$

$$(2.1.15)$$

其实许多图的匹配多项式与正交多项式有关系, 我们不证明地介绍下面的结论.

定理 2.1.3[15]

$$\mu(C_n, 2x) = 2T_n(x),$$
$$\sqrt{1-x^2}\mu(P_n, 2x) = U_{n+1}(x),$$
$$\mu(K_n, x) = He_n(x),$$
$$2^{\frac{n}{2}}\mu(K_n, \sqrt{2}x) = H_n(x),$$
$$\mu(K_{b,b}, x) = (-1)^b L_b(x^2),$$
$$\mu(K_{a,b}, x) = (-1)^b x^{a-b} L_b^{a-b}(x^2),$$

这里的 T_n, U_n 分别是第一和第二种切比雪夫多项式, He_n 和 H_n 是两个标准的埃尔米特多项式, L_n 和 L_n^k 分别是 Laguerre 和广义 Laguerre 多项式.

在本书的最后, 我们给出两个附录. 其中的附录 1 中列出了二至五个点的所有连通图, 以及它们的匹配多项式、匹配根、匹配能量和 Hosoya 指标的值. 附录 2 中列出了六个点的所有连通图, 以及它们的匹配多项式、匹配根、匹配能量和 Hosoya 指标的值.

2.2 圈链图的匹配多项式

在这一节和下一节中, 我们利用转移矩阵计算几类图的匹配多项式. 为了方便, 将图 G 的匹配多项式简记为 $\mu(G)$. 先给出两个以后常用的引理.

引理 2.2.1 设 P_{s+t} 是 $s+t$ 个点的路, 记 $P(s,t) = P_s \cup P_t$, 则

$$\mu(P_{s+t}) = \mu(P(s,t)) - \mu(P(s-1, t-1)).$$

证明 由定理 1.3.1(b), 显然. □

注记 假如我们约定 $\mu(P_0) = 1, \mu(P_{-1}) = 0$, 引理 2.2.1 对 $s \geqslant 0$ 的整数也是对的.

引理 2.2.2 设 $P(s,t) = P_s \cup P_t, k \leqslant s \leqslant t$ 是整数, 则

$$\mu(P(s,t)) - \mu(P(s-k, t+k)) = \mu(P(k-1, t-s+k-1)).$$

证明 由引理 2.2.1, $\mu(P_{s+t}) = \mu(P(s,t)) - \mu(P(s-1, t-1))$, $\mu(P_{s+t}) = \mu(P(s-k, t+k)) - \mu(P(s-k-1, t+k-1))$, 两式相减得

$$\mu(P(s,t)) - \mu(P(s-k, t+k)) = \mu(P(s-1, t-1)) - \mu(P(s-k-1, t+k-1)).$$

2.2 圈链图的匹配多项式

重复应用上式得

$\mu(P(s,t)) - \mu(P(s-k,t+k)) = \mu(P(s-(s-k), t-(s-k))) - \mu(P(s-k-(s-k), t+k-(s-k))) = \mu(P(k, t-s+k)) - \mu(P(0, t-s+2k)) = \mu(P(k-1, t-s+k-1)).$ □

设 $A_n (n \geqslant 1)$ 是由 n 个长为 $2l+2$ 的圈依照图 2.1 所示的方式连接所得到的图类. 在这一节中, 我们计算 A_n 的匹配多项式, 为此, 我们定义一个图 $B_n (n \geqslant 1)$, 它是从 A_n 中删除最左端的点后得到的图.

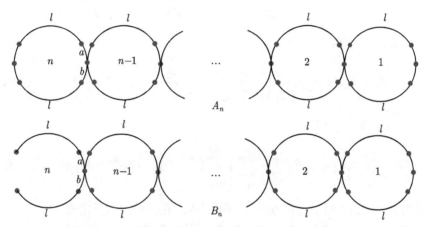

图 2.1 图 A_n 和图 B_n

对图 A_n 和 B_n 的边 a, b 使用定理 1.3.1(b) 知

$$\begin{cases} \mu(A_n) = \mu(P_{2l+1})\mu(A_{n-1}) - 2\mu(P_{2l})\mu(B_{n-1}), \\ \mu(B_n) = [\mu(P_l)]^2 \mu(A_{n-1}) - 2\mu(P_l)\mu(P_{l-1})\mu(B_{n-1}). \end{cases} \quad (2.2.1)$$

令

$$K = \begin{bmatrix} \mu(P_{2l+1}) & -2\mu(P_{2l}) \\ (\mu(P_l))^2 & -2\mu(P_l)\mu(P_{l-1}) \end{bmatrix}, \quad (2.2.2)$$

矩阵 K 的特征多项式为

$$\det(\lambda I - K) = \lambda^2 - d_1 \lambda + d_2, \quad (2.2.3)$$

其中

$$d_1 = \mu(P_{2l+1}) - 2\mu(P_l)\mu(P_{l-1}),$$

$$d_2 = |K| = 2[\mu(P_l)]^2,$$

则 $\mu(A_n)$ 满足如下的递归关系

$$\begin{cases} \mu(A_n) = d_1\mu(A_{n-1}) - d_2\mu(A_{n-2}), & n \geqslant 2, \\ \mu(A_0) = x, \quad \mu(A_1) = \mu(C_{2l+2}) = \mu(P_{2l+2}) - \mu(P_{2l}). \end{cases} \quad (2.2.4)$$

递推关系 (2.2.4) 的生成函数为

$$\begin{aligned} H(t) &= (1 - d_1 t + d_2 t^2)^{-1}[x + (\mu(A_1) - d_1\mu(A_0))t] \\ &= (1 - d_1 t + d_2 t^2)^{-1}[x + 2(\mu(P_l)\mu(P_{l-2}) + \mu(P_{l-1})^2)t], \end{aligned} \quad (2.2.5)$$

$(1 - d_1 t + d_2 t^2)^{-1}$ 有如下展开式

$$(1 - d_1 t + d_2 t^2)^{-1} = \sum_{k \geqslant 0} \left(\sum_{k_1 + 2k_2 = k} \frac{(k_1 + k_2)!}{k_1! k_2!} (-1)^{k_2} d_1^{k_1} d_2^{k_2} \right) t^k, \quad (2.2.6)$$

令 $k_2 = j, k_1 = k - 2j$ 得

$$(1 - d_1 t + d_2 t^2)^{-1} = \sum_{k \geqslant 0}^{\infty} \left[\sum_{j=0}^{\lfloor \frac{k}{2} \rfloor} \binom{k-j}{j} (-1)^j d_1^{k-2j} d_2^j \right] t^k, \quad (2.2.7)$$

将 (2.2.7) 式代入 (2.2.5) 式并考虑 t^n 项的系数, 我们得到如下定理.

定理 2.2.1 对任意 $n \geqslant 1$, 图 A_n 的匹配多项式有如下表达式

$$\begin{aligned} \mu(A_n, x) = 2(\mu(P_l)\mu(P_{l-2}) + \mu(P_{l-1})^2) & \left\{ \sum_{j=0}^{\lfloor \frac{n-1}{2} \rfloor} \binom{n-1-j}{j} (-1)^j d_1^{n-1-2j} d_2^j \right\} \\ & + x \left\{ \sum_{j=0}^{\lfloor \frac{n}{2} \rfloor} \binom{n-j}{j} (-1)^j d_1^{n-2j} d_2^j \right\}, \end{aligned} \quad (2.2.8)$$

其中

$$d_1 = \mu(P_{2l+1}) - 2\mu(P_l)\mu(P_{l-1}),$$
$$d_2 = 2[\mu(P_l)]^2.$$

下面, 讨论一下图 A_n 的完美匹配数 $pm(A_n)$, 我们知道

$$|\mu(P_l, 0)| = \begin{cases} 1, & l = \text{偶数}, \\ 0, & l = \text{奇数}. \end{cases}$$

当 l 为偶数时,

$$pm(A_n) = |\mu(A_n, 0)| = \begin{cases} 2^{k+1}, & n = 2k+1, \\ 0, & n = 2k. \end{cases}$$

2.2 圈链图的匹配多项式

当 l 为奇数时,

$$pm(A_n) = |\mu(A_n, 0)| = \begin{cases} 2, & n = 1, \\ 0, & n > 1. \end{cases}$$

推论 2.2.1 图 A_n 的完美匹配数为

$$pm(A_n) = \begin{cases} 2^{k+1}, & n = 2k+1, l \text{ 为偶数}, \\ 2, & n = 1, l \text{ 为奇数}, \\ 0, & \text{其他}. \end{cases}$$

设 C_{a+b+2} 表示 $a+b+2$ 个点的圈, a, b 都是非负整数且 $a+b \neq 0$, 一种广义聚丙烯图 M_n 画在图 2.2 中. 在图 M_n 中删去最左端的点 v(图 2.2) 后得到的图记为 N_n.

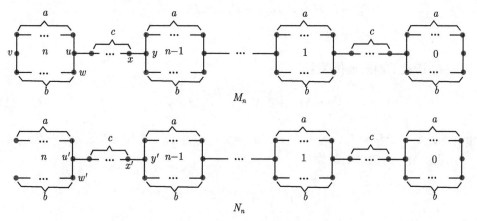

图 2.2 图 M_n 和图 N_n

在下面不至于混淆的前提下, 为了方便我们直接用图 G 表示它的匹配多项式. 对图 $M_n(N_n)$ 的边 $xy(x'y')$ 及 $uw(u'w')$ 使用定理 1.3.1(b), 我们得到

$$\begin{cases} M_n = (P_{a+b+c+2} - P_{a+b}P_c)M_{n-1} - (P_{a+b+c+1} - P_{a+b}P_{c-1})N_{n-1}, \\ N_n = (P_{a+c+1}P_b - P_aP_cP_{b-1})M_{n-1} - (P_{a+c}P_b - P_aP_{b-1}P_{c-1})N_{n-1}. \end{cases} \quad (2.2.9)$$

令

$$K = \begin{bmatrix} P_{a+b+c+2} - P_{a+b}P_c & -(P_{a+b+c+1} - P_{a+b}P_{c-1}) \\ P_{a+c+1}P_b - P_aP_cP_{b-1} & -(P_{a+c}P_b - P_aP_{b-1}P_{c-1}) \end{bmatrix}, \quad (2.2.10)$$

它的特征多项式为 $f(x) = \lambda^2 - d_1\lambda + d_2$, 其中

$$d_1 = P_{a+b+c+2} - P_{a+b}P_c - P_{a+c}P_b + P_aP_{b-1}P_{c-1}$$

$$= P_{a+b+c+2} - (P_aP_b - P_{a-1}P_{b-1})P_c - P_{a+c}P_b + P_aP_{b-1}P_{c-1}$$
$$= P_{a+b+c+2} - P_aP_{b+c} - P_{a+c}P_b + P_{a-1}P_{b-1}P_c,$$
$$d_2 = \det K = -P_{a+b+c+2}P_{a+c}P_b + P_{a+b}P_bP_cP_{a+c}$$
$$+ P_{a+b+c+2}P_aP_{b-1}P_{c-1} - P_{a+b}P_aP_{b-1}P_{c-1}P_c$$
$$+ P_{a+b+c+1}P_{a+c+1}P_b - P_{a+c+1}P_{a+b}P_bP_{c-1}$$
$$- P_{a+b+c+1}P_aP_{b-1}P_c + P_{a+b}P_aP_cP_{b-1}P_{c-1}$$
$$= P_b(-P_{a+b+c+2}P_{a+c} + P_{a+b+c+1}P_{a+c+1})$$
$$+ P_aP_{b-1}(P_{a+b+c+2}P_{c-1} - P_{a+b+c+1}P_c)$$
$$+ P_{a+b}P_b(P_{a+c}P_c - P_{a+c+1}P_{c-1})$$
$$= P_b^2 - P_aP_{b-1}P_{a+b+1} + P_{a+b}P_aP_b$$
$$= P_b^2 + P_a^2.$$

M_n 满足下面的递推关系

$$M_n = d_1 M_{n-1} - d_2 M_{n-2}, \qquad (2.2.11)$$

带有初始条件 $M_0 = P_{a+b+2} - P_{a+b}$, $M_1 = P_{2(a+b+2)+c} - 2P_{a+b}P_{a+b+c+2} + P_{a+b}^2 P_c$. 因为 M_n 的生成函数为

$$H(t) = (1 - d_1 t + d_2 t^2)^{-1}[(M_1 - d_1 M_0)t + M_0]$$

且

$$(1 - d_1 t + d_2 t^2)^{-1} = \sum_{k \geqslant 0}\left[\sum_{k_1+2k_2=k} \frac{(k_1+k_2)!}{k_1! k_2!}(-1)^{k_2} d_1^{k_1} d_2^{k_2}\right] t^k,$$

所以我们得出下面的定理.

定理 2.2.2 对任意非负整数 a, b, c, 则 M_n 的匹配多项式为

$$\mu(M_n, x) = \sum_{p=0}^{1} \alpha_p \left[\sum_{k_1+2k_2=n-p} \frac{(k_1+k_2)!}{k_1! k_2!}(-1)^{k_2} d_1^{k_1} d_2^{k_2}\right], \qquad (2.2.12)$$

这里 $\alpha_0 = M_0, \alpha_1 = M_1 - d_1 M_0$.

特别地, 当 $a = b = 2, c = 0$ 时, M_n 见图 2.3. 此时

$$d_1 = x^6 - 7x^4 + 11x^2 - 3, \quad d_2 = 2x^4 - 4x^2 + 2,$$
$$\alpha_0 = M_0 = x^6 - 6x^4 + 9x^2 - 2, \quad \alpha_1 = M_1 - d_1 M_0 = -(2x^4 - 4x^2 + 2),$$

2.3 广义圈链的匹配多项式

$$d_1^{k_1} = \sum_{s_1+s_2+s_3+s_4=k_1} \frac{k_1!}{s_1!s_2!s_3!s_4!}(-3)^{s_1}11^{s_2}(-7)^{s_3}x^{2s_2+4s_3+6s_4},$$

$$d_2^{k_2} = \sum_{l_1+l_2+l_3=k_2} \frac{k_2!}{l_1!l_2!l_3!}(-1)^{l_2}2^{k_2+l_2}x^{2l_2+4l_3}.$$

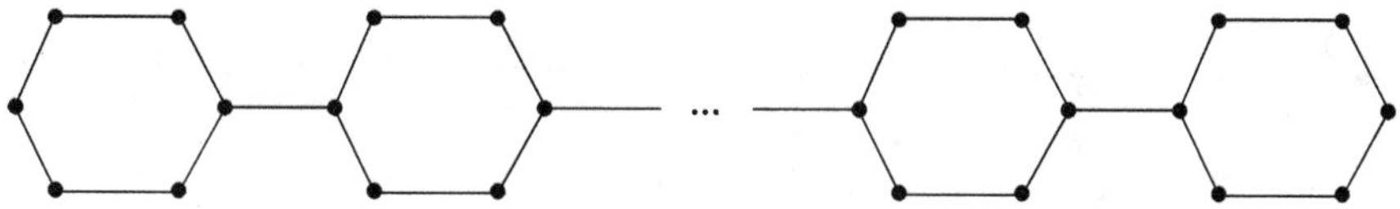

图 2.3 图 M_n

推论 2.2.2 对 $a=b=2, c=0$, M_n 的匹配多项式为

$$\mu(M_n,x) = \sum_{p=0}^{1} \alpha_p \left\{ \sum_{k_1+2k_2=n-p} \sum_{\sum_{i=1}^{4} s_i=k_1} \sum_{\sum_{j=1}^{3} l_j=k_2} \frac{(k_1+k_2)!}{\prod_{i=1}^{4} s_i! \prod_{j=1}^{3} l_j!} \right.$$

$$\left. \cdot (-1)^{s_1+s_3+l_2} 2^{k_2+l_2} 3^{s_1} 7^{s_3} 11^{s_2} x^{2(s_2+l_2)+4(s_3+l_3)+6s_4} \right\}. \quad (2.2.13)$$

2.3 广义圈链的匹配多项式

我们把若干个有 $2a+2c+4$ 个点的圈按图 2.4 的方式构成的图称为广义共轭圈链, 记为 $R_n(n\geqslant 1)$, 且约定 $R_0 = P_{c+2}$. 在这一节中, 我们计算广义轭圈链的匹配多项式.

为了计算 R_n 的匹配多项式, 还需要定义下面的两个图, 以 U_n 表示 R_n 删去最左端的 c 个点后得到的图, 以 S_n 表示 R_n 删去最左上端的一个点后得到的图 (图 2.4). 为了方便书写, 在这一节中, 我们仍然将 $\mu(G,x)$ 简记为 G. 由定理 1.3.1 知

$$\begin{cases} R_n = P_{2a+c+2}R_{n-1} - 2P_{2a+c+1}S_{n-1} + P_{2a+c}P_c U_{n-1}, \\ S_n = P_{a+c+1}P_a R_{n-1} - (P_{a+c}P_a + P_{a+c+1}P_{a-1})S_{n-1} + P_{a+c}P_{a-1}P_c U_{n-1}, \\ U_n = P_a{}^2 R_{n-1} - 2P_a P_{a-1} S_{n-1} + P_{a-1}{}^2 P_c U_{n-1}, \end{cases}$$

(2.3.1)

令上式的系数矩阵为

$$K = \begin{bmatrix} P_{2a+c+2} & -2P_{2a+c+1} & P_{2a+c}P_c \\ P_{a+c+1}P_a & -(P_{a+c}P_a + P_{a+c+1}P_{a-1}) & P_{a+c}P_{a-1}P_c \\ P_a{}^2 & -2P_a P_{a-1} & P_{a-1}{}^2 P_c \end{bmatrix}.$$

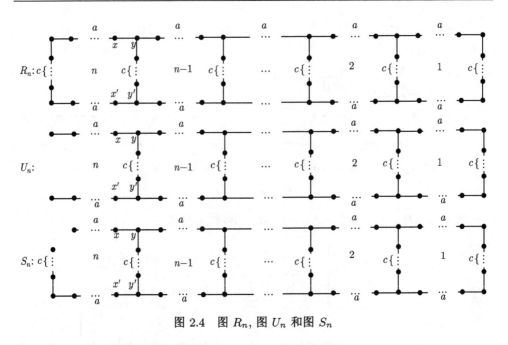

图 2.4 图 R_n, 图 U_n 和图 S_n

设矩阵 K 的特征多项式为

$$f(\lambda) = \lambda^3 - d_1\lambda^2 + d_2\lambda - d_3, \tag{2.3.2}$$

其中

$d_1 = P_{2a+c+2} - P_{a+c}P_a - P_{a+c+1}P_{a-1} + P_{a-1}^2 P_c,$

$$d_3 = \det K = P_c \begin{vmatrix} P_{2a+1}P_{c+1} - P_{2a}P_c & -2(P_{2a}P_{c+1} - P_{2a-1}P_c) & P_{2a-1}P_{c+1} - P_{2a-2}P_c \\ P_{a+c+1}P_a & -(P_{a+c}P_a + P_{a+c+1}P_{a-1}) & P_{a+c}P_{a-1} \\ P_a^2 & -2P_aP_{a-1} & P_{a-1}^2 \end{vmatrix}$$

$$= P_c \begin{vmatrix} P_{2a+1}P_{c+1} - P_{2a}P_c & -2(P_{2a}P_{c+1} - P_{2a-1}P_c) & P_{2a-1}P_{c+1} - P_{2a-2}P_c \\ P_a^2 P_{c+1} - P_a P_{a-1} P_c & -2P_a P_{a-1} P_{c+1} + P_a P_{a-2}P_c + P_{a-1}^2 P_c & P_{a-1}^2 P_{c+1} - P_{a-1}P_{a-2}P_c \\ P_a^2 & -2P_aP_{a-1} & P_{a-1}^2 \end{vmatrix}$$

$$= P_c \begin{vmatrix} P_{2a+1}P_{c+1} - P_{2a}P_c & -2(P_{2a}P_{c+1} - P_{2a-1}P_c) & P_{2a-1}P_{c+1} - P_{2a-2}P_c \\ -P_a P_{a-1} P_c & P_a P_{a-2} P_c + P_{a-1}^2 P_c & -P_{a-1}P_{a-2}P_c \\ P_a^2 & -2P_aP_{a-1} & P_{a-1}^2 \end{vmatrix}$$

$$= P_c^3 \begin{vmatrix} -P_{2a} & 2P_{2a-1} & -P_{2a-2} \\ -P_a P_{a-1} & P_a P_{a-2} + P_{a-1}^2 & -P_{a-1}P_{a-2} \\ P_a^2 & -2P_aP_{a-1} & P_{a-1}^2 \end{vmatrix}$$

2.3 广义圈链的匹配多项式

$$+ P_c^2 P_{c+1} \begin{vmatrix} P_{2a+1} & -2P_{2a} & P_{2a-1} \\ -P_a P_{a-1} & P_a P_{a-2} + P_{a-1}^2 & -P_{a-1} P_{a-2} \\ P_a^2 & -2P_a P_{a-1} & P_{a-1}^2 \end{vmatrix}$$

$$= P_c^3 \begin{vmatrix} -P_a^2 + P_{a-1}^2 & 2(P_a P_{a-1} - P_{a-1} P_{a-2}) & -P_{a-1}^2 + P_{a-2}^2 \\ -P_a P_{a-1} & P_a P_{a-2} + P_{a-1}^2 & -P_{a-1} P_{a-2} \\ P_a^2 & -2P_a P_{a-1} & P_{a-1}^2 \end{vmatrix}$$

$$+ P_c^2 P_{c+1} \begin{vmatrix} P_1 P_{2a} - P_{2a-1} & -2(P_1 P_{2a-1} - P_{2a-2}) & P_1 P_{2a-2} - P_{2a-3} \\ -P_a P_{a-1} & P_a P_{a-2} + P_{a-1}^2 & -P_{a-1} P_{a-2} \\ P_a^2 & -2P_a P_{a-1} & P_{a-1}^2 \end{vmatrix}$$

$$= P_c^3 \det K_1 + P_c^2 P_{c+1} \det K_2.$$

将上式的第一个、第二个行列式对应的矩阵分别记为 K_1, K_2,第二个行列式的第一行减去第二行以及第三行的 P_1 倍后得到

$$\det K_2 = \begin{vmatrix} P_1 P_{a-1}^2 + P_{a-1} P_{a-2} & 2P_1 P_{a-1} P_{a-2} - P_{a-2}^2 - P_{a-1} P_{a-3} & -P_1 P_{a-2}^2 + P_{a-2} P_{a-3} \\ -P_a P_{a-1} & P_a P_{a-2} + P_{a-1}^2 & -P_{a-1} P_{a-2} \\ P_a^2 & -2P_a P_{a-1} & P_{a-1}^2 \end{vmatrix}$$

$$= \begin{vmatrix} P_a P_{a-1} & P_a P_{a-2} + P_{a-1}^2 & -P_{a-1} P_{a-2} \\ -P_a P_{a-1} & P_a P_{a-2} + P_{a-1}^2 & -P_{a-1} P_{a-2} \\ P_a^2 & -2P_a P_{a-1} & P_{a-1}^2 \end{vmatrix} = 0,$$

第一个行列式的第一行加上第三行后得到

$$\det K_1 = \begin{vmatrix} P_{a-1}^2 & -2P_{a-1} P_{a-2} & P_{a-2}^2 \\ -P_a P_{a-1} & P_a P_{a-2} + P_{a-1}^2 & -P_{a-1} P_{a-2} \\ P_a^2 & -2P_a P_{a-1} & P_{a-1}^2 \end{vmatrix}$$

$$= 3P_a^2 P_{a-1}^2 P_{a-2}^2 - 3P_a P_{a-1}^4 P_{a-2} + P_{a-1}^6 - P_a^3 P_{a-2}^3$$

$$= 3P_a P_{a-1}^2 P_{a-2}[P_a P_{a-2} - P_{a-1}^2]$$

$$\quad + [P_{a-1}^2 - P_a P_{a-2}][P_{a-1}^4 + P_{a-1}^2 P_a P_{a-2} + P_a^2 P_{a-2}^2]$$

$$= [P_{a-1}^2 - P_a P_{a-2}]^3 = 1.$$

矩阵 K 的三个二阶主子式分别为

$$K(1,2) = \begin{vmatrix} P_{2a+c+2} & -2P_{2a+c+1} \\ P_{a+c+1} P_a & -(P_{a+c} P_a + P_{a+c+1} P_{a-1}) \end{vmatrix}$$

$$= P_a[P_{2a+c+1} P_{a+c+1} - P_{2a+c+2} P_{a+c}] + P_{a+c+1}[P_{2a+c+1} P_a - P_{2a+c+2} P_{a-1}]$$

$$= P_a^2 + P_{a+c+1}^2;$$

$$K(1,3) = \begin{vmatrix} P_{2a+c+2} & P_{2a+c} P_c \\ P_a^2 & P_{a-1}^2 P_c \end{vmatrix}$$

$$= P_c[P_{2a+c+2}P_{a-1}^2 - P_{2a+c}P_a^2]$$
$$= P_c[(P_{a+c+1}P_{a+1} - P_{a+c}P_a)P_{a-1}^2 - (P_{a+c}P_a - P_{a+c-1}P_{a-1})P_a^2]$$
$$= P_c[P_{a+c+1}P_{a+1}P_{a-1}^2 - P_{a+c}P_aP_{a-1}^2 - P_{a+c}P_a^3 + P_{a+c-1}P_{a-1}P_a^2]$$
$$= P_c[P_{a+c+1}P_{a-1}(P_a^2-1) - P_{a+c}P_aP_{a-1}^2 - P_{a+c}P_a^3 + P_{a+c-1}P_{a-1}P_a^2]$$
$$= P_c[(P_{a+c+1}P_{a-1} - P_{a+c}P_a)P_a^2 + (P_{a+c-1}P_a - P_{a+c}P_{a-1})P_{a-1}P_a - P_{a+c+1}P_{a-1}]$$
$$= P_c(-P_cP_a^2 + P_{c-1}P_{a-1}P_a - P_{a+c+1}P_{a-1})$$
$$= P_c[P_a(-P_cP_a + P_{c-1}P_{a-1}) - P_{a+c+1}P_{a-1}]$$
$$= -P_c(P_aP_{a+c} + P_{a+c+1}P_{a-1});$$

$$K(2,3) = \begin{vmatrix} -(P_{a+c}P_a + P_{a+c+1}P_{a-1}) & P_{a+c}P_{a-1}P_c \\ -2P_aP_{a-1} & P_{a-1}^2 P_c \end{vmatrix}$$
$$= -P_cP_{a-1}^2 \begin{vmatrix} P_{a+c}P_a + P_{a+c-1}P_{a-1} & P_{a+c} \\ 2P_a & 1 \end{vmatrix}$$
$$= -P_cP_{a-1}^2(P_{a+c+1}P_{a-1} - P_{a+c}P_a)$$
$$= P_c^2P_{a-1}^2.$$

于是
$$d_2 = P_a^2 + P_{a+c+1}^2 + P_{a-1}^2P_c^2 - P_c(P_aP_{a+c} + P_{a-1}P_{a+c+1}).$$

我们知道, R_n 满足如下递推关系和初始条件
$$R_n = d_1R_{n-1} - d_2R_{n-2} + d_3R_{n-3}, \tag{2.3.3}$$
$$R_0 = P_{c+2}, \quad R_1 = P_{2a+2c+4} - P_{2a+2c+2},$$
$$R_2 = P_{2a+c+2}(P_{2a+2c+4} - P_{2a+2c+2}) - (P_{2a+c+1}P_{2a+c+3} - P_cP_{2a+c}P_{2a+c+2}).$$

它的生成函数为
$$H(t) = (1 - d_1t + d_2t^2 - d_3t^3)^{-1}[R_0 + (R_1 - d_1R_0)t + (R_2 - d_1R_1 + d_2R_0)t^2]. \tag{2.3.4}$$

于是我们得到下面的定理.

定理 2.3.1 对任意非负整数 a, c, 广义圈链 R_n 的匹配多项式为
$$R_n = \sum_{l=0}^{2} \alpha_l \left\{ \sum_{\substack{\sum\limits_{p=1}^{l} pk_p = n-l}} (-1)^{k_2} \frac{\left(\sum\limits_{p=1}^{3} k_p\right)!}{\prod\limits_{p=1}^{3} k_p!} \prod_{p=1}^{3} d_p^{k_p} \right\}, \tag{2.3.5}$$

这里 $\alpha_0 = R_0, \alpha_1 = R_1 - d_1 R_0, \alpha_2 = R_2 - d_1 R_1 + d_2 R_0$.

特别地, 若 $a=1, c=0$, 图 R_n 叫苯链, 记为 $B_n(n \geqslant 0)$. 此时

$$d_1 = x^4 - 5x^2 + 3, \quad d_2 = x^4 - 3x^2 + 3, \quad d_3 = 1.$$
$$\alpha_0 = x^2 - 1, \quad \alpha_1 = x^2 + 1, \quad \alpha_2 = 0.$$

于是我们得下面的推论.

推论 2.3.1 苯链 $B_n(n \geqslant 0)$ 的匹配多项式为

$$\mu(B_n, x) = \sum_{l=0}^{2} \alpha_l \left\{ \sum_{\substack{\sum\limits_{p=1}^{l} pk_p = n-l}} \sum_{\substack{\sum\limits_{p=1}^{3} s_p = k_1}} \sum_{\substack{\sum\limits_{p=1}^{3} t_p = k_2}} \frac{\left(\sum\limits_{p=1}^{3} k_p\right)!}{\prod\limits_{p=1}^{3} s_p! \prod\limits_{p=1}^{3} t_p!} \right.$$
$$\left. \cdot (-1)^{k_2+t_2+s_2} 3^{s_1+t_1+t_2} 5^{s_2} x^{2(s_2+t_2)+4(s_3+t_3)} \right\}. \tag{2.3.6}$$

2.4 剖分图的匹配多项式

设 G 是一个图, $V(G) = \{v_1, v_2, \cdots, v_n\}, E(G) = \{e_1, e_2, \cdots, e_m\}$, 我们定义一个图 $S(G)$, 叫图 G 的剖分图, 它是将图 G 的每一条边 $e_i = (v_r, v_s)$ 用一条长为 2 的路 $P(v_r\text{-}e_i^*\text{-}v_s)$ 代替后得到的图 (图 2.5).

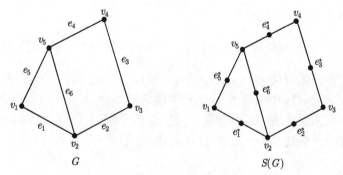

图 2.5 图 G 和它的剖分图 $S(G)$

明显地,

$$V(S(G)) = V(G) \cup \{e^* | e \in E(G)\},$$
$$E(S(G)) = \{(v_r, e^*), (v_s, e^*) | e = (v_r, v_s) \in E(G)\}.$$

在这一节中, 我们使用容斥原理来计算剖分图的匹配多项式. 为此先引进一个

多项式
$$g(G,x) = \sum_{k=0}^{\lfloor \frac{n}{2} \rfloor} p(G,k) x^k,$$
称其为图 G 的匹配生成函数. 显然, 它与图的匹配多项式之间有如下的关系
$$\mu(G,x) = x^n g(G, -x^{-2}).$$

我们先介绍容斥原理的一些基本知识. 设 S 是一个有限集. R 是一个环, $\omega: S \longrightarrow R$ 是定义在 S 上的一个权函数. 对任意的子集 $S' \subseteq S$, 定义 S' 的权 $\omega(S')$ 为 S' 中每一个元素的权的和, 即
$$\omega(S') = \sum_{s \in S'} \omega(s).$$

设 $S_1, S_2, \cdots, S_r$ 是 S 的一些子集, 对 $\{1, 2, \cdots, r\}$ 的每个子集 T, 记
$$S_T = \bigcap_{i \in T} S_i,$$
且约定 $S_\varnothing = S$. 对 $0 \leqslant k \leqslant r$, 记
$$\omega(T_k) = \sum_{|T|=k} \omega(S_T),$$
则有下面的容斥原理.

定理 2.4.1 (容斥原理)[34]
$$\omega(\bar{S}_1 \cap \bar{S}_2 \cap \cdots \cap \bar{S}_r) = \omega(T_0) - \omega(T_1) + \omega(T_2) + \cdots + (-1)^r \omega(T_r).$$

设 G 是一个图, $V(G) = \{v_1, v_2, \cdots v_n\}$, $E(G) = \{e_1, e_2, \cdots, e_m\}$, $S(G)$ 是 G 的剖分图, E_i 表示 $S(G)$ 中关联于 v_i 的所有的边的集合, $1 \leqslant i \leqslant n$. 定义 N 是向量 $\alpha = (\alpha_1, \alpha_2, \cdots, \alpha_n)$ 的集, 其中分量 α_i 是 E_i 的子集, 且 $|\alpha_i| \leqslant 1$, 即 α_i 是空集或是 E_i 中的其中一条边. 由于 α_i 共有 $d_G(v_i) + 1$ 种选择, 则
$$|N| = \prod_{i=1}^n (1 + d_G(v_i)).$$

设 $Z[x]$ 是带有整系数的多项式环, $\forall \alpha \in N$, 我们定义一个权函数
$$\omega : N \mapsto Z[x], \quad \alpha \mapsto x^{\sum_{i=1}^n |\alpha_i|}.$$

$\forall \varnothing \neq N' \subseteq N$, 我们定义 $\omega(N') = \sum_{\alpha \in N'} \omega(\alpha)$, 且约定 $\omega(\varnothing) = 0$.

2.4 剖分图的匹配多项式

引理 2.4.1 设 G 是一个图, 它的点集 $V(G) = \{v_1, v_2, \cdots, v_n\}$, 它的边集 $E(G) = \{e_1, e_2, \cdots, e_m\}$, $S(G)$ 是 G 的剖分图, N 和 $\omega(N)$ 是上面定义的, 则

$$\omega(N) = \prod_{i=1}^{n}(1 + xd_G(v_i)).$$

证明 设 $\alpha = \{\alpha_1, \alpha_2, \cdots, \alpha_n\} \in N$. 注意 $\alpha_i = \varnothing$ 或 $\{v_i e_{ik}^*\}(1 \leqslant k \leqslant d_G(v_i))$, 这里 $E_i = \{v_i e_{ik}^* | 1 \leqslant k \leqslant d_G(v_i)\}$. 对应地, 这样的 α_i 对 $\omega(\alpha)$ 的贡献是 1 或 x. 于是所有 α_i 对 $\omega(N)$ 的贡献为 $1 + xd_G(v_i)$, 故 $\omega(N) = \prod_{i=1}^{n}(1 + xd_G(v_i))$. □

设 $e_i = (v_s, v_t) \in E(G)$. 定义

$$N_i = \{\alpha = (\alpha_1, \alpha_2, \cdots, \alpha_n) | \alpha \in N, \alpha_s = v_s e_i^*, \alpha_t = v_t e_i^*\}.$$

引理 2.4.2 设 G 是一个图, $V(G) = \{v_1, v_2, \cdots, v_n\}$, $E(G) = \{e_1, e_2, \cdots, e_m\}$, $S(G)$ 是 G 的剖分图, $N_i(1 \leqslant i \leqslant m)$ 是上面定义的 N 的子集, 再设 $M = \{e_{i_1}, e_{i_2}, \cdots, e_{i_k}\} \subseteq E(G)$.

(1) 如果 M 是图 G 的一个匹配, 则

$$\omega(N_{i_1} \cap N_{i_2} \cap \cdots \cap N_{i_k}) = x^{2k} \prod_{v_j \in V(G) \setminus V(M)}(1 + xd_G(v_j));$$

(2) 如果 M 不是图 G 的一个匹配, 则

$$N_{i_1} \cap N_{i_2} \cap \cdots \cap N_{i_k} = \varnothing.$$

证明 (1) M 是一个匹配, 设 $e_{i_j} = (v_{a_j}, v_{b_j})(1 \leqslant j \leqslant k)$. 若 $\alpha = (\alpha_1, \alpha_2, \cdots, \alpha_n) \in \bigcap_{j=1}^{k} N_{i_j}$, 则 $\alpha_{a_j} = (v_{a_j} e_{i_j}^*), \alpha_{b_j} = (v_{b_j} e_{i_j}^*)$. $\forall \alpha_j \notin \{\alpha_{a_i} | 1 \leqslant i \leqslant k\} \cup \{\alpha_{b_i} | 1 \leqslant i \leqslant k\}$, α_j 贡献于 $\omega(\alpha)$ 的值是 $1 + d_G(v_j)$. 边 $(v_{a_j} e_{i_j}^*)$ 和 $(v_{b_j} e_{i_j}^*)$ 贡献于 $\omega(\alpha)$ 的值都是 x, 于是

$$\omega(N_{i_1} \cap N_{i_2} \cap \cdots \cap N_{i_k}) = x^{2k} \prod_{v_j \in V(G) \setminus V(M)}(1 + xd_G(v_j)).$$

(2) 由于 M 不是匹配, 则至少存在 $e_{i_s}, e_{i_t} \in M$, 使得 $|V(e_{i_s}) \cap V(e_{i_t})| = 1$. 不失一般性, 我们设 $e_{i_s} = (v_a, v_b), e_{i_t} = (v_a, v_c), v_b \neq v_c$. 若 $\alpha = (\alpha_1, \alpha_2, \cdots, \alpha_n) \in N_{i_s}, \alpha' = (\alpha_1', \alpha_2', \cdots, \alpha_n') \in N_{i_t}$, 则必有 $\alpha_a = v_a e_{i_s}^*, \alpha_a' = v_a e_{i_t}^*$. 而 $\alpha_a \neq \alpha_a'$, 则 $N_{i_s} \cap N_{i_t} = \varnothing$. □

引理 2.4.3 设 G 是一个图, $V(G) = \{v_1, v_2, \cdots, v_n\}$, $E(G) = \{e_1, e_2, \cdots, e_m\}$, $S(G)$ 是 G 的剖分图, $N_i(1 \leqslant i \leqslant m)$ 是上面定义的 N 的子集, 则

$$\omega\overline{(N_1\cup N_2\cup\cdots\cup N_m)}=\sum_{M\in M(G)}(-1)^{|M|}x^{2|M|}\left(\prod_{v_j\in V(G)\backslash V(M)}(1+xd_G(v_j))\right).$$

证明 由定理 2.4.1, 显然. □

定理 2.4.2 设 G 是带有点集为 $V(G)=\{v_1,v_2,\cdots,v_n\}$, 边集为 $E(G)=\{e_1,e_2,\cdots,e_m\}$ 的图, $S(G)$ 是 G 的剖分图, 则

$$\mu(S(G),x)=x^{m-n}\sum_{M\in M(G)}(-1)^{|M|}\left(\prod_{v_j\in V(G)\backslash V(M)}(x^2-d_G(v_j))\right),$$

$$g(S(G),x)=\sum_{M\in M(G)}(-1)^{|M|}x^{2|M|}\left(\prod_{v_j\in V(G)\backslash V(M)}(1+xd_G(v_j))\right),$$

这里 $M(G)$ 是 G 的匹配的集合.

证明 记

$$N^*=\{\alpha_1\cup\alpha_2\cup\cdots\cup\alpha_n|\alpha=(\alpha_1,\alpha_2,\cdots,\alpha_n)\in\overline{(N_1\cup N_2\cup\cdots\cup N_m)}\}.$$

由 N_i 的定义, 我们知道 N^* 就是 $S(G)$ 的匹配集 $M(S(G))$, 则

$$\begin{aligned}g(S(G),x)&=\sum_{M\in M(S(G))}x^{|M|}\\&=\sum_{\bigcup_{i=1}^n\alpha_i\in N^*}x^{\sum_{i=1}^n|\alpha_i|}\\&=\sum_{\alpha\in\overline{(N_1\cup N_2\cup\cdots\cup N_m)}}x^{|\alpha|}\\&=\omega\overline{(N_1\cup N_2\cup\cdots\cup N_m)}\\&=\sum_{M\in M(G)}(-1)^{|M|}x^{2|M|}\left(\prod_{v_j\in V(G)\backslash V(M)}(1+xd_G(v_j))\right).\end{aligned}$$

由 $\mu(G,x)=x^n g(G,-x^2)$ 得到 $\mu(S(G),x)$ 的精确表达式. □

推论 2.4.1 设 G 是一个有 n 个点, m 条边的 r-正则图, $S(G)$ 是 G 的剖分图, 则

$$\mu(S(G),x)=x^{m-n}\mu(G,x^2-r),$$

$$g(S(G),x)=(1+rx)^n g\left(G,-\frac{x^2}{(1+rx)^2}\right).$$

推论 2.4.2 设 G 是具有划分 (m,n) 的、半正则度为 (r_1,r_2) 的二分图，$m \leqslant n$，则

$$\mu(S(G),x) = x^{mr_1-m-n}\sum_{i=0}^{m}(-1)^i p(G,i)(x^2-r_1)^{m-i}(x^2-r_2)^{n-i},$$

$$g(S(G),x) = \sum_{i=0}^{m}(-1)^i p(G,i)x^{2i}(1+r_1x)^{m-i}(1+r_2x)^{n-i}.$$

推论 2.4.3 设 G 是带有点集为 $V(G) = \{v_1, v_2, \cdots, v_n\}$，边集为 $E(G) = \{e_1, e_2, \cdots, e_m\}$ 的一个图，$S(G)$ 是 G 的剖分图，则 $S(G)$ 的 Hosoya 指标为

$$Z(S(G)) = \sum_{M \in M(G)}(-1)^{|M|}\left(\prod_{v_j \in V(G)\setminus V(M)}(1+d_G(v_j))\right).$$

推论 2.4.4 设 G 是有 n 个点，m 条边的 r-正则图，$S(G)$ 是它的剖分图，则

$$Z(S(G)) = \mu(G, r+1).$$

推论 2.4.5 设 G 是具有划分 (m,n) 的、半正则度为 (r_1,r_2) 的二分图，$m \leqslant n$，则

$$Z(S(G)) = \sum_{i=0}^{m}(-1)^i p(G,i)(1+r_1)^{m-i}(1+r_2)^{n-i}.$$

2.5 图的运算和匹配多项式

本节介绍几个图变换和它们的匹配多项式. 为了方便, 在下面我们约定 P_0, P_{-1}, P_{-2} 都是空图, 且 $\mu(P_0) = 1, \mu(P_{-1}) = 0, \mu(P_{-2}) = -1$. 设 G 是一个图, 在下面如果 $u_i = u_j$, 我们约定 $\mu(G \setminus \{u_1, \cdots, u_i, \cdots, u_j, \cdots, u_k\}) = 0$. 如果 G 是只有一个点 u 的图, 我们约定 $\sum_{i \sim u, i \in V(G)} \mu(G \setminus \{u, i\}) = 0$.

2.5.1 第一种图变换

设 G 是一个连通图，$e = uv \in E(G)$，且 $N(u) \cap N(v) = \varnothing$，我们构造一个图 $G^{(e)}$ 如下：先从图 G 中删除边 e，然后黏结点 u 和 v 成为一个点 w，最后在点 w 依附一个悬挂点 z，见图 2.6. 记 $e' = wz$. 明显地，当 e 是一条悬挂边时，$G \cong G^{(e)}$.

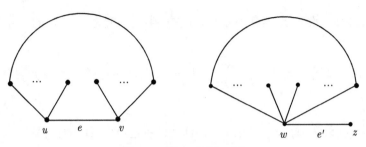

图 2.6 图 G 和图 $G^{(e)}$

定理 2.5.1 设 $d(u) \geqslant 2, d(v) \geqslant 2, N(u) \cap N(v) = \varnothing$, 则

$$\mu(G) - \mu(G^{(e)}) = \sum_{i \sim u, i \in V(G)} \sum_{j \sim v, j \in V(G)} \mu(G \setminus \{u,v,i,j\}). \tag{2.5.1}$$

证明 由定理 1.3.1,

$$\mu(G) = x\mu(G \setminus u) - \sum_{i \sim u, i \neq v, i \in V(G)} \mu(G \setminus \{u,i\}) - \mu(G \setminus \{u,v\})$$

$$= x\left[x\mu(G \setminus \{u,v\}) - \sum_{j \sim v, j \in V(G)} \mu(G \setminus \{u,v,j\})\right]$$

$$- \sum_{i \sim u, i \in V(G)} \left[x\mu(G \setminus \{u,v,i\}) - \sum_{j \sim v, j \in V(G)} \mu(G \setminus \{u,v,i,j\})\right] - \mu(G \setminus \{u,v\}).$$

$$\mu(G^{(e)}) = x\mu(G^{(e)} \setminus w) - \sum_{k \sim w, k \neq z, k \in V(G^{(e)})} \mu(G \setminus \{w,k\}) - \mu(G^{(e)} \setminus \{w,z\}).$$

由图 $G^{(e)}$ 的构造知

$$x^2 \mu(G \setminus \{u,v\}) = x\mu(G^{(e)} \setminus w),$$

$$x \sum_{j \sim v, j \in V(G)} \mu(G \setminus \{u,v,j\}) + x \sum_{i \sim u, i \in V(G)} \mu(G \setminus \{u,v,i\})$$
$$= \sum_{k \sim w, k \neq z, k \in V(G^{(e)})} \mu(G^{(e)} \setminus \{w,k\}),$$

且

$$\mu(G \setminus \{u,v\}) = \mu(G^{(e)} \setminus \{w,z\}),$$

则

$$\mu(G) - \mu(G^{(e)}) = \sum_{i \sim u, i \in V(G),} \sum_{j \sim v, j \in V(G)} \mu(G \setminus \{u,v,i,j\}). \qquad \square$$

2.5.2 第二种图变换

设 G 是至少有两个点的连通图,$u \in V(G)$,路 P_n 的点从一端到另一端分别标了 $v_1, v_2, \cdots, v_n$,图 G 的点 u 和路 P_n 的点 v_i 黏结后得到的图记为 $G_{u,i}P_n$ (图 2.7).

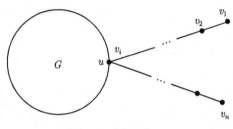

图 2.7 图 $G_{u,i}P_n$

定理 2.5.2 设 G 是至少有两个点的连通图,$u \in V(G)$,$n \geqslant 3$,$1 < i < n$,则

$$\mu(G_{u,1}P_n) - \mu(G_{u,i}P_n) = \mu(P_{i-2})\mu(P_{n-i-1}) \sum_{i \sim u, i \in V(G)} \mu(G \setminus \{u,i\}). \tag{2.5.2}$$

证明 由定理 1.3.1,

$$\mu(G_{u,1}P_n) = x\mu(G \setminus u)\mu(P_{n-1}) - \mu(G \setminus u)\mu(P_{n-2}) - \sum_{i \sim u, i \in V(G)} \mu(G \setminus \{u,i\})\mu(P_{n-1}),$$

$$\mu(G_{u,i}P_n) = x\mu(G \setminus u)\mu(P_{i-1})\mu(P_{n-i}) - \mu(G \setminus u)\mu(P_{i-2})\mu(P_{n-i})$$
$$- \mu(G \setminus u)\mu(P_{i-1})\mu(P_{n-i-1}) - \sum_{i \sim u, i \in V(G)} \mu(G \setminus \{u,i\})\mu(P_{i-1})\mu(P_{n-i}),$$

由于 $\mu(P_{s+t}) = \mu(P_s)\mu(P_t) - \mu(P_{s-1})\mu(P_{t-1})$,$\mu(P_s) = x\mu(P_{s-1}) - \mu(P_{s-2})$,则

$$\mu(G_{u,1}P_n) - \mu(G_{u,i}P_n)$$
$$= x\mu(G \setminus u)[\mu(P_{n-1}) - \mu(P_{i-1})\mu(P_{n-i})] - \mu(G \setminus u)[\mu(P_{n-2}) - \mu(P_{i-2})\mu(P_{n-i})]$$
$$+ \mu(G \setminus u)\mu(P_{i-1})\mu(P_{n-i-1}) - \sum_{i \sim u, i \in V(G)} \mu(G \setminus \{u,i\})[\mu(P_{n-1}) - \mu(P_{i-1})\mu(P_{n-i})]$$
$$= x\mu(G \setminus u)[-\mu(P_{i-2})\mu(P_{n-i-1})] - \mu(G \setminus u)[-\mu(P_{i-3})\mu(P_{n-i-1})]$$
$$+ \mu(G \setminus u)\mu(P_{i-1})\mu(P_{n-i-1}) - \sum_{i \sim u, i \in V(G)} \mu(G \setminus \{u,i\})[-\mu(P_{i-2})\mu(P_{n-i-1})]$$
$$= \mu(P_{i-2})\mu(P_{n-i-1}) \sum_{i \sim u, i \in V(G)} \mu(G \setminus \{u,i\}). \qquad \square$$

2.5.3 第三种图变换

设 G, H_1, H_2 是三个连通图，$u, v \in V(G)$，$u' \in V(H_1)$，$u'' \in V(H_2)$，以 $G_{uu'H_1}^{vu''H_2}$ 表示图 G 的点 u, v 分别黏结图 H_1 的点 u' 和图 H_2 的点 u'' 后得到的图，以 $G_{vu'H_1}^{vu''H_2}$ 表示图 G 的点 v 同时黏结图 H_1 的点 u' 和图 H_2 的点 u'' 后得到的图，$G_{uu'H_1}^{vu''H_2}$ 和 $G_{vu'H_1}^{vu''H_2}$ 如图 2.8 所示.

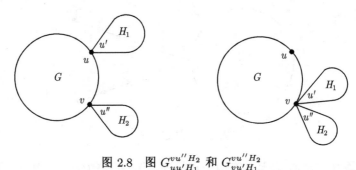

图 2.8　图 $G_{uu'H_1}^{vu''H_2}$ 和 $G_{vu'H_1}^{vu''H_2}$

定理 2.5.3　设 G, H_1, H_2 是三个连通图，$u, v \in V(G)$，$u' \in V(H_1)$，$u'' \in V(H_2)$，则

$$\begin{aligned}
& \mu(G_{uu'H_1}^{vu''H_2}) - \mu(G_{vu'H_1}^{vu''H_2}) \\
&= \mu(G \setminus \{u,v\}) \sum_{i \sim u', i \in V(H_1)} \mu(H_1 \setminus \{u',i\}) \sum_{j \sim u'', j \in V(H_2)} \mu(H_2 \setminus \{u'',j\}) \\
&\quad + \mu(H_2 \setminus u'') \sum_{i \sim u', i \in V(H_1)} \mu(H_1 \setminus \{u',i\}) \\
&\quad \cdot \left[\sum_{t \sim v, t \in V(G)} \mu(G \setminus \{u,v,t\}) - \sum_{s \sim u, s \in V(G)} \mu(G \setminus \{u,v,s\}) \right].
\end{aligned} \quad (2.5.3)$$

证明

$$\begin{aligned}
& \mu(G_{uu'H_1}^{vu''H_2}) \\
&= x\mu(G_{vu''H_2} \setminus u)\mu(H_1 \setminus u') - \mu(G_{vu''H_2} \setminus u) \sum_{i \sim u', i \in V(H_1)} \mu(H_1 \setminus \{u',i\}) \\
&\quad - \mu(H_1 \setminus u') \sum_{s \sim u, s \in V(G)} \mu(G_{vu''H_2} \setminus \{u,s\}) \\
&= x\bigg[x\mu(G \setminus \{u,v\})\mu(H_2 \setminus u'') - \mu(G \setminus \{u,v\}) \sum_{j \sim u'', j \in V(H_2)} \mu(H_2 \setminus \{u'',j\}) \\
&\quad - \mu(H_2 \setminus u'') \sum_{t \sim v, t \in V(G)} \mu(G \setminus \{u,v,t\}) \bigg] \mu(H_1 \setminus u')
\end{aligned}$$

2.5 图的运算和匹配多项式

$$-\bigg[x\mu(G\setminus\{u,v\})\mu(H_2\setminus u'') - \mu(G\setminus\{u,v\})\sum_{j\sim u'',j\in V(H_2)}\mu(H_2\setminus\{u'',j\})$$

$$-\mu(H_2\setminus u'')\sum_{t\sim v,t\in V(G)}\mu(G\setminus\{u,v,t\})\bigg]\sum_{i\sim u',i\in V(H_1)}\mu(H_1\setminus\{u',i\})$$

$$-\mu(H_1\setminus u')\sum_{s\sim u,s\in V(G)}\bigg[x\mu(G\setminus\{u,v,s\})\mu(H_2\setminus u'')$$

$$-\mu(G\setminus\{u,v,s\})\sum_{j\sim u'',j\in V(H_2)}\mu(H_2\setminus\{u'',j\})$$

$$-\mu(H_2\setminus u'')\sum_{t\sim v,t\in V(G)}\mu(G\setminus\{u,v,s,t\})\bigg].$$

$$\mu(G_{vu'H_1}^{vu''H_2})$$
$$=x\mu(G\setminus v)\mu(H_1\setminus u')\mu(H_2\setminus u'') - \mu(G\setminus v)\mu(H_1\setminus u')\sum_{j\sim u'',j\in V(H_2)}\mu(H_2\setminus\{u'',j\})$$

$$-\mu(G\setminus v)\mu(H_2\setminus u'')\sum_{i\sim u',i\in V(H_1)}\mu(H_1\setminus\{u',i\})$$

$$-\mu(H_1\setminus u')\mu(H_2\setminus u'')\sum_{t\sim v,t\in V(G)}\mu(G\setminus\{v,t\})$$

$$=x\bigg[x\mu(G\setminus\{u,v\}) - \sum_{s\sim u,s\in V(G)}\mu(G\setminus\{u,v,s\})\bigg]\mu(H_1\setminus u')\mu(H_2\setminus u'')$$

$$-\bigg[x\mu(G\setminus\{u,v\}) - \sum_{s\sim u,s\in V(G)}\mu(G\setminus\{u,v,s\})\bigg]\mu(H_1\setminus u')$$

$$\cdot\sum_{j\sim u'',j\in V(H_2)}\mu(H_2\setminus\{u'',j\})$$

$$-\bigg[x\mu(G\setminus\{u,v\}) - \sum_{s\sim u,s\in V(G)}\mu(G\setminus\{u,v,s\})\bigg]\mu(H_2\setminus u'')$$

$$\cdot\sum_{i\sim u',i\in V(H_1)}\mu(H_1\setminus\{u',i\}) - \mu(H_1\setminus u')\mu(H_2\setminus u'')$$

$$\cdot\sum_{t\sim v,t\in V(G)}\bigg[x\mu(G\setminus\{u,v,t\}) - \sum_{s\sim u,s\in V(G)}\mu(G\setminus\{u,v,s,t\})\bigg].$$

$$\mu(G_{uu'H_1}^{vu''H_2}) - \mu(G_{vu'H_1}^{vu''H_2})$$
$$=\mu(G\setminus\{u,v\})\sum_{i\sim u',i\in V(H_1)}\mu(H_1\setminus\{u',i\})\sum_{j\sim u'',j\in V(H_2)}\mu(H_2\setminus\{u'',j\})$$

$$+\mu(H_2\setminus u'')\sum_{i\sim u',i\in V(H_1)}\mu(H_1\setminus\{u',i\})\bigg[\sum_{t\sim v,t\in V(G)}\mu(G\setminus\{u,v,t\})$$

$$- \sum_{s\sim u, s\in V(G)} \mu(G\setminus\{u,v,s\})\Big].$$ □

在图 G 的自同构下属于同一轨道上的点称为相似点, 即点 u 和 v 在图 G 中相似当且仅当存在 G 的一个自同构 π 使得 $\pi(u)=v$.

推论 2.5.1 设 G, H_1, H_2 是三个连通图, $u,v\in V(G), u'\in V(H_1), u''\in V(H_2)$, 且 u,v 在图 G 中相似, 则

$$\mu(G_{uu'H_1}^{vu''H_2}) - \mu(G_{vu'H_1}^{vu''H_2})$$
$$= \mu(G\setminus\{u,v\})\sum_{i\sim u',i\in V(H_1)}\mu(H_1\setminus\{u',i\})\sum_{j\sim u'',j\in V(H_2)}\mu(H_2\setminus\{u'',j\}). \quad (2.5.4)$$

证明 由 $G\setminus u\cong G\setminus v$, 我们可以得到 $\sum_{t\sim v,t\in V(G)}\mu(G\setminus\{u,v,t\}) - \sum_{s\sim u,s\in V(G)}\mu(G\setminus\{u,v,s\}) = 0$. □

2.5.4 第四种图变换

设 G 是一个图, $e=uv\in E(G)$, 在边 e 中依次插入 n 点 $v_1,v_2,\cdots,v_n$ 后得到的图记为 $G^{e,n}$(图 2.9). $G_{v,1}P_{n+1}$ 的记号同定理 2.5.2.

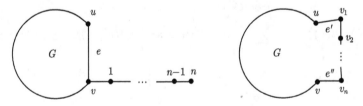

图 2.9 图 $G_{v,1}P_{n+1}$ 和 $G^{e,n}$

定理 2.5.4 设 G 是一个连通图, $e=uv\in E(G)$, 则

$$\mu(G^{e,n}) - \mu(G_{v,1}P_{n+1}) = \sum_{i\sim v, i\in V(G)} \mu((G\setminus\{u,v,i\})\cup P_{n-1}). \quad (2.5.5)$$

证明 在图 $G^{e,n}$ 中, 记 $e'=uv_1, e''=v_nv$, 由定理 1.3.1,

$$\mu(G^{e,n}) = \mu(G^{e,n}\setminus e') - \mu(G^{e,n}\setminus\{u,v_1\})$$
$$= \mu(G^{e,n}\setminus e') - [\mu(G^{e,n}\setminus\{u,v_1,e''\}) - \mu(G^{e,n}\setminus\{u,v,v_1,v_n\})]$$
$$= \mu(G^{e,n}\setminus e') - \mu((G\setminus u)\cup P_{n-1}) + \mu((G\setminus\{u,v\})\cup P_{n-2}).$$

$e=uv$, 由定理 1.3.1,

$$\mu(G_{v,1}P_{n+1}) = \mu(G_{v,1}P_{n+1}\setminus e) - \mu(G_{v,1}P_{n+1}\setminus\{u,v\})$$

$$= \mu(G_{v,1}P_{n+1} \setminus e) - \mu((G \setminus \{u,v\}) \cup P_n).$$

注意到 $\mu(G^{e,n} \setminus e') = \mu(G_{v,1}P_{n+1} \setminus e), \mu(P_n) = x\mu(P_{n-1}) - \mu(P_{n-2}), \mu(G \setminus u) = x\mu(G \setminus \{u,v\}) - \sum_{i \sim v, i \in V(G)} \mu(G \setminus \{u,v,i\})$, 则

$$\begin{aligned}
&\mu(G^{e,n}) - \mu(G_{v,1}P_{n+1}) \\
&= \mu(G \setminus \{u,v\})[x\mu(P_{n-1}) - \mu(P_{n-2})] \\
&\quad - \left[x\mu(G \setminus \{u,v\}) - \sum_{i \sim v, i \in V(G)} \mu(G \setminus \{u,v,i\})\right]\mu(P_{n-1}) + \mu((G \setminus \{u,v\}) \cup P_{n-2}) \\
&= \sum_{i \sim v, i \in V(G)} \mu((G \setminus \{u,v,i\}) \cup P_{n-1}).
\end{aligned}$$

□

2.6 一些说明

在一个平面图中计算匹配数是一个 NP-困难问题[35]. 因此, 计算一个图的匹配多项式也是 NP-困难问题. 本章中的一些基本图的匹配多项式可以在 [20] 中找到. 一些特殊图的匹配多项式来自 [36]. 利用转移矩阵计算匹配多项式的 2.2 节和 2.3 节来自文献 [37]—[39], 其实在文献 [39] 中作者计算了更复杂广义圈链的匹配多项式, 在那里上边的点有 a 个, 下边的点有 b 个 (图 2.4), 这里介绍的只是它的特殊情形. 利用容斥原理计算匹配多项式的 2.4 节来自文献 [40]. 2.5 节是作者本人的一些结果, 待发表.

第3章 匹配多项式的根与系数

3.1 匹配多项式的根

在这一节中我们介绍有关图的匹配多项式的根的一些结论, 包括图的匹配多项式的所有根都是实数, 它们关于坐标原点对称; 连通图的最大匹配根大于任何删去一个点的子图的最大匹配根; 删去一个点的子图的匹配根内插在原图的匹配根之间; 匹配多项式根的重数的一些结论. 首先证明树的匹配多项式等于它的特征多项式, 有下面的定理.

定理 3.1.1 一个图 G 是无圈图当且仅当 $\mu(G,x) = \phi(G,x)$.

证明 设 G 是一个无圈图, 由定理 1.6.2 知, 多项式 $\phi(G,x)$ 的 x^{n-i} 的系数为

$$c_i = \sum_{H \in \mathcal{H}_i} (-1)^{p(H)} 2^{c(H)} \quad (i = 1, 2, \cdots, n).$$

这里的 $\mathcal{H}_i$ 是图 G 的含有 i 个点的基本子图的集合, $p(H)$ 是图 H 中的连通分支的个数, $c(H)$ 是图 H 中圈的个数. 于是

$$c_i = \begin{cases} (-1)^r p(G,r), & i = 2r, \\ 0, & \text{否则}. \end{cases}$$

故 $\mu(G,x) = \phi(G,x)$.

反之, 设图 G 不是无圈图, 它的围长为 d, 且图 G 含有 s 个长为 d 的圈, 则

$$c_d = \begin{cases} -2s + (-1)^r p(G,r), & d = 2r, \\ -2s, & d = 2r+1. \end{cases}$$

若 $d = 2r+1$, 多项式 $\mu(G,x)$ 中 x^{n-d} 的系数为 0, 若 $d = 2r$, 多项式 $\mu(G,x)$ 中 x^{n-d} 的系数为 $(-1)^r p(G,r)$, 均不等于多项式 $\phi(G,x)$ 的 x^{n-d} 的系数 c_d, 故 $\mu(G,x) \neq \phi(G,x)$. □

设 G 是一个连通图, $u, v \in V(G)$, 以 $\mathcal{P}_{uv}(G)$ 表示图 G 中从点 u 到点 v 的所有路的集合. 以 $\mathcal{P}_u(G)$ 表示图 G 中从点 u 出发的所有路的集合. 以 $\mathcal{P}(G)$ 表示图 G 中的所有路的集合. 我们定义 G 关于点 u 的路树 $T(G,u)$ 如下: 它的顶点集是 $\mathcal{P}_u(G)$, 即每个顶点是图 G 中从点 u 开始的路 (包括点 u), 这样的两个点相邻接当且仅当相对应的一条路是另一条路的极大真子路.

3.1 匹配多项式的根

若图 G 不连通,我们定义 G 关于点 u 的路树 $T(G,u)$ 是点 u 所在的分支关于点 u 的路树并上图 G 的其他分支.

定理 3.1.2 设 $T = T(G,u)$ 是图 G 关于点 u 的路树,则

$$\frac{\mu(G \setminus u, x)}{\mu(G, x)} = \frac{\mu(T \setminus u, x)}{\mu(T, x)},$$

且 $\mu(G,x)$ 整除 $\mu(T,x)$.

证明 若 G 是一棵树,则 $G = T(G,u)$,此时定理是显然的. 下面我们假定对 G 的所有子图定理成立. 记 $H = G \setminus u$, N 表示点 u 在图 G 中的邻点集. 由定理 1.3.1(b),有

$$\frac{\mu(G,x)}{\mu(H,x)} = \frac{x\mu(H,x) - \sum_{v \in N} \mu(H \setminus v, x)}{\mu(H,x)}$$

$$= x - \sum_{v \in N} \frac{\mu(H \setminus v, x)}{\mu(H,x)}$$

$$= x - \sum_{v \in N} \frac{\mu(T(H,v) \setminus v, x)}{\mu(T(H,v), x)}.$$

注意到 $T(H,v) = T(G \setminus u, v)$ 同构于图 $T(G,u) \setminus u$ 的包含点 $P = uv$ 的分支,因而

$$\frac{\mu(T(H,v) \setminus v, x)}{\mu(T(H,v), x)} = \frac{\mu(T(G,u) \setminus \{u, uv\}, x)}{\mu(T(G,u) \setminus u, x)},$$

于是

$$x - \sum_{v \in N} \frac{\mu(T(H,v) \setminus v, x)}{\mu(T(H,v), x)} = x - \sum_{v \in N} \frac{\mu(T(G,u) \setminus \{u, uv\}, x)}{\mu(T(G,u) \setminus u, x)}$$

$$= \frac{x\mu(T(G,u) \setminus u, x) - \sum_{v \in N} \mu(T(G,u) \setminus \{u, uv\}, x)}{\mu(T(G,u) \setminus u, x)}$$

$$= \frac{\mu(T(G,u), x)}{\mu(T(G,u) \setminus u, x)}.$$

另一方面,由于 $T(G \setminus u, v)$ 同构于图 $T(G,u) \setminus u$ 的包含点 $P = uv$ 的分支,则多项式 $\mu(T(G \setminus u, v), x)$ 整除多项式 $\mu((T(G,u) \setminus u), x)$,由归纳假定知多项式 $\mu(G \setminus u, x)$ 整除多项式 $\mu(T(G \setminus u, v), x)$,故多项式 $\mu(G \setminus u, x)$ 整除多项式 $\mu((T(G,u) \setminus u), x)$. 再由

$$\frac{\mu(G \setminus u, x)}{\mu(G, x)} = \frac{\mu(T \setminus u, x)}{\mu(T, x)},$$

知多项式 $\mu(G,x)$ 整除 $\mu(T,x)$. □

设 $P \in P_u(G)$ 是图 G 中从点 u 开始的一条路，它在 $T(G,u)$ 中也唯一地对应和它一样长度的一条路，我们仍把它记为 P.

推论 3.1.1 设 $T = T(G,u)$ 是 G 关于点 u 的路树，$P \in P_u(G)$，则

$$\frac{u(G \setminus P, x)}{u(G, x)} = \frac{u(T \setminus P, x)}{u(T, x)}.$$

证明 对路 P 的点数用数学归纳法. 若 P 只有一个点 u，则由定理 3.1.2，结论成立. 设 P 至少有两个点，v 是 P 的不同于 u 的另一个端点. 记 $Q = P \setminus v$，$H = G \setminus Q$，则

$$\begin{aligned}
\frac{u(G \setminus P, x)}{u(G, x)} &= \frac{u(G \setminus P, x)}{u(G \setminus Q, x)} \cdot \frac{u(G \setminus Q, x)}{u(G, x)} \\
&= \frac{u(T(H,v) \setminus v, x)}{u(T(H,v), x)} \cdot \frac{u(T \setminus Q, x)}{u(T, x)},
\end{aligned}$$

注意 $T(H,v)$ 是 $T(G,u) \setminus Q$ 的一个分支，且从这个分支上删去点 v 得到的图就是 $T(G,u) \setminus P$，这就意味着

$$\frac{u(T(H,v) \setminus v, x)}{u(T(H,v), x)} = \frac{u(T \setminus P, x)}{u(T \setminus Q, x)}. \qquad \square$$

我们知道图的特征根是实对称矩阵的特征根，它们都是实数，且有下面的引理.

引理 3.1.1[7] 设树 T 的最大度为 $\Delta(>1)$，则它的谱半径 $\rho(G) \leqslant 2\sqrt{\Delta - 1}$.

定理 3.1.3 对任何图 G，匹配多项式 $\mu(G,x)$ 的根都是实数，且关于坐标原点对称. 设图 G 的最大度为 $\Delta(>1)$，则匹配多项式 $\mu(G,x)$ 的根在区间 $(-2\sqrt{\Delta - 1}, 2\sqrt{\Delta - 1})$ 中.

证明 不妨设 G 是一个连通图，由定理 3.1.2 知道 $\mu(G,x)$ 整除 $\mu(T,x)$，这里的 $T = T(G,u)$ 是图 G 关于点 u 的路树. 由定理 3.1.1 知 $\mu(T,x) = \phi(T,x)$ 的根都是实数，故 $\mu(G,x)$ 的根也都是实数. 由匹配多项式的定义知它的根关于坐标原点对称. 设图 G 的最大度为 $\Delta(>1)$，则路树 $T = T(G,u)$ 的最大度不大于 Δ，由引理 3.1.1 知道，$\mu(T,x)$ 的根在区间 $(-2\sqrt{\Delta - 1}, 2\sqrt{\Delta - 1})$ 中，故多项式 $\mu(G,x)$ 的根也在区间 $(-2\sqrt{\Delta - 1}, 2\sqrt{\Delta - 1})$ 中. $\qquad \square$

设 G 是一个 n 阶图，以 $M_1(G) \geqslant M_2(G) \geqslant \cdots \geqslant M_n(G)$ 表示 $\mu(G,x)$ 的 n 个根，其中，$M_1(G), M_2(G), M_n(G)$ 分别叫图 G 的匹配最大根、次大根和最小根.

引理 3.1.2[19] 设 G 是一个图，u 是图 G 中的任意一点，$\phi(G,x)$ 是图 G 的特征多项式，则有理函数 $\dfrac{\phi(G \setminus u, x)}{\phi(G, x)}$ 只有简单极点，且每个极点的留数大于零，即

$$\frac{\phi(G \setminus u, x)}{\phi(G, x)} = \sum_{i=1}^{r} \frac{d_i}{x - \lambda_i},$$

这里 $\lambda_1 > \lambda_2 > \cdots > \lambda_r$ 是 $\phi(G,x)$ 的根, 且 $d_i > 0 (i=1,2,\cdots,r)$.

定理 3.1.4 设 $u \in V(G)$, 则多项式 $\mu(G \setminus u, x)$ 的根内插在多项式 $\mu(G,x)$ 的根之间. 假若图 G 连通, 则 $\mu(G,x)$ 的最大根是单重的, 且严格大于 $\mu(G \setminus u, x)$ 的最大根.

证明 由定理 3.1.2 和引理 3.1.2 知

$$\frac{\mu(G\setminus u, x)}{\mu(G, x)} = \frac{\mu(T\setminus u, x)}{\mu(T, x)}$$
$$= \frac{\phi(T\setminus u, x)}{\phi(T, x)} = \sum_{i=1}^{r} \frac{d_i}{x - \lambda_i}, \qquad (3.1.1)$$

这里 $\lambda_1 > \lambda_2 > \cdots > \lambda_r$ 是 $\mu(G,x)$ 的根, 且 $d_i > 0(i=1,2,\cdots,r)$.

将数轴划分为 $r-1$ 个开区间: $(\lambda_r, \lambda_{r-1}), \cdots, (\lambda_2, \lambda_1)$. 由 (3.1.1) 知道, 有理函数 $\dfrac{\mu(G\setminus u, x)}{\mu(G, x)}$ 在每个开区间上是连续的, 在区间内, 越靠近区间左端它的值趋于 $+\infty$, 越靠近区间右端它的值趋于 $-\infty$. 于是在区间 $(\lambda_{i+1}, \lambda_i)(i=1,2,\cdots,r+1)$ 中恰有 $\mu(G\setminus u, x)$ 的一个根. 类似地, $\mu(G\setminus u, x)$ 的任意两个不同根之间恰有一个使函数 $\dfrac{\mu(G\setminus u, x)}{\mu(G, x)}$ 无意义的点, 它恰是 $\mu(G, x)$ 的一个根. 于是 $\mu(G\setminus u, x)$ 的根内插在 $\mu(G, x)$ 的根之间.

若 G 连通, 则 $T = T(G, u)$ 也连通. $\mu(T, x) = \phi(T, x)$ 的最大根是单重根, 且大于 $\mu(T \setminus u, x) = \phi(T \setminus u, x)$ 的最大根, 由于 $\mu(G \setminus u, x)$ 整除 $\mu(T \setminus u, x)$ 且

$$\mu(G, x) = \mu(T, x) \frac{\mu(T \setminus u, x)}{\mu(G \setminus u, x)},$$

则 $\mu(G, x)$ 的最大根等于 $\mu(T, x)$ 的最大根, 且是单重的, 大于 $\mu(G \setminus u, x)$ 的最大根. □

定理 3.1.5 设 $e \in E(G)$, 则 $\mu(G, x)$ 的最大根大于等于 $\mu(G \setminus e, x)$ 的最大根. 若 G 连通, 则 $\mu(G, x)$ 的最大根大于 $\mu(G \setminus e, x)$ 的最大根.

证明 由于 $\mu(G, x) = \mu(G \setminus e, x) - \mu(G \setminus \{u, v\}, x)$, 而 $\mu(G, x)$ 的最大根大于等于 $\mu(G \setminus \{u, v\}, x)$ 的最大根, 这说明, 当 $x \geqslant M_1(G)$ 时, $\mu(G \setminus \{u,v\}, x) \geqslant 0$. 这也隐含着 $\mu(G, x)$ 的最大根大于等于 $\mu(G \setminus e, x)$ 的最大根. 若 G 连通, $\mu(G, x)$ 的最大根大于 $\mu(G \setminus \{u, v\}, x)$ 的最大根, 这说明, 当 $x \geqslant M_1(G)$ 时, $\mu(G \setminus \{u,v\}, x) > 0$. 这也隐含着 $\mu(G, x)$ 的最大根大于 $\mu(G \setminus e, x)$ 的最大根. □

引理 3.1.3 设 u, v 图 G 的两个点, 则

$$\mu(G \setminus u, x)\mu(G \setminus v, x) - \mu(G, x)\mu(G \setminus \{u, v\}, x) = \sum_{P \in \mathcal{P}_{uv}(G)} \mu(G \setminus P, x)^2. \qquad (3.1.2)$$

证明 若 u,v 属于图 G 的不同的分支或 $e=uv$ 是图 G 的割边时, 结论显然. 假定 u,v 之间至少有一条长度大于等于 2 的路 P, 且假定结论对边数少于 G 的图成立. 设 $e=uw$ 是路 P 上的一条边, 记 $H=G\setminus e$, 则 $G\setminus u=H\setminus u$, $G\setminus\{u,v\}=H\setminus\{u,v\}$. 由归纳假定

$$\mu(H\setminus u,x)\mu(H\setminus v,x)-\mu(H,x)\mu(H\setminus\{u,v\},x)=\sum_{P\in\mathcal{P}_{uv}(H)}\mu(H\setminus P,x)^2. \quad (3.1.3)$$

由定理 1.3.1(c) 及归纳假定我们知道 (3.1.2) 与 (3.1.3) 的左边的差等于

$$\mu(G\setminus u,x)[\mu(G\setminus v,x)-\mu(H\setminus v,x)]-\mu(G\setminus\{u,v\},x)[\mu(G,x)-\mu(H,x)]$$
$$=-\mu(G\setminus u,x)\mu(G\setminus\{u,v,w\},x)+\mu(G\setminus\{u,v\},x)\mu(G\setminus\{u,w\},x)$$
$$=\sum_{P\in\mathcal{P}_{wv}(G\setminus u)}\mu(G\setminus P,x)^2. \quad (3.1.4)$$

注意假若 P 是图 G 中的点 u 到点 v 的一条路, 则 $G\setminus P=H\setminus P$. 于是, (3.1.2) 与 (3.1.3) 的右边的差等于

$$\sum_{P}\mu(G\setminus P,x)^2,$$

这里的 $\sum$ 是对图 G 的从点 u 到点 v 的且经过边 $e=uw$ 的所有的路 P 求和, 它恰好等于 (3.1.4). □

推论 3.1.2 设 P 是图 G 的一条路, 则 $u(G\setminus P,x)/u(G,x)$ 仅有简单极点. 换句话说, 设 θ 是 $\mu(G,x)$ 的一个根且 $m(\theta,G)$ 表示这个根的重数, 则

$$m(\theta,G\setminus P)\geqslant m(\theta,G)-1.$$

证明 设 $m(\theta,G)=k$, 由定理 3.1.4 知 $m(\theta,G\setminus u)\geqslant k-1$, $m(\theta,G\setminus\{u,v\})\geqslant k-2$. 由引理 3.1.3 知, θ 是等式 (3.1.2) 右端的至少 $2k-2$ 重根, 于是对每一条路 P, $m(\theta,G\setminus P)\geqslant k-1$. □

如果对引理 3.1.3 等式两端图 G 的所有点 v 求和, 利用定理 1.3.1(d) 我们得到下面引理.

引理 3.1.4 设 u 是图 G 的一个点, 则

$$\mu(G\setminus u,x)\mu'(G,x)-\mu(G,x)\mu'(G\setminus u,x)=\sum_{P\in\mathcal{P}_u(G)}\mu(G\setminus P,x)^2. \quad (3.1.5)$$

如果对等式 (3.1.5) 两端图 G 的所有点 u 求和, 利用定理 1.3.1(d) 我们得到下面引理.

引理 3.1.5 设 G 一个图，则

$$\mu'(G,x)^2 - \mu(G,x)\mu''(G,x) = \sum_{P\in\mathcal{P}(G)} \mu(G\setminus P,x)^2. \tag{3.1.6}$$

下面我们给出两个有关匹配多项式根的重数的定理.

定理 3.1.6 多项式 $\mu(G,x)$ 的每一个根的重数不大于覆盖 G 的所有顶点的点不交的路数. $\mu(G,x)$ 的不同根的个数不小于图 G 中的最长路的点数.

证明 对任意实数 θ 和任意图 G，以 $m(\theta,G)$ 表示数 θ 作为多项式 $\mu(G,x)$ 的一个根的重数. 设 $m(\theta,G) = m \geqslant 1$，由于 θ 至少是等式 (3.1.6) 左端的 $2m-2$ 重根. 因为等式 (3.1.6) 右端是一些平方和，于是对每一条路 $P \in \mathcal{P}(G)$，θ 至少是多项式 $\mu(G\setminus P,x)^2$ 的 $2m-2$ 重根. 这意味着

$$m(\theta,G) \leqslant m(\theta,G\setminus P) + 1.$$

设图 G 的所有点被点不相交的路 $P_1, P_2, \cdots, P_l$ 覆盖，则 $m(\theta,G) \leqslant l$.

观察 (3.1.6) 中的等式，由于等式右边是平方和，故等式右端的根的个数不大于图 $G\setminus P$ 的点数的两倍，即不大于 $2(|V(G)| - |V(P)|)$，对任意的路 $P \in \mathcal{P}(G)$. 而等式左端根的个数至少是 $\sum_\theta 2(m(\theta,G) - 1)$，这里的 $\sum$ 是对图的所有不同根 θ 求和. 于是，任意的路 $P \in \mathcal{P}(G)$，有

$$\sum_\theta 2(m(\theta,G) - 1) \leqslant 2(|V(G)| - |V(P)|),$$

设 $\mu(G,x)$ 有 k 个不同根，则

$$k \geqslant |V(P)|.$$

于是 $\mu(G,x)$ 的不同根的个数大于等于图 G 中最长路的点数. □

由上面的定理，下面的推论是显然的.

推论 3.1.3 假如 G 有一个 Hamilton 路，则 $\mu(G,x)$ 的根都是单根.

定理 3.1.6 还可以作如下的推广，设 $P_1, P_2, \cdots, P_l$ 是图 G 的一些点不交的路，且导出子图 $[G\setminus(P_1\cup P_2\cup\cdots\cup P_l)]$ 是一些孤立点的并，称图 G 被这些路几乎覆盖.

定理 3.1.7 假如图 G 被 l 条点不交的路几乎覆盖. 则多项式 $\mu(G,x)$ 的非零根的重数不大于 l；零根的重数不大于 $l+s$，这里 s 是没有被这些路覆盖的孤立点的个数.

证明 对任意实数 θ 和任意图 G，以 $m(\theta,G)$ 表示数 θ 作为多项式 $\mu(G,x)$ 的一个根的重数. 设 $m(\theta,G) = m \geqslant 1$，由于 θ 至少是等式 (3.1.6) 左端的 $2m-2$ 重根. 因为等式 (3.1.6) 右端是一些平方和，于是对每一条路 $P \in \mathcal{P}(G)$，θ 至少是多项

式 $\mu(G \setminus P, x)^2$ 的 $2m-2$ 重根. 这意味着

$$m(\theta, G) \leqslant m(\theta, G \setminus P) + 1.$$

设图 G 被点不相交的路 $P_1, P_2, \cdots, P_l$ 几乎覆盖, 则

$$m(\theta, G) \leqslant m\left(\theta, G \setminus \bigcup_{i=1}^{l} P_i\right) + l.$$

若 $\theta \neq 0$, $m\left(\theta, G \setminus \bigcup_{i=1}^{l} P_i\right) = 0$, 则 $m(\theta, G) \leqslant l$.

若 $\theta = 0$, $m\left(\theta, G \setminus \bigcup_{i=1}^{l} P_i\right) = s$, 则 $m(\theta, G) \leqslant l + s$, 这里的 s 是这些路覆盖图 G 以后剩余的孤立点数. □

利用等式 (3.1.5), 我们对定理 3.1.4 可以给出另外一个证明. 即证明有理函数 $\dfrac{\mu(G \setminus u, x)}{\mu(G, x)}$ 仅有简单极点, 且每个极点的留数是非负的.

事实上, 假设 θ 是 $\mu(G, x)$ 的一个根, 它的重数是 m, 再设 θ 作为 $\mu(G \setminus u, x)$ 的根的重数为 s(若 $s = 0$, 则 θ 不是 $\mu(G \setminus u, x)$ 的根), 则 θ 至少是等式 (3.1.5) 左边的 $m + s - 1$ 重根. 于是 θ 至少是 (3.1.5) 右边的每一项和式的 $m + s - 1$ 重根. 特别地, θ 至少是 $\mu(G \setminus u, x)^2$ 的 $m + s - 1$ 重根, 于是

$$2s \geqslant m + s - 1,$$

$$s \geqslant m - 1.$$

这就证明了有理函数 $\dfrac{\mu(G \setminus u, x)}{\mu(G, x)}$ 的极点是简单极点.

设 θ 是 $\dfrac{\mu(G \setminus u, x)}{\mu(G, x)}$ 的一个极点. 它们的留数等于

$$\lim_{x \to \theta} \frac{\mu(G \setminus u, x)(x - \theta)}{\mu(G, x)} = \lim_{x \to \theta} \frac{\mu(G \setminus u, x)}{\mu'(G, x)} \cdot \frac{\mu'(G, x)(x - \theta)}{\mu(G, x)}$$

$$= m \lim_{x \to \theta} \frac{\mu(G \setminus u, x)}{\mu'(G, x)},$$

这里的 m 是 θ 在 $\mu(G, x)$ 中的重数. 由等式 (3.1.5) 知 $\mu(G \setminus u, \theta) \mu'(G, \theta) \geqslant 0$, 则 $\lim\limits_{x \to \theta} \dfrac{\mu(G \setminus u, x)}{\mu'(G, x)} \geqslant 0$, 故

$$\lim_{x \to \theta} \frac{\mu(G \setminus u, x)(x - \theta)}{\mu(G, x)} \geqslant 0.$$

3.2 匹配多项式的系数

在这一节中我们来探讨匹配多项式的系数，给出了 2-匹配数、3-匹配数的计算公式．并证明了一个图的匹配数是单峰的．

定理 3.2.1 设 G 是有 n 个点、m 条边、度序列为 $(d_1, d_2, \cdots, d_n)$ 的图，则

(i) $p(G, 0) = 1$;

(ii) $p(G, 1) = m$;

(iii) $p(G, 2) = \binom{m}{2} - \sum\limits_{i=1}^{n} \binom{d_i}{2}$.

证明 由 0-匹配，1-匹配的定义得 (i), (ii).

(iii) 从图 G 中选择两条边共有 $\binom{m}{2}$ 种，它们可分为两类：一类是这两条边没有公共顶点，即形成 2-匹配；另一类是这两条边有公共顶点，这样的共有 $\sum\limits_{i=1}^{n} \binom{d_i}{2}$ 个． □

由于 $d_1^2 + d_2^2 + \cdots + d_n^2 \geqslant \dfrac{1}{n}(d_1 + d_2 + \cdots + d_n)^2 = \dfrac{4m^2}{n}$，当且仅当 $d_1 = d_2 = \cdots = d_n$ 时取等号．

于是

$$p(G, 2) \leqslant \frac{m^2 + m}{2} - \frac{2m^2}{n},$$

当且仅当 $d_1 = d_2 = \cdots = d_n$ 时取等号．由此我们可以得出下面的推论．

推论 3.2.1 设图 G 是一个 r-正则图，图 H 与图 G 匹配等价，则图 H 也是一个 r-正则图．

定理 3.2.2 设 G 是有 n 个点、m 条边、N_T 个三角形、度序列为 $(d_1, d_2, \cdots, d_n)$ 的图，则

$$p(G, 3) = \binom{m}{3} - (m-2)\sum_i \binom{d_i}{2} + 2\sum_i \binom{d_i}{3} + \sum_{ij}(d_i - 1)(d_j - 1) - N_T. \quad (3.2.1)$$

证明 从图 G 中任选 3 条边，共有 $\binom{m}{3}$ 种选法．这样的 3 条边分为两类：一类是这 3 条边没有公共的顶点，即 3-匹配；另一类是这 3 条边有公共顶点，它们形成如下的四种图形 (图 3.1).

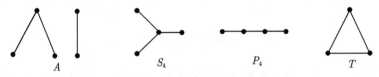

图 3.1 图 A, S_4, P_4 和 T

以 N_A, N_S, N_P, N_T 分别表示图 G 中同构于 A, S_4, P_4 和 T 的子图的个数. 在图 G 中我们先计算一条路 P_3 再增加一条边的方法数 χ, 则显然地

$$\chi = (m-2)\sum_i \binom{d_i}{2},$$

每个子图 A 对 χ 的贡献是 1, 每个子图 S_4 对 χ 的贡献是 3, 每个子图 P_4 对 χ 的贡献是 2, 每个子图 T 对 χ 的贡献是 3, 于是

$$\chi = N_A + 3N_S + 2N_P + 3N_T.$$

设 $e = ij$ 是图 G 的一条边, 以 $N_{T_{ij}}$ 表示图 G 中包含边 e 的三角形的个数, 则 G 中以 e 为中间边的 P_4 的个数为 $(d_i - 1)(d_j - 1) - N_{T_{ij}}$. 于是

$$N_P = \sum_{ij}[(d_i-1)(d_j-1) - N_{T_{ij}}]$$
$$= \sum_{ij}(d_i-1)(d_j-1) - 3N_T,$$

显然地

$$N_S = \sum_i \binom{d_i}{3}.$$

故

$$p(G,3) = \binom{m}{3} - N_A - N_S - N_P - N_T$$
$$= \binom{m}{3} - \chi + 2N_S + N_P + 2N_T$$
$$= \binom{m}{3} - (m-2)\sum_i \binom{d_i}{2} + 2\sum_i \binom{d_i}{3} + \sum_{ij}(d_i-1)(d_j-1) - N_T. \quad \square$$

推论 3.2.2 设 G 是有 n 个点、m 条边的 r-正则图, 则

$$p(G,3) = \binom{m}{3} - n(m-2)\binom{r}{2} + 2n\binom{r}{3} + m(r-1)^2 - N_T. \quad (3.2.2)$$

3.2 匹配多项式的系数

称一个序列 $\{a_i, i \geqslant 0\}$ 是单峰的,如果它一开始是增加的,然后保持常数,最后是减少的. 称一个序列 $\{a_i, i \geqslant 0\}$ 是对数凹的,如果它满足 $a_i^2 \geqslant a_{i-1}a_{i+1}, i \geqslant 1$. 明显地,一个正数序列 $\{a_i, i \geqslant 0\}$ 是对数凹的当且仅当序列 $\{a_{i+1}/a_i, i \geqslant 0\}$ 是不增的. 一个正数序列 $\{a_i, i \geqslant 0\}$ 是对数凹的当且仅当

$$\ln a_i \geqslant \frac{\ln a_{i-1} + \ln a_{i+1}}{2}.$$

于是,若一个正数序列 $\{a_i, i \geqslant 0\}$ 是对数凹的,则它是单峰的. 下面我们证明匹配数 $\{p(G,k), k \geqslant 0\}$ 是对数凹的. 为此我们给出下面的引理.

引理 3.2.1 两个对数凹的正数序列 $\{a_i, i \geqslant 0\}$ 和 $\{b_i, i \geqslant 0\}$ 的乘积序列 $\{a_i b_i, i \geqslant 0\}$ 也是对数凹的.

证明 由于序列 $\{a_{i+1}/a_i, i \geqslant 0\}$ 不增,序列 $\{b_{i+1}/b_i, (i \geqslant 0)\}$ 不增,则序列 $\{a_{i+1}b_{i+1}/a_i b_i\}(i \geqslant 0)$ 也是不增的. □

引理 3.2.2 二项式系数 $\binom{n}{k}(k \geqslant 0)$ 是对数凹的.

引理 3.2.3 如果 n 次正系数多项式 $p(x) = \sum\limits_i^n p_i x^i$ 的所有根都是实数,则序列 $\left\{ p_i / \binom{n}{i}, i \geqslant 0 \right\}$ 是对数凹的.

证明 令 $q(x) = x^n p(x^{-1}) = \sum\limits_i^n p_i x^{n-i}$,则 $q(x)$ 的根是 $p(x)$ 的根的倒数,于是 $q(x)$ 的根都是实数. 记 $D := \dfrac{d}{dx}$,$P(x) = D^i p(x)$,由 Rolle 定理知道,$P(x)$ 也是所有根都是实数的正系数 $n-i$ 次多项式,再令 $Q(x) = x^{n-i}P(x^{-1})$,则 $Q(x)$ 也是所有根都是实数的正系数 $n-i$ 次多项式. 令 $R(x) = D^{n-i-2}Q(x)$,则 $R(x)$ 是所有根都是实数的正系数二次多项式,容易计算

$$R(x) = i!\frac{(n-i)!}{2}p_i x^2 + (i+1)!(n-i-1)!p_{i+1}x + \frac{(i+2)!}{2}(n-i-2)!p_{i+2}$$

$$= \frac{1}{2}n!\left[\frac{p_i}{\binom{n}{i}}x^2 + 2\frac{p_{i+1}}{\binom{n}{i+1}}x + \frac{p_{i+2}}{\binom{n}{i+2}}\right].$$

它的判别式大于等于零,得到

$$\left(\frac{p_{i+1}}{\binom{n}{i+1}}\right)^2 \geqslant \frac{p_i}{\binom{n}{i}}\frac{p_{i+2}}{\binom{n}{i+2}}.$$

□

定理 3.2.3 对任意图 G, 匹配数 $p(G,k)(k \geq 0)$ 形成一个对数凹序列, 即当 $k \geq 0$ 时, $p(G,k)^2 \geq p(G,k-1)p(G,k+1)$ 成立. 进一步地, 序列 $p(G,k) = p_k(k \geq 0)$ 是单峰的, 即存在一个整数 $k\left(2 \leq k \leq \left\lfloor \frac{n}{2} \right\rfloor\right)$ 使得下式成立

$$p_0 \leq p_1 \leq \cdots \leq p_{k-1} \leq p_k \geq p_{k+1} \geq \cdots \geq p_{\lfloor \frac{n}{2} \rfloor}. \tag{3.2.3}$$

证明 设图 G 的最大匹配数为 m, 由于匹配多项式

$$\begin{aligned}\mu(G,x) &= p(G,0)x^n - p(G,1)x^{n-2} + \cdots + (-1)^m p(G,m)x^{n-2m} \\ &= x^{n-2m}[p(G,0)x^{2m} - p(G,1)x^{2m-2} + \cdots + (-1)^m p(G,m)]\end{aligned}$$

的根都是实数, 知多项式

$$p(G,0) + p(G,1)x + \cdots + p(G,m)x^m$$

的根都是实数, 且其系数均为正数, 由引理 3.2.1 — 引理 3.2.3 知, 序列 $\left\{p(G,k)\bigg/\binom{n}{i}, 0 \leq k \leq m\right\}$ 是对数凹的, 则序列 $\{p(G,k), 0 \leq k \leq m\}$ 也是对数凹的. □

3.3 一些图类的匹配最大根

设 G 是有 n 个点的连通图, 恰有 $n-1, n$ 和 $n+1$ 边的连通图称为树、单圈图和双圈图. 以 $P_n, C_n, K_n, K_{1,n-1}$ 分别表示 n 个点的路、圈、完全图和星图. 以 S_n^+ 表示星图 $K_{1,n-1}$ 的两个悬挂点被一条边连接后得到的图. $S_n^{++}(n \geq 5)$ 表示图 S_n^+ 的两个悬挂点被一条边连接后得到的图. $S_n^{+*}(n \geq 4)$ 表示图 S_n^+ 的一个悬挂点和一个 2 度点被一条边连接后得到的图 (图 3.2). 把 k-条路 $P_{a_1}, P_{a_2}, \cdots, P_{a_k}$ 的并图记为 $P(a_1, a_2, \cdots, a_k)$. 路 P_{s+1} 的一个端点与圈 C_{a+1} 上的一个点黏结后得到的 $a+s+1$ 个点的连通图称为 Q-图, 记为 $Q(a,s)$. 把 3-条路 $P_{a+1}, P_{b+1}, P_{c+1}$ 的一个端点黏结成一个点后得到的图称为 T-形图, 记为 $T(a,b,c)$. 把 3-条路 $P_{a+2}, P_{b+2}, P_{c+2}$ 的两个端点分别黏结成两个点后得到的图称为 θ-图, 记为 $\theta(a,b,c)$. 路 P_{s+2} 的两个端点分别与 C_{a+1} 和 C_{b+1} 上的一个点黏结后得到的图称为 ∞-图, 记为 $\infty(a,s,b)$ (图 3.3). 圈 C_{a+1} 上的一点和 C_{b+1} 上的一个点黏结后得到的图也称为 ∞-图 (或 8-字图), 记为 $\infty(a,b)$.

众所周知, 双圈图有两类: 一类是包含导出子图 $\theta(a,b,c)$ 的双圈图的集合记为 $\mathbb{B}_1$, 若 $G \in \mathbb{B}_1$, 称 G 是第一类双圈图; 另一类是包含导出子图 $\infty(a,s,b)$ 或 $\infty(a,b)$ 的双圈图的集合记为 $\mathbb{B}_2$, 若 $G \in \mathbb{B}_2$, 称 G 是第二类双圈图. 在这一节中, 我们找到了所有树、所有单圈图、所有双圈图中匹配最大根取得极值的图.

3.3 一些图类的匹配最大根

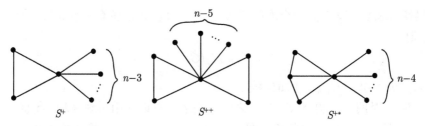

图 3.2 图 S^+, S^{++} 和 S^{+*}

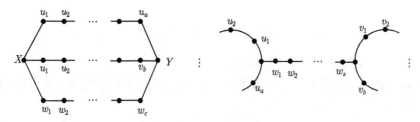

图 3.3 图 $\theta(a,b,c)$ 和 $\infty(a,s,b)$

引理 3.3.1 设 G_1, G_2 是两个 n 阶连通图，如果存在图 G_1 的真子图 $H_i(i=1,2,\cdots,s)$，满足

$$\mu(G_1) - \mu(G_2) = \sum_{i=1}^{s}\mu(H_i),$$

则

$$M_1(G_1) < M_1(G_2).$$

证明 由于 $\mu(G_1)$ 的最大根大于 $\mu(H_i)$ 的最大根，这说明，当 $x \geqslant M_1(G_1)$ 时，

$$\sum_{i=1}^{s}\mu(H_i,x) > 0.$$

这也隐含着 $\mu(G_2)$ 的最大根大于 $\mu(G_1)$ 的最大根. □

设 G 是一个连通图，$e = uv \in E(G)$，图 $G^{(e)}$ 的构造见图 2.6.

引理 3.3.2 设 G 是一个连通图，$u,v \in V(G)$ 且 $d(u) \geqslant 2, d(v) \geqslant 2$，$N(u) \cap N(v) = \varnothing$，则

$$M_1(G) < M_1(G^{(e)}).$$

证明 由定理 2.5.1 和引理 3.3.1，显然. □

设 G 是一个连通图，$u \in V(G)$，(T,v) 是带有根点 v 的一棵 $n(\geqslant 2)$ 阶树，以 $G_{u,v}T$ 表示将图 G 的点 u 和 T 的点 v 黏结后得到的图，$K_{1,n-1}$ 为 n 个点的星图，中心点记为 w.

推论 3.3.1 设 G 是一个连通图,$u \in V(G)$,(T,v) 是带有根点 v 的一棵 $n(\geqslant 2)$ 阶树,则
$$M_1(G_{u,v}T) \leqslant M_1(G_{u,w}K_{1,n-1}),$$
仅当 $G_{u,v}T \cong G_{u,w}K_{1,n-1}$ 时取等号.

证明 对图 $G_{u,v}T$ 的 G 与 T 之间的割边重复地使用引理 3.3.2, 得证. □

设 G 是至少有两个点的连通图,$u \in V(G)$, 图 $G_{u,i}P_n$ 的构造见图 2.7.

引理 3.3.3 设 G 是至少有两个点的连通图,$u \in V(G)$, $n \geqslant 3$, $1 < i < n$, 则
$$M_1(G_{u,1}P_n) < M_1(G_{u,i}P_n).$$

证明 由定理 2.5.2 与引理 3.3.1, 显然. □

推论 3.3.2 设 G 是一个连通图,$u \in V(G)$,(T,v) 是带有根点 v 的一棵 $n(\geqslant 2)$ 阶树,则
$$M_1(G_{u,v}T) \geqslant M_1(G_{u,1}P_n),$$
仅当 $G_{u,v}T \cong G_{u,1}P_n$ 时取等号.

证明 对图 $G_{u,v}T$ 的距离点 v 最远的分叉点 (度数大于 2 的点) 重复地使用引理 3.3.3, 得证. □

定理 3.3.1 设 T 是 n 个点的一棵树, 则
$$M_1(K_{1,n-1}) \geqslant M_1(T) \geqslant M_1(P_n),$$
仅当两个图同构时取等号.

证明 由推论 3.3.1 和推论 3.3.2, 显然. □

设 G, H_1, H_2 是三个连通图,$u, v \in V(G)$, $u' \in V(H_1)$, $u'' \in V(H_2)$, 图 $G_{uu'H_1}^{vu''H_2}$ 和 $G_{vu'H_1}^{vu''H_2}$ 如图 2.8 所示.

推论 3.3.3 设 G, H_1, H_2 是三个连通图, 都至少有两个点, $u, v \in V(G)$, $u' \in V(H_1)$, $u'' \in V(H_2)$, 且 $G \setminus u \cong G \setminus v$, 则
$$M_1(G_{uu'H_1}^{vu''H_2}) < M_1(G_{vu'H_1}^{vu''H_2}).$$

证明 利用定理 2.5.3、推论 2.5.1 与引理 3.3.1, 显然. □

设 G 是一个图,$e = uv \in E(G)$, 在边 e 中依次插入 n 点 $v_1, v_2, \cdots, v_n$ 后得到的图记为 $G^{e,n}$(图 2.9). $G_{u,1}P_{n+1}$ 的记号同引理 3.3.3.

推论 3.3.4 设 G 是至少有三个点的连通图,$e = uv \in E(G)$, $n \geqslant 1$, $d(v) \geqslant 2$, 则
$$M_1(G^{e,n}) < M_1(G_{v,1}P_{n+1}).$$

证明 由定理 2.5.4 与引理 3.3.1, 显然. □

定理 3.3.2 设 G 是有 n 个点的一个连通单圈图, 则

$$M_1(S_n^+) \geqslant M_1(G) \geqslant M_1(C_n),$$

仅当两个图同构时取等号.

证明 设 G 是有 n 点的连通单圈图, 其中的唯一的圈是 $C_k, 3 \leqslant k \leqslant n$. 由推论 3.3.1 知, 将依附于圈 C_k 的每棵树替换成星图, 其匹配最大根会增加. 再重复使用第一种图变换, 将圈 C_k 逐步变为圈 C_3, 由引理 3.3.2 知, 匹配最大根会增加. 再使用第三种图变换, 将所有的悬挂点集中在圈是 C_3 的一个点上, 由推论 3.3.3 知, 匹配最大根会增加.

由推论 3.3.2 知, 将依附于圈 C_k 的每棵树替换成同样点数的路后得到的图的匹配最大根会减少, 再重复使用第四种图变换, 逐步将圈外的路变为圈上的路, 最后变为 C_n 后匹配最大根最小. □

引理 3.3.4 设 $1 \leqslant a \leqslant b$, 则

$$\mu(\theta(a,b,c)) - \mu(\theta(a-1,b+1,c)) = \begin{cases} -\mu(P(b-a)), & c=0, \\ 0, & c=1, \\ \mu(P(b-a,c-2)), & c \geqslant 2. \end{cases}$$

证明 (1) 若 $c=0$. 由定理 1.3.1(b) 和引理 2.2.2 我们得到

$$\mu(\theta(a,b,0)) = \mu(C_{a+b+2}) - \mu(P(a,b)),$$

$$\mu(\theta(a-1,b+1,0)) = \mu(C_{a+b+2}) - \mu(P(a-1,b+1)),$$

$$\mu(\theta(a,b,0)) - \mu(\theta(a-1,b+1,0)) = -[\mu(P(a,b)) - \mu(P(a-1,b+1))] = -\mu(P_{b-a}).$$

(2) 若 $c=1$. 对被标了 c 的路的 2 度点使用定理 1.3.1(c), 易知

$$\mu(\theta(a,b,1)) = \mu(\theta(a-1,b+1,1)).$$

(3) 若 $c \geqslant 2$. 对被标了 c 的路上的关联于一个 3 度点的边 e 使用定理 1.3.1(b), 我们得到

$$\mu(\theta(a,b,c)) = \mu(Q(a+b+1,c)) - \mu(T(a,b,c-1)),$$

$$\mu(\theta(a-1,b+1,c)) = \mu(Q(a+b+1,c)) - \mu(T(a-1,b+1,c-1)),$$

再对 T-形树上的被标了 $c-1$ 的路上的关联于一个 3 度点的边 e' 使用定理 1.3.1(b) 和引理 2.2.2 得

$\mu(\theta(a,b,c)) - \mu(\theta(a-1,b+1,c)) = \mu(T(a-1,b+1,c-1)) - \mu(T(a,b,c-1)) = \mu(P(a+b+1,c-1)) - \mu(P(a-1,b+1,c-2)) - [\mu(P(a+b+1,c-1)) - \mu(P(a,b,c-2))] = \mu(P(b-a,c-2)).$ □

定理 3.3.3 设 G 是 n 个点的第一类连通双圈图，$G \in \mathbb{B}_1$，则

(1) $M_1(S_n^{+*}) \geq M_1(G)$，仅当 $G \cong S_n^{+*}$ 时取等号.

(2) 当 $n = 4$ 时，$M_1(G) \geq M_1(\theta(0,1,1))$，仅当 $G \cong \theta(0,1,1)$ 时取等号.

(3) 当 $n = 5$ 时，$M_1(G) \geq M_1(\theta(0,1,2))$，仅当 $G \cong \theta(0,1,2)$ 或 $\theta(1,1,1)$ 时取等号.

(4) 当 $n = 6$ 时，$M_1(G) \geq M_1(\theta(0,1,3))$，仅当 $G \cong \theta(0,1,3)$ 或 $\theta(1,1,2)$ 时取等号.

(5) 当 $n = 7$ 时，$M_1(G) \geq M_1(\theta(0,1,4))$，仅当 $G \cong \theta(0,1,4)$，$\theta(1,1,3)$ 或 $\theta(1,2,2)$ 时取等号.

(6) 当 $n \geq 8$ 时，$M_1(G) \geq M_1(\theta(a,b,c))$，这里的 $a+b+c = n-2$，且 a,b,c 几乎相等，仅当两个图同构时取等号.

证明 设 G 是有 n 点的第一类连通双圈图，其中包含导出子图 $\theta(a,b,c)$. 由推论 3.3.1 知，将依附于 $\theta(a,b,c)$ 的每棵树替换成星图，其匹配最大根会增加. 再重复使用第一种图变换，将图 $\theta(a,b,c)$ 逐步变为 S_4^{+*}，由引理 3.3.2 知，匹配最大根会增加. 在 S_4^{+*} 中，将 S_4^{+*} 的所有相似点对 (x,y) 上使用第三种图变换，将所有悬挂点集中悬挂在其中的一个点 (比如 x 上)，其匹配最大根会增加. 最后我们得到的图是 $G_{uu'H_1}^{vu''H_2}$，这里的 $G = S_4^{+*} = G_1$ (图 3.4)，$H_1 = K_{1,s}$ 和 $H_2 = K_{1,t}$，u' 和 u'' 分别是 $H_1 = K_{1,s}$ 和 $H_2 = K_{1,t}$ 的中心点，且 $s + t = n - 4$. 由于

$$\sum_{t \sim v, t \in V(G_1)} \mu(G_1 \setminus \{u,v,t\}) - \sum_{s \sim u, s \in V(G_1)} \mu(G_1 \setminus \{u,v,s\}) = \mu(K_1),$$

由定理 2.5.3、推论 2.5.1 和引理 3.3.1 我们得到定理 3.3.3(1).

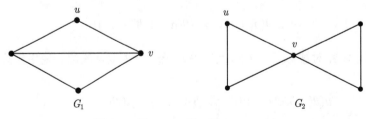

图 3.4　图 $G_1 = S_4^{+*}$ 和 $G_2 = S_5^{++}$

由推论 3.3.2，将依附于 $\theta(a,b,c)$ 的每棵树替换成阶数相同的路，其匹配最大根会减小. 再重复使用第四种图变换，逐步将 $\theta(a,b,c)$ 上悬挂的路变为内部路，最后

3.3 一些图类的匹配最大根

变为一个 n 阶的 $\theta(a',b',c')$ 图, $a'+b'+c' = n-2$, 由推论 3.3.4 知, 匹配最大根会减小.

4 个点的 θ-图只有一种: $\theta(0,1,1)$. 5 个点的 θ-图有两种, 由引理 3.3.4 知道, 它们匹配最大根相等 $M_1(\theta(0,1,2)) = M_1(\theta(1,1,1))$. 6 个点的 θ-图有三种, 它们的匹配最大根顺序是: $M_1(\theta(1,1,2)) = M_1(\theta(0,1,3)) < M_1(\theta(0,2,2))$. 7 个点的 θ-图有 4 种, 它们的匹配最大根的顺序是: $M_1(\theta(1,2,2)) = M_1(\theta(1,1,3)) = M_1(\theta(0,1,4)) < M_1(\theta(0,2,3))$. 我们便得到了定理 3.3.3(2)—(5).

(6) 假如 $n \geqslant 8$. 不妨设 $a \leqslant b \leqslant c$.

(i) 若 $a = 1$, 由引理 3.3.4,
$$M_1(\theta(1,b,n-b-3)) = M_1(\theta(1,2,n-5))$$
$$> M_1(\theta(2,2,n-6));$$

(ii) 若 $a = 0$, 由引理 3.3.4,
$$M_1(\theta(0,b,n-b-2)) \geqslant M_1(\theta(0,1,n-3))$$
$$= M_1(\theta(1,2,n-5)) > M_1(\theta(2,2,n-6)),$$

这里的 $n-6 \geqslant 2$. 由 (i) 和 (ii), 我们在寻找具有匹配最小根的 θ-图时, 可以假定 $2 \leqslant a \leqslant b \leqslant c$. 由引理 3.3.4 知, a,b,c 几乎相等时, 其匹配最大根达到最小. □

下面我们研究第二类双圈图中匹配最大根取得极值的图. 需要注意的是对于图 $\infty(a,s,b)$, $a+1, b+1$ 分别表示两个圈上的点数, s 表示两个圈之间的轴上的点数 (不包括圈上的点).

引理 3.3.5 设 $3 \leqslant a$, $0 \leqslant s$, $2 \leqslant b$, 且 $a \leqslant b+s+3$, 则

$$\mu(\infty(a,s,b)) - \mu(\infty(a-1,s+1,b))$$
$$= \begin{cases} -\mu(Q(b,s-a+1)), & a \leqslant s+1, \\ -\mu(P_{b+s-a+2}), & a = s+2, \\ -\mu(P_{b+s-a+2}) - \mu(P(b-1,a-s-3)), & s+3 \leqslant a \leqslant b+s+2, \\ -\mu(P(b-1,a-s-3)), & a = b+s+3. \end{cases}$$

证明 由定理 1.3.1(b) 知, $\mu(\infty(a,s,b)) = \mu(Q(b,s+a+1)) - \mu(Q(b,s) \cup P_{a-1})$, $\mu(\infty(a-1,s+1,b)) = \mu(Q(b,s+a+1)) - \mu(Q(b,s+1) \cup P_{a-2})$, 则 $\mu(\infty(a,s,b)) - \mu(\infty(a-1,s+1,b)) = \mu(Q(b,s+1) \cup P_{a-2}) - \mu(Q(b,s) \cup P_{a-1}) = [\mu(P_{b+s+2}) - \mu(P(b-1,s+1))]\mu(P_{a-2}) - [\mu(P_{b+s+1}) - \mu(P(b-1,s))]\mu(P_{a-1}) = [\mu(P(b+s+2,a-2)) - \mu(P(b+s+1,a-1))] - \mu(P_{b-1})[\mu(P(s+1,a-2)) - \mu(P(s,a-1))]$.

(1) 当 $a \leqslant s+1$, 即 $s \geqslant a-1$ 时, 必有 $b+s+1 \geqslant a-1$, 由引理 2.2.2 知

$$\mu(\infty(a,s,b)) - \mu(\infty(a-1,s+1,b))$$

$$= -\mu(P_{b+s-a+2}) + \mu(P(b-1, s-a+1)) = -\mu(Q(b, s-a+1)).$$

(2) 当 $a = s+2$, 即 $s+1 = a-1$ 时, 必有 $b+s+1 \geqslant a-1$, 由引理 2.2.2 知

$$\mu(\infty(a,s,b)) - \mu(\infty(a-1,s+1,b)) = -\mu(P_{b+s-a+2}).$$

(3) 当 $s+3 \leqslant a \leqslant b+s+2$, 即 $a-2 \geqslant s+1$ 且 $b+s+1 \geqslant a-1$ 时, 由引理 2.2.2 知

$$\mu(\infty(a,s,b)) - \mu(\infty(a-1,s+1,b)) = -\mu(P_{b+s-a+2}) - \mu(P(b-1, a-s-3)).$$

(4) 当 $a = b+s+3$ 时, 必有 $a-2 \geqslant s+1$, 由引理 2.2.2 知

$$\mu(\infty(a,s,b)) - \mu(\infty(a-1,s+1,b)) = -\mu(P(b-1, a-s-3)). \qquad \square$$

引理 3.3.6 设 $2 \leqslant a$, $0 \leqslant s$, $2 \leqslant b$, 且 $b+s+4 \leqslant a$, 则

$$\mu(\infty(a,s,b)) - \mu(\infty(s+2, a-2, b)) = -2\mu(P(a-s-3, b-1)).$$

证明 由定理 1.3.1(b) 知, $\mu(\infty(a,s,b)) = \mu(Q(b, s+a+1)) - \mu(Q(b,s) \cup P_{a-1})$,

$$\mu(\infty(s+2, a-2, b)) = \mu(Q(b, s+a+1)) - \mu(Q(b, a-2) \cup P_{s+1}),$$

则 $\mu(\infty(a,s,b)) - \mu(\infty(s+2, a-2, b)) = \mu(Q(b, a-2) \cup P_{s+1}) - \mu(Q(b,s) \cup P_{a-1}) = [\mu(P_{a+b-1}) - \mu(P(b-1, a-2))]\mu(P_{s+1}) - [\mu(P_{b+s+1}) - \mu(P(b-1,s))]\mu(P_{a-1}) = [\mu(P(s+1, b+a-1)) - \mu(P(a-1, b+s+1))] - \mu(P_{b-1})[\mu(P(s+1, a-2)) - \mu(P(s, a-1))] = -\mu(P(a-s-3, b-1)) - \mu(P(a-s-3, b-1)) = -2\mu(P(a-s-3, b-1)). \qquad \square$

引理 3.3.7 设 $3 \leqslant a$, $2 \leqslant b$, 则

$$\mu(\infty(a,b)) - \mu(\infty(2, a-3, b)) = -\mu(P(b-2, a-3)) - \mu(P(1, b-1, a-3)).$$

证明 由定理 1.3.1(b) 知,

$$\mu(\infty(a,b)) = \mu(Q(b,a)) - \mu(P(b, a-1)),$$
$$\mu(\infty(2, a-3, b)) = \mu(Q(b,a)) - \mu(P_1 \cup Q(b, a-3)),$$

则 $\mu(\infty(a,b)) - \mu(\infty(2, a-3, b)) = \mu(P_1 \cup Q(b, a-3)) - \mu(P(b, a-1)) = [\mu(P(1, b+a-2)) - \mu(P(b, a-1))] - \mu(P(1, b-1, a-3)) = -\mu(P(b-2, a-3)) - \mu(P(1, b-1, a-3)). \qquad \square$

定理 3.3.4 设 G 是 n 个点的第二类连通双圈图, $G \in \mathbb{B}_2$, 则

(1) $M_1(S_n^{++}) \geqslant M_1(G)$, 仅当 $G \cong S_n^{++}$ 时取等号.

(2) 当 $n = 5$ 时, $M_1(G) \geqslant M_1(\infty(2,2))$, 仅当 $G \cong \theta(2,2)$ 时取等号.

(3) 当 $n \geqslant 6$ 时, $M_1(G) \geqslant M_1(\infty(2, n-6, 2))$, 仅当两个图同构时取等号.

证明 设 G 是有 n 点的第二类连通双圈图,其中包含导出子图 $\infty(a, s, b)$ 或 $\infty(a, b)$. 由推论 3.3.1 知,将依附于 ∞-图上的每棵树替换成星图,其匹配最大根会增加. 再重复使用第一种图变换,将 ∞-图逐步变为 S_5^{++}, 由引理 3.3.2 知, 匹配最大根会增加. 在 S_5^{++} 中, 将 S_5^{++} 的所有相似点对 (x, y) 上使用第三种图变换, 将所有悬挂点集中悬挂在其中的一个点 (比如 x 上), 其匹配最大根会增加. 最后我们得到的图是 $G_{uu'H_1}^{vu''H_2}$, 这里的 $G = S_5^{++} = G_2$ (图 3.4), $H_1 = K_{1,s}$ 和 $H_2 = K_{1,t}$, u' 和 u'' 分别是 $H_1 = K_{1,s}$ 和 $H_2 = K_{1,t}$ 的中心点, 且 $s + t = n - 5$. 由于

$$\sum_{t \sim v, t \in V(G_2)} \mu(G_2 \setminus \{u, v, t\}) - \sum_{s \sim u, s \in V(G_2)} \mu(G_2 \setminus \{u, v, s\}) = 2\mu(2K_1).$$

由定理 2.5.3、推论 2.5.1 和引理 3.3.1, 我们得到定理 3.3.4(1).

由推论 3.3.2, 将依附于 ∞-图的每棵树替换成阶数相同的路, 其匹配最大根会减小. 再重复使用第四种图变换, 逐步将 ∞-图上悬挂的路变为内部路, 最后变为一个 n 阶的图 $\infty(a', s', b')$ 或 $\infty(a', b')$, 由推论 3.3.4, 其匹配最大根会减小.

5 个点的 ∞-图只有一种, 即 $\infty(2, 2)$, 因此, 定理 3.3.4(2) 成立.

(3) 当 $n \geqslant 6$ 时, 如果 $\infty(a, s, b) \not\cong \infty(2, n-6, 2)$. ①当 $a \leqslant b + s + 3$ 时, 由引理 3.3.5 和引理 3.3.1 知, $M_1(\infty(2, s+a-2, b)) < M_1(\infty(a, s, b))$, 这里的 $a + b + s = n - 2$; ②当 $a \geqslant b + s + 4$ 时, 由引理 3.3.6 和引理 3.3.1 知, $M_1(\infty(s+2, a-2, b)) < M_1(\infty(a, s, b))$, 条件 $a \geqslant b + s + 4$ 隐含条件 $s + 2 \leqslant (a-2) + b + 3$ 成立, 由 ①知, $M_1(\infty(2, s+a-2, b)) < M_1(\infty(s+2, a-2, b))$, 同理我们有 $M_1(\infty(2, n-6, 2)) < M_1(\infty(2, s+a-2, b))$; ③对图 $\infty(a, b)$, 由引理 3.3.7 知, $M_1(\infty(2, n-6, 2)) < M_1(\infty(a, b))$. 定理 3.3.4 证毕. □

引理 3.3.8 设 $n \geqslant 5$, 则

$$\mu(S_n^{+*}) - \mu(S_n^{++}) = -\mu(K_{1, n-5}).$$

证明 $\mu(S_n^{+*}) = x^n - (n+1)x^{n-2} + (2n-6)x^{n-4}$,

$\mu(S_n^{++}) = x^n - (n+1)x^{n-2} + (2n-5)x^{n-4} - (n-5)x^{n-6}$,

$\mu(S_n^{+*}) - \mu(S_n^{++}) = -x^{n-4} + (n-5)x^{n-6} = -\mu(K_{1, n-5})$. □

定理 3.3.5 设 G 是 n 个点的连通双圈图, $G \in \mathbb{B}_1 \cup \mathbb{B}_2$, 则

$$M_1(S_n^{+*}) \geqslant M_1(G).$$

仅当 $G \cong S_n^{+*}$ 时取等号.

证明 由定理 3.3.3 知, 在 n 个点的第一类连通双圈图中, 匹配最大根达到最大的图是 S_n^{+*}, 由定理 3.3.4 知, 在 n 个点的第二类连通双圈图中, 匹配最大根达到最大的图是 S_n^{++}, 由引理 3.3.8 知, S_n^{+*} 的匹配最大根大于 S_n^{++} 的匹配最大根. □

3.4 匹配多项式与特征多项式的性质类比

如 1.6 节所示, 匹配多项式与特征多项式有许多类似之处, 在这一节中, 我们列出一些这两个多项式之间的相似之处, 首先列出特征多项式的一些性质, 它们都可以在专著 [7] 中找到.

性质 1a $\phi(G)$ 的所有根都是实数.

设 $\lambda_1(G) \geqslant \lambda_2(G) \geqslant \cdots \geqslant \lambda_n(G)$ 是图 G 的自大到小的 n 个特征根, 把 $\lambda_1(G)$ 称为图 G 的谱半径.

性质 2a 设 u 是图 G 的任意一点, 则
$$\lambda_i(G) \geqslant \lambda_i(G\backslash u) \geqslant \lambda_{i+1}(G).$$

特别地, $\lambda_1(G) \geqslant \lambda_1(G\backslash u)$.

性质 3a 若 G 连通, 则 $\lambda_1(G) > \lambda_1(G\backslash u)$.

性质 4a 若 G 连通, 则 $\lambda_1(G)$ 是单根.

性质 5a 若 e 是图 G 的任意边, 则 $\lambda_1(G) \geqslant \lambda_1(G\backslash e)$. 若 G 连通, 则 $\lambda_1(G) > \lambda_1(G\backslash e)$.

性质 6a 若 H 是图 G 的一个真子图, 则 $\lambda_1(G) \geqslant \lambda_1(H)$. 若 G 连通, 则 $\lambda_1(G) \geqslant \lambda_1(H)$.

性质 7a 若图 G 是有 n 个点的连通图, 则 $\lambda_1(P_n) \leqslant \lambda_1(G) \leqslant \lambda_1(K_n)$.

对于匹配多项式 $\mu(G)$ 也有下面的类似的性质.

性质 1b $\mu(G)$ 的所有根都是实数.

设 $M_1(G) \geqslant M_2(G) \geqslant \cdots \geqslant M_n(G)$ 是图 G 的自大到小的 n 个匹配根, 则有下面的性质.

性质 2b 设 u 是图 G 的任意一个点, 则
$$M_i(G) \geqslant M_i(G\backslash u) \geqslant M_{i+1}(G).$$

特别地, $M_1(G) \geqslant M_1(G\backslash u)$.

性质 3b 若 G 连通, 则 $M_1(G) > M_1(G\backslash u)$.

性质 4b 若 G 连通, 则 $M_1(G)$ 是单根.

性质 5b 若 e 是图 G 的任意边, 则 $M_1(G) \geqslant M_1(G\backslash e)$. 若 G 连通, 则 $M_1(G) > M_1(G\backslash e)$.

性质 6b 若 H 是图 G 的一个真子图,则 $M_1(G) \geqslant M_1(H)$. 若 G 连通,则 $M_1(G) > M_1(H)$.

性质 7b 若 G 是有 n 个点的连通图,则 $M_1(P_n) \leqslant M_1(G) \leqslant M_1(K_n)$.

3.5 匹配根的 Gallai 定理

在 3.1 节中,我们已经知道图的匹配多项式根都是实数,且满足内插性质. 在这一节中,将继续探讨匹配多项式的根的重数. 设 θ 是 $\mu(G,x)$ 的一个根,以 $m(\theta,G)$ 表示 θ 作为这个多项式根的重数. 由定理 3.1.4 知,$m(\theta, G\setminus u)$ 与 $m(\theta,G)$ 最多相差 1,这里 $u \in V(G)$. 如果 $m(\theta, G\setminus u) = m(\theta,G) - 1$, 称 u 是图 G 中的 θ-减的点;如果 $m(\theta, G\setminus u) = m(\theta,G)$, 称 u 是图 G 中的 θ-不变的点;如果 $m(\theta, G\setminus u) = m(\theta,G) + 1$, 称 u 是 G 中的 θ-增的点. 一个点 u 关于这个根有 θ-减、θ-不变、θ-增三种状态, 称为这个点的符号. 如果点 u 是 G 中的一个非 θ-减的点,而它有一个邻点是 θ-减的,称 u 是 G 中的 θ-特别点.

称一个图是 θ-本原的,如果这个图的每一点都是 θ-减的. 称一个图 G 是 θ-临界的,如果 $m(\theta,G) = 1$ 且 G 是 θ-本原的. 设 P 是图 G 中的一条路,由推论 3.1.2 知,$m(\theta, G\setminus P) \geqslant m(\theta,G) - 1$,如果上式取等号,即 $m(\theta, G\setminus P) = m(\theta,G) - 1$,称 P 是图 G 中的 θ-减的路. 设 $u_1, u_2, \cdots, u_k \in V(G)$,为了方便,我们有时将图 $G \setminus \{u_1, u_2, \cdots, u_k\}$ 简记为 $G \setminus u_1 u_2 \cdots u_k$.

由匹配多项式的定义我们知道,$m(0,G)$ 等于没有被最大匹配饱和的点数. 则点 u 在图 G 中是 0-减的当且仅当 G 中存在一个最大匹配未饱和点 u. 于是在一个图 G 中不存在 0-不变的点.

Callai 在 1963 年证明下面的有名的结论 (参见 [30] 的 3.1 节和 3.2 节), 被称为 Callai 引理.

定理 3.5.1(Callai 引理) 设 G 是一个连通图,G 中的每个点都是 0-减的,则 $m(0,G) = 1$.

为了证明定理 3.5.1,我们给出下面的几个引理.

引理 3.5.1 设 G 是一个图,$A,B \subseteq V(G)$,且 $|A| < |B|$. 如果存在一个匹配 M_1 饱和 A 中的点,存在另一个匹配 M_2 饱和 B 中的点,则 G 中存在一个匹配 M 饱和 A 中的点且至少饱和 $B - A$ 中的一个点.

证明 考虑 $M_1 \cup M_2$,它们形成的图的分支要么是交错圈,要么是交错路. 由于 $|B-A| > |A-B|$. 则至少有一条交错路 P,它的两个端点都在 $B-A$ 中. 则 M_1 中减去 P 上的 M_1 中的边,再并上 P 上的 M_2 中的边形成的匹配 M 符合要求. □

推论 3.5.1 假设图 G 中的一个点子集被某个匹配饱和,则一定存在一个最大匹配饱和这个子集.

推论 3.5.2 设 G 是一个图, $D \subseteq V(G)$ 是 G 中 0-减的点形成的子集. $\forall u, v \in D$, 定义 $u \sim v$ 当且仅当 $u = v$ 或 G 中不存在最大匹配同时不饱和 u, v, 则 "$\sim$" 是 $V(G)$ 上的一个等价关系.

证明 设 $u \sim v$, $v \sim w$. 如果 $u \not\sim w$, 即图 G 中存在一个最大匹配同时饱和 u, w. 又因为 G 中存在最大匹配饱和 v. 令 $A = \{v\}$, $B = \{u, w\}$, 由引理 3.5.1 知 $u \not\sim v$ 或 $u \not\sim w$, 矛盾. □

定理 3.5.1 的证明 设 D 是 G 中 0-减的点构成的子集, 由题设 $D = V(G)$. 在推论 3.5.2 规定的等价关系 "$\sim$" 中, G 中的两个邻接的点均等价. 否则, 将邻接这两个点的边加入这个匹配中会得到一个更大的匹配, 矛盾. 由 G 连通得, G 中的所有点都是等价的. 于是最大匹配不能饱和的点最多只有一个. 又因为 G 中存在 0-减的点, 则 $m(0, G) = 1$. □

这一节的后半部分将 Callai 引理推广到匹配多项式的其他非零根上.

引理 3.5.2 设 θ 是 $\mu(G, x)$ 的一个根, 则 G 中至少有一个 θ-减的点.

证明 设 $m(\theta, G) = k$. 则 θ 是的 $\mu'(G, x)$ 的 $k-1$ 重根, 由于

$$\mu'(G, x) = \sum_{u \in V(G)} u(G \setminus u, x),$$

如果 $m(\theta, G \setminus u) \geqslant k, \forall u \in V(G)$, 则 θ 至少是 $\mu'(G, x)$ 的 k 重根, 矛盾. □

由引理 3.5.2, 我们得出下面的推论.

推论 3.5.3 设 G 是一个点传递图且 θ 是 $\mu(G, x)$ 的一个根, 则 G 是 θ-本原的.

引理 3.5.3 $\theta \neq 0$, 若 u 是 G 中的一个 θ-减的点, 那么点 u 一定存在一个邻点 v, 使路 $P = uv$ 是 θ-减的路.

证明 设 $m(\theta, G) = k$ 且假定 u 的所有邻点 v, 使得路 $P = uv$ 都不是 θ-减的, 即 $m(\theta, G \setminus \{u, v\}) \geqslant m(\theta, G)$. 由 $\theta \neq 0$ 及

$$\mu(G, x) = x\mu(G \setminus u, x) - \sum_{v \sim u} \mu(G \setminus \{u, v\}, x)$$

得 $m(\theta, G \setminus u) \geqslant k$, 矛盾. □

引理 3.5.4 设 v 不是 G 中的 θ-减的点, 则 G 中不存在以点 v 为端点的 θ-减的路. 换句话说, θ-减的路的端点都是 θ-减的.

证明 记 $m(\theta, G) = k$, 由假设 $m(\theta, G \setminus v) \geqslant k$. 设 $u(\neq v) \in V(G)$. 由引理 3.1.3 知

$$\mu(G \setminus u, x)\mu(G \setminus v, x) - \mu(G, x)\mu(G \setminus \{u, v\}, x) = \sum_{P \in \mathcal{P}_{uv}(G)} \mu(G \setminus P, x)^2.$$

3.5 匹配根的 Gallai 定理

则 θ 至少是上式左端的 $2k-1$ 重根, 上式意味着 θ 至少是左端的 $2k$ 重根. 上式又意味着 $m(\theta, G \setminus P) \geqslant k$, 对每一条路 $P \in \mathcal{P}_{uv}(G)$. □

由引理 3.5.3 和引理 3.5.4, 下面的推论是显然的.

推论 3.5.4 $\theta \neq 0$, 若 u 是 G 的一个 θ-减的点, 则 u 在 G 中一定存在一个 θ-减的邻点.

引理 3.5.5 设 u 不是 G 中的 θ-减的点, 则 u 在 G 中是 θ-增的当且仅当它有一个邻点在 $G \setminus u$ 中是 θ-减的.

证明 记 $m(\theta, G) = k$, 若 u 在 G 中是 θ-增的, 则 $m(\theta, G \setminus u) = k+1$. 如果 u 在 G 中的所有邻点 i 都在 $G \setminus u$ 中不是 θ-减的, 即 $m(\theta, G \setminus \{u, i\}) \geqslant k+1$. 由 $m(G, x) = x\mu(G \setminus u, x) - \sum_{i \sim u} \mu(G \setminus \{u, i\}, x)$ 得 $m(\theta, G) \geqslant k+1$, 矛盾.

另一方面, u 不是 G 中的 θ-减的点, 如果它有一个邻点 v 在 $G \setminus u$ 中是 θ-减的, 由引理 3.5.4, 路 $P = uv$ 不是 θ-减的路, 我们有

$$m(\theta, G) \leqslant m(\theta, G \setminus P) = m(\theta, G \setminus \{u, v\}) < m(\theta, G \setminus u),$$

则 u 是 θ-增的点. □

设 T 是一棵树, 从 T 中删去一个点后得到的一个连通分支称为 T 的一个极子树.

引理 3.5.6 设 S 是树 T 的满足条件 $m(\theta, S) \neq 0$ 的一个极小极子树, 再设从树 T 中删去点 v, 使得 S 是 $T \setminus v$ 的一个分支, 则 v 在 T 中是 θ-增的.

证明 设 v 在 S 中的邻点是 u, 记边 $e = (u, v), T \setminus e = S \cup R$. 由 S 的极小性知 $m(\theta, S \setminus u) = 0$, 则 u 在 S 中是 θ-减的, 进一步地, u 在 $T \setminus v$ 中也是 θ-减的.

设 $m(\theta, T) = k$, 由内插性知 $m(\theta, T \setminus u) \geqslant k - 1$. 由 $m(\theta, T \setminus u) = m(\theta, R) + m(\theta, S \setminus u) = m(\theta, R)$ 得到 $m(\theta, R) \geqslant k - 1$.

由 $\mu(T, x) = \mu(R, x)\mu(S, x) - \mu(R \setminus v, x)\mu(S \setminus u, x)$ 知 θ 至少是 $\mu(R \setminus v, x)\mu(S \setminus u, x)$ 的 k 重根, 则 θ 至少是 $\mu(R \setminus v, x)$ 的 k 重根.

又由于 $m(\theta, T \setminus v) = m(\theta, R \setminus v) + m(\theta, S) \geqslant k + 1$. 则 v 是 T 中的 θ-增的点. □

推论 3.5.5 设 T 是一棵树, θ 是 $\mu(T, x)$ 的一个根, 则下面的论断是等价的.
(1) 对 T 的所有极子树 S, 有 $m(\theta, S) = 0$;
(2) T 是 θ-临界的;
(3) T 是 θ-本原的.

证明 (1) $\Rightarrow$ (2). $\forall v \in T, m(\theta, T \setminus v) = 0$, 则 T 是 θ-本原的. 由内插性, $m(\theta, T) = 1$. (2) $\Rightarrow$ (3), 显然. (3) $\Rightarrow$ (1), T 中没有 θ-增的点, 由引理 3.5.6 知 (1) 成立. □

引理 3.5.7　设 G 是一个连通图且 θ 是 $\mu(G,x)$ 的一个根，$u \in V(G)$，假若从点 u 开始的所有路都是 θ-减的，则 G 是 θ-临界的.

证明　由引理 3.5.4 知，G 是 θ-本原的. 下证 $m(\theta,G) = 1$.

设 $T = T(G,u)$ 是 G 关于点 u 的路树，由定理 3.1.2 和推论 3.1.1 知，路 $P \in P_u(G)$ 在 G 中 θ-减的当且仅当它在 T 中是 θ-减的. 由题设 T 中从点 u 开始的所有路在 T 中是 θ-减的，则 T 中的每个点都是 θ-减的，于是，T 是 θ-本原的. 由推论 3.5.5 知，T 是 θ-临界的，即 $m(\theta,T) = 1$. 再由定理 3.1.2 知 $m(\theta,G) = 1$. □

引理 3.5.8　设 u,v 都是 G 中的 θ-减的点，但 v 不是 $G \setminus u$ 中的 θ-减的点，则 G 中存在一条 θ-减的 (u,v) 路.

证明　设 $m(\theta,G) = k$，由题设 $m(\theta,G \setminus u) = m(\theta,G \setminus v) = k - 1$，且 $m(\theta, G \setminus uv) \geqslant k - 1$. 假若 G 中不存在 θ-减的 (u,v) 路. 由引理 3.1.3 知，θ 至少是多项式 $\mu(G \setminus u, x)\mu(G \setminus v, x) - \mu(G, x)\mu(G \setminus \{u,v\}, x)$ 的 $2k$ 重根，于是 θ 至少是 $\mu(G \setminus u, x)\mu(G \setminus v, x)$ 的 $2k - 1$ 重根，矛盾. □

推论 3.5.6　设 G 是一棵树，θ 是 $\mu(G,x)$ 的一个根，$u \in V(G)$. 则所有点在 G 中是 θ-减的当且仅当 $P_u(G)$ 中的所有路在 G 中是 θ-减的.

证明　如果 $P_u(G)$ 中的所有路在 G 中是 θ-减的，则由引理 3.5.4，G 中的所有点在 G 中是 θ-减的. 反之，由推论 3.5.5 知 $m(\theta,G) = 1$，$\forall u \in V(G)$. u,v 满足引理 3.5.8 的条件，则 G 中存在一条 θ-减 (u,v) 路，由于 G 是树，G 中存在唯一的一条 (u,v) 路，于是结论成立. □

引理 3.5.9　设 u,v 是二分图 G 中的两个邻接的点，如果 u 在 G 中是 0-减的，则 v 在 G 中是一个 0-特别点.

证明　假设 u,v 都是二分图 G 中的两个邻接的 0-减的点. 由推论 3.1.2，

$$m(0, G \setminus \{u,v\}) \geqslant m(0,G) - 1 = m(0, G \setminus u),$$

则 v 在 $G \setminus u$ 中不是 0-减的点. 由引理 3.5.8 知，在 G 中存在一条 0-减的 (u,v) 路 P.

下证 P 的长度为偶数，于是图 G 中有奇圈，矛盾. 由匹配多项式的定义我们知道 $m(0,H)$ 与 $|V(H)|$ 有相同的奇偶性. 由于 $m(0, G \setminus P) = m(0,G) - 1$. 则 $|V(G)|$ 与 $|V(G \setminus P)|$ 的奇偶性不同. 于是 P 的长度为偶数. □

从上面的论证可知，一个图中的 0-减的路长度一定是偶数. 因此，一条边看成一条路，它不可能是图中的 0-减的路. 另外，我们还知道，在至少存在一条边的二分图中至少有一个非 0-减的点，这个图上的所有最大匹配都饱和这个点. 于是，至少有一条边的二分图不是 0-本原的.

定理 3.5.2　设 θ 是 $\mu(G,x)$ 的一个根，a 是 G 中的一个 θ-增的点.

(1) 若 u 在 G 中是 θ-减的，则 u 在 $G \setminus a$ 中也是 θ-减的;

3.5 匹配根的 Gallai 定理

(2) 若 u 在 G 中是 θ-增的, 则 u 在 $G \setminus a$ 中是 θ-减的或 θ-增的;

(3) 若 u 在 G 中是 θ-不变的, 则 u 在 $G \setminus a$ 中是 θ-减的或 θ-不变的.

证明 记 $m(\theta, G) = k$, 则 $m(\theta, G \setminus a) = k + 1$.

(1) $m(\theta, G \setminus u) = k - 1$, 由内插定理得 $m(\theta, G \setminus \{a, u\}) = k$.

(2) $m(\theta, G \setminus u) = k+1$, 假若 u 在 $G \setminus a$ 中是 θ-不变的, 即 $m(\theta, G \setminus \{a, u\}) = k+1$. 于是 θ 至少是多项式 $p(x)$ 的 $2k+1$ 重根, 这里的

$$p(x) = \mu(G \setminus u, x)\mu(G \setminus a, x) - \mu(G, x)\mu(G \setminus \{a, u\}, x).$$

由引理 3.1.3, θ 至少是 $p(x)$ 的 $2k+2$ 重根, 于是 θ 至少是 $\mu(G \setminus \{a, u\}, x)$ 的 $k+2$ 重根, 矛盾.

(3) $m(\theta, G \setminus u) = k$. 假若 u 在 $G \setminus a$ 中是 θ-增的, 即 $m(\theta, G \setminus \{a, u\}) = k+2$. 同上, θ 至少是多项式 $p(x)$ 的 $2k+2$ 重根, 于是 θ 至少是多项式 $\mu(G \setminus u, x)$ 的 $k+1$ 重根, 矛盾. □

定理 3.5.3 设 θ 是 $\mu(G, x)$ 的一个根, a 是 G 中的一个 θ-不变的点.

(1) 若 u 在 G 中是 θ-减的, 则 u 在 $G \setminus a$ 中也是 θ-减的;

(2) 若 u 在 G 中是 θ-增的, 则 u 在 $G \setminus a$ 中是 θ-增的或 θ-不变的;

(3) 若 u 在 G 中是 θ-不变的, 则 u 在 $G \setminus a$ 中是 θ-增的或 θ-不变的.

证明 记 $m(\theta, G) = k$, 则 $m(\theta, G \setminus a) = k$.

(1) $m(\theta, G \setminus u) = k - 1$. 假若 u 在 $G \setminus a$ 中不是 θ-减的, 即 $m(\theta, G \setminus \{a, u\}) \geqslant k$. 则 θ 至少是多项式 $p(x) = \mu(G \setminus u, x)\mu(G \setminus a, x) - \mu(G, x)\mu(G \setminus \{u, a\}, x)$ 的 $2k-1$ 重根, 这意味着 θ 至少是它的 $2k$ 重根, 这是不可能的.

(2) $m(\theta, G \setminus u) = k+1$. 假若 u 在 $G \setminus a$ 中是 θ-减的, 即 $m(\theta, G \setminus \{a, u\}) = k-1$, 则 θ 至少是多项式 $p(x)$ 的 $2k-1$ 重根, 进一步地, θ 至少是它的 $2k$ 重根, 于是 θ 至少是 $\mu(G \setminus \{u, a\}, x)$ 的 k 重根, 矛盾.

(3) $m(\theta, G \setminus u) = k$, 假若 u 在 $G \setminus a$ 中是 θ-减的, 即 $m(\theta, G \setminus \{a, u\}) = k-1$, 则 θ 至少是多项式 $p(x)$ 的 $2k$ 重根, 于是 θ 至少是 $\mu(G \setminus \{u, a\}, x)$ 的 k 重根, 矛盾. □

定理 3.5.4 设 θ 是 $\mu(G, x)$ 的一个根, a 是 G 中的一个 θ-减的点.

(1) 若 u 在 G 中是 θ-增的, 则 u 在 $G \setminus a$ 中也是 θ-增的;

(2) 若 u 在 G 中是 θ-不变的, 则 u 在 $G \setminus a$ 中是 θ-不变的;

(3) 若 u 在 $G \setminus a$ 中是 θ-减的, 则 u 在 G 中也是 θ-减的.

证明 (1) 由定理 3.5.2, $m(\theta, G \setminus \{a, u\}) = m(\theta, G \setminus \{u, a\}) = m(\theta, G) = m(\theta, G \setminus a) + 1$.

(2) 由定理 3.5.3, $m(\theta, G \setminus \{a, u\}) = m(\theta, G \setminus \{u, a\}) = m(\theta, G) - 1 = m(\theta, G \setminus a)$.

(3) 由 (1) 和 (2) 得 (3). □

推论 3.5.7 θ-特别点是 θ-增的点.

证明 设 a 是图 G 的一个 θ-特别点，u 是 a 的一个邻点且是 G 中的一个 θ-减的点，由定理 3.5.2(1) 和定理 3.5.3(1) 知 u 在 $G \setminus a$ 中也是一个 θ-减的点，则由引理 3.5.5 知，a 是 θ-增的. □

下面的推论是显然的.

推论 3.5.8 一个 θ-不变的点不能邻接一个 θ-减的点.

下面我们研究在一个图中删去 (或增加) 一条边，一个点的符号变化. 设 G 是一个图，u,v 是 G 中的两个不邻接的点，在图 G 中增加一条边 $f = (u,v)$ 记为 $G^* = G + f$.

引理 3.5.10 设 u 是图 G 中的一个 θ-增的点，v 是不邻接于 u 的另外一点，则 $m(\theta, G+f) = m(\theta, G)$. 进一步地，$u$ 在 $G+f$ 中是 θ-增的，v 在 G 和 $G+f$ 中有一样的符号.

证明 设 $k = m(\theta, G)$，$G^* = G + f$. 由于

$$\mu(G^*, x) = \mu(G, x) - \mu(G^* \setminus \{u,v\}, x), \tag{3.5.1}$$

且 u 在 G 中是 θ-增的，所以 $m(\theta, G^* \setminus \{u,v\}) = m(\theta, G \setminus \{u,v\}) \geqslant k$，由等式 (3.5.1) 得 $m(\theta, G^*) \geqslant k$.

(1) 若 v 在 G 中是 θ-减的，即 $m(\theta, G^* \setminus v) = m(\theta, G \setminus v) = k-1$，由内插性必有 $m(\theta, G^*) \leqslant k$.

(2) 若 v 在 G 中是 θ-不变的，即 $m(\theta, G^* \setminus v) = m(\theta, G \setminus v) = k$，由内插性必有 $m(\theta, G^*) \leqslant k+1$. 若 $m(\theta, G^*) = k+1$，则 u 在 G^* 中是 θ-不变的，v 在 G^* 中是 θ-减的，与推论 3.5.8 矛盾.

(3) 若 v 在 G 中是 θ-增的，由定理 3.5.2 知，$m(\theta, G^* \setminus \{u,v\}) = k+2$ 或 $m(\theta, G^* \setminus \{u,v\}) = k$. 若是前者，由等式 (3.5.1) 知 $m(\theta, G^*) \leqslant k$. 若是后者，则 v 在 $G^* \setminus u$ 中是 θ-减的. 若 u, v 都在 G^* 中是 θ-不变的，与定理 3.5.3 矛盾；若 u,v 都在 G^* 中是 θ-减的，与推论 3.1.2 矛盾，则 u,v 都在 G^* 中是 θ-增的，即 $m(\theta, G^*) = k$.

由 (1)—(3) 得 $m(\theta, G^*) = k$. □

引理 3.5.11 设点 u 在图 G 中 θ-不变，点 v 不邻接于 u，在图 G 中是 θ-减的，$f = (u,v)$，则 $m(\theta, G+f) = m(\theta, G) - 1$. 进一步地，$u$ 在 $G+f$ 中是 θ-增的，v 是 θ-不变的.

证明 设 $m(\theta, G) = k$，$G^* = G + f$. 由定理 3.5.3 知，$m(\theta, G^* \setminus \{u,v\}) = m(\theta, G \setminus \{u,v\}) = k-1$. 由等式 (3.5.1) 和内插性得 $m(\theta, G^*) = k-1$. □

引理 3.5.12 设 u,v 都是 G 中 θ-减的不邻接点，且 $m(\theta, G \setminus \{u,v\}) \geqslant m(\theta, G) - 1$，$f = (u,v)$，则 $m(\theta, G+f) = m(\theta, G) - 1$，点 u,v 在 $G+f$ 中都是 θ-不变的；或 $m(\theta, G+f) = m(\theta, G)$，点 u,v 在 $G+f$ 中都是 θ-减的.

证明 设 $k = m(\theta, G)$, $G^* = G+f$. 由题设和等式 (3.5.1) 知, $m(\theta, G^*) \geqslant k-1$. 又因为 $m(\theta, G^* \setminus u) = m(\theta, G \setminus u) = k-1$. 由内插性得 $m(\theta, G^*) = k-1$ 或 k. □

引理 3.5.13 设 u 是图 G 中的 θ-增的点, 邻接一个 θ-减的点 v, $e = (u, v) \in E(G)$, 则 $m(\theta, G-e) = m(\theta, G)$, 进一步地, 在 $G-e$ 中 u 仍然是 θ-增的, v 仍然是 θ-减的.

证明 设 $k = m(\theta, G)$, $G' = G - e$. 由于 $m(\theta, G' \setminus u) = m(\theta, G \setminus u) = k+1$, $m(\theta, G' \setminus v) = m(\theta, G \setminus v) = k-1$, 由内插性得 $m(\theta, G') = k$. □

引理 3.5.14 设 u 是图 G 中的 θ-增的点, 邻接一个 θ-不变的点 v, $e = (u, v) \in E(G)$, 则 $m(\theta, G-e) = m(\theta, G)+1$, 在 $G-e$ 中 u 是 θ-不变的, v 是 θ-减的; 或 $m(\theta, G-e) = m(\theta, G)$, 在 $G-e$ 中 u 是 θ-增的, v 是 θ-不变的.

证明 设 $k = m(\theta, G)$, $G' = G - e$. 由定理 3.5.2 得 $m(\theta, G \setminus \{u, v\}) \geqslant k$. 由定理 1.3.1(b) 得 $m(\theta, G') \geqslant k$. 又由 $m(\theta, G' \setminus v) = m(\theta, G \setminus v) = k$ 及内插性得 $m(\theta, G') \leqslant k+1$. □

引理 3.5.15 设 u 是图 G 中的一个 θ-特别点, 邻接两个 θ-减的点 v 和 w, $e = (u, v)$, 再设路 vuw 不是 G 中的 θ-减的路, 则在图 $G-e$ 中, u 是 θ-特别的, v 是 θ-减的, w 是 θ-减的且 $m(\theta, G-e) = m(\theta, G)$.

证明 记 $m(\theta, G) = k$, $G - e = G'$. 由推论 3.5.7 和引理 3.5.13, 我们只需证明 w 在 G' 中是 θ-减的. 由定理 3.5.4 知, u 在 $G \setminus w$ 中是 θ-增的, 则 v 在 $G \setminus w$ 中不能是 θ-减的, 否则由定理 3.5.2, 路 vuw 在 G 中是 θ-减的, 与题设矛盾.

(1) 假若 v 在 $G \setminus w$ 中是 θ-不变的, 由引理 3.5.14 知, $m(\theta, G' \setminus w) = k-1$ 或 k. 若是前者, 定理成立. 若是后者, 此时在 $G' \setminus w$ 中, u 是 θ-不变的, v 是 θ-减的. 由定理 3.5.3, $m(\theta, G \setminus vuw) = m(\theta, G' \setminus wuv) = k-1$, 与题设矛盾.

(2) 假若 v 在 $G \setminus w$ 中是 θ-增的, 那么 u 一定是 $G \setminus wv$ 中 θ-增的, 否则由定理 3.5.2, u 在 $G \setminus wv$ 中是 θ-减的, 即 vuw 是 G 中的 θ-减的路, 矛盾. 于是 $m(\theta, G \setminus vuw) = k+1$. 现在考虑 w 在 G' 中的符号. w 不能在 G' 中 θ-不变的, 否则由定理 3.5.3, $m(\theta, G \setminus wv) = m(\theta, G' \setminus wv) = k-1$, 与内插性和 $m(\theta, G \setminus vuw) = k+1$, 矛盾. 若 w 在 G' 中是 θ-增的. 因为 $m(\theta, G' \setminus wu) = m(\theta, G \setminus uw) = k$, 则 u 在 $G' \setminus w$ 中是 θ-减的. 由定理 3.5.2, v 在 $G' \setminus w$ 中也是 θ-减的. 对图 $G' \setminus w$ 使用引理 3.5.12, 我们得 $m(\theta, G \setminus w) = m(\theta, (G' \setminus w) + e) \geqslant k$, 与 w 在 G 中是 θ-减的, 矛盾. 于是 w 在 G' 中是 θ-减的. □

引理 3.5.16 设 u 是 G 中的一个 θ-特别点, 邻接于 G 中的一个 θ-减的点 v 和一个 θ-不变的点 w, $e = (u, w) \in E(G)$. 则在 $G-e$ 中, u 是 θ-特别点, v 是 θ-减的且 $m(\theta, G-e) = m(\theta, G)$.

证明 记 $m(\theta, G) = k$, $G - e = G'$. 由引理 3.5.14, $m(\theta, G') = k+1$ 或 k. 若 $m(\theta, G') = k+1$, 则在 G' 中, u 是 θ-不变的, w 是 θ-减的. 因 $m(\theta, G' \setminus u) = $

$m(\theta, G \setminus u) = k+1$, $m(\theta, G' \setminus uv) = m(\theta, G \setminus uv) = k$, 故 v 在 $G' \setminus u$ 中是 θ-减的. 由定理 3.5.3, v 在 G' 中必须是 θ-减的, 与推论 3.5.8 矛盾.

若 $m(\theta, G') = k$, 则在 G' 中 u 是 θ-增的, w 是 θ-不变的. 由定理 3.5.3, $m(\theta, G' \setminus wv) = m(\theta, G \setminus wv) = k-1$, 则 v 在 $G' \setminus w$ 中是 θ-减的. 由于 w 在 G' 中 θ-不变的, 再一次利用定理 3.5.3 得, v 在 G' 中是 θ-减的. □

引理 3.5.17 设 u 是 G 中的一个 θ-特别点, 邻接于 G 中的一个 θ-减的点 v 和 θ-增的点 w, $e = (u, w) \in E(G)$, 则在 $G - e$ 中, u 是 θ-特别点, v 是 θ-减的且 $m(\theta, G - e) = m(\theta, G)$.

证明 记 $m(\theta, G) = k$, $G - e = G'$.

若 u 在 G' 中是 θ-不变的, 则 $m(\theta, G') = k+1$, 由推论 3.5.8, v 不能是 G' 中 θ-减的. 由定理 3.5.3, 有 $m(\theta, G' \setminus uv) \geqslant k+1$. 又由 u 在 G 中是 θ-增, v 在 G 中是 θ-减的及定理 3.5.2, 有 $m(\theta, G' \setminus uv) = m(\theta, G \setminus uv) = k$, 矛盾. 若 u 在 G' 中是 θ-减的, 则 $m(\theta, G') = k+2$, 但 $m(\theta, G' \setminus uv) = m(\theta, G \setminus uv) = k$, 与推论 3.1.2 矛盾. 于是 u 在 G' 中是 θ-增的, 且 $m(\theta, G') = m(\theta, G) = k$. 若 v 在 G' 中不是 θ-减的, 由

$$u(G \setminus v, x) = \mu(G' \setminus v, x) - \mu(G \setminus vuw, x), \qquad (3.5.2)$$

以及推论 3.1.2 知, θ 至少是等式 (3.5.2) 右边的 k 重根, 与 $m(\theta, G \setminus v) = k-1$ 矛盾. 于是 v 在 G' 中是 θ-减的. □

引理 3.5.18 设 u 是 G 中的一个 θ-特别点, v 在 $G \setminus u$ 中是一个 θ-减的, 则 v 在 G 中不能是 θ-不变的.

证明 假设 v 在 G 中是 θ-不变的且 $m(\theta, G) = k$. 设 w 是 G 中的邻接于 u 的一个 θ-减的点. 因 $m(\theta, G \setminus uv) = k$, 故 u 在 $G \setminus v$ 中是 θ-不变的. 但 w 在 $G \setminus v$ 中是 θ-减的, 与推论 3.5.8 矛盾. □

定理 3.5.5(稳定引理) 设 $\theta \neq 0$ 是 $\mu(G, x)$ 的一个根, u 是 G 中的一个 θ-特别点, $v(\neq u) \in V(G)$. 则

(1) v 在 G 中是 θ-减的当且仅当 v 在 $G \setminus u$ 中是 θ-减的;

(2) v 在 G 中是 θ-不变的当且仅当 v 在 $G \setminus v$ 中是 θ-不变的;

(3) v 在 G 中是 θ-增的当且仅当 v 在 $G \setminus v$ 中是 θ-增的.

证明 由定理 3.5.2 和引理 3.5.18, 我们仅需证明: 若 v 在 $G \setminus u$ 中是 θ-减的, 则 v 在 G 中也是 θ-减的. 反证, 假定 v 在 G 中是 θ-增的, 对点 u 的度数用数学归纳法. 设 w_1 是 u 在 G 中的一个 θ-减的邻点. 记 $e = (u, w_1) \in E(G)$.

首先点 u 的度数不能是 1, 否则由引理 3.5.13 得, 孤立点 u 在 $G - e$ 中是 θ-增的, 矛盾. 设 $d(u) = 2$, w_2 是点 u 的另外一个邻点, 则由引理 3.5.15—引理 3.5.17 知, w_2 和路 $w_1 u w_2$ 在 G 中都是 θ-减的, 否则, G 中适当删去关联于 u 的一条边, 使点 u 为 1 度点但它仍是结果图的 θ-增的点, 矛盾.

记 $G' = G - e$, 由引理 3.5.13, 在 G' 中, 点 u 是 θ-增的, w_2 是 θ-减的且 $m(\theta, G') = k$. 我们有下面的论断.

论断 1 v 在 G' 也是 θ-增的.

若 $f = (u,v) \notin E(G)$, 记 $G^* = G + f$. 由于 $G^* \setminus u = G \setminus u$, $G^* \setminus v = G \setminus v$, 则 u, v 在 G^* 中同时是 θ-减的, θ-增的, 或 θ-不变的. 若 u, v 在 G^* 中同时是 θ-减的或 θ-不变的, 则 $m(\theta, G^*) \geqslant k + 1$. 由推论 3.1.2 知 $m(\theta, G^* \setminus w_1 u w_2) \geqslant k$. 但 $m(\theta, G^* \setminus w_1 u w_2) = m(\theta, G \setminus w_1 u w_2) = k - 1$, 矛盾. 于是 u, v 在 G^* 中同时是 θ-增的, $m(\theta, G^*) = k$.

若 $f = (u,v) \in E(G)$. 令 $G^* = G$, 上述论证也成立.

若 v 在 G' 中是 θ- 不变的, 则由定理 3.5.3 知 $m(\theta, G' \setminus vw_1) = k - 1$, 但由 v 在 G 中是 θ-增的, w_1 是 θ-减的及定理 3.5.2 知 $m(\theta, G' \setminus vw_1) = m(\theta, G \setminus vw_1) = k$, 矛盾.

若 v 在 G' 中 θ-减的. 由定理 3.5.2 知 w_2 在 $G' \setminus u = G \setminus u$ 中是 θ-减的. 记 $H = G' \setminus u \cup \{u\}$, 由引理 3.5.11, 在 $G' = H + (u, w_2)$ 中, u 是 θ-增的, w_2 是 θ-不变的, 且 $m(\theta, G') = k$. 由定理 3.5.3 以及 u 是 $G' \setminus vw_2$ 中孤立点, 我们知道 $m(\theta, G' \setminus vw_2 u) = k - 1$. 因为 $G^* \setminus vuw_2 = G' \setminus vuw_2$, 则 vuw_2 是 G^* 中的 θ-减的路. 由引理 3.5.4 知道 v 在 G^* 中 θ-减的, 与前面的结论矛盾. 故论断 1 成立.

论断 2 $m(\theta, G' \setminus vw_2) = k$.

由已知 v 在 $G \setminus u$ 中是 θ-减的. 则 $m(\theta, G' \setminus vu) = m(\theta, G \setminus vu) = k$. 由论断 1, u 在 $G' \setminus v$ 中是 θ-减的. 由推论 3.5.8 知 w_2 在 $G' \setminus v$ 中是 θ-减的或是 θ-增的. 若是后者, 由引理 3.5.13 知, u 在 $G' \setminus v - e'$ 中是 θ-减的, 这里 $e' = (u, w_2)$. 这与 u 是孤立点且 $\theta \neq 0$ 矛盾. 于是 w_2 在 $G' \setminus v$ 中是 θ-减的, 即 $m(\theta, G' \setminus vw_2) = k$.

最后, 由引理 3.5.13 知 w_1 在 G' 中是 θ-减的, 由论断 1 知 v 在 G' 中是 θ-增的, 由论断 1 的证明知, w_2 在 G' 中是 θ-不变的. 由论断 2 知 v 在 $G' \setminus w_2$ 中是 θ-不变的. 孤立点 u 在 $G' \setminus vw_2$ 中也是 θ-不变的. 由定理 3.5.3 知在 $G' \setminus w_2$ 中 w_1 是 θ-减的, v 是 θ-增的或 θ-不变的. 再由定理 3.5.2 和定理 3.5.3 得 w_1 在 $G' \setminus w_2 vu$ 中是 θ-减的. 于是 $m(\theta, G \setminus vw_1 uw_2) = m(\theta, G' \setminus w_2 vuw_1) = k - 1$. 另一方面, 由推论 3.1.2 得 $m(\theta, G \setminus vw_1 uw_2) = m(\theta, G \setminus v \setminus w_1 uw_2) \geqslant m(\theta, G \setminus v) - 1 = k$. 矛盾. 于是 v 在 G 中是 θ-减的. 定理对 $d(u) = 2$ 成立.

归纳 设 w_1 是 u 在 G 中的 θ-减的一个邻点. 如果 u 存在另外一个邻点 $w_2 (\neq w_1)$, 使得路 $w_1 u w_2$ 在 G 中不是 θ-减的. 记 $e_2 = (u, w_2)$, $G_2 = G - e_2$. 由引理 3.5.15— 引理 3.5.17 知 u 在 G_2 中仍是 θ-增的且 $m(\theta, G_2) = m(\theta, G)$. 由归纳假定知 v 在 G_2 中是 θ-减的, 则 $m(\theta, G_2 \setminus v) = m(\theta, G) - 1$. 由定理 3.5.4 知 u 在 $G_2 \setminus v$ 中是 θ-增的. 由引理 3.5.10 知 $m(\theta, G \setminus v) = m(\theta, (G_2 \setminus v) + e_2) = m(\theta, G_3 \setminus v) = m(\theta, G) - 1$, 即 v 在 G 中是 θ-减的.

如果 u 的每一个邻点 $w(\neq w_1)$,使得路 w_1uw 在 G 中都是 θ-减的, w_2, w_3 是 u 的两个邻点. 记 $e_3 = (u, w_3), G_3 = G - e_3$. 由引理 3.5.13 知 u 在 G_3 中仍然是 θ-增的且 $m(\theta, G_3) = m(\theta, G)$. 由于 $m(\theta, G_3 \setminus w_1uw_2) = m(\theta, G \setminus w_1uw_2)$, 则路 w_1uw_2 在 G_3 中仍是 θ-减的. 则 w_1, w_2 在 G_3 中都是 θ-减的. 由归纳假定知 v 在 G_3 中是 θ-减的, 即 $m(\theta, G_3 \setminus v) = m(\theta, G) - 1$. 由定理 3.5.4 知 u 在 $G_3 \setminus v$ 中是 θ-增的. 由引理 3.5.10 知 $m(\theta, G \setminus v) = m(\theta, (G_3 \setminus v) + e_3) = m(\theta, G_3 \setminus v)$, 即 v 在 G 中是 θ-减的. □

设 $\theta \neq 0$ 是 $\mu(G, x)$ 的一个根, 以 $A(G)$ 表示 G 中的所有的 θ-特别点. 从 G 中一个一个地删除 $A(G)$ 中的点. 由推论 3.5.8 及定理 3.5.5 知, 最后得到的图 $G \setminus A(G)$ 中的所有 θ-减的点形成 θ-本原分支, 所有非 θ-减的点形成的分支不以 θ 作为匹配多项式的根.

定理 3.5.6(Gallai 定理) 设 G 是一个连通图, θ 是 $\mu(G, x)$ 的一个根, 且 G 中的每个点都是 θ-减的, 则 $m(\theta, G) = 1$.

证明 记 $k = m(\theta, G)$, 假设 $k > 1, v \in G$, 则 $m(\theta, G \setminus v) = k - 1 > 0$. 以 A 表示 $G \setminus v$ 中的所有 θ-特别点, D 表示 $G \setminus v$ 中的所有 θ-减的点, $C = V(G \setminus v) - (A \cup D)$.

(1) 若 $A = \varnothing$, 由图 G 连通且 $D \neq \varnothing$ 知, v 必须和 D 中的一个点 u 邻接. 则 $m(\theta, G \setminus vu) = k - 2 < k - 1$, 与推论 3.1.2 矛盾.

(2) 于是 $A \neq \varnothing$. 设 $w \in A$. 从 w 开始, 从 G 中一个一个地删去 A 中的点, θ 在结果图 $G \setminus A$ 中的重数 $m(\theta, G \setminus A) \leqslant k + |A| - 2$ (因为 w 在 G 中是 θ-减的, 其他的 $|A| - 1$ 点每个最多增加一重). 仍然以 D 表示 G 中由 D 中的点导出的子图, 同 (1), v 不能邻接于 D 中的任何点. 由定理 3.5.5, $m(\theta, D) = k - 1 + |A|$. 于是 $m(\theta, G \setminus A) \geqslant k - 1 + |A|$, 矛盾. □

推论 3.5.9 设 G 是一个连通的点传递图, 则 $\mu(G, x)$ 的根都是单根.

推论 3.5.10 设 G 是一个连通图, θ 是 $\mu(G, x)$ 的一个 k 重根, 如果 $k \geqslant 2$, 则 G 中至少有一个点是 θ-增的.

证明 由定理 3.5.6 知, G 不是 θ-本原的, 即 G 中的所有点不是 θ-减的. 如果 G 中没有 θ-增的点, 则 G 中必有 θ-不变的点和 θ-减的点, 且仅有这两类点, 由推论 3.5.8 知, G 不连通, 矛盾. □

3.6 一些说明

3.1 节的内容来自文献 [20] 和 [41], 3.2 节的结论来自文献 [20] 和 [24], 3.3 节的内容来自作者本人, 待发表. 3.4 节的内容来自文献 [18], 3.5 节的内容来自文献 [42] 和 [43].

第4章 匹配根对图的刻画

4.1 匹配最大根对图的刻画

设 G 是有 n 个点的一个图,我们知道, G 的匹配多项式的根都是实数,将匹配根按自大到小的顺序排列如下:

$$M_1(G) \geqslant M_2(G) \geqslant \cdots \geqslant M_n(G).$$

称 $M_i(G)$ 为图 G 的第 i 大根. 当 G 连通时,由定理 3.1.4,我们知道 $M_1(G)$ 是单重的且大于 $M_1(G \setminus u)$,这里的 $u \in V(G)$. 在这一节中,我们先刻画 $M_1(G) \leqslant 2$ 连通图 G,然后再刻画 $2 < M_1(G) \leqslant \sqrt{2+\sqrt{5}}$ 连通图 G.

以 $Q(m,n)(m \geqslant 2, n \geqslant 1)$ 表示圈 C_{m+1} 上的一点和路 P_{n+1} 的一个端点黏结后得到的图. 以 $T_{i,j,k}$(或 $T(i,j,k)$) 表示只有一个 3 度点,三个 1 度点,且这个 3 度点到三个 1 度点的距离分别为 i,j 和 k 的一棵树. 以 $I_n(n \geqslant 6)$ 表示一条 $n-2$ 个点的路的第二个点和倒数第二个点分别带一个悬挂点的图 (图 4.1).

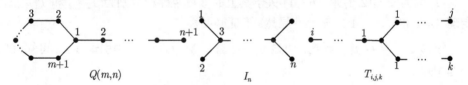

图 4.1 图 $Q(m,n), I_n$ 和 $T_{i,j,k}$

定理 4.1.1 设 G 是一个连通图, $u \in V(G)$,则 $M_1(G)$ 是路树 $T = T(G,u)$ 的谱半径,即 $M_1(G) = \lambda_1(T)$.

证明 由定理 3.1.2 我们知道

$$\mu(G,x)\phi(T \setminus u, x) = \mu(G \setminus u, x)\phi(T,x),$$

由定理 3.1.4 及性质 3a,比较上式两边的最大根得到

$$M_1(G) = \lambda_1(T). \qquad \Box$$

引理 4.1.1[44] 设 T 是一棵树,则

(1) $\lambda_1(T) < 2$ 当且仅当 $T \in \Gamma_1 = \{P_n, T_{1,1,k}, T_{1,2,2}, T_{1,2,3}, T_{1,2,4}\}$;

(2) $\lambda_1(T) = 2$ 当且仅当 $T \in \Gamma_2 = \{I_n, K_{1,4}, T_{2,2,2}, T_{1,3,3}, T_{1,2,5}\}$.

定理 4.1.2 设 G 是一个连通图, 则

(1) $M_1(G) < 2$ 当且仅当 $G \in \Omega_1 = \{P_n, T_{1,1,k}, T_{1,2,2}, T_{1,2,3}, T_{1,2,4}, C_m, Q(2,1)\}$;

(2) $M_1(G) = 2$ 当且仅当 $G \in \Omega_2 = \{I_n, K_{1,4}, T_{2,2,2}, T_{1,3,3}, T_{1,2,5}, Q(3,1), Q(2,2)\}$.

证明 (1) 因为圈 C_m 关于任一点的路树是 P_{2m-1}. $Q(2,1)$ 关于 3 度点的路树是 $T_{1,2,2}$. 由定理 4.1.1 和引理 4.1.1 知, 充分性是显然的. 下证必要性.

情形 1 若 G 是一棵树. 由定理 3.1.1 知道, $\lambda_1(G) = M_1(G) < 2$. 由引理 4.1.1 知, $G \in \Gamma_1 \subseteq \Omega_1$.

情形 2 若 G 不是一棵树. 由定理 4.1.1 知道, 图 G 关于任一点 u 的路树 $T(G,u) \in \Gamma_1$. 于是我们得到图 G 的最大度 $\Delta(G) \leqslant 3$, 且带有最大度的点数最多只有一个, 否则, $T(G,u) \notin \Gamma_1$.

情形 2.1 若 $\Delta(G) = 3$. 明显地, 图 G 有且仅有一个 3 度点, 于是 $G = Q(m,n)$(否则, $T(G,u) \notin \Gamma_1$ 或 G 是一棵树). 明显地, $Q(m,n)$ 关于 3 度点 u 的路树是 $T(G,u) = T(Q(m,n),u) = T_{m,m,n}$, 由于 $T(G,u) \in \Gamma_1$, 则 $m = 2, n = 1$, 即 $G = Q(2,1)$.

情形 2.2 若 $\Delta(G) < 3$. 因为图 G 连通又不是树, 则 $G = C_m, G \in \Omega_1$.

(2) 因为图 $Q(2,2)$ 和 $Q(3,1)$ 关于其上的 3 度点路树分别为 $T_{2,2,2}$ 和 $T_{1,3,3}$. 由定理 4.1.1 和引理 4.1.1, 充分性显然. 下证必要性.

情形 1 若 G 是一棵树. 明显地, $\lambda_1(G) = M_1(G) = 2$. 由引理 4.1.1 可知, $G \in \Gamma_2 \subseteq \Omega_2$.

情形 2 若 G 不是一棵树. 由定理 4.1.1 知, 图 G 关于任一点 u 的路树 $T(G,u) \in \Gamma_2$, 于是 $3 \leqslant \Delta(G) \leqslant 4$. 我们分下面的四种子情形:

情形 2.1 若 $\Delta(G) = 4$. 设 u 是图 G 的一个 4 度点, 因为 $T(G,u) \in \Gamma_2$, 故 $T(G,u) = K_{1,4}$, 此时只有 $G = K_{1,4}$.

情形 2.2 若 $\Delta(G) = 3$ 且 3 度点多于两个. 明显地, G 关于任一点 u 的路树 $T(G,u)$ 上的 3 度点也多于两个. 然而 $T(G,u) \notin \Gamma_2$. 于是, 没有这种情形.

情形 2.3 若 $\Delta(G) = 3$ 且 3 度点只有两个, 则 G 是如图 4.2 所示的四个图 G_1, G_2, G_3, G_4. 容易看出这四个图均有 $T(G_i,u) \notin \Gamma_2$.

情形 2.4 若 $\Delta(G) = 3$ 且只有一个 3 度点. 明显地, $G = Q(m,n)$. G 关于 3 度点 u 的路树为 $T(G,u) = T(Q(m,n),u) = T_{m,m,n}$. 为了使 $T(G,u) \in \Gamma_2$, 必有 $m = 2, n = 2$ 或 $m = 3, n = 1$, 即 $G = Q(2,2)$ 或 $Q(3,1)$. □

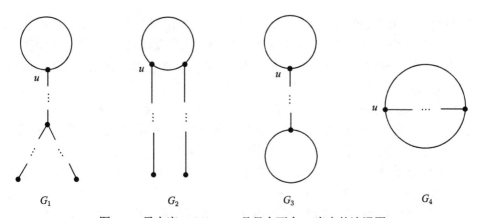

图 4.2 最大度 $\Delta(G) = 3$, 且只有两个 3 度点的连通图

下面是定理 4.1.2 的一个推论.

推论 4.1.1 设 G 是一个图, 则

(1) $M_1(G) < 2$ 当且仅当图 G 的每个连通分支属于 Ω_1;

(2) $M_1(G) = 2$ 且 2 是多项式 $\mu(G, x)$ 的 m 重根当且仅当图 G 有 m 个连通分支属于 Ω_2, 其他分支属于 Ω_1.

设 P_{r+s+t} 是带有点 $1, 2, \cdots, r+s+t$ 的一条路, 以 $A_{r,s,t}(r \geqslant 2, s \geqslant 1, t \geqslant 1)$ 表示路 P_{r+s+t} 的点 r 和 $r+s$ 分别增加一条悬挂边后得到的图. 特别地, 图 $A_{2,n-5,1}$ 就是 I_n. 见图 4.3.

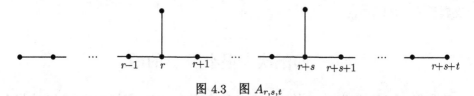

图 4.3 图 $A_{r,s,t}$

记 $W = \{T_{i,j,k} | i = 1, j = 2, k > 5$ 或 $i = 1, j > 2, k > 3$ 或 $i = j = 2, k > 2$ 或 $i = 2, j = k = 3\} \cup \{A_{r,s,t} | (r, s, t) = (2, 1, 2), (3, 4, 2), (3, 5, 3), (4, 7, 3), (4, 8, 4)$ 或 $r \geqslant 2, s \geqslant s^*(r, t), t \geqslant 1$ 且 $(r, t) \neq (2, 1)\}$, 这里的

$$s^*(r, t) = \begin{cases} r+t+1, & r \geqslant 4, \\ t+3, & r = 3, \\ t, & r = 2. \end{cases}$$

引理 4.1.2[44] 设 T 是一棵树, 则 $2 < \lambda_1(T) \leqslant \sqrt{2 + \sqrt{5}}$ 当且仅当 $T \in W$.

定理 4.1.3 设 G 是一个连通图, 则 $2 < M_1(G) \leqslant \sqrt{2 + \sqrt{5}}$ 当且仅当 $G \in \Omega_3 = W \cup \{Q(2, n)(n \geqslant 3), Q(m, 1)(m \geqslant 4), Q(3, 2)\}$.

证明 因为图 $Q(2,n)$, $Q(3,2)$, $Q(m,1)$ 关于它们的 3 度点的路树分别为 $T_{2,2,n}$, $T_{2,3,3}$, $T_{1,m,m} \in W$. 由定理 4.1.1 和引理 4.1.2 知, 充分性是显然的. 下证必要性.

若 G 是一棵树. 由定理 3.1.1 知道, $\lambda_1(G) = M_1(G)$. 由引理 4.1.2 可知, $G \in W \subseteq \Omega_3$.

若 G 不是一棵树. 由定理 4.1.1 知道, 图 G 关于任一点 u 的路树 $T(G,u) \in W$. 于是我们得到图 G 的最大度 $\Delta(G) = 3$, 否则 G 关于度数最大的一点 u 的路树 $T(G,u)$ 的最大度或大于 3, 或小于 3, 均有 $T(G,u) \notin W$.

(1) 若 G 的 3 度点多于两个. 明显地, G 关于任一点 u 的路树 $T(G,u)$ 上的 3 度点也多于两个. 然而 $T(G,u) \notin W$.

(2) 若 G 恰有两个 3 度点, 则 G 是图 4.2 所示的四个图 G_1, G_2, G_3, G_4. 容易看出这四个图关于其上的 3 度点 u 的路树均有 $T(G_i, u) \notin W$.

(3) 若图 G 恰有一个 3 度点, 而这样的不是树的连通图是 $Q(m,n)$. 它关于其上的 3 度点 u 的路树为 $T(G,u) = T(Q(m,n),u) = T_{m,m,n}$. 为了使 $T(G,u) \in W$, 必有 $m=2, n \geqslant 3$ 或 $m=3, n=2$ 或 $n=1, m \geqslant 4$, 即 $G = Q(2,n)(n \geqslant 3)$ 或 $Q(3,2)$ 或 $Q(m,1)(m \geqslant 4)$. □

由定理 4.1.2、定理 4.1.3, 下面的推论是显然的.

推论 4.1.2 设 G 是一个图, 则 $2 < M_1(G) \leqslant \sqrt{2+\sqrt{5}}$ 当且仅当 G 至少有一个连通分支属于 Ω_3, 其余连通分支属于 $\Omega_1 \cup \Omega_2 \cup \Omega_3$.

推论 4.1.3 设 G 是一个图, 则 $M_1(G) \leqslant \sqrt{2+\sqrt{5}}$ 当且仅当 G 的每个连通分支属于 $\Omega_1 \cup \Omega_2 \cup \Omega_3$.

4.2 匹配次大根小于 1 的图

我们把 $M_2(G)$ 称为图 G 的匹配次大根, 在这一节中, 我们刻画匹配次大根小于 1 的图, 在 4.3 节中我们将刻画匹配次大根等于 1 的图. 以 $J_n(n \geqslant 4)$ 表示星图 $K_{1,n-2}$ 的一个悬挂点增加一条悬挂边后得到的图. 以 $L_n(n \geqslant 4)$ 表示三角形 K_3 的其中一个固定点增加 $n-3$ 条悬挂边后得到的图, 以及图 A 和 B 是两个五阶图, 见图 4.4.

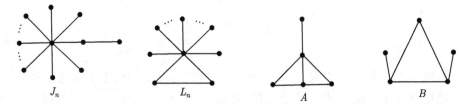

图 4.4 图 J_n, L_n, A 和 B

4.2 匹配次大根小于 1 的图

引理 4.2.1 设 $V' \subseteq V(G), |V'| = k$, 对 $1 \leqslant i \leqslant n-k$, 有

$$M_i(G) \geqslant M_i(G \setminus V') \geqslant M_{i+k}(G).$$

证明 由定理 3.1.4, 显然. □

引理 4.2.2[45] 若 $\overline{G}$ 连通且 G 无孤立点, 则 G 包含一个与 $2K_2$ 或 P_4 同构的导出子图.

引理 4.2.3 匹配多项式 $\mu(G, x)$ 恰有一个正根的没有孤立点的图 G 是 K_3 或星图 $K_{1,n}$.

证明 由于多项式 $\mu(G, x)$ 的根在数轴上关于坐标原点对称, 则 $\mu(G, x)$ 也恰有一个负根, 有 $|V(G)| - 2$ 个零根, 故

$$\mu(G, x) = x^{|V(G)|} - |E(G)|x^{|V(G)|-2}.$$

这意味着图 G 没有 2-匹配, 由于没有 G 孤立点, 则 G 是连通的.

假设 G 图不是星图, 且 $u \in V(G)$ 是 G 中度数最大的点, $u_1, u_2, \cdots, u_k (k \geqslant 2)$ 是点 u 的所有邻点. 如果某个点 u_i 还与其他的点 $w(\neq u, u_1, u_2, \cdots, u_k)$ 邻接, 则 G 中有 2-匹配; 如果 $k \geqslant 3$, 而由点 $u_1, u_2, \cdots, u_k$ 导出的子图 $G[u_1, u_2, \cdots, u_k]$ 中有边, 则 G 中也有 2-匹配, 于是 $G \cong K_3$. □

引理 4.2.4 设 $H_i(i = 1, 2, \cdots, 13)$ 如图 4.5 所示, $H_{14} = K_{1,1,3}$, $H_{15} = K_{1,2,2}$, $H_{16} = K_{2,3}$, $H_{17} = K_{1,1,1,2}$, $H_{18} = K_5$, $H_{19} = Q(2, 2)$, $H_{20} = Q(3, 1)$, $H_{21} = C_5$, $H_{22} = I_6$, 则 $M_2(H_j) \geqslant 1 (j = 1, 2, \cdots, 22)$.

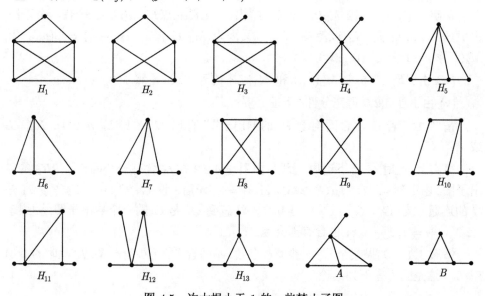

图 4.5 次大根小于 1 的一些禁止子图

证明 容易计算以上各图的匹配多项式，且对 $1 \leqslant j \leqslant 18$，都有 $\mu(H_j, 1) \geqslant 0$，$\mu(H_j, 2) < 0$. 因而 $\mu(H_j, x)$ 在 $x > 2$ 时至少有一个根，在 $1 \leqslant x \leqslant 2$ 中至少有一个根，故 $M_2(H_j) \geqslant 1$. 对 $19 \leqslant j \leqslant 22$，有 $M_2(H_{19}) = M_2(H_{20}) = M_2(H_{22}) = 1$，$M_2(H_{21}) = \sqrt{\frac{1}{2}(5 - \sqrt{5})} > 1$. □

引理 4.2.5 图 A, B 如图 4.4 所示，$n \geqslant 4$，若 $G \in \{A, B, K_4, C_4, K_{1,1,2}, L_n, J_n\}$，则 $0 < M_2(G) < 1$.

证明 容易计算，$M_2(A) = \sqrt{3 - \sqrt{5}}$，$M_2(B) = \sqrt{\frac{1}{2}(5 - \sqrt{13})}$，$M_2(K_4) = \sqrt{3 - \sqrt{6}}$，$M_2(C_4) = \sqrt{2 - \sqrt{2}}$，$M_2(K_{1,1,2}) = \sqrt{\frac{1}{2}(5 - \sqrt{17})}$，$M_2(L_n) = \sqrt{\frac{1}{2}(n - \sqrt{n^2 - 4n + 12})}$，$M_2(J_n) = \sqrt{\frac{1}{2}(n - 1 - \sqrt{n^2 - 6n + 13})}$. 故结论成立. □

定理 4.2.1 设 G 是没有孤立点的一个图，图 A, B, L_n, J_n 见图 4.4.
(i) 对任意图 G 均有 $M_2(G) \geqslant -1$；
(ii) $M_2(G) = -1$ 当且仅当 $G = K_2$；
(iii) 不存在图 G，使得 $M_2(G) \in (-1, 0)$；
(iv) $M_2(G) = 0$ 当且仅当 $G \in \{K_3, K_{1,n}(n \geqslant 2)\}$；
(v) $0 < M_2(G) < 1$ 当且仅当 $G \in \{A, B, K_4, C_4, K_{1,1,2}, L_n, J_n(n \geqslant 4)\}$；
(vi) $\lim\limits_{n \to \infty} M_2(L_n) = \lim\limits_{n \to \infty} M_2(J_n) = 1$.

证明 (i)—(iv) 当 $M_2(G) \leqslant 0$ 时，由 G 无孤立点知，$\mu(G, x)$ 恰有一个正根，由引理 4.2.3，G 是 K_3 或星图 $K_{1,n}$. 又因为 $M_2(K_3) = M_2(K_{1,n}) = 0 (n \geqslant 2)$，$M_2(K_2) = -1$，所以 (i)—(iv) 成立.

(vi) 由引理 4.2.5 中 $M_2(L_n)$ 和 $M_2(J_n)$ 的表达式，显然.

(v) 由引理 4.2.5 得充分性. 下证必要性.

情形 1 若 G 不含同构于 P_4 的导出子图，此时 $G \cong A$，$L_n(n \geqslant 4)$，K_4, C_4 或 $K_{1,1,2}$.

事实上，此时 $\overline{G}$ 必不连通. 否则，由引理 4.2.2 知 G 含有一个同构于 $2K_2$ 的导出子图，由引理 4.2.1，$M_2(G) \geqslant M_2(2K_2) = 1$，矛盾. 设 $G_1, G_2, \cdots, G_k (k \geqslant 2)$ 是 $\overline{G}$ 的连通分支，$G = \overline{G_1} \vee \overline{G_2} \vee \cdots \vee \overline{G_k}$. 注意到 $\overline{G_i}$ 是 G 的一个导出子图，由引理 4.2.2，$\overline{G_i}(i = 1, 2, \cdots, k)$ 也含有孤立点.

情形 1.1 如果某个 $\overline{G_i}$ 至少有一条边，不妨设 $\overline{G_1}$ 至少有一条边. 此时 $G \cong A$ 或 L_n. 这是因为有下列结论.

(a) $k = 2, \overline{G_2} = K_1$.

事实上, 此时 $\overline{G_1}$ 有一个同构于 $K_1 \cup K_2$ 的导出子图. 若 $k \geqslant 3$, G 中含有一个同构于 H_1 的导出子图; 若 $k = 2$, 且 $\overline{G_2}$ 至少有两个点时, G 中含有同构于 H_2 的导出子图, 均与引理 4.2.4 矛盾. 于是 $k = 2, \overline{G_2} = K_1$.

(b) $\overline{G_1} = (n-3)K_1 \cup K_2$ 或 $K_1 \cup P_3$.

事实上, 如果 $\overline{G_1}$ 中至少有两条边, 由 $\overline{G_1}$ 不含有同构于 $2K_2$ 的导出子图知, $\overline{G_1}$ 至少有一点的度数大于等于 2, 且不妨设点 u 是 $\overline{G_1}$ 的度数最大的点之一. 若点 u 的某两个邻点也邻接, G 中含有同构于 H_3 的导出子图; 若点 u 的所有邻点互不邻接, 且点 u 在 $\overline{G_1}$ 中的度数大于等于 3, G 中含有一个同构于 $K_{1,1,3}$ 的导出子图; 若点 u 在 $\overline{G_1}$ 中的度数等于 2, 且点 u 的一个邻点在 $\overline{G_1}$ 中的度数也是 2 时, G 中含有一个同构于 H_5 或 $K_{1,2,2}$ 的导出子图, 均与引理 4.2.4 矛盾. 于是 $\overline{G_1} = (n-4)K_1 \cup P_3$. 若 $n-4 \geqslant 2$, G 中含有一个同构于 H_4 的导出子图, 也与引理 4.2.4 矛盾. 故 $\overline{G_1} = K_1 \cup P_3$.

如果 $\overline{G_1}$ 中只有一条边, 则 $\overline{G_1} = (n-3)K_1 \cup K_2$.

由上述 (a) 和 (b) 知 $G \cong A$ 或 L_n.

情形 1.2 如果每个 $\overline{G_i}$ 都没有边. 此时 $G \cong K_4, C_4$ 或 $K_{1,1,2}$.

事实上, 每个分支 $\overline{G_i}$ 不能多于两个点. 否则, 不妨设 $\overline{G_1}$ 至少有三个点. 若 $k \geqslant 3$, G 中含有一个同构于 $K_{1,1,3}$ 的导出子图; 若 $k = 2$, G 中含有一个同构于 $K_{2,3}$ 的导出子图 (因 G 不是星图, $\overline{G_2}$ 至少有两点), 均与引理 4.2.4 矛盾.

(a) 若有一个分支 $\overline{G_i}$ 恰有两个点, 则 $G \cong C_4$ 或 $K_{1,1,2}$.

事实上, 不妨设 $\overline{G_1}$ 恰有两个点. 若 $k \geqslant 4$, 则 G 中含有一个同构于 $K_{1,1,1,2}$ 的导出子图, 矛盾. 故 $k \leqslant 3$. 如果其他分支都只有一个点, 由 G 不是星图, 则 $k = 3$, $G \cong K_{1,1,2}$; 如果有另一个分支 $\overline{G_2}$ 两个点, $k = 3$, G 中有一个同构于 $K_{1,2,2}$ 的导出子图, 矛盾. 故 $k = 2, G \cong C_4$.

(b) 若每个分支 $\overline{G_i}$ 都只有一个点, 则 $G \cong K_4$.

事实上, 若 $k \geqslant 5$, G 中有一个同构于 K_5 的导出子图; 若 $k \leqslant 3$, 则 G 是 K_3 或 K_2, 均含有矛盾. 于是 $G \cong K_4$.

情形 2 若 G 含有同构于 P_4 的导出子图. 此时 $G \cong B$ 或 $J_n(n \geqslant 4)$.

由于 G 没有孤立点, 也没有同构于 $2K_2$ 的导出子图, 则 G 连通. 考虑其他顶点和这个导出子图 P_4 之间的局部邻接关系. 如果有一个点和这个子图 P_4 之间至少三边连接, 则 G 中含有一个同构于 H_5, H_6 或 H_7 的导出子图, 矛盾. 则其他顶点和这个子图 P_4 之间最多有两边连接.

情形 2.1 若存在一点与这个子图 P_4 之间恰有两边连接, 此时 $G \cong B$.

事实上, 这个顶点只能与 P_4 的 2 度点邻接. 否则, G 中含有一个同构于 $C_5, Q(3,1)$ 或 $Q(2,2)$ 的导出子图, 矛盾. 于是, G 含有一个同构于 B 的导出子图, 且不存在顶点和 B 连接. 否则, G 中将含有一个同构于 $H_8, H_9, H_{10}, H_{11}, H_{12}$ 或 H_{13} 的导出子图, 矛盾. 由 G 连通得 $G \cong B$.

情形 2.2 若 G 的每个顶点与这个子图 P_4 之间最多有一条边连接, 此时 $G \cong J_n (n \geqslant 4)$.

如果 G 中没有顶点和子图 P_4 连接, 由 G 的连通性得 $G \cong P_4 \cong J_4$.

如果 G 中有顶点和子图 P_4 连接, 则这些点只能与 P_4 的一个 2 度点邻接, 且这些点相互不邻接, 否则, 将含有一个同构于 $2K_2, I_6, Q(3,1)$ 或 $Q(2,2)$ 的导出子图, 矛盾. 于是 G 含有同构于 J_n 的导出子图, 且设 n 是最大可能的值, 由 G 不含同构于 $2K_2$ 的导出子图知, G 中没有顶点和子图 J_n 连接, 由 G 连通得 $G \cong J_n$. 至此, 定理证毕. □

对一般图, 我们有下面的推论.

推论 4.2.1 设 G 是一个图.

(i) $M_2(G) \geqslant -1$;

(ii) $M_2(G) = -1$ 当且仅当 $G = K_2$;

(iii) $M_2(G) \notin (-1, 0)$;

(iv) $M_2(G) = 0$ 当且仅当 $G \in \{sK_1(s \geqslant 2), tK_1 \cup K_2(t \geqslant 1), mK_1 \cup K_3(m \geqslant 0), mK_1 \cup K_{1,n}(m \geqslant 0, n \geqslant 2)\}$;

(v) $0 < M_2(G) < 1$ 当且仅当 $G = mK_1 \cup H(m \geqslant 0), H \in \{A, B, K_4, C_4, K_{1,1,2}, L_n, J_n (n \geqslant 4)\}$.

4.3 匹配次大根等于 1 的图

在上一节中我们完全刻画了匹配次大根 $M_2(G) < 1$ 的图. 这一节中, 我们刻画匹配次大根 $M_2(G) = 1$ 的图.

引理 4.3.1 令 G 是一个连通图, 那么

(a) $M_1(G) \leqslant 1$ 当且仅当 $G \in \{K_1, K_2\}$;

(b) $M_1(G) > 1$ 且 $M_2(G) < 1$ 当且仅当 $G \in \{C_3, C_4, K_{1,1,2}, K_4, A, B, K_{1,n} (n \geqslant 2), L_n (n \geqslant 4), J_n (n \geqslant 4)\}$, 其中 L_n, J_n 和 A, B 分别参见图 4.4.

证明 $M_1(K_2) = 1$, 由定理 3.1.4 得 (a). 由定理 4.2.1 得 (b). □

引理 4.3.2 设 $G \in \mathbb{S} = \{H(n_1, n_2, n_3)(n_1 \geqslant 0, n_2 + n_3 \geqslant 2), H_i(i = 1, 2, \cdots, 8)\}$, 则 $M_2(H) = 1$. 这里的 $H(n_1, n_2, n_3)(n_1 \geqslant 0, n_2 + n_3 \geqslant 2), H_i(i = 1, 2, \cdots, 5)$ 参见图 4.6, $H_6 = K_{1,1,3}, H_7 = Q(3,1), H_8 = I_6$.

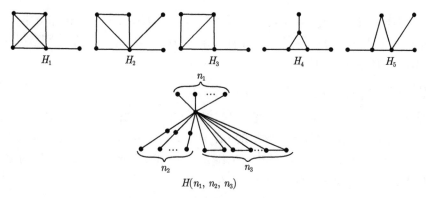

图 4.6 匹配次大根等于 1 的连通图

证明 由定理 1.3.1 容易计算

$\mu(H_1,x) = x^5 - 7x^3 + 6x, \quad \mu(H_2,x) = x^6 - 7x^4 + 6x^2,$
$\mu(H_3,x) = x^5 - 6x^3 + 5x, \quad \mu(H_4,x) = x^6 - 6x^4 + 6x^2 - 1,$
$\mu(H_5,x) = x^6 - 6x^4 + 5x^2, \quad \mu(H_6,x) = \mu(K_{1,1,3},x) = x^5 - 7x^3 + 6x,$
$\mu(H_7,x) = \mu(Q(3,1),x) = x^5 - 5x^3 + 4x,$
$\mu(H_8,x) = \mu(I_6,x) = x^6 - 5x^4 + 4x^2,$

且这些多项式的次大根均为 1.

同理 $\mu(H(n_1,n_2,n_3),x) = x^{n_1-1}(x^2-1)^{n_2+n_3-1}[x^4-(n-n_3)x^2+n_1]$, 其中 $n = n_1+2n_2+2n_3+1$. 这个多项式的三个非负根为: $\sqrt{\dfrac{n-n_3+\sqrt{(n-n_3)^2-4n_1}}{2}}$, 1, $\sqrt{\dfrac{n-n_3-\sqrt{(n-n_3)^2-4n_1}}{2}}$. 由引理 4.3.1(a) 知, 最大根必定大于 1. 容易验证 $\sqrt{\dfrac{n-n_3-\sqrt{(n-n_3)^2-4n_1}}{2}} < 1$. 于是

$$M_2(H(n_1,n_2,n_3)) = 1. \qquad \square$$

这一节的主要结论是下面的定理.

定理 4.3.1 令 G 是一个没有孤立点和孤立边的图, 那么 $M_2(G) = 1$ 当且仅当 $G \in \mathbb{S} = \{H(n_1,n_2,n_3)(n_1 \geq 0, n_2+n_3 \geq 2), H_i(i=1,2,\cdots,8)\}$, 其中 H_i $(i=1,2,\cdots,5)$ 和 $H(n_1,n_2,n_3)$ 分别参见图 4.6, $H_6 = K_{1,1,3}, H_7 = Q(3,1), H_8 = I_6$.

由上面的定理, 我们容易得到下面的推论.

推论 4.3.1 设 G 是一个图, 那么 $M_2(G) = 1$ 当且仅当

(1) $G \cong m_1K_1 \cup m_2K_2 \cup \Gamma_1$ $(m_1 \geq 0, m_2 \geq 1)$, $\Gamma_1 \in \{C_3, C_4, K_4, K_{1,1,2}, A, B, K_{1,n} (n \geq 2), L_n (n \geq 4), J_n (n \geq 4)\}$, 其中 L_n, J_n 和 A, B 分别参见图 4.4;

(2) $G \cong m_1' K_1 \cup m_2' K_2 \cup \Gamma_2$ $(m_1', m_2' \geqslant 0)$, $\Gamma_2 \in \{H(n_1, n_2, n_3)(n_1 \geqslant 0, n_2 + n_3 \geqslant 2), H_i \ (i = 1, 2, \cdots, 8)\}$, 其中 $H(n_1, n_2, n_3)$ 和 $H_i(i = 1, 2, \cdots, 5)$ 分别参见图 4.6, $H_6 = K_{1,1,3}, H_7 = Q(3, 1), H_8 = I_6$;

(3) $G \cong m_1'' K_1 \cup m_2'' K_2$ $(m_1' \geqslant 0, m_2' \geqslant 2)$.

推论 4.3.2 设 G 是一个图, 那么 $M_2(G) \leqslant 1$ 当且仅当 G 是图 $m_1' K_1 \cup m_2' K_2 \cup \Gamma_2$ 的点导出子图之一, 这里的 $m_1', m_2' \geqslant 0$, $\Gamma_2 \in \{H(n_1, n_2, n_3)(n_1 \geqslant 0, n_2 + n_3 \geqslant 2), H_i(i = 1, 2, \cdots, 8)\}$, 其中 $H(n_1, n_2, n_3)$ 和 $H_i \ (i = 1, 2, \cdots, 5)$ 分别参见图 4.6, $H_6 = K_{1,1,3}, H_7 = Q(3, 1), H_8 = I_6$.

为了证明主要定理, 我们需要若干引理. 设 G 是一个 $M_2(G) = 1$ 的图, F 是一个 $M_2(F) > 1$ 的图, 由匹配根的内插定理 (定理 3.1.4) 知, G 没有同构于 F 的导出子图, 此时, 我们说 F 是 G 具有 $M_2(G) = 1$ 的禁止子图.

引理 4.3.3 $P_6, C_5, C_6, K_5, Q(2, 3), Q(3, 2), K_{2,3}, T_{1,1,3}, K_{1,1,4}, K_{1,2,2}$ $K_{1,1,1,2}$, $2P_3, 2C_3, P_3 \cup C_3$ 和 $F_i(i = 1, 2, \cdots, 32)$ (图 4.7) 是 G 具有 $M_2(G) = 1$ 的禁止子图.

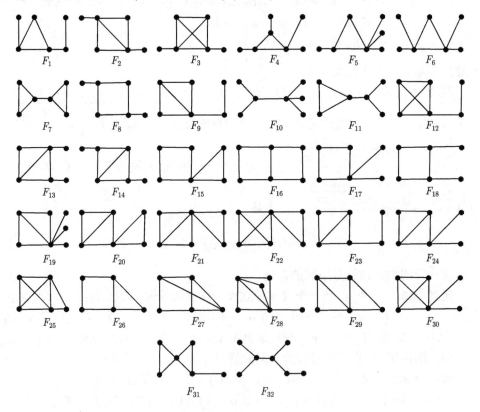

图 4.7 匹配次大根大于 1 的一些图

4.3 匹配次大根等于 1 的图

证明 由定理 1.3.1 容易计算

$\mu(P_6,x) = x^6 - 5x^4 + 6x^2 - 1,$ $\quad \mu(C_5,x) = x^5 - 5x^3 + 5x,$

$\mu(C_6,x) = x^6 - 6x^4 + 9x^2 - 2,$ $\quad \mu(K_5,x) = x^5 - 10x^3 + 15x,$

$\mu(Q(2,3),x) = x^6 - 6x^4 + 8x^2 - 1,$ $\quad \mu(Q(3,2),x) = x^6 - 6x^4 + 8x^2 - 2,$

$\mu(K_{2,3},x) = \mu(F_{26},x) = x^5 - 6x^3 + 6x,$ $\quad \mu(T_{1,1,3},x) = x^6 - 5x^4 + 5x^2,$

$\mu(K_{1,1,4},x) = x^6 - 9x^4 + 12x,$ $\quad \mu(K_{1,2,2},x) = x^5 - 8x^3 + 10x,$

$\mu(K_{1,1,1,2},x) = x^5 - 9x^3 + 12x,$ $\quad \mu(2P_3,x) = x^6 - 4x^4 + 4x^2,$

$\mu(2C_3,x) = x^6 - 6x^4 + 9x^2,$ $\quad \mu(P_3 \cup C_3,x) = x^6 - 5x^4 + 6x^2.$

同时,

$\mu(F_1,x) = \mu(F_{18},x) = x^6 - 6x^4 + 7x^2 - 1,$ $\quad \mu(F_2,x) = x^6 - 7x^4 + 7x^2,$

$\mu(F_3,x) = x^6 - 8x^4 + 10x^2 - 1,$ $\quad \mu(F_4,x) = x^7 - 7x^5 + 9x^3 - 2x,$

$\mu(F_5,x) = x^7 - 7x^5 + 7x^3,$ $\quad \mu(F_6,x) = x^7 - 7x^5 + 8x^3,$

$\mu(F_7,x) = x^6 - 7x^4 + 11x^2 - 1,$ $\quad \mu(F_8,x) = \mu(F_{11},x) = x^6 - 6x^4 + 7x^2,$

$\mu(F_9,x) = x^6 - 7x^4 + 9x^2 - 2,$ $\quad \mu(F_{10},x) = x^7 - 6x^5 + 6x^3,$

$\mu(F_{12},x) = x^6 - 8x^4 + 12x^2 - 3,$ $\quad \mu(F_{13},x) = x^6 - 7x^4 + 8x^2 - 1,$

$\mu(F_{14},x) = x^6 - 7x^4 + 9x^2 - 1,$ $\quad \mu(F_{15},x) = \mu(F_{23},x) = x^6 - 7x^4 + 10x^2 - 2,$

$\mu(F_{16},x) = x^6 - 7x^4 + 11x^2 - 3,$ $\quad \mu(F_{17},x) = x^6 - 6x^4 + 6x^2,$

$\mu(F_{19},x) = x^7 - 8x^5 + 8x^3,$ $\quad \mu(F_{20},x) = x^6 - 8x^4 + 13x^2 - 2,$

$\mu(F_{21},x) = x^6 - 8x^4 + 11x^2 - 2,$ $\quad \mu(F_{22},x) = x^6 - 9x^4 + 15x^2 - 3,$

$\mu(F_{24},x) = x^6 - 7x^4 + 8x^2,$ $\quad \mu(F_{25},x) = x^5 - 8x^3 + 9x,$

$\mu(F_{26},x) = x^5 - 6x^3 + 6x,$ $\quad \mu(F_{27},x) = x^5 - 7x^3 + 8x,$

$\mu(F_{28},x) = \mu(F_{30},x) = x^6 - 8x^4 + 9x^2,$ $\quad \mu(F_{29},x) = x^5 - 7x^3 + 7x,$

$\mu(F_{31},x) = x^6 - 7x^4 + 9x^2 - 1,$ $\quad \mu(F_{32},x) = x^7 - 6x^5 + 8x^3 - 2x.$

由引理 4.3.1(a) 知, 这些图的最大根均大于 1, 很容易验证这些图均满足 $\mu(G,1) > 0$, 则必有 $M_2(G) > 1$. 于是, 这些图都是匹配次大根为 1 的图的禁止子图. $\square$

引理 4.3.4 设 G 是没有孤立点和孤立边的具有 $M_2(G) = 1$ 的一个图, 则 G 连通.

证明 假若 G 不连通, 由于它没有孤立点和孤立边, 则它的每个连通分支至少有三个点. 由引理 4.3.1(a) 知, 这些分支的最大根均大于 1, 则有 $M_2(G) > 1$, 矛盾. $\square$

引理 4.3.5 令 G 是一个连通图,且 G 包含 $2K_2$ 作为一个导出子图,但不包含 P_4 作为导出子图. 那么 $M_2(G) = 1$ 当且仅当 $G \cong H(n_1, n_2, n_3)$ $(n_1 \geqslant 0, n_2 = 2, n_3 \geqslant 0)$.

证明 因为 G 连通,所以存在一个点与 $2K_2$ 的某些点相邻接. 若两个 K_2 没有共同的邻点,那么不失一般性,假定有两个不同的顶点 u_1 和 u_2 分别邻接于两个 K_2 的顶点. 若 u_1 邻接 u_2,那么 G 含 P_4 作为导出子图或含禁止子图 F_7,矛盾. 若 u_1 不邻接 u_2,那么 G 含禁止子图 $2P_3$, $2C_3$ 或 $P_3 \cup C_3$,也矛盾. 因此,两个 K_2 都有共同的邻点. 不失一般性,假定 u 与两个 K_2 的某些顶点邻接. 事实上,u 邻接 $2K_2$ 的所有顶点. 否则,G 含 P_4 作为导出子图,矛盾. 结果图记为 G'.

若 G 中还有其他点,那么它们都邻接于 G' 的最大度点.

首先,它们都不邻接于 G' 的 2 度点. 否则,若它们中某一个只邻接于 G' 的 2 度点,那么 G 包含禁止子图 F_{20}, F_{26}, F_{27} 或 F_{31}. 若它们中某一个不只邻接于 G' 的 2 度点,那么 G 包含禁止子图 F_{21}, F_{22}, F_{25} 或 F_{29}.

其次,它们都邻接于 G' 的最大度点. 若它们中的一些邻接于 G' 的最大度点,而其余的不邻接,那么 G 包含 P_4 作为导出子图,矛盾.

最后,除了 G' 上的顶点外,所有顶点的度都小于等于 2. 否则,若有一个的度大于 2,那么 G 包含禁止子图 F_{21} 或 F_{22}.

因此,$G \cong H(n_1, n_2, n_3)(n_1 \geqslant 0, n_2 = 0, n_3 \geqslant 2)$. □

引理 4.3.6 令 G 是具有 $M_2(G) = 1$ 一个连通图,包含 P_4 作为导出子图. 那么 G 必有导出子图 $H_3, H_4, H_5, Q(3,1), Q(2,2), I_6$ 和 P_5.

证明 由于 $M_2(G) = 1$,那么图 G 中必有其他点邻接于 P_4 的顶点. 若有一个点邻接于 P_4 的所有点,那么 G 含禁止子图 F_{29}. 若有一个点邻接于 P_4 的三个点,那么它不能邻接于 P_4 的所有 1 度点. 否则,G 含禁止子图 F_{26}. 因此,至多邻接于 P_4 的一个 1 度点,即 G 含导出子图 H_3. 若有一个点邻接于 P_4 的两个点,那么它不邻接于两个 1 度点. 否则 G 含禁止子图 C_5. 若它邻接于 P_4 的两个点,其中一个是 1 度的,另一个是 2 度的,那么 G 含 $Q(3,1)$ 或 $Q(2,2)$ 作为导出子图. 若它邻接于导出子图 P_4 的两个 2 度点,那么 G 含导出子图 B(图 4.4). 然而由定理 4.2.1 知,$M_2(B) < 1$. 则必定还有点与 B 邻接,若它邻接 B 的所有点,则有禁止子图 F_{29}. 若它邻接于 B 的四个点,那么 G 含禁止子图 F_{25}. 若它邻接于 B 的三个点,那么 G 含禁止子图 F_4, F_{27} 或 F_{29}. 若它邻接于 B 的两个点,那么 G 含禁止子图 F_2, F_{13} 或 F_{31}. 若它邻接于 B 的一个点,那么它不邻接于 B 的 1 度点. 否则,G 含禁止子图 F_1. 因此 G 含导出子图 H_4 或 H_5. 若每个顶点至多邻接于导出子图 P_4 的一个顶点. 由于 G 不是 $J_n(n \geqslant 4)$,必有一点邻接于 P_4 的 1 度点或有两个点各邻接于 P_4 的一个 2 度点,即 G 含有 P_5 或 I_6 作为其导出子图. □

引理 4.3.7 令 G 是具有 $M_2(G) = 1$ 的一个连通图,包含 $Q(2,2)$ 作为导出

4.3 匹配次大根等于 1 的图

子图, 则 $G \cong H(n_1, n_2, n_3)(n_1 \geqslant 0, n_2 \geqslant 1, n_3 \geqslant 1)$.

证明 显然, G 包含 P_4 作为导出子图. 以下讨论中我们固定一条路 P_4. 在 G 中, 若有其他点邻接于 $Q(2,2)$, 那么它们都邻接于 $Q(2,2)$ 的最大度点.

否则, 若它至少邻接于导出子图 P_4 的两个点, 那么它至多邻接于 P_4 的一个 1 度点. 否则, G 含禁止子图 C_5, F_{26} 或 F_{29}. 进一步, 它至多邻接于 $Q(2,2)$ 的三个点, 否则, G 含禁止子图 F_{25}. 若邻接于 $Q(2,2)$ 的三个点, 那么 G 含禁止子图 F_{12}, F_{20}, F_{27} 或 F_{29}. 若它邻接于 $Q(2,2)$ 的两个点, 那么 G 含禁止子图 F_8, F_9, F_{15}, F_{23} F_{26} 或 F_{31}. 若它仅邻接于 $Q(2,2)$ 的一个点, 那么 G 含禁止子图 $Q(2,3), F_1$ 或 F_{11}.

因此, 在 G 中一些点只邻接于 $Q(2,2)$ 的最大度点, 而其余点不邻接于 $Q(2,2)$ 的任何点.

假定一些点邻接于 $Q(2,2)$ 的最大度点, 那么这些点的度小于等于 2. 否则, G 含禁止子图 F_8, F_{11}, F_{21} 或 F_{22}, 且距这个最大度点距离为 2 的点都是 1 度点. 否则, G 含禁止子图 $Q(2,3)$ 或 P_6.

因此, $G \cong H(n_1, n_2, n_3)$ ($n_1 \geqslant 0, n_2 \geqslant 1, n_3 \geqslant 1$). □

引理 4.3.8 令 G 是具有 $M_2(G) = 1$ 的一个连通图, 包含 P_5 作为导出子图, 则 $G \cong H(n_1, n_2, n_3)$ ($n_1 \geqslant 0, n_2 \geqslant 2, n_3 \geqslant 0$).

证明 仅有 P_5 的正中心顶点可能有邻点. 否则, 有禁止子图 $P_6, T_{1,1,3}, Q(2,3), Q(3,2), C_5, F_8, F_{12}$. 事实上, 这些新邻点的度小于等于 2. 否则, G 含禁止子图 F_9, F_{11}, F_{12} 或 $T_{1,1,3}$. 又因 G 不含 P_6 作为导出子图, 故 $G \cong H(n_1, n_2, n_3)$ ($n_1 \geqslant 0, n_2 \geqslant 2, n_3 \geqslant 0$). □

引理 4.3.9 令 G 是具有 $M_2(G) = 1$ 的一个连通图, 包含 H_3 作为导出子图, 则 $G \cong H_3$.

证明 固定 H_3 中的一个点导出子图 P_4. 假若 G 中有其余顶点邻接于 H_3. 若它邻接于 P_4 的至少两个顶点, 那么仅邻接于一个 1 度点. 否则, G 含禁止子图 C_5, F_{26} 或 F_{29}. 进一步, 若它邻接于 H_3 五个点, G 含禁止子图 F_{29}. 若它邻接于 H_3 的四个点, 那么 G 含禁止子图 $K_{1,1,2}$ 或 F_{25}. 若它邻接于 H_3 的三个点, 那么 G 含禁止子图 $K_{1,2,2}, F_{25}$ 或 F_{29}. 若它邻接于 H_3 的两个点, 那么 G 含禁止子图 F_{20}, F_{26}, F_{27} 或 F_{29}. 若它邻接于 H_3 的一个点, 那么 G 含禁止子图 F_{13}, F_{14}, F_{23} 或 F_{24}. 于是这样的点不存在, $G \cong H_3$. □

引理 4.3.10 令 G 是具有 $M_2(G) = 1$ 的一个连通图, 包含 $Q(3,1)$ 作为导出子图, 则 $G \cong Q(3,1)$.

证明 固定 $Q(3,1)$ 中的一个点导出子图 P_4. 假如在 G 中有一个点邻接于 $Q(3,1)$ 的点. 若它邻接于 P_4 的至少两个顶点, 那么仅邻接于一个 1 度点. 否则, G 含禁止子图 C_5, F_{26} 或 F_{29}. 若它邻接于 $Q(3,1)$ 的四个点, 则 G 含有禁止子图

$K_{1,2,2}$ 和 F_{27}. 若它邻接于 $Q(3,1)$ 的三个点,则 G 含禁止子图 $K_{2,3}, F_{26}$ 或 F_{27}. 若它邻接于 $Q(3,1)$ 的两个点,那么 G 含禁止子图 $K_{2,3}, F_{15}, F_{16}$ 或 F_{26}. 若它邻接于 $Q(3,1)$ 的一个点,那么 G 含禁止子图 $Q(3,2), F_7, F_{17}$ 或 F_{18}. 因此 $G \cong Q(3,1)$. □

引理 4.3.11 令 G 是具有 $M_2(G) = 1$ 的一个连通图,包含 H_4 作为导出子图,则 $G \cong H_4$.

证明 类似于引理 4.3.10. □

引理 4.3.12 令 G 是具有 $M_2(G) = 1$ 的一个连通图,包含 H_5 作为导出子图,则 $G \cong H_5$.

证明 类似于引理 4.3.10. □

引理 4.3.13 令 G 是具有 $M_2(G) = 1$ 的一个连通图,包含 I_6 作为导出子图,则 $G \cong I_6$.

证明 类似于引理 4.3.10. □

引理 4.3.14 令 G 不含 $2K_2$ 和 P_4 作为导出子图,$G = G_1^c \vee G_2^c$,其中 G_2^c 同构于 K_1, G_1^c 至少有一条边和一个孤立点,那么 $M_2(G) = 1$ 当且仅当 $G \cong H_1$ 或 $G \cong H_2$.

证明 若 G_1^c 至少包含四条边. 假如某一顶点的度数大于 2, 因为 G 不含 $2K_2$ 作为导出子图,那么 G_1^c 可能包含导出子图 $K_4 \cup K_1, Q(2,2) \cup K_1, K_{1,1,2} \cup K_1$ 或 $T_{1,1,1} \cup K_1$, 即 G 含禁止子图 $K_{1,1,1,2}, K_5, F_{25}$ 或 F_{28}. 假如 G_1^c 中所有点的度小于等于 2, 那么它是一些路和圈的并. 但 G_1^c 不含 C_4 作为导出子图, 否则, G 含有禁止子图 $K_{1,2,2}$. 又因为 G_1^c 中, 不含 $2K_2$ 和 P_4 作为导出子图,所以, G_1^c 至多包含三条边. 考虑以下情形:

情形 1 假设在 G_1^c 中除孤立点外所有顶点的度是 2. 在这个情形下, G_1^c 含导出子图 C_3, 即 $G_1^c \cong (n-4)K_1 \cup C_3$. 事实上 $G_1^c \cong K_1 \cup C_3$. 若 $n - 4 \geqslant 2$, 那么 G 含禁止子图 F_{30}. 因此 $G \cong H_1$.

情形 2 假设在 G_1^c 中并非所有顶点的度是 2. 事实上, 仅有两条边. 否则, G 含导出子图 P_4. 现在, G_1^c 含导出子图 P_3, 即 $G_1^c \cong (n-4)K_1 \cup P_3$. 事实上, $G_1^c \cong 2K_1 \cup P_3$. 若 $n - 4 \geqslant 3$, 那么 G 含禁止子图 F_{19}. 若 $n - 4 = 1$, 那么 $G \cong A$. 然而, 根据引理 4.2.5, $M_2(A) < 1$. 因此 $G \cong H_2$.

情形 3 假设 G_1^c 仅有一条边, 那么 $G_1^c \cong (n-3)K_1 \cup P_2$, 即 $G \cong L_n$. 然而, 根据引理 4.2.5, $M_2(L_n) < 1$, 矛盾.

因此, $G \cong H_1$ 或 $G \cong H_2$. □

引理 4.3.15 令 $G = G_1^c \vee G_2^c \vee \cdots \vee G_k^c$, 其中每一个 G_i^c $(i = 1, 2, \cdots, k)$ 仅有孤立点组成, 那么 $M_2(G) = 1$ 当且仅当 $G \cong K_{1,1,3}$.

证明 不妨假设 $|V(G_1^c)| \geqslant |V(G_2^c)| \geqslant \cdots \geqslant |V(G_k^c)|$. 事实上, 每一个 G_i^c $(i = 1, 2, \cdots, k)$ 的点数不大于 3. 假定 G_1^c 有至少四个点. 若 $k \geqslant 3$, 那么 G 含禁

止子图 $K_{1,1,4}$. 若 $k=2$, G_2^c 含至少两个点, 此时 G 含禁止子图 $K_{2,3}$; G_2^c 只有一个点, 此时 G 是星图, 而星图的匹配次大根小于 1, 矛盾.

情形 1 若 $k \geqslant 5$, 那么 G 含禁止子图 K_5.

情形 2 若 $k=4$, 若 G_1^c 有至少两点, 那么 G 含禁止子图 $K_{1,1,1,2}$. 因此所有 $G_i^c (i=1,2,3,4)$ 同构于 K_1, 即 $G \cong K_4$. 然而由引理 4.2.5, $M_2(K_4) < 1$, 矛盾.

情形 3 若 $k=3$, 那么 $G \cong K_{1,1,3}$. 事实上, 若 $G_1^c \cong 3K_1$, 那么 G_2^c 和 G_3^c 都恰有一个点. 否则, G 含禁止子图 $K_{2,3}$. 因此, $G \cong K_{1,1,3}$. 若 G_1^c 恰有两个点, 那么 G_2^c 和 G_3^c 都同构于 K_1. 否则 G 含禁止子图 $K_{1,2,2}$. 然而由引理 4.2.5 知 $M_2(K_{1,1,2}) < 1$. 若 G_i^c ($i=1,2,3$) 都同构于 K_1, 那么 $G \cong C_3$, 然而由引理 4.2.5 知 $M_2(C_3) < 1$.

情形 4 若 $k=2$, 假如 G_1^c 同构于 $3K_1$, G_2^c 只有一个点时, G 是星图; G_2^c 多于一个点时, G 含禁止子图 $K_{2,3}$. 假如 G_1^c 不多于两个点, 此时 G 是星图或 $G \cong C_4$. 然而均有 $M_2(G) < 1$.

因此, $G \cong K_{1,1,3}$. □

定理 4.3.1 的证明 由引理 4.3.2 得定理的充分性. 下分两种情形证必要性.

情形 1 令 G 不含 P_4 作为导出子图.

假若 G 含 $2K_2$ 作为导出子图. 由引理 4.3.4 和引理 4.3.5 知 $G \cong H(n_1,n_2,n_3)$ ($n_1 \geqslant 0, n_2 = 0, n_3 \geqslant 2$). 假定 G 不含 $2K_2$ 作为导出子图, 由引理 4.2.2 知, G^c 不连通.

令 $G^c = G_1 \cup G_2 \cup \cdots \cup G_k$, 其中 $G_i (i=1,2,\cdots,k)$ 是 G^c 的连通分支. 那么 $G = G_1^c \vee G_2^c \vee \cdots \vee G_k^c$, 每个 $G_i^c (i=1,2,\cdots,k)$ 都是 G 的导出子图.

事实上, 每一个 G_i^c ($i=1,2,\cdots,k$) 含孤立点. 否则, 若某个 G_i^c ($i=1,2,\cdots,k$) 无孤立点, 不失一般性, 假定 G_1^c 无孤立点, 那么根据引理 4.2.2, G_1^c 含 $2K_2$ 或 P_4 作为导出子图, 即 G 含 $2K_2$ 或 P_4 作为导出子图, 矛盾. 因此, G_i^c ($i=1,2,\cdots,k$) 含有孤立点. 考虑以下子情形:

情形 1.1 令某一 G_i^c ($i=1,2,\cdots,k$) 至少有一条边. 不失一般性, 假定 G_1^c 至少有一条边, 那么 G_1^c 含 $K_1 \cup K_2$ 作为导出子图.

事实上, $k=2$ 且 $G_2^c \cong K_1$. 否则, 若 $k \geqslant 3$, 那么 G 含禁止子图 F_{25}. 现在, $G = G_1^c \vee G_2^c$. 若 G_2^c 除孤立点外还有其他点, 那么 G 含禁止子图 F_{27}. 因此 $G_2^c \cong K_1$, 即 $G = G_1^c \vee K_1$. 根据引理 4.3.14, $G \cong H_1$ 或 $G \cong H_2$.

情形 1.2 假设每个 $G_i^c (i=1,2,\cdots,k)$ 由孤立点组成, 那么根据引理 4.3.15 知, $G \cong K_{1,1,3}$.

情形 2 令 G 含 P_4 作为导出子图. 由引理 4.3.6—引理 4.3.13 知, 结论成立. □

4.4 至多有两个正匹配根的图

设 G 是含有 n 个点的图,我们知道匹配数有下面的性质.

(1) 若 $p(G,k) = 0$, 则 $p(G,k+1) = 0$.

(2) 若 $p(G,k) = 0, \forall k \geqslant 1$, 则 $G = \overline{K_n}$.

设 G 是一个图,若它满足 $p(G,k) \neq 0$,而 $p(G,k+1) = 0$,则 G 的匹配多项式恰有 k 个正根. 我们把恰有 k 个正根的图的集合记为 $\mathcal{U}_k$. 在这一章中我们刻画集合 $\mathcal{U}_1, \mathcal{U}_2$ 和 $\mathcal{U}_3$. 明显地,$\mathcal{U}_0 = \{\overline{K_n}, n = 0,1,2,\cdots\}$. 以 $\mathcal{U}_k^\circ$ 表示满足 $p(G,k) \neq 0, p(G,k+1) = 0$ 的所有连通图的集.

设 $\mathcal{A}$ 和 $\mathcal{B}$ 是两个由图组成的集合,我们定义

$$\mathcal{A} \oplus \mathcal{B} = \{G \cup H \mid G \in \mathcal{A}, H \in \mathcal{B}\}.$$

于是

$$\mathcal{U}_k = \mathcal{U}_0 \oplus \{\mathcal{U}_{i_1}^\circ \oplus \mathcal{U}_{i_2}^\circ \oplus \cdots \oplus \mathcal{U}_{i_r}^\circ \mid 1 \leqslant i_1 \leqslant i_2 \leqslant \cdots \leqslant i_r, i_1 + i_2 + \cdots + i_r = k\}.$$

从这个等式我们知道,要刻画 $\mathcal{U}_k$,只需要刻画 $\mathcal{U}_j^\circ (1 \leqslant j \leqslant k)$ 即可.

设 $V(G)$ 是图 G 的顶点集,我们在 $V(G)$ 上定义一个关系"$\approx$". 两个点 $x,y \in V(G)$,它们有关系 $x \approx y$ 当且仅当它们有一样的邻域. 明显地,"$\approx$" 是 $V(G)$ 上的一个等价关系. 它将 $V(G)$ 分成若干个等价类 $N_1, N_2, \cdots$. 属于同一类中的任何两个点互相不邻接. 若不同等价类 N_1 中的一个点 x 与 N_2 中的一个点 y 邻接,则 N_1 中的每一个点均与 N_2 中的每个点邻接. 我们把每个等价类叫特征子集.

设 $x \in V(G), S \subseteq V(G)$,以 $x \sim S$ 表示点 x 与 S 中的每个点均邻接. 设 H 是图 G 的一个子图,我们记 $H \subset G$.

定理 4.4.1 $G \in \mathcal{U}_1^\circ$ 当且仅当 $G = K_3$ 或 $K_{1,n}(n \geqslant 1)$.

证明 见引理 4.2.3. □

以 $\varepsilon_1, \varepsilon_2, \varepsilon_3, \varepsilon_4$ 表示如下的四个图的集合 (图 4.8).

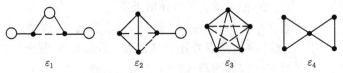

图 4.8 恰有两个正匹配根的连通图

这里包含且仅包含一个点的特征子集用实点表示,可以有多个点的特征子集用大圈表示. 实线表示存在这样的边,虚线表示这种边可有可无.

定理 4.4.2 $G \in \mathcal{U}_2^\circ$ 当且仅当 G 属于 $\varepsilon_1 \cup \varepsilon_2 \cup \varepsilon_3 \cup \varepsilon_4$ 中一个连通导出子图,且 $G \notin \mathcal{U}_0, G \notin \mathcal{U}_1$.

证明 由于 $C_n \in \mathcal{U}_{[\frac{n}{2}]}^\circ$, 而 $G \in \mathcal{U}_2^\circ$, 故 G 中没有子图 $C_n (n \geqslant 6)$. 我们分下面四种情形.

(A) $G \in \mathcal{U}_2^\circ$ 且 $C_5 \subset G$;

(B) $G \in \mathcal{U}_2^\circ$ 且 $C_4 \subset G$, 但 $C_k \not\subset G, k \geqslant 5$;

(C) $G \in \mathcal{U}_2^\circ$ 且 $C_3 \subset G$, 但 $C_k \not\subset G, k \geqslant 4$;

(D) $G \in \mathcal{U}_2^\circ$ 且 G 是一棵树.

对于情形 (A), 图 G 不能多于 5 个点, 否则图 G 有 3-匹配, 于是 $G \in \varepsilon_3$. 对于情形 (B), 存在子图 $G_1 \subset G$, 对于情形 (C), 存在子图 $G_2 \subset G$, 对于情形 (D), 存在子图 $G_3 \subset G$. 图 G_1, G_2, G_3 如图 4.9 所示.

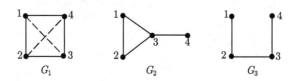

图 4.9 图 G_1, G_2 和 G_3

$G_i (i = 1, 2, 3)$ 的点的标号见图 4.9. 以 T 表示 $V(G) \setminus V(G_i)$ 中的, 且至少邻接于 G_i 中的某一个点的所有点的集合. 以 T_0 表示 $V(G) \setminus V(G_i)$ 中不邻接于 G_i 中的每一个点的所有点的集合, 即 $T_0 = V(G) \setminus (V(G_i) \cup T)$. 由于 G 连通且 $p(G, 3) = 0$, 则 $T_0 = \varnothing, V(G) = V(G_i) \cup T$.

以 $T_{i_1, \cdots, i_k} (1 \leqslant i_1 < \cdots < i_k \leqslant 4, 1 \leqslant k \leqslant 4)$ 表示 $V(G) \setminus V(G_i)$ 中邻接且恰好邻接于 G_i 中的点 $i_1, i_2, \cdots, i_k$ 的所有点的集, 则

$$V(G) = V(G_i) \cup T_1 \cup T_2 \cup T_3 \cup T_4 \cup T_{1,2} \cup T_{1,3} \cup \cdots \cup T_{1,2,3,4}.$$

(1) 若 $G_1 \subset G$. 在 $T_{i_1, \cdots, i_k} (k > 1)$ 中仅有 $T_{1,3}$ 和 $T_{2,4}$ 可以非空, 否则 $C_5 \subset G$. 此时

$$V(G) = V(G_1) \cup T_1 \cup T_2 \cup T_3 \cup T_4 \cup T_{1,3} \cup T_{2,4}.$$

由于 $p(G, 3) = 0$, 则 T_1 和 T_2 不能同时非空, 这样的情况我们称它们不相容. 下面我们用一个表来表示 T_1, T_2, T_3 的相容性 (表 4.4.1).

表 4.4.1 对图 G_1, T_1, T_2 和 T_3 的相容性

	T_2	T_3	T_4
T_1	$\varnothing$	0	$\varnothing$
T_2		$\varnothing$	0
T_3			$\varnothing$

注: 表 4.4.1 中的 $\varnothing$ 表示对应的两个集不相容. 0 表示对应的两个集相容.

记 $T' = T_1 \cup T_3 \cup T_{1,3}, T'' = T_2 \cup T_4 \cup T_{2,4}, V(G) = V(G_1) \cup T' \cup T''$. T' 与 T'' 也不相容 (即不能同时相容, 否则 $p(G,3) \neq 0$).

(1.1) 若 $T' \neq \varnothing, T'' = \varnothing, V(G) = V(G_1) \cup T'$. 若边 24 不存在, 此时 G 是 ε_1 的一个导出子图. 若边 24 存在, 则 $T_{13} = \varnothing$ (否则 $C_5 \subset G$), 且 T_1 和 T_3 不相容. $V(G) = V(G_1) \cup T_1$ 或 $V(G_1) \cup T_3$. 不论怎样此时 G 是 ε_2 的一个导出子图.

(1.2) 若 $T' = \varnothing, T'' \neq \varnothing$. 由对称性, 此时与情形 (1.1) 类似.

(2) 若 $G_2 \subset G$. 在 $T_{i_1,\cdots,i_k}(k>1)$ 中仅有 $T_{3,4}$ 可以非空, 否则 $C_4 \subset G$. 对于 G_2, T_1, T_2, T_3, T_4 的相容性如表 4.4.2 所示.

表 4.4.2 对图 G_2, T_1, T_2, T_3 和 T_4 的相容性

	T_2	T_3	T_4
T_1	$\varnothing$	0	$\varnothing$
T_2		0	$\varnothing$
T_3			$\varnothing$

$V(G) = V(G_2) \cup (T_1 \cup T_2 \cup T_3 \cup T_4) \cup T_{3,4}$. 容易看出 $T_{3,4}$ 与 $T_1 \cup T_2 \cup T_3 \cup T_4$ 不相容.

(2.1) 若 $T_{3,4} \neq \varnothing$, 则 $T_1 \cup T_2 \cup T_3 \cup T_4 = \varnothing$. 此时必有 $|T_{3,4}| = 1$ (否则 $p(G,3) \neq 0$). 且 $G = \varepsilon_4$.

(2.2) 若 $T_{3,4} = \varnothing$. 由相容性得 $V(G) = V(G_2) \cup T_1 \cup T_3, V(G_2) \cup T_2 \cup T_3$ 或 $V(G_2) \cup T_4$. 此时 G 是 ε_1 或 ε_2 的一个导出子图.

(3) 若 $G_3 \subset G$, 则 $T_{i_1,\cdots,i_k}(k>1)$ 都是空集, 否则 $C_3 \subset G$. 对于 G_3, T_1, T_2, T_3, T_4 的相容性如表 4.4.3 所示.

表 4.4.3 对图 G_3, T_1, T_2, T_3 和 T_4 的相容性

	T_2	T_3	T_4
T_1	$\varnothing$	0	$\varnothing$
T_2		0	0
T_3			$\varnothing$

我们得到 $V(G) = V(G_3) \cup T_1 \cup T_3$ 或 $V(G) \cup T_2 \cup T_3$ 或 $V(G_3) \cup T_2 \cup T_4$. 此时 G 是 ε_1 的一个导出子图. □

为了刻画集合 $\mathcal{U}_3$, 我们知道, 不多于 7 个点的图最多有 3-匹配, 反之一个图有 3-匹配, 它至少有 6 个点. 于是在 6 个至 7 个点的所有图中, 除属于 $\mathcal{U}_k(k=0,1,2)$ 的图外, 都是属于 $\mathcal{U}_3$ 的. 于是我们只需要刻画 $\mathcal{U}_3^\circ$ 中的点数大于等于 8 的图, 将它记为 $\mathcal{L}_3^\circ$, 即 $\mathcal{L}_3^\circ = \{G \in \mathcal{U}_3^\circ \mid |V(G)| \geqslant 8\}$.

定理 4.4.3 $G \in \mathcal{L}_3^\circ$ 当且仅当 G 属于 $\mathcal{L}_1^\circ - \mathcal{L}_{14}^\circ$ 中的之一图的导出子图, 且

$G \notin \mathcal{U}_k(k=0,1,2,3)$, 这里的图 $\mathcal{L}_1^\circ$—$\mathcal{L}_{14}^\circ$ 见图 4.10.

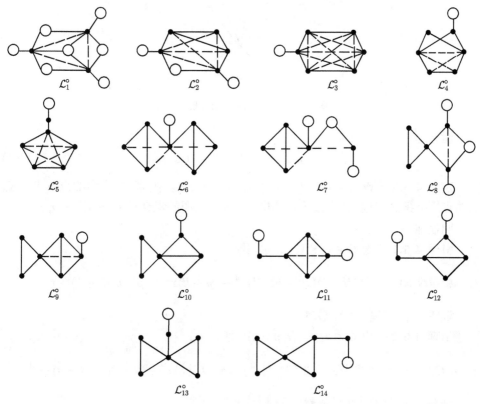

图 4.10 恰有 3 个正匹配根的连通图

证明　类似于定理 4.4.2 的证明, 只是分的情形很多. 我们略去这个长的证明. □

4.5　最多有五个不同匹配根的图

设 G 是一个图, 以 $R(G)$ 表示匹配多项式 $\mu(G,x)$ 的所有根的集合, 称为图 G 的匹配根系. 以 $a(G)$ 表示集合 $R(G)$ 中的不同元素的个数.

在这一节中, 我们刻画 $a(G) \leqslant 5$ 的所有图 G. 为此, 首先介绍几类图.

定义 4.5.1　将一个孤立点 u 与图 $rK_{1,k} \cup tK_1$ 上的点用 p 条边连接, 使它成为连通图, 且恰有 q 条边与星图的中心点连接 (对图 $K_{1,1}$, 将其中的一个点视为中心点). 所得到的图的集合记为 $\mathcal{G}(r,k,t,p,q)$(图 4.11).

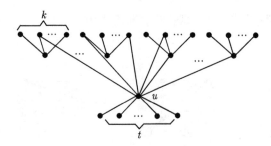

图 4.11 图 $G, G \in \mathcal{G}(r,k,t,p,q)$

明显地,
$$r+t \leqslant p \leqslant r(k+1)+t, \quad 0 \leqslant q \leqslant r. \tag{4.5.1}$$

定义 4.5.2 设 $G \in \mathcal{G}(r,3,t,p,q)$. 在图 $G \cup sK_3$ 中,将图 G 中的点 u 与 sK_3 上的点用 l 条边连接,使它成为连通图,所得到的图的集合记为 $\mathcal{H}(r,s,t,p,q,l)$.

明显地, $s \leqslant l \leqslant 3s$.

引理 4.5.1 设 $G \in \mathcal{G}(r,k,t,p,q)$,则
$$\mu(G,x) = x^{r(k-1)+t-1}(x^2-k)^{r-1}[x^4-(p+k)x^2+(p-q)(k-1)+t].$$

证明 由定理 1.3.1, 显然. □

引理 4.5.2 设 $G \in \mathcal{H}(r,s,t,p,q,l)$,则
$$\mu(G,x) = x^{2r+s+t-1}(x^2-3)^{r+s-1}[x^4-(p+l+3)x^2+3t+2(p-t-q)+l].$$

证明 由定理 1.3.1, 显然. □

将集合 $\mathcal{G}(r,1,0,s,q)$ 记为 $S(r,s)$, 明显地, 此时有 $q = s - r$.
$$\mu(S(r,s),x) = x(x^2-s-1)(x^2-1)^{r-1}. \tag{4.5.2}$$

将集合 $\mathcal{G}(r,k,0,r,r)$ 中的图记为 $T(r,k)$.
$$\mu(T(r,k),x) = x^{r(k-1)+1}(x^2-r-k)(x^2-k)^{r-1}. \tag{4.5.3}$$

将集合 $\mathcal{G}(1,k,t,l+t,0)$ 中的图记为 $K(k,t,l)$.
$$\mu(K(k,t,l),x) = x^{k+t-2}[x^4-(k+t+l)x^2+(l+t)(k-1)+t]. \tag{4.5.4}$$

将集合 $\mathcal{G}(1,k,t,l+t+1,1)$ 中的图记为 $K'(k,t,l)$.
$$\mu(K'(k,t,l),x) = x^{k+t-2}[x^4-(k+t+l+1)x^2+(l+t)(k-1)+t]. \tag{4.5.5}$$

将集合 $\mathcal{H}(0,1,t,t,0,l)$ 中的图记为 $L(t,l)$, 这里 $l = 1,2,3$.

$$\mu(L(t,l),x) = x^t[x^4 - (t+t+3)x^2 + 3t + l]. \tag{4.5.6}$$

图 $K(k,t,l)$, $K'(k,t,l)$, $L(t,l), T(r,k)$ 和 $S(r,s)$ 见图 4.12.

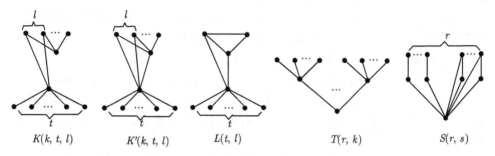

图 4.12　图 $K(k,t,l)$, $K'(k,t,l)$, $L(t,l), T(r,k)$ 和 $S(r,s)$

定理 4.5.1　设 G 是一个连通图, $a(G)$ 是图 G 的不同匹配根的个数, 则

(i) 若 $a(G) = 1$, 则 $G \cong K_1$.

(ii) 若 $a(G) = 2$, 则 $G \cong K_2$.

(iii) 若 $a(G) = 3$, 则 $G \cong K_3$ 或 $K_{1,r}(r \geqslant 2)$.

(iv) 若 $a(G) = 4$, 则 G 是 4 个点的连通非星图.

(v) 若 $a(G) = 5$, 则 $G \cong K(k,t,l), K'(k,t,l), L(t,l), T(r,k), S(r,s)$ 或 5 个点的连通非星图.

证明　我们知道一个图的匹配多项式的根都是实数, 且关于坐标原点对称. 还知道, 如果图连通, 则它的最大根是单重的.

(i) $a(G) = 1$. 此时 $\mu(G,x)$ 只有零根, 由 G 连通得 $G \cong K_1$.

(ii) $a(G) = 2$. 设 $R(G) = \{(\pm\alpha)^r\}, \alpha \neq 0$. 由连通图 G 的最大根是单重的, 得 $R(G) = \{(\pm\alpha)\}$. 于是 $G \cong K_2$.

(iii) $a(G) = 3$. 设 $R(G) = \{0^s, (\pm\alpha)\}, \alpha \neq 0$, 则 $\mu(G,x) = x^s(x^2 - \alpha^2)$. 由此可得 $p(G,2) = 0$, 则图 G 只有 1-匹配, 没有 2-匹配, 则 $G \cong K_3$ 或 $K_{1,r}(r \geqslant 2)$.

(iv) $a(G) = 4$. 设 $R(G) = \{(\pm\alpha)^r, \pm\beta\}, 0 < \alpha < \beta$. 若 $r \geqslant 2$, 由推论 3.5.10 知, 存在一个点 $u \in V(G)$, 使得 $m(\pm\alpha, G \setminus u) = r + 1$. 而 $2r + 2 = |V(G)| = |V(G \setminus u)| + 1 \geqslant 2(r+1) + 1$. 矛盾. 于是 $r = 1$, G 只有 4 个点且是非星图.

(v) $a(G) = 5$. 设 $R(G) = \{0^t, (\pm\alpha)^r, \pm\beta\}, 0 < \alpha < \beta$.

若 $t = r = 1$, 此时 G 是有 5 个点的 2-匹配 $p(G,2) > 0$ 的图, G 是 5 个点的非星图.

若 $t = 1, r \geqslant 2$. 由推论 3.5.10 知, 存在一个点 $u \in V(G)$, 使得 $R(G \setminus u) = \{(\pm\alpha)^{r+1}\}$. 此时必有 $G \setminus u \cong (r+1)K_2$, $G \cong S(r+1,l)$. 由 (4.5.2) 式, $l = \beta^2 - 1$, 即 $G \cong S(r+1, \beta^2 - 1)$.

若 $t \geqslant 2, r = 1$, 则存在一个点 u, 使得 $R(G \setminus u) = \{0^{t+1}, \pm\eta\}, \eta > 0$. 于是 $G \setminus u \cong K_{1,k} \cup t'K_1$, 且 $t' = t - k + 2$ 或 $G \setminus u \cong K_3 \cup tK_1$. 则 $G \cong K(k, t', l)$ 或 $G \cong K'(k, t', l)$, 对某个整数 l; 或 $G \cong L(t, l), 1 \leqslant l \leqslant 3$.

若 $t \geqslant 2, r \geqslant 2$, 则存在一个点 u, 使得 $R(G \setminus u) = \{0^{t-1}, (\pm\alpha)^{r+1}\}$, 由根与系数的关系知 $\alpha^2 = k$ 是一个正整数. 且有下面的两种情况.

(a) $G \setminus u \cong r'K_{1,k} \cup t'K_1$, 这里 $r' = r + 1, t' = t - 1 - r'(k - 1)$;

(b) $G \setminus u \cong r_1 K_{1,3} \cup r_2 K_3 \cup t'K_1$, 这里 $r_2 > 0, r_1 + r_2 = r + 1, t' = t - 2r_1 - r_2 - 1$.

若 (a) 发生, 则 $G \in \mathcal{G}(r', k, t', p, q)$, 对某个整数 p, q. 注意到在 (4.5.1) 式的条件下, $\pm\sqrt{k}$ 不是多项式 $x^4 - (p+k)x^2 + (p-q)(k-1) + t'$ 的根, 否则 $t' = p + qk - q \geqslant p$, 矛盾.

若 $(p-q)(k-1) + t' \neq 0$, 则 G 有 7 个不同的根. 于是 $t' = 0$, 且 $k = 1$ 或 $p = q$. 若 $k = 1$, 则必有 $t' = t - 1 \geqslant 1$, 矛盾.

若 $p = q$ 且 $t' = 0$, 则 $G \cong T(r', k)$.

若 (b) 发生, 则 $G \in \mathcal{H}(r_1, r_2, t', p, q, l)$, 对某个整数 p, q, l. 由 $r_2 > 0$, 必有 $l > 0$. 此时多项式 $x^4 - (p+l+3)x^2 + 3t' + 2(p-t'-q) + l$ 既没有 0 根也没有 $\pm\sqrt{3}$ 根, 这意味着图 G 有 7 个不同根, 否则 $3t' + 2(p - t' - q) + l = 0$ 或 $t' = p + 2l + 2q > p$, 矛盾. □

4.6 恰有 k 个正匹配根的树

在这一节中, 我们用归纳的方法, 刻画了恰有 k 个正匹配根的树的集合. 由引理 4.2.3 知, 一棵树 T 仅有一个正匹配根当且仅当 $T \cong K_{1,n}$.

引理 4.6.1 一棵树 T 恰有 k 个正匹配根当且仅当 T 具有 k-匹配, 没有 $(k+1)$-匹配.

证明 若树 T 有 k-匹配, 没有$(k+1)$-匹配, 则它的匹配多项式为

$$\mu(T, x) = x^{n-2k}[x^{2k} - p(G, 1)x^{2k-2} + \cdots + (-1)^k p(G, k)],$$

恰有 k 个正根, 反之亦然. □

引理 4.6.2 一棵树 T 恰有 2 个正匹配根当且仅当 T 是下面的 (图 4.13) 图之一.

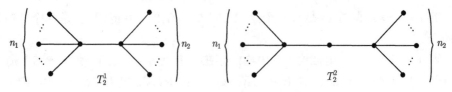

图 4.13 恰有 2 个正匹配根的树

证明 若树 T 仅有 2 个正匹配根, 由引理 4.6.1 知, T 有 2-匹配, 但没有 3-匹配. 于是, T 的直径大于等于 3, 小于等于 4. 若 T 的直径为 3, 则 $T \cong T_2^1(n_1, n_2), n_1 n_2 \neq 0$. 若 T 的直径为 4, 此时 T 包含一个导出子图是路 P_5, 且 P_5 的中间点不能有新的邻点, 否则 T 有 3-匹配, 于是 $T \cong T_2^2(n_1, n_2)$.

反之容易计算 $\mu(T_2^1(n_1, n_2), x) = x^{n_1+n_2+2} - (n_1+n_2+1)x^{n_1+n_2} + n_1 n_2 x^{n_1+n_2-2}$; $\mu(T_2^2(n_1, n_2), x) = x^{n_1+n_2+3} - (n_1+n_2+2)x^{n_1+n_2+1} + (n_1 n_2 + n_1 + n_2)x^{n_1+n_2-1}$. 这两个多项式恰有两个正根. □

引理 4.6.3 一棵树 T 恰有 3 个正匹配根当且仅当 T 是图 4.14 所示的图之一.

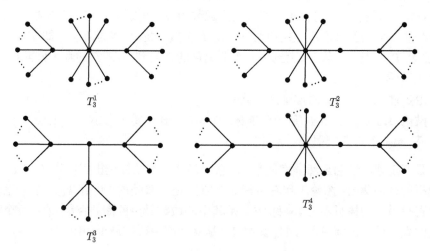

图 4.14 恰有 3 个正匹配根的树

证明 与引理 4.6.2 类似, 略. □

以 $\mathscr{T}_k (k = 0, 1, 2, \cdots)$ 表示恰有 k 个正匹配根的树的集合, 则 $\mathscr{T}_0 = \{K_1\}$, $\mathscr{T}_1 = \{K_{1,n} (n \geqslant 1)\}$, $\mathscr{T}_2 = \{T_2^1, T_2^2\}$, $\mathscr{T}_3 = \{T_3^1, T_3^2, T_3^3, T_3^4\}$. 下面我们用归纳法描述集合 $\mathscr{T}_k$. 设 T 是一棵树, 如果 T 的某一个点 u 与星图 $K_{1,n}(n \geqslant 1)$ 的某一个悬挂点黏结后得到新图的过程称为树 T 长出了一个新枝 (见图 4.15 左边的图), 特别地, 如果 $n = 1$, 称长出了一个退化的枝, 否则称为长出的是非退化枝. 反之, 在保证连通性的情况下, 从一棵树 T 上删除一个星图 (黏结点除外) 的过程称为从树上摘枝 (见图 4.15 右边的图).

定理 4.6.1 每棵树可以连续使用长出新枝的方法从孤立点产生, 且这个过程中退化的枝最多可以使用一次.

证明 从一棵树开始, 我们依次摘去非退化的枝, 最后剩下的一定是一个孤立点或一条孤立边. □

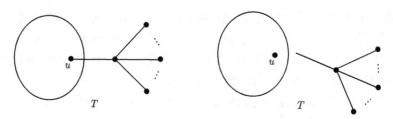

图 4.15 从树上长出 (摘下) 一个枝的过程

定理 4.6.2 设集合 $\mathscr{T}_k(k \geqslant 1)$ 已知, 则 $\mathscr{T}_k$ 中的每一棵树在某一个点长一个非退化的新枝, 这样所产生的所有的树的集合就是 $\mathscr{T}_{k+1}$.

证明 设树 $T \in \mathscr{T}_k$, 则 T 的最大匹配数为 k. 如果树 T 在它上的某一点长出了一个非退化的新枝所产生的树为 T', 则 T' 的最大匹配数为 $k+1$, 即 $T' \in \mathscr{T}_{k+1}$. 反之, 设 $T' \in \mathscr{T}_{k+1}$, 从 T' 上摘去一个非退化的枝得到的图 T 的最大匹配数比 T' 的少 1, 于是 $T \in \mathscr{T}_k$. □

由定理 4.6.2, 下面的推论是明显的.

推论 4.6.1 设图 F 是一个森林, 有 m_i 个分支属于 $\mathscr{T}_i(i=0,1,2,\cdots)$, 则 F 恰有 $\sum\limits_{i \geqslant 0} m_i i$ 个正匹配根.

我们定理的证明虽然非常简单, 但它用归纳的方法构造出了恰有 $k(\geqslant 1)$ 个正匹配根的树的集合, 图论工作者掌握这个方法是有益处的. 恰有 $k(\geqslant 1)$ 个正匹配根的直径最长的树见图 4.16, 路 P_{2k} 是其中的边数最少的图. 恰有 $k(\geqslant 1)$ 个正匹配根的直径最短的树见图 4.17, 其中 T^* 是此类图中边数最少的图.

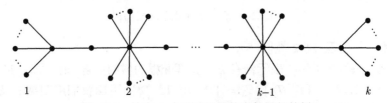

图 4.16 恰有 k 个正匹配根的直径最长的树

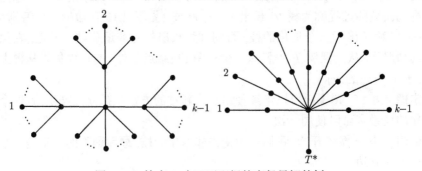

图 4.17 恰有 k 个正匹配根的直径最短的树

4.7 一些说明

4.1 节的内容见文献 [46] 和 [47], 4.2 节的内容见文献 [48], 4.3 节的内容见文献 [49], 4.4 节的内容见文献 [50] 和 [51], 4.5 节的内容见文献 [52], 4.6 节的内容属于作者, 待发表. 我们还未发现使用匹配多项式的其他根刻画图的工作, 这是一个值得思考的问题.

第 5 章 匹配唯一的图

5.1 匹配唯一的正则图

在这一章中,我们研究能被匹配多项式唯一确定的图. 我们知道,图的匹配多项式不能确定图是否连通,是否是一棵树,是否是二分图,也不能确定这个图的围长、直径、色数等. 但它可以确定图的点数、边数,我们有下面的定理.

定理 5.1.1 设 G 和 H 是匹配等价的两个图,则

(1) 它们有相同的点数;

(2) 它们有相同的边数;

(3) 它们的补图也匹配等价;

(4) 如果 G 是 r-正则图,则 H 也是 r-正则图,且它们有相同的三角形数.

由这个定理我们得到下面的推论.

推论 5.1.1 一个图是匹配唯一的当且仅当它的补图也是匹配唯一的.

引理 5.1.1 (i) $\mu(P_{2m+1}, x) = \mu(P_m, x)\mu(C_{m+1}, x)$;

(ii) 若 $m > n \geqslant 3$,则 $M_1(C_m) = M_1(P_{2m-1}) > M_1(P_{2n-1}) = M_1(C_n)$.

证明 (i) 对 P_{2m+1} 的最中间一点和 C_{m+1} 的任一点应用定理 1.3.1(c) 得.
(ii) 设 G 是一个连通图,$u \in V(G)$,由定理 3.1.4 知道,$M_1(G) > M_1(G \setminus u)$. 于是我们得到 $M_1(P_{2m-1}) > M_1(P_{2n-1})$. 比较 (i) 式两边的最大根,得证. □

定理 5.1.2 设 G 是有 n 个点的 r-正则图,若 $r = 0, 1, 2, n-1, n-2, n-3$,则 G 是匹配唯一的.

证明 由定理 5.1.1 容易得 $r = 0, 1$ 时结论成立.

若 $r = 2$. 此时 G 是一个 2-正则图,即是一些圈的并图. 对图 G 的分支数用数学归纳.

设图 H 匹配等价于 G,由定理 5.1.1(4) 知,H 也是一些圈的并图. 利用引理 5.1.1 比较两边的匹配最大根,我们知道图 G 和 H 所含的最长圈的长度是相等的. 不妨设 C_m 是 G 和 H 中的最长圈,于是 $G \setminus C_m \sim H \setminus C_m$. 由归纳假定 $G \setminus C_m \cong H \setminus C_m$. 则 $H \cong G$. 故 G 是匹配唯一的.

由推论 5.1.1 知,$r = n-1, n-2, n-3$ 时,G 也是匹配唯一的. □

定理 5.1.3 设 $G = mK_n$,则 G 是匹配唯一的.

证明 图 G 是有 mn 个点、$m\binom{n}{3}$ 个三角形的 $(n-1)$-正则图. 设图 H 匹配

5.1 匹配唯一的正则图

等价于 G, 则 H 也是有 mn 个点、$m\binom{n}{3}$ 个三角形的 $(n-1)$-正则图.

考虑 H 中的元素对 $(\Delta, y), y \in \Delta$, 其第一个元素是 H 中的三角形, 第二个元素是这个三角形上的一点, 记

$$S = \{(\Delta, y) | y \in \Delta\},$$

从三角形考虑, $|S| = 3N_T = 3m\binom{n}{3}$, 这里 N_T 是 H(或 G) 中三角形的个数.

从点考虑, $|S| = \sum_y |\{\Delta, y \in \Delta\}| \leqslant mn|\{\Delta, y \in \Delta\}| \leqslant mn\binom{n-1}{2} = 3m\binom{n}{3}$,

这就意味着, $\forall y \in V(H)$, y 的 $n-1$ 个邻点全部相互邻接, 则 H 有一个连通分支 K_n.

进一步地, $H \cong mK_n$. 故图 G 是匹配唯一的. □

推论 5.1.2 完全 m 部图 $K_{n,n,\cdots,n}$ 是匹配唯一的.

一个图的最小圈的长度叫这个图的围长, 文献 [22] 中给出了下面的结论.

引理 5.1.2[22] 设 G 是围长为 g 的正则图, 图 H 与图 G 匹配等价, 则图 H 的围长也是 g, 且它们所包含的长为 g 的圈的个数相等.

定理 5.1.4 设 $G = mK_{r,r}$, 则 G 是匹配唯一的.

证明 当 $r = 1$ 时, G 是 1-正则图, 当 $r = 2$ 时, G 是一些四圈的并 (2-正则图) 图. 由定理 5.1.2 知 G 是匹配唯一的.

设 $r \geqslant 3$. $\forall v \in V(G)$, 以 C_v 表示图 G 中包含点 v 的 4-圈的个数, 则 $C_v = (r-1)\binom{r}{2}$.

设图 H 匹配等价于 G, 则 H 是围长为 4 的 r-正则图且 H 和 G 有相同的点数, 有相同的四圈的个数. $\forall v \in V(H)$, 以 C'_v 表示图 H 中包含点 v 的四圈的个数. 于是数 C'_v 的平均值等于 C_v 的平均值, 等于 $(r-1)\binom{r}{2}$. 于是 H 中存在一个点 w, 使得 $C'_w \geqslant (r-1)\binom{r}{2}$. 设 $x_1, x_2, \cdots, x_r$ 是 w 在 H 中的 r 个邻点, 由于 H 的围长是 4, 则 x_i 与 x_j 不邻接. 在 H 中包含边 wx_i 和 wx_j 的四圈的个数记为 $f_{ij}(1 \leqslant i < j \leqslant r)$, 则

$$\sum_{1 \leqslant i < j \leqslant r} f_{ij} \geqslant (r-1)\binom{r}{2},$$

平均值

$$\frac{1}{\binom{r}{2}} \sum_{1 \leqslant i < j \leqslant r} f_{ij} \geqslant (r-1). \tag{5.1.1}$$

另一方面，x_i 的除 w 以外的每一个邻点 y，最多确定一个四圈 (w, x_i, y, x_j). 而 x_i 除 w 以外共有个 $r-1$ 邻点，则

$$f_{ij} \leqslant r-1. \tag{5.1.2}$$

由 (5.1.1) 和 (5.1.2) 我们得

$$f_{ij} = r-1, \quad \forall i, j.$$

因为 $f_{12} = r-1$, 则存在 $r-1$ 个点 $y_1, y_2, \cdots, y_{r-1}$ 使得 (w, x_1, y_k, x_2) 形成一个四圈. 又因为 $f_{1j} = r-1$, 则存在 $r-1$ 个点 $z_{j_1}, z_{j_2}, \cdots, z_{j_{r-1}}$, 使得 (w, x_1, z_{j_k}, x_j) 形成一个四圈. 由于 x_1 是 r 度的, 则

$$\{y_1, y_2, \cdots, y_{r-1}\} = \{z_{j_1}, z_{j_2}, \cdots, z_{j_{r-1}}\}.$$

由此我们知道 $\{w, x_1, \cdots, x_r, y_1, \cdots, y_{r-1}\}$ 在 H 中导出一个 $K_{r,r}$ 子图, 它是 H 的一个连通分支. 进一步地, $H \cong mK_{r,r}$. 故 G 是匹配唯一的. □

设 G 是围长为 g 的一个连通的 r-正则图, $u \in V(G)$. 将图 G 的点按照它到点 u 的距离进行分类, $i \geqslant 0$, 以 $V_i = \{v \in V(G) | d(u, v) = i\}$ 表示图 G 中的到点 u 距离为 i 的点的集合.

若 $g = 2k+1$ 为奇数, $0 \leqslant i \leqslant k, 0 \leqslant j \leqslant k$, 且 i, j 不同时等于 k, 则 $V_0, V_1, \cdots, V_k$ 中的点在 G 中形成一个以 u 为根的每个非悬挂点为 r-正则的高为 k 的树. 这说明

$$V_0 \cup V_1 \cup \cdots \cup V_k \subseteq V(G),$$
$$|V(G)| \geqslant |V_0| + |V_1| + \cdots + |V_k|$$
$$= 1 + r + \cdots + r(r-1)^{k-1}$$
$$= \frac{r(r-1)^{\frac{g-1}{2}} - 2}{(r-2)}, \quad r > 2.$$

若 $g = 2k$ 为偶数, v_1 是 u 的一个邻点, 以 $V'_{k-1} = \{v \in V(G) | d(v, v_1) = k-1, d(v, u) = k\}$ 表示图 G 中的到点 v_1 距离为 $k-1$, 且到点 u 距离为 k 的点的集合.

我们知道, $0 \leqslant i \leqslant k-1, 0 \leqslant j \leqslant k-1$, 则 $V_0, V_1, \cdots, V_{k-1}, V'_{k-1}$ 中的点在 G 中形成一个以 u 为根的每个非悬挂点为 r-正则的高为 k 的树. 这说明

$$V_0 \cup V_1 \cup \cdots \cup V_{k-1} \cup V'_{k-1} \subseteq V(G),$$

则

5.1 匹配唯一的正则图

$$|V(G)| \geqslant |V_0| + |V_1| + \cdots + |V_{k-1}| + |V'_{k-1}|$$
$$= 1 + r + \cdots + r(r-1)^{k-2} + (r-1)^{k-1}$$
$$= \frac{2(r-1)^{\frac{g}{2}} - 2}{(r-2)}, \quad r > 2.$$

把点数达到最小的、围长为 g 的 $r(> 2)$-正则图称为 Moore 图, 也称为 (r,g)-笼.

命题 5.1.1[53] 设 G 是围长为 $g(\geqslant 3)$ 的 $r(\geqslant 3)$-正则的 Moore 图, 则

(1) $g = 5, r = 3, 7$ 或 57;

(2) $g = 3, 4, 6, 8$ 或 12.

除 $g = 5, r = 57$ 的 Moore 图是否存在仍然未知. 其余情况下的 Moore 图是存在的, 且在许多情况下是唯一的 (见 [53]).

定理 5.1.5 设 G 是唯一的一个 (r,g)-笼, 则 G 是匹配唯一的.

证明 设 H 匹配等价于 G, 则 H 也是一个 (r,g)-笼, 由唯一性知, $H \cong G$, 故 G 是匹配唯一的. □

定理 5.1.6 设 L 是围长为 $g = 2k+1(\geqslant 3)$、正则度为 $r(\geqslant 3)$ 的唯一的 Moore 图, $G = mL$, 则 G 是匹配唯一的.

证明 设 L 有个 n 点, 且 $u \in L$, 由 L 是正则性及围长为 g, 我们知道 L 中存在一个以点 u 为根的树, 它的内部的 (不是悬挂点) 每个点的度数都是 r, 共有 $r(r-1)^{k-1}$ 个悬挂点, 每个悬挂点到点 u 的距离为 k. 由 Moore 图的定义知, 这棵根树包含了 L 的所有点. 这棵树的这些悬挂点在 L 中导出的子图是有 $r(r-1)^{k-1}$ 个点的 $(r-1)$-正则图, 它有 $\frac{1}{2}r(r-1)^k$ 条边. 其中的每一条边在 L 中形成了长为 g 的圈. 以 C_u 表示 L 中通过点 u 的长为 g 的圈数, 则

$$C_u = \frac{1}{2}r(r-1)^k.$$

设 H 匹配等价于 G, 则 H 是有 mn 个点的围长为 g 的 r-正则图. 由引理 5.1.2, H 与 G 有相同的长为 g 的圈数. 在图 H 中, 数 C_u 的平均数也等于 $\frac{1}{2}r(r-1)^k$. 必存在 $w \in V(H)$, 使得

$$C_w \geqslant \frac{1}{2}r(r-1)^k.$$

同上, 在图 H 中我们也可以找到一个以点 w 为根的树, 它的内部点的度数均为 r, 共有 n 个点且有 $r(r-1)^{k-1}$ 个悬挂点, 每个悬挂点到点 w 的距离为 k. 为了使 $C_w \geqslant \frac{1}{2}r(r-1)^k$, 则这些悬挂点在 H 中导出的子图中至少有 $\frac{1}{2}r(r-1)^k$ 条边. 而这 $r(r-1)^{k-1}$ 个悬挂点在 H 中的导出子图中的度数不大于 $r-1$, 因此最多有 $\frac{1}{2}r(r-1)^k$ 条边. 这说明这些悬挂点在 H 中的导出子图是 $(r-1)$-正则的, 进一步地, 这棵树上的 n 个点在 H 中的导出子图是一个 (r,g)-笼, 由这种笼的唯一性知, 这 n

个点的导出子图就是 L, 它是 H 的一个连通分支. 于是 $H \cong mL$. 故 G 是匹配唯一的. □

5.2 匹配唯一的几乎正则图

称一个图 G 是几乎正则的, 若 G 中的任何两个点的度数之差不超过 1. 在这一节中, 探讨几个几乎正则图的匹配唯一性. 首先给出关于度序列的一个定理.

定理 5.2.1 设图 G 和图 H 匹配等价, 且它们的度序列分别为 $\pi(G) = (d_1, d_2, \cdots, d_n)$ 和 $\pi(H) = (d_1+t_1, d_2+t_2, \cdots, d_n+t_n)$, 则

(1) $t_i(i=1,2,\cdots,n)$ 都是整数;

(2) $\sum\limits_{i=1}^{n} t_i = 0$;

(3) $\sum\limits_{i=1}^{n}(t_i^2 + 2d_i t_i) = 0$.

证明 (1) 是显然的. 由 $\sum\limits_{i=1}^{n} d_i = \sum\limits_{i=1}^{n}(d_i+t_i) = 2m$, 得 (2). 由 $p(G,2) = p(H,2)$ 得

$$\binom{m}{2} - \sum_{i=1}^{n}\binom{d_i}{2} = \binom{m}{2} - \sum_{i=1}^{n}\binom{d_i+t_i}{2},$$

经整理得 (3). □

推论 5.2.1 设图 G 是一个几乎正则图, 图 H 与图 G 匹配等价, 则 H 也是几乎正则图, 且图 H 和图 G 有一样的度序列.

证明 假设图 G 的度序列为 $\pi(G) = (r^s, (r+1)^{n-s})$, 且设图 H 的度序列为 $\pi(H) = (r+t_1, \cdots, r+t_s, r+1+t_{s+1}, \cdots, r+1+t_n)$, 这里的 $t_i(1 \leqslant i \leqslant n)$ 都是整数, 且满足

$$\begin{cases} \sum\limits_{i=1}^{n} t_i = 0, \\ \sum\limits_{i=1}^{s}(t_i^2 + 2rt_i) + \sum\limits_{i=s+1}^{n}(t_i^2 + 2(r+1)t_i) = 0, \end{cases}$$

则

$$\sum_{i=1}^{n} t_i^2 + \sum_{i=s+1}^{n} 2t_i = 0,$$

$$\sum_{i=1}^{s} t_i^2 + \sum_{i=s+1}^{n} (t_i+1)^2 = n-s.$$

由于 $t_i \leqslant t_i^2$, $t_i+1 \leqslant (t_i+1)^2$, 则 $n-s = \sum\limits_{i=1}^{s} t_i + \sum\limits_{i=s+1}^{n}(t_i+1) \leqslant \sum\limits_{i=1}^{s} t_i^2 + \sum\limits_{i=s+1}^{n}(t_i+1)^2 = n-s$.

5.2 匹配唯一的几乎正则图

于是我们有 $t_i = t_i^2 (i=1,2,\cdots,s)$; $t_i+1 = (t_i+1)^2(i=s+1,\cdots,n)$, 即 $t_i=0$ 或 $1(i=1,2,\cdots,s)$; $t_i=-1$ 或 $0(i=s+1,\cdots,n)$.

又由 $\sum\limits_{i=1}^{n} t_i = 0$, 我们得到在 $i=1,2,\cdots,s$ 中有多少个 t_i 是 1, 便在 $i = s+1,\cdots,n$ 中有多少个 t_i 是 -1. 于是 H 与 G 有一样的度序列. □

引理 5.2.1 设 A 是一些数 3 组成的可重集, B 是一些大于等于 1 的整数组成的可重集, 图 $G = \left[\bigcup\limits_{i \in A} P_i\right] \cup \left[\bigcup\limits_{j \in B} P_{2j}\right]$, 则 G 是匹配唯一的.

证明 设 $H \sim G$, 则 H 是一些路和圈的并图, 利用引理 5.1.1 比较两边的图匹配最大根, 我们得 $H \cong G$. □

定理 5.2.2 设 A 是一些数 3 组成的可重集, B 是一些大于等于 1 的整数组成的可重集, C 是一些大于等于 3 的整数组成的可重集, 图 $G = \left[\bigcup\limits_{i \in A} P_i\right] \cup \left[\bigcup\limits_{j \in B} P_{2j}\right] \cup \left[\bigcup\limits_{k \in C} C_k\right]$, 若 $C \cap D$ 是空集, 则 G 是匹配唯一的, 其中 $D = \{x+1 | x \in A \cup B'\}$, $B' = \{2j | j \in B\}$, A, B, C 不全为空集.

证明 (对 $|A|+|B|+|C|$ 用数学归纳法)由定理 5.1.2 和引理 5.2.1 知, 当 $|A|+|B|+|C|=1$ 时, 结论成立.

设 H 是 G 的一个匹配等价图, 由推论 5.2.1 知 H 是一些圈和路的并. 考虑

$$n = \max\{A \cup B' \cup C'\}, \quad B' = \{2j | j \in B\}, \quad C' = \{2k-1 | k \in C\}.$$

(1) 若 $n = 2m$ 为偶数. 必有 $m \in B$. 由于 $M_1(G) = M_1(P_{2m})$, 比较 $M_1(G)$ 和 $M_1(H)$, 由引理 5.1.1 知 H 一定有一条长为 $2m$ 的路, 即

$$H \cong P_{2m} \cup H_1,$$

由归纳假设,

$$H_1 \cong \left[\bigcup\limits_{i \in A} P_i\right] \cup \left[\bigcup\limits_{j \in B \setminus \{m\}} P_{2j}\right] \cup \left[\bigcup\limits_{k \in C} C_k\right],$$

从而 $H \cong G$.

(2) 若 $n = 2m-1$ 为奇数. 当 $n=3$ 时, $C=\varnothing$, 由引理 5.2.1 结论成立. 当 $n = 2m-1 \geqslant 5$ 时, 必有 $m \in C$. 由 $M_1(G) = M_1(C_m) = M_1(P_{2m-1})$ 及引理 5.1.1 知, H 不含有长于 m 的圈和长于 $2m-1$ 的路, 且 H 必含一个长为 m 的圈或长为 $2m-1$ 的路. 假设 H 含有一个长为 $2m-1$ 的路 P_{2m-1}, 即

$$H = P_{2m-1} \cup H_1.$$

由 $\mu(G, x) = \mu(H, x) = \mu(C_m, x)\mu(P_{m-1}, x)\mu(H_1, x)$, 推出

$$\left[\bigcup_{i\in A} P_i\right] \cup \left[\bigcup_{j\in B} P_{2j}\right] \cup \left[\bigcup_{k\in C\setminus\{m\}} C_k\right] 匹配等价于 P_{m-1}\cup H_1,$$

由归纳假设

$$\left[\bigcup_{i\in A} P_i\right] \cup \left[\bigcup_{j\in B} P_{2j}\right] \cup \left[\bigcup_{k\in C\setminus\{m\}} C_k\right] \cong P_{m-1}\cup H_1,$$

则 $m-1 \in A\cup B'$. 此时 $m\in D$, 从而有 $m\in C\cap D$ 与题设矛盾. 于是 H 必含有一个长为 m 的圈, 即

$$H = C_m \cup H_1,$$

从而

$$H_1 匹配等价于 \left[\bigcup_{i\in A} P_i\right] \cup \left[\bigcup_{j\in B} P_{2j}\right] \cup \left[\bigcup_{k\in C\setminus\{m\}} C_k\right].$$

由归纳假设得 $H \cong G$. □

定理 5.2.2 将在后面的第 7 章中进一步的推广, 在那里, 我们将得到匹配最大根 $M_1(G) \leqslant 2$ 中的所有匹配唯一图. 下面考虑度序列为 $\pi(G) = (3^2, 2^{n-2})$ 的图的匹配唯一性. 我们知道这样的图 G 要么是一个 θ-图 (图 5.1) 与若干个圈的并图, 要么是一个 ∞-图 (图 5.2) 与若干个圈的并图.

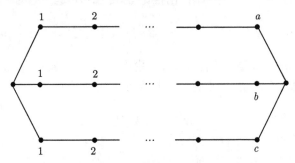

图 5.1 图 $\theta(a,b,c)$

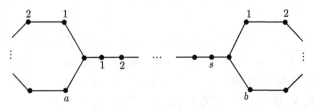

图 5.2 图 $\infty(a, s, b)$

引理 5.2.2 $\mu(\theta(a,b,c), x) = \mu(C_{b+c+2}\cup P_a, x) - 2\mu(P_{a-1}\cup P_{b+c+1}, x) + \mu(P_{a-2}\cup P_b \cup P_c, x)$.

5.2 匹配唯一的几乎正则图

设 G 是有 n 个点的图, 有时为了方便, 我们将图的一个 $\frac{n-r}{2}$-匹配称为图 G 的一个缺 r-匹配 (即 r 个点没有被饱和的匹配).

定理 5.2.3 设 $0 \leqslant a \leqslant b \leqslant c$ 都是偶数, 则图 $\theta(a,b,c)$ 是匹配唯一的.

证明 设图 H 匹配等价于 $G = \theta(a,b,c)$, 则图 H 有 $a+b+c+2$ 个点, $a+b+c+3$ 条边, 度序列为 $\pi(H) = (3^2, 2^{n-2})$, 这里 $n = a+b+c+2$. 进一步地, H 是一个 θ-图与若干圈的并图, 或是一个 ∞-图与若干圈的并图.

图 $G = \theta(a,b,c)$ 有 3 个完全匹配. 而每个 ∞-图若有完美匹配的话, 它有 1 个, 2 个或 4 个, 每个偶圈有两个完美匹配, 这迫使 H 只能是一个 θ-图, 不妨设 $H = \theta(a_1, b_1, c_1), 0 \leqslant a_1 \leqslant b_1 \leqslant c_1, a_1, b_1, c_1$ 不能是两奇一偶, 否则 H 有 2 个完美匹配, 故 a_1, b_1, c_1 均为偶数.

(i) 当 $a \geqslant 4$ 时, 图 $\theta(a,b,c)$ 有如下性质.

(a) 有 $a+b+c+2$ 个顶点, $a+b+c+3$ 条边.

(b) 由引理 5.2.2 知 $\theta(a,b,c)$ 中有

$$p(\theta(a,b,c),3) = \frac{(b+c+2)(a-2)(a-3)}{2} + \frac{(b+c+2)(b+c-1)(a-1)}{2}$$
$$+ \frac{(a-3)(a-4)(a-5)}{6} + \frac{(b+c+2)(b+c-2)(b+c-3)}{6}$$
$$+ (a-3)(a-4) + 2(b+c)(a-2) + (b+c-1)(b+c-2)$$
$$+ a+b+c-5$$
$$= \frac{1}{6}(a^3+b^3+c^3) + \frac{1}{2}(a^2b+a^2c+b^2a+b^2c+c^2a+c^2b)$$
$$- \frac{25}{6}(a+b+c) + abc + 8.$$

个 3-匹配, 有

$$p\left(\theta(a,b,c), \frac{a+b+c}{2}\right) = \frac{(b+c+2)^2}{4} + \frac{a(a+2)}{4} + \frac{a(b+c+2)}{2}$$
$$+ \frac{b(b+2)}{8} + \frac{c(c+2)}{8} + \frac{a(a-2)}{8}$$
$$= \frac{3}{8}(a^2+b^2+c^2) + \frac{1}{2}(ab+ac+bc) + \frac{5}{4}(a+b+c) + 1.$$

个 $\frac{a+b+c}{2}$-匹配 (叫缺 2-匹配或 x^2 的系数的绝对值).

当 $a_1 = 0$ 时, 不可能有 H 匹配等价于 G, 否则 H 有 b_1+c_1+3 条边, 有

$$p(H,3) = \frac{(b_1+c_1+2)(b_1+c_1-2)(b_1+c_1-3)}{6} + \frac{(c_1-2)(c_1-3)}{2}$$
$$+ \frac{(b_1-2)(b_1-3)}{2} + (b_1-1)(c_1-1).$$
$$= \frac{1}{6}(b_1^3+c_1^3) + \frac{1}{2}(b_1^2c_1+c_1^2b_1) - \frac{25}{6}(b_1+c_1) + 9.$$

由
$$\begin{cases} a+b+c+3 = b_1+c_1+3, \\ p(\theta(a,b,c),3) = p(H,3) \end{cases}$$

解得 $8 = 9$, 矛盾.

当 $a_1 = 2$ 时, 同上可得矛盾, 也不可能有 H 匹配等价于 G.

当 $a_1 \geqslant 4$ 时, 由

$$\begin{cases} a+b+c+3 = a_1+b_1+c_1+3, \\ p(\theta(a,b,c),3) = p(\theta(a_1,b_1,c_1),3), \\ p\left(\theta(a,b,c),\dfrac{a+b+c}{2}\right) = p\left(\theta(a_1,b_1,c_1),\dfrac{a_1+b_1+c_1}{2}\right) \end{cases}$$

可解得 $\{a_1,b_1,c_1\} = \{a,b,c\}$, 则 $H \cong \theta(a,b,c)$. 故 $G = \theta(a,b,c)$ 是匹配唯一的.

(ii) 当 $a = 2$ 时, 我们知道 a_1 为非负偶数, 由 (i) 知 $a_1 \leqslant 2$. 当 $a_1 = 0$ 时, 由比较两边的 1-匹配和 3-匹配

$$\begin{cases} b_1+c_1+3 = b+c+5, \\ p(\theta(0,b_1,c_1),3) = p(\theta(2,b,c),3) \end{cases}$$

得 $\dfrac{56}{2} = 2$, 矛盾. 当 $a_1 = 2$ 时, 比较两边的 1-匹配和缺 2-匹配

$$\begin{cases} b_1+c_1+5 = b+c+5, \\ \dfrac{(b_1+c_1+2)^2}{4} + (b_1+c_1+4) + \dfrac{c_1(c_1+2)}{8} + \dfrac{b_1(b_1+2)}{8} \\ \quad = \dfrac{(b+c+2)^2}{4} + (b+c+4) + \dfrac{c(c+2)}{8} + \dfrac{b(b+2)}{8} \end{cases}$$

得 $\{b_1,c_1\} = \{b,c\}$, 此时 $H \cong G$, G 是匹配唯一的.

(iii) 当 $a = 0$ 时, 由 (i) 和 (ii) 知 $a_1 = 0$, 比较两边的 1-匹配和缺 2-匹配

$$\begin{cases} b_1+c_1+3 = b+c+3, \\ \dfrac{(b_1+c_1+2)^2}{4} + \dfrac{b_1(b_1+2)+c_1(c_1+2)}{8} = \dfrac{(b+c+2)^2}{4} + \dfrac{b(b+2)+c(c+2)}{8} \end{cases}$$

得 $\{b_1,c_1\} = \{b,c\}$, 此时 $H \cong G$, G 是匹配唯一的. □

引理 5.2.3 (1) 若 $s = 0$, 则 $\mu(\infty(a,0,b),x) = \mu(C_{a+1} \cup C_{b+1},x) - \mu(P_a \cup P_b,x)$;

(2) 若 $s = 1$, 则 $\mu(\infty(a,1,b),x) = x\mu(C_{a+1} \cup C_{b+1},x) - \mu(P_a \cup C_{b+1},x) - \mu(P_b \cup C_{a+1},x)$;

5.2 匹配唯一的几乎正则图

(3) 若 $s \geqslant 2$, 则 $\mu(\infty(a,s,b),x) = \mu(C_{a+1} \cup C_{b+1} \cup P_s, x) - \mu(P_a \cup C_{b+1} \cup P_{s-1}, x) - \mu(P_b \cup C_{a+1} \cup P_{s-1}, x) + \mu(P_a \cup P_b \cup P_{s-2}, x)$.

证明 由定理 1.3.1, 显然. 如果我们约定 $\mu(P_0, x) = 1$, $\mu(P_{-1}, x) = 0$, $\mu(P_{-2}, x) = -1$, 等式 (1), (2) 可以看成 (3) 的特殊情形. □

定理 5.2.4 设 $a \geqslant 2, b \geqslant 2, s \geqslant 0$ 都是偶数, 则图 $G = \infty(a,s,b)$ 是匹配唯一的.

证明 设图 H 匹配等价于 G. 由推论 5.2.1 知, H 或是一个 θ-图与若干圈的并圈, 或是一个 ∞-图与若干圈的并圈. 由于图 G 上只有一个完美匹配, 则图 H 只能是一个 $\infty(a_1, s_1, b_1)$. 由于 H 只有一个完美匹配, 这迫使 a_1, b_1, s_1 均为偶数.

(i) 当 $s \geqslant 2$ 时, 若 $s_1 = 0$ 时, 比较 G 和 H 两边的 1-匹配和 3-匹配得

$$\begin{cases} a_1 + b_1 + 3 = a + b + s + 3, \\ p(\infty(a_1, 0, b_1), 3) = p(\infty(a,s,b), 3), \end{cases}$$

其中

$$p(\infty(a_1, 0, b_1), 3) = \frac{a_1+1}{a_1-2}\binom{a_1-2}{3} + \frac{b_1+1}{b_1-2}\binom{b_1-2}{3} + \frac{(a_1+1)(b_1+1)}{a_1-1}\binom{a_1-1}{2} + \frac{(a_1+1)(b_1+1)}{b_1-1}\binom{b_1-1}{2} + \binom{a_1-2}{2} + \binom{b_1-2}{2} + (a_1-1)(b_1-1) = \frac{1}{6}(a_1^3 + b_1^3) + \frac{1}{2}(a_1^2 b_1 + b_1^2 a_1) - \frac{25}{6}(a_1 + b_1) + 9;$$

$$p(\infty(a,s,b), 3) = \frac{a+1}{a-2}\binom{a-2}{3} + \frac{b+1}{b-2}\binom{b-2}{3} + \binom{s-3}{3} + \frac{(a+1)(b+1)}{a-1}\binom{a-1}{2} + \frac{(a+1)(s-1)}{a-1}\binom{a-1}{2} + \frac{(a+1)(b+1)}{b-1}\binom{b-1}{2} + \frac{(b+1)(s-1)}{b-1}\binom{b-1}{2} + \binom{s-2}{2}(a+1) + \binom{s-2}{2}(b+1) + (a+1)(b+1)(s-1) + \binom{a-2}{2} + \frac{b+1}{b-1}\binom{b-1}{2} + \binom{s-3}{2} + (a-1)(b+1) + (a-1)(s-2) + (b+1)(s-2) + \binom{b-2}{2} + \frac{a+1}{a-1}\binom{a-1}{2} + \binom{s-3}{2} + (a+1)(b-1) + (a+1)(s-2) + (b-1)(s-2) + (a-1) + (b-1) + (s-3) = \frac{1}{6}(a^3 + b^3 + s^3) - \frac{25}{6}(a+b+s) + \frac{1}{2}(a^2 b + a^2 s + b^2 a + b^2 s + as^2 + bs^2) + abs + 8.$$

解得 $8 = 9$, 矛盾.

若 $s_1 \geqslant 2$ 时, 比较 G 和 H 两边的 1-匹配、缺 2-匹配和缺 4-匹配

$$a_1 + b_1 + s_1 + 3 = a + b + s + 3,$$

$$p\left(\infty(a_1,s_1,b_1),\frac{a_1+b_1+s_1}{2}\right)=p\left(\infty(a,s,b),\frac{a+b+s}{2}\right),$$

$$p\left(\infty(a_1,s_1,b_1),\frac{a_1+b_1+s_1-2}{2}\right)=p\left(\infty(a,s,b),\frac{a+b+s-2}{2}\right),$$

其中

$$p\left(\infty(a,s,b),\frac{a+b+s}{2}\right)=(a+1)(b+1)+\frac{(b+1)s}{2}+\frac{(a+1)s}{2}+\frac{a(a+2)}{8}+\frac{b(b+2)}{8}+\frac{s(s-2)}{8}=\frac{1}{8}(a^2+b^2+s^2)+\frac{1}{2}(as+bs)+ab+\frac{5}{4}(a+b)+\frac{3}{4}s+1;$$

$$p\left(\infty(a,s,b),\frac{a+b+s-2}{2}\right)=\frac{a(a+1)(a+2)(b+1)}{24}+\frac{b(b+1)(b+2)(a+1)}{24}+\frac{(a+1)(b+1)s(s+2)}{8}+\frac{b(b+1)(b+2)s}{48}+\frac{s(s^2-4)(b+1)}{48}+\frac{a(a+2)(b+1)s}{16}+\frac{a(a+1)(a+2)s}{48}+\frac{s(s^2-4)(a+1)}{48}+\frac{b(b+2)(a+1)s}{16}+\frac{a(a^2-4)(a+4)}{384}+\frac{b(b^2-4)(b+4)}{384}+\frac{s(s^2-4)(s-4)}{384}+\frac{a(a+2)b(b+2)}{64}+\frac{a(a+2)s(s-2)}{64}+\frac{b(b+2)s(s-2)}{64}=\frac{1}{384}(a^4+b^4+s^4)+\frac{1}{24}(a^3b+b^3a)+\frac{1}{48}(a^3s+b^3s+s^3b+s^3a)+\frac{5}{96}(a^3+b^3)+\frac{1}{32}s^3+\frac{1}{64}(a^2b^2+a^2s^2+b^2s^2)+\frac{1}{16}(a^2bs+b^2as)+\frac{1}{8}s^2ab+\frac{5}{32}(a^2b+b^2a+s^2a+s^2b)+\frac{3}{32}(a^2s+b^2s)+\frac{11}{98}(a^2+b^2+s^2)+\frac{1}{2}abs+\frac{13}{48}(as+bs)+\frac{11}{48}ab+\frac{1}{24}(a+b)+\frac{1}{8}s.$$

解得 $s_1=s, \{a_1,b_1\}=\{a,b\}$, 于是 $H\cong\infty(a,s,b)$.

(ii) 当 $s=0$ 时, 同上类似, 可得 $H\cong\infty(a,0,b)$. 故 G 是匹配唯一的. □

5.3 梅花图的匹配唯一性

若干个长度大于等于 3 的路所有端点黏结成一个点所形成的图叫梅花图. 由 2-条路形成的梅花图叫 2-梅花图或 "8" 字图. 由 $k(\geqslant 3)$-条路形成的梅花图叫 k-梅花图, 在这一节中, 我们探讨 k-梅花图的匹配唯一性.

1. 2-梅花图的匹配唯一性

2-梅花图或 "8" 字图, 记为 C_m*C_n (图 5.3).

定义图簇 α: α 中的每一个图的度序列为 $(4,2,2,\cdots,2)=(4^1,2^{p-1})$. 显然 α 非空, 且 α 中每一个图是 C_m*C_n 与若干个圈的并图.

定义图簇 β: β 中的每一个图的度序列为 $(1^1,3^3,2^{p-4})$. 显然 β 也非空.

5.3 梅花图的匹配唯一性

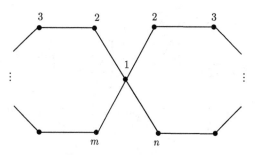

图 5.3 2-梅花图 $C_m * C_n$

引理 5.3.1 若图 H 有 p 个点，$p+1$ 条边，且 $H \notin \alpha$，$H \notin \beta$. 设 H 的度序列 $\pi(H) = (d_1, d_2, \cdots, d_p) = (4+t_1, 2+t_2, 2+t_3, \cdots, 2+t_p)$，则图 H 不能匹配等价于一个 2-梅花图 $C_m * C_n$.

证明 假定图 H 匹配等价于 $G = C_m * C_n$，由定理 5.2.1 知，故 $\sum\limits_{i=1}^{p} t_i = 0$，$\sum\limits_{i=1}^{p} t_i^2 + 8t_1 + \sum\limits_{i=2}^{p} 4t_i = 0$. 得到

$$4t_1 + \sum_{i=1}^{p} t_i^2 = 0.$$

记 H 中的最大度为 $\Delta(H)$.

情形 1 若 $\Delta(H) > 4$，可取 $d_1 = \Delta(H)$，则 $t_1 = d_1 - 4 > 0$，故 $4t_1 + \sum\limits_{i=1}^{p} t_i^2 > 0$.

情形 2 若 $\Delta(H) < 4$，则必有 $\Delta(H) = 3$，否则 $2(p+1) = \sum d_i \leqslant \Delta(H) p \leqslant 2p$，此式是一个矛盾. 同理可知 H 中至少有 2 个 3 度点. 如果 H 中恰有 2 个 3 度点，则 H 中其他点的度数均为 2. 令 $d_1 = d_2 = 3$，则 $t_1 = -1, t_2 = 1, \forall i$，当 $3 \leqslant i \leqslant p$ 时，有 $t_i = 0$，因此 $4t_1 + \sum\limits_{i=1}^{p} t_i^2 < 0$. 若 H 中恰有 3 个 3 度点，则 H 中必有一个 1 度点，即 $H \in \beta$，与题设矛盾. 若 H 中 3 度点的个数大于 3，不妨令 $d_1 = d_2 = \cdots = d_i = 3$（其中 $i \geqslant 4$），则 $t_1 = -1, t_2 = t_3 = \cdots = t_i = 1$，且或者存在某个 $k > i$ 使得 $t_i = -2$，或者存在 $l, m > i$，使得 $t_l = t_m = -1$. 故 $4t_1 + \sum\limits_{i=1}^{p} t_i^2 \geqslant -4 + 5 > 0$.

情形 3 若 $\Delta(H) = 4$. 取 $d = \Delta(G)$，则 $t_1 = 0$，要使 $4t_1 + \sum\limits_{i=1}^{p} t_i^2 = 0$，当且仅当 $t_1 = t_2 = \cdots = t_p = 0$，此时 $H \in \alpha$. 综上所述，引理得证. □

引理 5.3.2 若 $G \in \beta$ 且 $(4+t_1, 2+t_2, \cdots, 2+t_p)$ 是 G 的度序列，则 $4t_1 + \sum\limits_{i=1}^{p} t_i^2 = 0$.

证明 此时 $t_1 = -3$，$t_2 = t_3 = t_4 = 1$，$t_i = 0$，直接容易验证. □

设 $G = C_m * C_n$，则

$$\mu(G, x) = \mu(C_n \cup P_{m-1}, x) - 2\mu(P_{n-1} \cup P_{m-2}, x).$$

将路和圈的匹配多项式代入上式

$$\mu(G,x) = \left[\sum_{i\geqslant 0}(-1)^i \frac{n}{n-i}\binom{n-i}{i}x^{n-2i}\right]\left[\sum_{j\geqslant 0}(-1)^j\binom{m-1-j}{j}x^{m-1-2j}\right]$$
$$-2\left[\sum_{s\geqslant 0}(-1)^s\binom{n-1-s}{s}x^{n-1-2s}\right]\left[\sum_{t\geqslant 0}(-1)^t\binom{m-2-t}{t}x^{t-2-2t}\right]$$

令 $p = n+m-1$.

(1) 若 n 为偶数, m 为奇数, 则

$$\mu(G,x) = x^p - (m+n)x^{p-2} + \cdots + (-1)^{\frac{p-2}{2}}\frac{(m+n)^2-2n-1}{4}x^2 + 2(-1)^{\frac{p}{2}}.$$

(2) 若 m, n 均为偶数, 则

$$\mu(G,x) = x^p - (m+n)x^{p-2} + \cdots + (-1)^{\frac{p-3}{2}}\frac{1}{24}[(m+n)^3$$
$$-4(m+n) - 6mn]x^3 + (-1)^{\frac{p-1}{2}}(m+n)x.$$

(3) 若 m, n 均为奇数, 则

$$\mu(G,x) = x^p - (m+n)x^{p-2} + \cdots + (-1)^{\frac{p-3}{2}}\frac{1}{24}[(m+n)^3 - 3(m^2+n^2)$$
$$-4(m+n) + 6]x^3 + (-1)^{\frac{p-1}{2}}(m+n-1)x.$$

设 $G = C_m * C_n$ 是一个 2-梅花图, 由引理 5.3.1 和引理 5.3.2 知 G 的匹配等价图属于 α 或 β. 虽然我们不知道 G 的匹配等价图是否仅属于 α, 如果 G 的匹配等价图仅属于 α, 我们有下面的两个定理.

定理 5.3.1 若 n 是偶数, m 是奇数, $H \in \alpha$ 且 H 匹配等价于 $C_m * C_n$, 则 $H \cong C_m * C_n$.

证明 令 $G = C_m * C_n$, 由 $H \in \alpha$ 知, H 是 $C_{m_1} * C_{n_1}$ 与若干个圈的并图. 由于 G 中存在两个完全匹配, 则 H 的连通分支中至多有一个是偶圈. 如果 $H = (C_{m_1} * C_{n_1}) \cup C_r$, 其中 r 是偶数, 则有 $p_1 = m_1 + n_1 - 1 = (m+n-1) - r$ 是偶数, 因此 m_1 和 n_1 中一个是偶数一个是奇数, 不妨设 m_1 是奇数, n_1 是偶数, 此时 H 中共有 4 个完全匹配, 与 H 中只有 2 个完全匹配矛盾. 故可设 $H = C_{m_1} * C_{n_1}$. 根据 G 和 H 的匹配多项式的系数有

$$m_1 + n_1 = m + n, \quad [(m_1+n_1)^2 - 2n_1 - 1]/4 = [(m+n)^2 - 2n - 1]/4,$$

联立此两式可得其解 $m = m_1, n = n_1$, 因此 $G \cong H$. □

5.3 梅花图的匹配唯一性

定理 5.3.2 设 n 和 m 均是奇数,$H \in \alpha$ 且 H 匹配等价于 $C_m * C_n$,则 $H \cong C_m * C_n$.

证明 令 $G = C_m * C_n$. 由 $H \in \alpha$ 知,H 是 $C_{m_1} * C_{n_1}$ 与若干个圈的并图. 由于 G 有 $n+m-1$ 个缺 1-匹配,若 H 中有某个分支是偶圈,则 H 中缺 1-匹配数必是偶数,与 $n+m-1$ 是奇数矛盾. 故 H 的分支或者是 $C_{m_1} * C_{n_1}$ 或者是一个奇圈 C_r(若 H 中有两个以上的奇圈,则 H 中无缺 1-匹配,与 H 中有 $n+m-1$ 个缺 1-匹配矛盾).

若 $H = (C_{m_1} * C_{n_1}) \cup C_r$,其中 r 是奇数,则有 $m_1+n_1-1 = (n+m-1)-r$ 是偶数. 不妨设 m_1 是奇数,n_1 是偶数. 由于 $C_{m_1} * C_{n_1}$ 中有 2 个完全匹配. 同时 C_r 有 r 个缺 1-匹配. 故 H 中有 $2r$ 个缺 1-匹配. 因此 $2r = n+m-1$,此式左边是偶数,右边是奇数,导出矛盾. 因此 $H = C_{m_1} * C_{n_1}$. 由 $m+n = m_1+n_1$ 且 $n+m$ 是偶数知,m_1 和 n_1 或者都是奇数或者都是偶数. 若 m_1 和 n_1 均是偶数,则由 $\mu(C_{m_1} * C_{n_1}, x)$ 的表达式知 G 中有 (m_1+n_1) 个缺 1-匹配. 故 $m_1+n_1 = m+n-1$,此与 $m+n = m_1+n_1$ 矛盾. 故仅有 m_1, n_1 均是奇数,由 $\mu(C_{m_1} * C_{n_1}, x)$ 的系数可知 H 中有 m_1+n_1-1 个点,$p\left(H, \dfrac{p-3}{2}\right) = \dfrac{1}{24}[(m_1+n_1)^3 - 3(m_1^2+n_1^2) - 4(m_1+n_1) + 6]$ 个缺 3-匹配. 即 $m_1+n_1 = m+n$ 且 $p\left(H, \dfrac{p-3}{2}\right) = p\left(G, \dfrac{p-3}{2}\right)$,联立可得其解 $m = m_1$(或 n_1),$n = n_1$(或 m_1). 因此 $G \cong H$. □

2. 3-梅花图的匹配唯一性

三个圈 C_m, C_n 和 C_r 中各取一点且把它们重叠在一起成为一个顶点所成的图叫 3-梅花图,见图 5.4,记为 $C_m * C_n * C_r$,3-梅花图的度序列为 $(6, 2^{p-1})$,这里的点数 $p = m+n+r-2$.

设 $G = C_m * C_n * C_r$(图 5.4),应用定理 1.3.1 得到

$$\mu(C_m * C_n * C_r) = x\mu(P_{m-1})\mu(P_{n-1})\mu(P_{r-1}) - 2\mu(P_{m-2})\mu(P_{n-1})\mu(P_{r-1})$$
$$- 2\mu(P_{m-1})\mu(P_{n-2})\mu(P_{r-1}) - 2\mu(P_{m-1})\mu(P_{n-1})\mu(P_{r-2}). \quad (5.3.1)$$

在上式中将 $\mu(P_n)$ 代入可算出图 $G = C_m * C_n * C_r$ 的匹配多项式. 当 m, n, r 均为奇数时,G 无完美匹配,有奇数个缺 1-匹配;当 m, n, r 中有两个为奇数,一个为偶数时,G 中有两个完全匹配;当 m, n, r 中有两个偶数,一个为奇数时,G 中无完美匹配且有偶数个缺 1-匹配;当 m, n, r 均为偶数时,G 中无完美匹配也无缺 1-匹配.

现在我们定义图簇 A:A 中的每一个图的度序列为 $(6, 2, \cdots, 2) = (6^1, 2^{p-1})$. 显然 A 非空且 A 中每一个图是 $C_m * C_n * C_r$ 与若干个圈的并图.

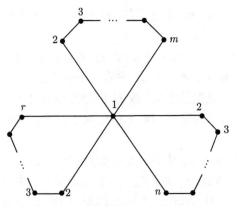

图 5.4　3-梅花图 $C_m * C_n * C_r$

设 $G = C_m * C_n * C_r$ 是一个 3-梅花图, 我们不知道 G 的匹配等价图是否仅属于图簇 A, 如果 G 的匹配等价图仅属于 A, 则有下面的两个定理.

定理 5.3.3　若 m, n, r 均为奇数, $H \in A$ 且 H 匹配等价于 $C_m * C_n * C_r$, 则 $H \cong C_m * C_n * C_r$.

证明　设 $G = C_m * C_n * C_r$. 由 $H \in A$ 知, H 是 $C_{m_1} * C_{n_1} * C_{r_1}$ 与若干圈的并图.

由于 m, n, r 均为奇数, 则

$$\mu(C_m * C_n * C_r) = x^{m+n+r-2} - (m+n+r)x^{m+n+r-4} + p(G,2)x^{m+n+r-6}$$
$$- p(G,3)x^{m+n+r-8} + \cdots + (-1)^{\frac{m+n+r-5}{2}} p\left(G, \frac{m+n+r-5}{2}\right) x^3$$
$$+ (-1)^{\frac{m+n+r-3}{2}}(m+n+r-2)x,$$

其中

$$p(G,\ 2) = \frac{1}{2}(m^2 + n^2 + r^2) + 2(mn + mr + nr) - \frac{7}{2}(m+n+r) - 14,$$

$$p(G,3) = \frac{(m-4)(m-5)(m-6)}{3!} + \frac{(n-4)(n-5)(n-6)}{3!} + \frac{(r-4)(r-5)(r-6)}{3!}$$
$$+ (m-2)(n-2)(r-2) + \frac{(m-3)(m-4)(n+r-4)}{2} + \frac{(n-3)(n-4)(m+r-4)}{2} +$$
$$\frac{(r-3)(r-4)(n+m-4)}{2} + 2\Big[(m-3)(n+r-4) + (n-2)(m+r-5) + (r-2)(n+m-$$
$$5) + \frac{(m-4)(m-5)}{2} + \frac{(n-3)(n-4)}{2} + \frac{(r-3)(r-4)}{2}\Big] + 2[(n-3)(m+r-4) + (m-$$
$$2)(n+r-5) + (r-2)(n+m-5) + \frac{(n-4)(n-5)}{2} + \frac{(m-3)(m-4)}{2} + \frac{(r-3)(r-4)}{2}] +$$
$$2\Big[(r-3)(n+m-4) + (n-2)(m+r-5) + (m-2)(n+r-5) + \frac{(r-4)(r-5)}{2} +$$

5.3 梅花图的匹配唯一性

$$\left.\frac{(n-3)(n-4)}{2}+\frac{(m-3)(m-4)}{2}\right]=\frac{1}{6}(m^3+n^3+r^3)+\frac{1}{2}(m^2n+m^2r+n^2m+n^2r+r^2m+r^2n)-\frac{3}{2}(m^2+n^2+r^2)+mnr+3(mn+mr+nr)-\frac{110}{3}(m+n+r)+184.$$

由于 m,n,r 均为奇数, 则 $p=m+n+r-2$ 是奇数. 故 H 中存在 $m+n+r-2$ 个缺 1-匹配. 若 H 中有某个分支是偶圈, 则 H 中缺 1-匹配必是偶数, 与 $m+n+r-2$ 是奇数矛盾, 故 H 或是 $C_{m_1}*C_{n_1}*C_{r_1}$, 或是 $C_{m_1}*C_{n_1}*C_{r_1}$ 与一个奇圈 C_k 的并图 (若有两个以上的奇圈, H 中无缺 1-匹配矛盾).

若 $H=(C_{m_1}*C_{n_1}*C_{r_1})\cup C_k$, 这里 k 为奇数, 则有 $m_1+n_1+r_1-2=m+n+r-2-k$ 是偶数. 故 m_1,n_1,r_1 或全为偶数或有两数为奇一数为偶. 当 m_1,n_1,r_1 全为偶数时, H 中则无缺 1-匹配, 矛盾. 当 m_1,n_1,r_1 中有两奇一偶时, 则 H 中有偶数个缺 1-匹配, 矛盾. 所以 $H=C_{m_1}*C_{n_1}*C_{r_1}$. 这时 $m_1+n_1+r_1-2=m+n+r-2$ 是奇数. 故 m_1,n_1,r_1 或均为奇数或有两数为偶数, 一数为奇数. 当 m_1,n_1,r_1 有两数为偶数, 一数为奇数时, $C_{m_1}*C_{n_1}*C_{r_1}$ 中有偶数个缺 1-匹配, 矛盾. 因此 m_1,n_1,r_1 只可能均为奇数, 即 $H=C_{m_1}*C_{n_1}*C_{r_1}$.

由于 $\mu(G)=\mu(H)$, 比较两边的匹配多项式的系数得

$$m_1+n_1+r_1-2=m+n+r-2, \tag{5.3.2}$$

$$p(H,2)=p(G,2), \tag{5.3.3}$$

$$p(H,3)=p(G,3). \tag{5.3.4}$$

解联立方程 (5.3.2)—(5.3.4) 可得 $\{m_1,n_1,r_1\}=\{m,n,r\}$. 因此 $G\cong H$. 定理证毕. □

定理 5.3.4 若 m,n,r 中有一数为偶数, 另两数为奇数, $H\in A$ 且 H 匹配等价于 $C_m*C_n*C_r$, 则 $H\cong C_m*C_n*C_r$.

证明 由于在 m,n,r 中有一数为偶数, 两数为奇数. 包含① m 为偶数, n,r 为奇数. ② n 为偶数, m,r 为奇数. ③ r 为偶数, m,n 为奇数. 下面仅对 m 为偶数, n,r 为奇数给出证明, 其他情况同理可证.

设 $G=C_m*C_n*C_r$, 由 $H\in A$ 知, H 是 $C_{m_1}*C_{n_1}*C_{r_1}$ 与若干圈的并图. 而此时在 (5.3.1) 中代入 $\mu(P_n)$ 有

$$\mu(H)=\mu(G)=x^{m+n+r-2}-(m+n+r)x^{m+n+r-4}+p(G,2)x^{m+n+r-6}$$
$$-p(G,3)x^{m+n+r-8}+\cdots+(-1)^{\frac{m+n+r-4}{2}}p\left(G,\frac{m+n+r-4}{2}\right)x^2$$
$$+(-1)^{\frac{m+n+r-2}{2}}2,$$

其中

$$p(G, 2) = \frac{1}{2}(m^2 + n^2 + r^2) + 2(mn + mr + nr) - \frac{7}{2}(m + n + r) - 14,$$

$$p\left(G, \frac{m+n+r-4}{2}\right) = \frac{m}{2} + 2\left[\frac{m(m-2)}{8} + \frac{n^2-1}{8} + \frac{r^2-1}{8}\right] + \frac{m(n-1)}{2} + \frac{m(r-1)}{2}$$

$$= \frac{1}{4}(m^2 + n^2 + r^2) + \frac{1}{2}(mn + mr) - m - \frac{1}{2}.$$

由于 m 为偶数, n, r 为奇数, 则 $p = m + n + r - 2$ 是偶数. 故 H 中存在 2 个完美匹配, $p\left(G, \frac{m+n+r-4}{2}\right)$ 个缺 2-匹配, $p(G,3)$ 个 3-匹配. 若 H 中有某个分支是奇圈, 则 H 中无完美匹配, 矛盾. 故 H 或是 $C_{m_1} * C_{n_1} * C_{r_1}$, 或是 $(C_{m_1} * C_{n_1} * C_{r_1}) \cup C_k$, k 为偶数 (若 H 中有两个以上是偶数圈, 则 H 中的完全匹配数大于 2, 矛盾).

若 $H = (C_{m_1} * C_{n_1} * C_{r_1}) \cup C_k (k$ 为偶数), 则有 $m_1 + n_1 + r_1 + k - 2 = m + n + r - 2$ 是偶数. 故 m_1, n_1, r_1 或全为偶数, 或有两数为奇, 一数为偶数. 若 m_1, n_1, r_1 全为偶数, 此时 H 中无完美匹配, 矛盾. 当 m_1, n_1, r_1 有两数为奇一数为偶时, 则 H 中有 4 个完全匹配, 矛盾. 所以 $H = C_{m_1} * C_{n_1} * C_{r_1}$. 这时 $m_1 + n_1 + r_1 - 2 = m + n + r - 2$ 为偶数, 故 m_1, n_1, r_1 或全为偶数或有两数为奇, 一数为偶. 当 m_1, n_1, r_1 全为偶数时, 则 H 中无完美匹配, 矛盾. 因此 m_1, n_1, r_1 只可能是有两数为奇, 一数为偶, 即 $H = C_{m_1} * C_{n_1} * C_{r_1}$, 不妨设 m_1 为偶数.

由于 $\mu(H) = \mu(G)$, 比较等式两边系数得

$$m_1 + n_1 + r_1 - 2 = m + n + r - 2, \tag{5.3.5}$$

$$p(H, 2) = p(G, 2), \tag{5.3.6}$$

$$p\left(H, \frac{m_1 + n_1 + r_1 - 4}{2}\right) = p\left(G, \frac{m+n+r-4}{2}\right). \tag{5.3.7}$$

解联立方程 (5.3.5)—(5.3.7) 可得 $m_1 = m, \{n_1, r_1\} = \{n, r\}$, 因此 $G \cong H$. 定理证毕. □

3. 4-梅花图的匹配唯一性

四个圈在一个点处黏结后得到的图叫 4-梅花图 (图 5.5).

记 $C_m * C_n * C_r * C_t = F_{m,n,r,t}$ (图 5.5), 应用定理 1.3.1, 得

$$\mu(F_{m,n,r,t}) = x\mu(P_{m-1})\mu(P_{n-1})\mu(P_{r-1})\mu(P_{t-1}) - 2\mu(P_{m-2})\mu(P_{n-1})\mu(P_{r-1})\mu(P_{t-1})$$

$$- 2\mu(P_{m-1})\mu(P_{n-2})\mu(P_{r-1})\mu(P_{t-1}) - 2\mu(P_{m-1})\mu(P_{n-1})\mu(P_{r-2})$$

$$\cdot \mu(P_{t-1}) - 2\mu(P_{m-1})\mu(P_{n-1})\mu(P_{r-1})\mu(P_{t-2}). \tag{5.3.8}$$

5.3 梅花图的匹配唯一性

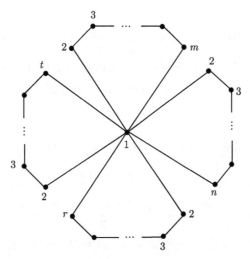

图 5.5 4-梅花图 $C_m * C_n * C_r * C_t$

在 (5.3.8) 式中将 $\mu(P_n)$ 代入可得到, 当 m,n,r,t 均为奇数时, $F_{m,n,r,t}$ 无完美匹配但有奇数个缺 1-匹配; 当 m,n,r,t 中有三个为奇数, 一个为偶数时, 图 $F_{m,n,r,t}$ 中有 2 个完美匹配; 当 m,n,r,t 中有两个奇数, 两个为偶数时, 图 $F_{m,n,r,t}$ 中有缺 1-匹配, 无完美匹配; 当 m,n,r,t 中有一个为奇数时, 三个为偶数时, 图 $F_{m,n,r,t}$ 中既无完美匹配也无缺 1-匹配; 当 m,n,r,t 均为偶数时, 图 $F_{m,n,r,t}$ 中既无完美匹配也无缺 1-匹配.

现在定义图簇 B: B 中的每个图的度序列为 $(8,2,\cdots,2) = (8^1, 2^{p-1})$. 显然 B 非空且 B 中每一个图是 $C_m * C_n * C_r * C_t$ (图 5.5) 与若干个圈的并图.

设 $G = C_m * C_n * C_r * C_t$ 是一个 4- 梅花图, 我们不知道 G 的匹配等价图是否仅属于图簇 B, 如果 G 的匹配等价图仅属于 B, 我们有下面的定理.

定理 5.3.5 当 m,n,r,t 均为奇数, $H \in B$ 且 H 匹配等价于 $F_{m,n,r,t}$, 则 $H \cong F_{m,n,r,t}$.

证明 设 $G = C_m * C_n * C_r$. 由 $H \in A$ 知, H 是 $C_{m_1} * C_{n_1} * C_{r_1}$ 与若干圈的并图.

由 m, n, r 均为奇数, 此时在 (5.3.8) 式中将 $\mu(P_n)$ 代入化简得到

$$\begin{aligned}\mu(H) = \mu(G) =\ & x^{m+n+r+t-3} - (m+n+r+t)x^{m+n+r+t-5} \\ & + p(G,2)x^{m+n+r+t-7} - p(G,3)x^{m+n+r+t-9} + \cdots \\ & + (-1)^{\frac{m+n+r+t-6}{2}} p\left(G, \frac{m+n+r+t-6}{2}\right) x^3 \\ & + (-1)^{\frac{m+n+r+t-4}{2}} (m+n+r+t-3)x,\end{aligned}$$

其中

$$p(G,2) = \frac{(m-3)(m-4)}{2} + \frac{(n-3)(n-4)}{2} + \frac{(r-3)(r-4)}{2} + \frac{(t-3)(t-4)}{2} +$$
$(m-2)(n+r+t-6)+(n-2)(m+r+t-6)+(r-2)(n+m+t-6)+(t-2)(n+r+m-6)+8(m+n+r+t-9) = \frac{1}{2}(m^2+n^2+r^2+t^2)+2(mr+mn+mt+nr+nt+rt)-\frac{15}{2}(m+n+r+t),$

$$p(G,3) = \frac{(m-4)(m-5)(m-6)}{3!} + \frac{(n-4)(n-5)(n-6)}{3!} + \frac{(r-4)(r-5)(r-6)}{3!}$$
$+\frac{(t-4)(t-5)(t-6)}{3!}+\frac{(m-3)(m-4)(n+r+t-6)}{2}+\frac{(n-3)(n-4)(m+r+t-6)}{2}+$
$\frac{(r-3)(r-4)(n+m+t-6)}{2}+\frac{(t-3)(t-4)(n+r+m-6)}{2}+(m-2)(n-2)(r-2)+$
$(m-2)(n-2)(t-2)+(t-2)(n-2)(r-2)+(m-2)(t-2)(r-2)+2\Big[(m-3)(n+r+t-6)+$
$(n-2)(m+r+t-7)+(r-2)(m+n+t-7)+(t-2)(m+r+n-7)+\frac{(m-4)(m-5)}{2}+$
$\frac{(n-3)(n-4)}{2}+\frac{(r-3)(r-4)}{2}+\frac{(t-3)(t-4)}{2}\Big]+2\Big[(n-3)(m+r+t-6)+(m-2)(n+r+t-7)+(r-2)(m+n+t-7)+(t-2)(m+r+n-7)+\frac{(n-4)(n-5)}{2}+$
$\frac{(m-3)(m-4)}{2}+\frac{(r-3)(r-4)}{2}+\frac{(t-3)(t-4)}{2}\Big]+2\Big[(r-3)(n+m+t-6)+(n-2)(m+r+t-7)+(m-2)(r+n+t-7)+(t-2)(m+r+n-7)+\frac{(r-4)(r-5)}{2}+$
$\frac{(n-3)(n-4)}{2}+\frac{(m-3)(m-4)}{2}+\frac{(t-3)(t-4)}{2}\Big]+2\Big[(t-3)(n+r+m-6)+(n-2)(m+r+t-7)+(r-2)(m+n+t-7)+(m-2)(t+r+n-7)+\frac{(t-4)(t-5)}{2}+$
$\frac{(n-3)(n-4)}{2}+\frac{(r-3)(r-4)}{2}+\frac{(m-3)(m-4)}{2}\Big] = \frac{1}{6}(m^3+n^3+r^3+t^3)+\frac{1}{2}(m^2n+m^2r+m^2t+n^2m+n^2r+n^2t+r^2m+r^2n+r^2t+t^2m+t^2n+t^2r)+mnr+mnt+mrt+nrt+5(mn+mr+mt+nr+nt+rt)-\frac{3}{2}(m^2+n^2+r^2+t^2)-\frac{224}{3}(m+n+r+t)+448,$

$$p\left(G, \frac{m+n+r+t-6}{2}\right) = \frac{m^2-1}{8} + \frac{n^2-1}{8} + \frac{r^2-1}{8} + \frac{t^2-1}{8} + 2\Big[\frac{(m^2-1)(m-3)}{48}$$
$+\frac{(m-1)(n^2+r^2+t^2-3)}{16}\Big]+2\Big[\frac{(n^2-1)(n-3)}{48}+\frac{(n-1)(m^2+r^2+t^2-3)}{16}\Big]$
$+2\Big[\frac{(r^2-1)(r-3)}{48}+\frac{(r-1)(n^2+m^2+t^2-3)}{16}\Big]+2\Big[\frac{(t^2-1)(t-3)}{48}$
$+\frac{(t-1)(n^2+r^2+m^2-3)}{16}\Big] = \frac{1}{24}(m^3+n^3+r^3+t^3)+\frac{1}{8}(m^2n+m^2r+m^2t+n^2m+n^2r+n^2t+r^2m+r^2n+r^2t+t^2m+t^2n+t^2r)-\frac{3}{8}(m^2+n^2+r^2+t^2)-\frac{5}{12}(m+n+r+t)+\frac{3}{2}.$

由于 m,n,r,t 均为奇数，则 $p = m+n+r+t-3$ 是奇数，故 H 中存在 $m+n+r+t-3$ 个缺 1-匹配. 若 H 中有某个分支是偶圈，则 H 中缺 1-匹配是偶数. 与 $m+n+r+t-3$ 是奇数矛盾，故 H 或是 F_{m_1,n_1,r_1,t_1}，或是 F_{m_1,n_1,r_1,t_1} 与一个奇圈 C_k 的并图 (若有两个以上的奇圈，则 H 中无缺 1-匹配，矛盾).

若 $H = F_{m_1,n_1,r_1,t_1} \cup C_k$，这里 k 为奇数，则 $m_1+n_1+r_1+t_1-3 = m+n+r+t-3+k$ 是偶数，故 m_1,n_1,r_1,t_1 或有三数为奇一数为偶，或者三数为偶一数为奇. 当 m_1,n_1,r_1,t_1 中有三数为奇一数为偶时，H 中有偶数个缺 1-匹配，矛盾. 当 m_1,n_1,r_1,t_1 中有三数为偶一数为奇，H 中无缺 1-匹配，矛盾. 所以 $H = F_{m_1,n_1,r_1,t_1}$，这时 $m_1+n_1+r_1+t_1-3 = m+n+r+t-3$ 是奇数，故 m_1,n_1,r_1,t_1 或均为奇数，或均为偶数，或二数为偶二数为奇. 当 m_1,n_1,r_1,t_1 全为偶数时，F_{m_1,n_1,r_1,t_1} 中无缺 1-匹配，矛盾；当 m_1,n_1,r_1,t_1 中二数为偶二数为奇时，F_{m_1,n_1,r_1,t_1} 中有偶数个缺 1-匹配，矛盾. 因此，m_1,n_1,r_1,t_1 只可能均为奇数，即 $H = F_{m_1,n_1,r_1,t_1}$.

由于 $\mu(G,x) = \mu(H,x)$，比较 G,H 的匹配多项式的系数得

$$m_1+n_1+r_1+t_1-3 = m+n+r+t-3; \tag{5.3.9}$$

$$p(H,2) = p(G,2); \tag{5.3.10}$$

$$p(H,3) = p(G,3); \tag{5.3.11}$$

$$p\left(H, \frac{m_1+n_1+r_1+t_1-6}{2}\right) = p\left(G, \frac{m+n+r+t-6}{2}\right). \tag{5.3.12}$$

解联立方程 (5.3.9)—(5.3.12) 可得 $\{m_1,n_1,r_1,t_1\} = \{m,n,r,t\}$，因此 $G \cong H$. 定理证毕. □

5.4 匹配唯一的 T-形树

将三条长为 i,j,k 的路的其中一个端点黏结成一个点后得到的图记为 $T(i,j,k)$，叫 T-形树 (图 5.6). 在这一节中，为了方便，我们用 $\mu(a,b,c)$ 简记 $\mu(T(a,b,c),x)$，$\mu(a,b)$ 简记 $\mu(Q(a,b),x)$，$M_1(a,b,c)$ 简记 $M_1(T(a,b,c))$，$M_1(a,b)$ 简记 $M_1(Q(a,b))$.

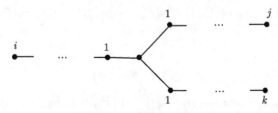

图 5.6 T-形图 $T(i,j,k)$

引理 5.4.1　(1) 设 $n \geqslant 1$, 则 $T(1,1,n) \sim K_1 \cup C_{n+2}$;

(2) 设 $m \geqslant 2$, 则 $T(m,m,n) \sim Q(m,n) \cup P_m$;

(3) $Q(m,n) \sim Q(n+1,m-1)$;

(4) $Q(m,2m+2) \sim Q(m+1,m) \cup C_{m+1}, m \geqslant 2$;

(5) $T(1,m,m+3) \sim Q(2,m) \cup P_{m+2}$;

(6) $T(1,m,2m+5) \sim T(1,m+1,m+2) \cup C_{m+2}$.

证明　(1) 由定理 1.3.1(c) 知 $\mu(1,1,n) = x\mu(P_{n+2}) - x\mu(P_n) = \mu(K_1 \cup C_{n+2})$.

(2) 对 $T(m,m,n)$ 的 3 度点和 $Q(m,n)$ 的 3 度点使用定理 1.3.1(c).

(3) 对这两个图的邻接于 3 度点的一条边使用定理 1.3.1(b).

(4) 对 $Q(m,2m+2)$ 的关联于 3 度点且不在圈上的一条边和 $Q(m+1,m)$ 的关联于 3 度点且在圈上的一条边应用定理 1.3.1(b), 注意 $\mu(P_{2m-1},x) = \mu(P_{m-1},x) \cdot \mu(C_m,x)$.

(5) 由

$$\mu(Q(2,m) \cup P_{m+2}) = \mu(Q(2,m))\mu(P_{m+2})$$
$$= \mu(P_{m+3})\mu(P_{m+2}) - x\mu(P_m)\mu(P_{m+2})$$
$$= \mu(P_{2m+5}) + \mu(P_{m+2})\mu(P_{m+1}) - x\mu(P_m)\mu(P_{m+2}),$$
$$\mu(1,m,m+3) = \mu(P_{2m+5}) - \mu(P_{m-1})\mu(P_{m+2}),$$

从而 $\mu(1,m,m+3) - \mu(Q(2,m) \cup P_{m+2}) = x\mu(P_m)\mu(P_{m+2}) - \mu(P_{m-1})\mu(P_{m+2}) - \mu(P_{m+2})\mu(P_{m+1}) = \mu(P_{m+1})\mu(P_{m+2}) - \mu(P_{m+2})\mu(P_{m+1}) = 0$.

(6) 由定理 1.3.1(b) 可知

$$\mu(1,m,2m+5) = \mu(P_{3m+7}) - \mu(P_{m-1})\mu(P_{2m+4}),$$

而

$$\mu(T(1,m+1,m+2) \cup C_{m+2}) = \mu(1,m+1,m+2)\mu(C_{m+2})$$
$$= (\mu(P_{2m+5}) - \mu(P_m)\mu(P_{m+1}))\mu(C_{m+2}) = \mu(P_{2m+5})\mu(C_{m+2}) - \mu(P_m)\mu(P_{2m+3})$$
$$= \mu(P_{2m+5})\mu(P_{m+2}) - \mu(P_{2m+5})\mu(P_m) - \mu(P_m)\mu(P_{2m+3})$$
$$= \mu(P_{3m+7}) + \mu(P_{2m+4})\mu(P_{m+1}) - \mu(P_{2m+5})\mu(P_m) - \mu(P_m)\mu(P_{2m+3}),$$

则

$$\mu(T(1,m+1,m+2) \cup C_{m+2}) - \mu(1,m,2m+5)$$
$$= (\mu(P_{2m+4})\mu(P_{m+1}) - \mu(P_{2m+5})\mu(P_m)) + (\mu(P_{m-1})\mu(P_{2m+4}) - \mu(P_m)\mu(P_{2m+3}))$$
$$= \mu(P_{m+3}) - \mu(P_{m+3}) = 0. \qquad \square$$

5.4 匹配唯一的 T-形树

推论 5.4.1 图 $T(m,m,n)$, $T(1,m,m+3)$, $T(1,m,2m+5)$ 都不是匹配唯一的.

引理 5.4.2 $M_1(m,m,n) = M_1(m,n) = M_1(n+1,m-1)$.

证明 比较引理 5.4.1(2), (3) 两边的匹配最大根. □

引理 5.4.3 设 $G = Q(m,n)$, 则 $M_1(G) < (2+\sqrt{5})^{\frac{1}{2}}$ 的图类仅有以下三类: $Q(3,2)$, $Q(2,m)$ 或 $Q(m,1)$.

证明 由定理 4.1.3, 显然. □

引理 5.4.4 $(1) M_1(m,m-1) > M_1(m-1,m)$;

$(2) M_1(m,n) > M_1(s,t) (m > s, n > t)$.

证明 (1) 由定理 1.3.1 得 $\mu(Q(m,m-1)) = \mu(P_{2m}) - \mu(P_{m-1})\mu(P_{m-1})$, $\mu(Q(m-1,m)) = \mu(P_{2m}) - \mu(P_{m-2})\mu(P_m)$.

从而 $\mu(Q(m,m-1)) - \mu(Q(m-1,m)) = \mu(P_{m-2})\mu(P_m) - \mu(P_{m-1})\mu(P_{m-1}) = -1 < 0$.

故 $M_1(m,m-1) > M_1(m,m-1)$.

(2) 由 $M_1(m,n) = M_1(m,m,n) > M_1(s,s,t) = M_1(s,t)$. □

引理 5.4.5 设图 $G = T(1,m,n)(1 < m \leqslant n)$, 则当 $n \geqslant m+3$ 时, $M_1(2,m) \leqslant M_1(1,m,n) < M_1(2,m+1)$, 当且仅当 $n = m+3$ 时等号成立.

证明 首先证明左边不等式 $M_1(1,m,n) \geqslant M_1(Q(2,m))$, 构造图类 $Q(2,m) \cup P_{n-1}$, 由定理 1.3.1 得

$$\mu(Q(2,m) \cup P_{n-1}) = \mu(P_{m+3})\mu(P_{n-1}) - x\mu(P_m)\mu(P_{n-1})$$
$$= \mu(P_{m+n+2}) + \mu(P_{m+2})\mu(P_{n-2}) - x\mu(P_m)\mu(P_{n-1}),$$
$$\mu(1,m,n) = \mu(P_{m+n+2}) - \mu(P_{m-1})\mu(P_{n-1}).$$

从而

$$\mu(1,m,n) - \mu(Q(2,m) \cup P_{n-1})$$
$$= x\mu(P_m)\mu(P_{n-1}) - \mu(P_{m-1})\mu(P_{n-1}) - \mu(P_{m+2})\mu(P_{n-2})$$
$$= \mu(P_{m+1})\mu(P_{n-1}) - \mu(P_{m+2})\mu(P_{n-2})$$
$$= \begin{cases} 0, & n = m+3, \\ -\mu(P_{n-m-4}), & n > m+3. \end{cases}$$

$n > m+3$, 若 $x \geqslant M_1(1,m,n) > M_1(P_{n-m-4})$ 时, 有 $\mu(1,m,n) - \mu(Q(2,m) \cup P_{n-1}) < 0$, 从而 $M_1(1,m,n) > M_1(2,m)$.

其次,再证右边不等式 $M_1(1,m,n) < M_1(2,m+1)$,构造图类 $Q(2,m+1)\cup P_{n-2}$,由定理 1.3.1 得 $\mu(1,m,n) = \mu(P_{m+n+2}) - \mu(P_{m-1})\mu(P_{n-1})$,

$$\mu(Q(2,m+1)\cup P_{n-2}) = \mu(Q(2,m+1))\mu(P_{n-2})$$
$$= \mu(P_{m+4})\mu(P_{n-2}) - x\mu(P_{m+1})\mu(P_{n-2})$$
$$= \mu(P_{m+n+2}) + \mu(P_{m+3})\mu(P_{n-3}) - x\mu(P_{m+1})\mu(P_{n-2}),$$

从而 $\mu(Q(2,m+1)\cup P_{n-2}) - \mu(1,m,n) = \mu(P_{m+3})\mu(P_{n-3}) - x\mu(P_{m+1})\mu(P_{n-2}) + \mu(P_{m-1})\mu(P_{n-1}) = \mu(P_{m+3})\mu(P_{n-3}) - (\mu(P_{m+2})+\mu(P_m))\mu(P_{n-2}) + \mu(P_{m-1})\mu(P_{n-1})$
$= (\mu(P_{m-1})\mu(P_{n-1}) - \mu(P_m)\mu(P_{n-2})) - (\mu(P_{m+2})\mu(P_{n-2}) - \mu(P_{m+3})\mu(P_{n-3}))$.

(1) 当 $n = m+3$ 时,由前半部分结果 $M_1(1,m,m+3) = M_1(2,m) < M_1(2,m+1)$.

(2) 当 $n = m+4$ 时,

$$\mu(Q(2,m+1)\cup P_{n-2}) - \mu(1,m,n)$$
$$= (\mu(P_{m-1})\mu(P_{m+3}) - \mu(P_m)\mu(P_{m+2})) - (\mu(P_{m+2})\mu(P_{m+2}) - \mu(P_{m+3})\mu(P_{m+1}))$$
$$= (\mu(P_{m-2})\mu(P_{m+2}) - \mu(P_{m-1})\mu(P_{m+1})) - (\mu(P_{m+1})\mu(P_{m+1}) - \mu(P_{m+2})\mu(P_m))$$
$$= (\mu(P_4) - x\mu(P_3)) - (x^2 - \mu(P_2)) = -x^2,$$

若 $x \geqslant M_1(2,m+1) > 0$,则 $\mu(Q(2,m+1)\cup P_{n-2}) < \mu(1,m,n)$,从而 $M_1(1,m,n) < M_1(2,m+1)$.

(3) 当 $n = m+5$ 时,类似 (2) 可得 $\mu(Q(2,m+1)\cup P_{n-2}) - \mu(1,m,n) = -\mu(P_3)$,若 $x \geqslant M_1(2,m+1) > M_1(P_3)$,则 $\mu(Q(2,m+1)\cup P_{n-2}) < \mu(1,m,n)$,从而 $M_1(1,m,n) < M_1(2,m+1)$.

(4) 当 $n \geqslant m+6$ 时,类似 (2) 可得 $\mu(Q(2,m+1)\cup P_{n-2}) - \mu(1,m,n) = \mu(P_{n-m-6}) - \mu(P_{n-m-2}) = -(\mu(C_{n-m-4}) + \mu(C_{n-m-2}))$,若 $x \geqslant M_1(2,m+1) > M_1(C_{n-m-2}) > M_1(C_{n-m-4})$,有 $\mu(Q(2,m+1)\cup P_{n-2}) < \mu(1,m,n)$,从而 $M_1(1,m,n) < M_1(2,m+1)$. □

引理 5.4.6 $M_1(2,m-1) < M_1(1,m,m+1) < M_1(1,m,m+3) = M_1(2,m)$.

证明 $M_1(2,m-1) = M_1(m,1) = M_1(1,m,m) < M_1(1,m,m+1) < M_1(1,m,m+2) < M_1(1,m,m+3) = M_1(2,m)$. □

引理 5.4.7 设 $G = T(2,m,n)(2 < m \leqslant n)$,则当 $n \geqslant m+4$ 时,

$$M_1(3,m) \leqslant M_1(2,m,n) < M_1(3,m+1),$$

当且仅当 $n = m+4$ 时等号成立.

5.4 匹配唯一的 T-形树

证明 首先证明左边不等式 $M_1(2,m,n) \geqslant M_1(3,m)$,构造图类 $Q(3,m) \cup P_{n-1}$,由定理 1.3.1 可知,$\mu(2,m,n) = \mu(P_2)\mu(P_{m+n+1}) - \mu(P_1)\mu(P_m)\mu(P_n)$,$\mu(Q(3,m) \cup P_{n-1}) = \mu(P_{m+4})\mu(P_{n-1}) - \mu(P_2)\mu(P_m)\mu(P_{n-1})$,从而

$$\begin{aligned}
&\mu(2,m,n) - \mu(Q(3,m) \cup P_{n-1}) \\
&= (\mu(P_2)\mu(P_{m+n+1}) - \mu(P_{m+4})\mu(P_{n-1})) + (\mu(P_2)\mu(P_m)\mu(P_{n-1}) \\
&\quad - \mu(P_1)\mu(P_m)\mu(P_n)) \\
&= -\mu(P_{m+1})\mu(P_{n-4}) + \mu(P_m)\mu(P_{n-3}) \\
&= \begin{cases} 0, & n = m+4, \\ -\mu(P_{n-m-5}), & n \geqslant m+5. \end{cases}
\end{aligned}$$

当 $n \geqslant m+5$ 时,若 $x \geqslant M_1(2,m,n) > M_1(P_{n-m-5})$,有 $\mu(2,m,n) - \mu(Q(3,m) \cup P_{n-1}) < 0$,从而 $M_1(2,m,n) > M_1(3,m)$.

其次再证右边不等式 $M_1(2,m,n) < M_1(3,m+1)$. 构造图类 $Q(3,m+1) \cup P_{n-2}$,由定理 1.3.1 可知,$\mu(2,m,n) = \mu(P_2)\mu(P_{m+n+1}) - \mu(P_1)\mu(P_m)\mu(P_n)$,$\mu(Q(3,m+1) \cup P_{n-2}) = \mu(P_{m+5})\mu(P_{n-2}) - \mu(P_2)\mu(P_{m+1})\mu(P_{n-2})$.

从而 $\mu(2,m,n) - \mu(Q(3,m+1) \cup P_{n-2}) = (\mu(P_2)\mu(P_{m+n+1}) - \mu(P_{m+5})\mu(P_{n-2})) + (\mu(P_2)\mu(P_{m+1})\mu(P_{n-2}) - \mu(P_1)\mu(P_m)\mu(P_n)) = -\mu(P_{m+2})\mu(P_{n-5}) + \mu(P_{m+3}) \cdot \mu(P_{n-2}) + \mu(P_1)\mu(P_m)\mu(P_{n-2}) - \mu(P_{m+1})\mu(P_n) - \mu(P_{m-1})\mu(P_n)) = \mu(P_1)\mu(P_{n-m-2}) + \mu(P_1)\mu(P_{n-m-4}) - \mu(P_2)\mu(P_{n-m-5})$.

(1) 当 $n = m+4$ 时,$\mu(2,m,n) - \mu(Q(3,m+1) \cup P_{n-2}) = \mu(P_1)\mu(P_2) + \mu(P_1) = x^3$,若 $x \geqslant M_1(3,m+1) > 0$,则 $\mu(2,m,n) > \mu(Q(3,m+1) \cup P_{n-2})$,从而 $M_1(2,m,n) < M_1(3,m+1)$.

(2) 当 $n = m+5$ 时,$\mu(2,m,n) - \mu(Q(3,m+1) \cup P_{n-2}) = \mu(P_4) + \mu(P_2) + 1$,若 $x \geqslant M_1(3,m+1) > M_1(P_4) > M_1(P_2) > 0$,则 $\mu(2,m,n) > \mu(Q(3,m+1) \cup P_{n-2})$,从而 $M_1(2,m,n) < M_1(3,m+1)$.

(3) 当 $n = m+6$ 时,$\mu(2,m,n) - \mu(Q(3,m+1) \cup P_{n-2}) = \mu(P_5) + \mu(P_3)$,若 $x \geqslant M_1(3,m+1) > M_1(P_5) > M_1(P_3) > 0$,则 $\mu(2,m,n) > \mu(Q(3,m+1) \cup P_{n-2})$,从而 $M_1(2,m,n) < M_1(3,m+1)$.

(4) 当 $n \geqslant m+7$ 时,$\mu(2,m,n) - \mu(Q(3,m+1) \cup P_{n-2}) = \mu(P_{n-m-1}) + \mu(P_{n-m-3}) - \mu(P_{n-m-7}) = \mu(P_{n-m-1}) + \mu(C_{n-m-3}) + \mu(C_{n-m-5})$,若 $x \geqslant M_1(3,m+1) > 0$,则 $\mu(2,m,n) > \mu(Q(3,m+1) \cup P_{n-2})$,从而 $M_1(2,m,n) < M_1(3,m+1)$. □

引理 5.4.8 设 $G = T(l_1, l_2, l_3)(l_1 \leqslant l_2 \leqslant l_3)$,则当 $l_2 \leqslant l_3 \leqslant l_2 + l_1 + 2$ 时,$M_1(l_1+1, l_2-1) \leqslant M_1(l_1, l_2, l_3) \leqslant M_1(l_1+1, l_2)$,当且仅当 $l_3 = l_2$ 时左边取等号,$l_3 = l_2 + l_1 + 2$ 时右边取等号.

证明 由 $M_1(l_1+1, l_2-1) = M_1(l_2, l_1) = M_1(l_1, l_2, l_2) \leqslant M_1(l_1, l_2, l_3)$, 得第一个不等式. 构造图类 $Q(l_1+1, l_2) \cup P_{l_3-1}$, 由定理 1.3.1 得 $\mu(Q(l_1+1, l_2) \cup P_{l_3-1}) = \mu(P_{l_1+l_2+2})\mu(P_{l_3-1}) - \mu(P_{l_1})\mu(P_{l_2})\mu(P_{l_3-1})$, $\mu(l_1, l_2, l_3) = \mu(P_{l_1})\mu(P_{l_3+l_2+1}) - \mu(P_{l_1-1})\mu(P_{l_2})\mu(P_{l_3})$.

$$\begin{aligned}
&\mu(Q(l_1+1, l_2) \cup P_{l_3-1}) - \mu(l_1, l_2, l_3) \\
&= \mu(P_{l_1+l_2+2})\mu(P_{l_3-1}) - \mu(P_{l_1})\mu(P_{l_3+l_2+1}) \\
&\quad + \mu(P_{l_1-1})\mu(P_{l_2})\mu(P_{l_3}) - \mu(P_{l_1})\mu(P_{l_2})\mu(P_{l_3-1}) \\
&= \mu(P_{l_2+1})\mu(P_{l_3-l_1-2}) - \mu(P_{l_2})\mu(P_{l_3-l_1-1}).
\end{aligned}$$

(1) 当 $l_3 = l_1+1$ 时, 上式等于 $-\mu(P_{l_2})$, 若 $x \geqslant M_1(l_1+1, l_2-1) > M_1(P_{l_2})$, $\mu(Q(l_1+1, l_2) \cup P_{l_3-1}) - \mu(l_1, l_2, l_3) < 0$, $M_1(l_1, l_2, l_3) \leqslant M_1(l_1+1, l_2)$.

(2) 当 $l_1+1 < l_3 \leqslant l_2+l_1+1$ 时, 有 $l_3-l_1-1 \leqslant l_2$, 上式等于 $-\mu(P_{l_1+l_2-l_3+1})$. 若 $x \geqslant M_1(l_1+1, l_2-1) > M_1(P_{l_1+l_2-l_3+1})$, $\mu(Q(l_1+1, l_2) \cup P_{l_3-1}) - \mu(l_1, l_2, l_3) < 0$, $M_1(l_1, l_2, l_3) \leqslant M_1(l_1+1, l_2)$.

(3) 当 $l_3 = l_1+l_2+2$ 时, 上式等于 0, 则 $M_1(l_1, l_2, l_3) = M_1(l_1+1, l_2)$. □

引理 5.4.9 设 a, b, c, r, s, t 都是非负整数, 且满足 $a+b+c = r+s+t$, 则

$$\mu(P(a,b,c)) - \mu(P(r,s,t)) = \mu(P(a-1, b-1, c)) - \mu(P(r-1, s-1, t)) + \mu(P(a+b-1, c-1)) - \mu(P(r+s-1, t-1)).$$

证明 由于 $\mu(P_{a+b+c}) = \mu(P(a+b, c)) - \mu(P(a+b-1, c-1)) = \mu(P(a,b,c)) - \mu(P(a-1, b-1, c)) - \mu(P(a+b-1, c-1))$.

$\mu(P_{r+s+t}) = \mu(P(r+s, t)) - \mu(P(r+s-1, t-1)) = \mu(P(r, s, t)) - \mu(P(r-1, s-1, t)) - \mu(P(r+s-1, t-1))$.

两式相减得证. □

引理 5.4.10 设 $G = T(l_1, l_2, l_3)(l_1 \leqslant l_2 \leqslant l_3)$, 则 $M_1(G) < M_1(l_1+1, l_2+1)$.

证明 构造图类 $Q(l_1+1, l_2+1) \cup P_{l_3-2}$, 由定理 1.3.1 知

$$\mu(l_1, l_2, l_3) = \mu(P_{l_1})\mu(P_{l_3+l_2+1}) - \mu(P_{l_1-1})\mu(P_{l_2})\mu(P_{l_3}),$$
$$\mu(Q(l_1+1, l_2+1) \cup P_{l_3-2}) = \mu(P_{l_1+l_2+3})\mu(P_{l_3-2}) - \mu(P_{l_1})\mu(P_{l_2+1})\mu(P_{l_3-2}).$$

当 $l_3 > l_1+l_2+5$ 时, 充分使用引理 5.4.9, 引理 2.2.2 和定理 1.3.1, 我们有

5.4 匹配唯一的 T-形树

$$\mu(l_1,l_2,l_3) - \mu(Q(l_1+1,l_2+1) \cup P_{l_3-2})$$
$$= (\mu(P_{l_1})\mu(P_{l_2+l_3+1}) - \mu(P_{l_1+l_2+3})\mu(P_{l_3-2}))$$
$$+ (\mu(P_{l_1})\mu(P_{l_2+1})\mu(P_{l_3-2}) - \mu(P_{l_1-1})\mu(P_{l_2})\mu(P_{l_3}))$$
$$= -\mu(P_{l_2+2})\mu(P_{l_3-l_1-3}) + \sum_{i=0}^{l_1} \mu(P_1)\mu(P_{l_3-l_1-l_2+2i-2})$$
$$+ \mu(P_{l_2-l_1+1})\mu(P_{l_3-2})$$
$$= \sum_{i=0}^{l_1-1} \mu(P_1)\mu(P_{l_3-l_1-l_2+2i-2}) - \mu(P_{l_1})\mu(P_{l_3-l_2-5})$$
$$= \sum_{i=0}^{l_1-1} (\mu(P_{l_3-l_1-l_2+2i-1}) + \mu(P_{l_3-l_1-l_2+2i-3})) - \sum_{i=0}^{l_1} \mu(P_{l_3-l_2+l_1-2i-5})$$
$$= \sum_{i=0}^{l_1-1} (\mu(C_{l_3+l_1-l_2-2i-3})) + \sum_{i=1}^{l_1-1} (\mu(P_{l_3-l_2-l_1+2i-3})) + \mu(C_{l_3-l_2-l_1-3}),$$

若 $x \geqslant M_1(l_1+1,l_2+1)$,则 $\mu(l_1,l_2,l_3) - \mu(Q(l_1+1,l_2+1) \cup P_{l_3-2}) > 0$,故 $M_1(G) < M_1(l_1+1,l_2+1)$.

当 $l_3 \leqslant l_1+l_2+5$ 时, 结论显然成立. □

图 G 的一个内部路是一些点的序列 $x_1, x_2, \cdots, x_k$, $x_i(i=1,2,\cdots,k)$ 除可能有 $x_1 = x_k$ 外互不相同, 满足 $d(x_1) \geqslant 3, d(x_2) = \cdots = d(x_{k-1}) = 2, d(x_k) \geqslant 3$, x_i 邻接于 $x_{i+1}, i=1,2,\cdots,k-1$. 设 $e=xy$ 是图 G 的一条边, 以 G_e 表示剖分边 e 后得到的图 (即边 e 上插入一个新的点).

以 $H(a,b,c,d,e)$ 表示路 P_{c+2} 的一个端点黏结路 P_{a+1} 和路 P_{b+1} 的一个端点, 另一个端点黏结路 P_{d+1} 和路 P_{e+1} 的一个端点后得到的图, 叫 H-形图. $\mu(a,b,c,d,e)$ 简记 $\mu(H(a,b,c,d,e),x)$, $M_1(a,b,c,d,e)$ 简记 $M_1(H(a,b,c,d,e))$.

引理 5.4.11[44] 假设 $e=xy$ 是图 G 的内部路上的一条边, 且 $G \neq I_n$(图 4.1), 则 $\lambda_1(G_e) < \lambda_1(G)$.

引理 5.4.12 $M_1(1,3,n) < M_1(1,4,6)$.

证明 由 MATLAB6.1 计算得 $\mu(1,3,7,1,1) = x^{15} - 14x^{13} + 76x^{11} - 201x^9 + 266x^7 - 160x^5 + 31x^3$, $M_1(1,3,7,1,1) = 2.0393$, $\mu(1,4,6) = x^{12} - 11x^{10} + 44x^8 - 78x^6 + 59x^4 - 15x^2 + 1$, $M_1(1,4,6) = 2.0397$, 有 $M_1(1,3,7,1,1) < M_1(1,4,6)$.

由引理 5.4.11, $M_1(1,3,4) < M_1(1,3,5) < \cdots < M_1(1,3,9) < \cdots < M_1(1,3,n) < M_1(1,3,n-2,1,1) < M_1(1,3,n-3,1,1) < \cdots < M_1(1,3,7,1,1)$, 即 $M_1(1,3,n) < M_1(1,4,6)$. □

引理 5.4.13 $M_1(2,3,n) < M_1(2,4,5)$.

证明 由 MATLAB6.1 计算得 $\mu(2,3,6,1,1) = x^{15} - 14x^{13} + 76x^{11} - 202x^9 + 273x^7 - 175x^5 + 42x^3 - 2x$, $M_1(2,3,6,1,1) = 2.0782$, $\mu(2,4,5) = x^{12} - 11x^{10} + 44x^8 - 79x^6 + 63x^4 - 19x^2 + 1$, $M_1(2,4,5) = 2.0793$, $M_1(2,3,6,1,1) < M_1(2,4,5)$. 由引理 5.4.11, $M_1(2,3,4) < M_1(2,3,5) < M_1(2,3,6) < M_1(2,3,8) < \cdots < M_1(2,3,n) < M_1(2,3,n-2,1,1) < M_1(2,3,n-3,1,1) < \cdots < M_1(2,3,6,1,1)$, 即 $M_1(2,3,n) < M_1(2,4,5)$. □

引理 5.4.14 设图 G 有 n 个顶点, $n-1$ 条边且 G 的度序列为 $\pi(G) = (1^3, 2^{n-4}, 3^1)$, 若图 $H \sim G$, 则图 H 的度序列为 $\pi(H) = (1^3, 2^{n-4}, 3^1)$ 或 $(0^1, 2^{n-1})$.

证明 由定理 5.1.1 知, $|V(H)| = n$, $|E(H)| = n-1$, 设图 H 的度序列 $\pi(H) = (1+t_1, 1+t_2, 1+t_3, 3+t_4, 2+t_5, \cdots, 2+t_n)$, 由定理 5.2.1 得

$$\sum_{i=1}^n t_i = 0, \quad \sum_{i=1}^n t_i^2 + 2t_1 + 2t_2 + 2t_3 + 6t_4 + 4\sum_{i=5}^n t_i = 0,$$

$$\sum_{i=1}^n t_i^2 - 2t_1 - 2t_2 - 2t_3 + 2t_4 = 0.$$

令 $r_1 = (t_2-1)^2 + (t_3-1)^2 + (t_4+1)^2 + \sum_{i=5}^n t_i^2 - 3 \geqslant -3$, 从而 $t_1^2 - 2t_1 + r_1 = 0$, 解得 $t_1 = 1 \pm \sqrt{1-r_1}$, 由定理 5.2.1(1) 得 r_1 只能取 $-3, 0, 1$.

情形 1 若 $r_1 = -3$, 则 $t_1 = -1$ 或 3.

$$(t_2-1)^2 + (t_3-1)^2 + (t_4+1)^2 + \sum_{i=5}^n t_i^2 = 0$$

得到 $\pi(H) = (2^{n-1}, 4)$ 或 $\pi(H) = (2^{n-1}, 0)$.

情形 2 若 $r_1 = 0$, 则 $t_1 = 0$ 或 2,

$$t_2^2 - 2t_2 + (t_3-1)^2 + (t_4+1)^2 + \sum_{i=5}^n t_i^2 - 2 = 0.$$

令 $r_2 = (t_3-1)^2 + (t_4+1)^2 + \sum_{i=5}^n t_i^2 - 2 \geqslant -2$, 由 $t_2^2 - 2t_2 + r_2 = 0$, 解得 $t_2 = 1 \pm \sqrt{1-r_2}$, 由定理 5.2.1 知, r_2 的可能取值为 $0, 1$.

情形 2.1 若 $r_2 = 0$, 则 $t_2 = 0$ 或 2, $t_3^2 - 2t_3 + (t_4+1)^2 + \sum_{i=5}^n t_i^2 = 1$. 令 $r_3 = (t_4+1)^2 + \sum_{i=5}^n t_i^2 - 1 \geqslant -1$, 解得 $t_3 = 1 \pm \sqrt{1-r_3}$, r_3 的可能取值为 $0, 1$.

情形 2.1.1 若 $r_3 = 0$, 则 $t_3 = 0$ 或 2, $(t_4+1)^2 + \sum t_i^2 = 1$, 容易验证图 H 的可能度序列为 $\pi(H) = (1^3, 2^{n-4}, 3), (1^2, 2^{n-4}, 3^2), (2^{n-4}, 3^4), (1^4, 2^{n-4}), (1, 2^{n-4}, 3^3)$.

情形 2.1.2 若 $r_3 = 1$, 则 $t_3 = 1$, $(t_4+1)^2 + \sum_{i=5}^{n} t_i^2 = 2$, 容易验证图 H 的可能度序列与情形 2.1.1 相同.

情形 2.2 若 $r_2 = 1$, 则 $t_2 = 1$, $(t_3-1)^2 + (t_4+1)^2 + \sum_{i=5}^{n} t_i^2 = 3$, 类似情形 2.1 可验证图 H 的度序列同上.

情形 3 若 $r_1 = 1$, 则 $t_1 = 1$, $(t_2-1)^2 + (t_3-1)^2 + (t_4+1)^2 + \sum_{i=5}^{n} t_i^2 = 4$, 与情形 1 和情形 2 同理可验证图 H 的可能度序列为 $\pi(H) = (0^1, 2^{n-1}), (2^{n-1}, 4^1), (1^4, 2^{n-4}),$ $(1^2, 2^{n-4}, 3^2), (1^1, 2^{n-4}, 3^3), (2^{n-4}, 3^4), (1^3, 2^{n-4}, 3^1)$.

综合情形 1—情形 3, 除 $\pi(H) = (1^3, 2^{n-4}, 3^1), (0^1, 2^{n-1})$ 外, 其他可能度序列均不满足 $\sum_{i=1}^{n} d_i = 2(n-1)$, 故图 H 的度序列为 $(1^3, 2^{n-4}, 3^1)$ 或 $(0^1, 2^{n-1})$. □

定理 5.4.1 图 $T(1,3,n)$ 匹配唯一当且仅当 $n \neq 1, 3, 6, 11$.

证明 必要性. 由引理 5.4.1 得 $\mu(1,3,1) = \mu(C_5)\mu(P_1)$, $\mu(1,3,3) = \mu(Q(3,1) \cup P_3)$, $\mu(1,3,6) = \mu(Q(2,3) \cup P_5)$, $\mu(1,3,11) = \mu(T(1,4,5) \cup C_5)$. 现只需证明充分性, 容易证明 $T(1,3,2)$ 是匹配唯一的. 设 $n \geqslant 4$, 图 $H \sim G$, 由定理 4.1.3, 引理 5.4.14 得 H 为下列类型:

$T(1, l_1, l_2) \cup \left(\bigcup_{i=0}^{s} C_{p_i} \right), Q(3,2) \cup P_l \cup \left(\bigcup_{i=0}^{s} C_{p_i} \right), Q(2, m) \cup P_l \cup \left(\bigcup_{i=0}^{s} C_{p_i} \right), Q(m, 1) \cup P_l \cup \left(\bigcup_{i=0}^{s} C_{p_i} \right), T(2, 2, m) \cup \left(\bigcup_{i=0}^{s} C_{p_i} \right), T(2, 3, 3) \cup \left(\bigcup_{i=0}^{s} C_{p_i} \right), K_1 \cup \left(\bigcup_{i=0}^{s} C_{p_i} \right)$.

情形 1 $H = T(1, l_1, l_2) \cup \left(\bigcup_{i=0}^{s} C_{p_i} \right)$.

情形 1.1 若 $l_1 = 1, l_2 \geqslant 1$, 由引理 5.4.1 知 $\mu(H) = \mu(P_1)\mu(C_{n+2})\mu\left(\bigcup_{i=0}^{s} C_{p_i} \right)$, 与定理 4.1.3 矛盾.

情形 1.2 若 $l_1 = 2, l_2 \geqslant 2$, $\mu(H) = \mu\left(T(1,2,l_2) \cup \bigcup_{i=0}^{s} C_{p_i} \right)$, 若 $n = 4$, 则 $l_2 \leqslant 4$, 与定理 4.1.3 矛盾. 若 $n = 5$, $M_1(1,2,6) = 2.0066 < M_1(1,3,5) = 2.0237$, 矛盾. 若 $n \geqslant 6$, 由引理 5.4.5 知, $M_1(1,2,l_2) < M_1(2,3)$, 而 $M_1(1,3,n) \geqslant M_1(2,3)$, 矛盾.

情形 1.3 若 $l_1 = 3$, 由 $M_1(1,3,l_2) = M_1(1,3,n)$, 得 $l_2 = n, H \cong G$.

情形 1.4 若 $l_1 = 4$, 当 $l_2 = 4$ 时, $M_1(1,4,4) = M_1(4,1) = M_1(2,3)$, 与 $n \neq 6$ 矛盾. 当 $l_2 = 5$ 时, 与 $n \neq 11$ 矛盾. 当 $l_2 \geqslant 6$ 时, 与引理 5.4.12 矛盾.

情形 1.5 若 $l_1 \geqslant 5$, $M_1(1,l_1,l_2) \geqslant M_1(1,5,5) = M_1(5,1) = M_1(2,4)$, 而比较两边的最大根得 $M_1(1,3,n) = M_1(2,4)$, 与引理 5.4.6 矛盾.

情形 2 $H = Q(3,2) \cup P_l \cup \left(\bigcup_{i=0}^{s} C_{p_i} \right)$, 由引理 5.4.1 得 $M_1(3,2) = M_1(2,6)$, 由引理 5.4.5 得 $M_1(1,3,n) < M_1(2,4)$, 矛盾.

情形 3 $H = Q(2,m) \cup P_l \cup \left(\bigcup_{i=0}^{s} C_{p_i}\right) (m \geqslant 1)$, 当 $m \leqslant 2$ 时, $M_1(1,3,n) \geqslant M_1(1,3,3) = M_1(3,1) = M_1(2,2) > M_1(2,m)$, 矛盾. 当 $m = 3$ 时, $M_1(2,3) = M_1(1,3,6)$, 与 $n \neq 6$ 矛盾. 当 $m \geqslant 4$ 时, 由引理 5.4.5 得 $M_1(1,3,n) < M_1(2,4)$, 矛盾.

情形 4 $H = Q(m,1) \cup P_l \cup \left(\bigcup_{i=0}^{s} C_{p_i}\right)$, 由 $M_1(m,1) = M_1(2,m-1)$, 类似情形 3, 矛盾.

情形 5 $H = T(2,2,m) \cup \left(\bigcup_{i=0}^{s} C_{p_i}\right)$, 由 $M_1(2,2,m) = M_1(2,m)$, 类似情形 3, 矛盾.

情形 6 $H = T(2,3,3) \cup \left(\bigcup_{i=0}^{s} C_{p_i}\right)$, 由 $M_1(2,3,3) = M_1(3,2)$, 类似情形 2, 矛盾.

情形 7 $H = K_1 \cup \left(\bigcup_{i=0}^{s} C_{p_i}\right)$, 比较两边的匹配最大根, 与定理 4.1.2 和定理 4.1.3 矛盾. □

定理 5.4.2 图 $T(1,2,n)$ 匹配唯一当且仅当 $n \neq 1,2,5,9$.

证明 类似定理 5.4.3, 略. □

定理 5.4.3 图 $T(2,3,n)$ 匹配唯一当且仅当 $n \neq 2,3,7$.

证明 必要性. 由引理 5.4.1 和引理 5.4.7 可知 $\mu(2,2,3) = \mu(Q(2,3) \cup P_2)$, $\mu(2,3,3) = \mu(Q(3,2) \cup P_3)$, $\mu(2,3,7) = \mu(Q(3,3) \cup P_6)$.

充分性. 由定理 5.4.2 知 $T(1,2,3)$ 是匹配唯一的. 设 $n \geqslant 4$, 图 $H \sim G$, 由引理 5.4.14 可初步判断 $H \in \left\{Q(s_1,s_2) \cup P_l \cup \left(\bigcup_{i=0}^{s} C_{p_i}\right), K_1 \cup \left(\bigcup_{i=0}^{s} C_{p_i}\right), T(l_1,l_2,l_3) \cup \left(\bigcup_{i=0}^{s} C_{p_i}\right)\right\}$;

情形 1 $H = Q(s_1,s_2) \cup P_l \cup \left(\bigcup_{i=0}^{s} C_{p_i}\right)$,

情形 1.1 若 $s_1 = 2$, 由定理 4.1.3 知 $M_1(2,3,n) > M_1(2,s_2)$, 矛盾.

情形 1.2 若 $s_1 = 3$, 当 $s_2 = 1$ 时, $M_1(3,1) = M_1(2,2)$, 类似情形 1.1, 矛盾. 当 $s_2 = 2$ 时, $M_1(3,2) = M_1(2,6)$, 类似情形 1.1, 矛盾. 当 $s_2 \geqslant 3$ 时与引理 5.4.7 矛盾.

情形 1.3 若 $s_1 \geqslant 4$, 当 $s_2 = 1$ 时, $M_1(s_1,1) = M_1(2,s_1-1)$, 类似情形 1.1, 矛盾. 当 $s_2 = 2$ 时, $M_1(s_1,2) = M_1(3,s_1-1)$, 由 $n \neq 7$ 与引理 5.4.7 矛盾. 当 $s_2 \geqslant 3$ 时, $M_1(s_1,s_2) \geqslant M_1(4,3) > M_1(3,4)$, 与引理 5.4.7 矛盾.

情形 2 $H = K_1 \cup \left(\bigcup_{i=1}^{s} C_{p_i}\right)$, 比较两边的匹配最大根, 与定理 4.1.2 和定理 4.1.3 矛盾.

5.4 匹配唯一的 T-形树

情形 3 $H = T(l_1, l_2, l_3) \cup \left(\bigcup_{i=0}^{s} C_{p_i} \right)$

情形 3.1 若 $l_1 = 1$，与定理 4.1.3 矛盾.

情形 3.2 若 $l_1 = 2$，当 $l_2 = 3$ 时，$M_1(2, 3, n) = M_1(2, 3, l_3)$，得到 $l_3 = n$，$H \cong G$. 当 $l_2 = 4$ 时，与引理 5.4.13 矛盾. 当 $l_2 \geqslant 5$ 时，$M_1(2, l_2, l_3) \geqslant M_1(2, l_2, l_2) = M_1(l_2, 2) = M_1(3, l_2 - 1) \geqslant M_1(3, 4) > M_1(2, 3, n)$，矛盾.

情形 3.3 若 $l_1 \geqslant 3$，当 $l_2 = l_3 = 3$ 时，$M_1(3, 3, 3) = M_1(3, 3)$，与 $n \neq 7$ 矛盾. 当 $l_3 \geqslant l_2 \geqslant 4$ 时，$M_1(l_1, l_2, l_3) \geqslant M_1(3, 4, 4) = M_1(3, 4)$，与引理 5.4.7 矛盾. □

定理 5.4.4 设图 $G = T(1, m, n)(1 < m \leqslant n)$，若 m 是偶数，则图 G 匹配唯一当且仅当 $n \neq m, m+3, 2m+5$.

证明 必要性. 由引理 5.4.1 可证. 现只需证明充分性，容易证明 $T(1, 2, 3)$，$T(1, 2, 4)$ 是匹配唯一的，下面考虑 $m = 2, n \geqslant 6$ 或 $m > 2$，由定理 4.1.3 可知 $M_1(1, m, n) \in (2, (2 + \sqrt{5})^{\frac{1}{2}})$，设图 $H \sim G$，由引理 5.4.13 可初步判断

$$H \in \left\{ Q(s_1, s_2) \cup P_l \cup \left(\bigcup_{i=0}^{s} C_{p_i} \right), K_1 \cup \left(\bigcup_{i=1}^{s} C_{p_i} \right), T(l_1, l_2, l_3) \cup \left(\bigcup_{i=0}^{s} C_{p_i} \right) \right\}.$$

情形 1 若 $H = Q(s_1, s_2) \cup P_l \cup \left(\bigcup_{i=1}^{s} C_{p_i} \right)$，则 $\mu(1, m, n) = \mu(Q(s_1, s_2)) \mu(P_l) \cdot \prod_{i=1}^{s} \mu(C_{p_i})$，比较两边的匹配最大根得 $M_1(1, m, n) = M_1(s_1, s_2)$，由定理 4.1.3 知 $Q(s_1, s_2)$ 仅可能是 $Q(2, s_2)$，$Q(s_1, 1)$，$Q(3, 2)$.

(1) 假定 $Q(s_1, s_2) = Q(2, s_2)$，则 $M_1(1, m, n) = M_1(2, s_2)$，由引理 5.4.5 和引理 5.4.8 可知 $n = m$ 或 $n = m + 3$，矛盾.

(2) 假定 $Q(s_1, s_2) = Q(s_1, 1)$，由 $M_1(s_1, 1) = M_1(2, s_1 - 1)$，类似 (1)，矛盾.

(3) 假定 $Q(s_1, s_2) = Q(3, 2)$，由 $M_1(3, 2) = M_1(2, 6)$，类似 (1)，矛盾.

情形 2 若 $H = K_1 \cup \left(\bigcup_{i=1}^{s} C_{p_i} \right)$，则 $\mu(H) = \mu(1, m, n) = \mu(K_1) \prod_{i=1}^{s} \mu(C_{p_i})$，比较两边的匹配最大根，与定理 4.1.3 矛盾.

情形 3 若 $H = T(l_1, l_2, l_3) \cup \left(\bigcup_{i=1}^{s} C_{p_i} \right)$，则 $\mu(H) = \mu(1, m, n) = \mu(l_1, l_2, l_3) \cdot \prod_{i=1}^{s} \mu(C_{p_i})$，比较两边的匹配最大根得：$M_1(1, m, n) = M_1(l_1, l_2, l_3)$ 且 $T(l_1, l_2, l_3)$ 仅可能是 $T(1, l_2, l_3)(l_2 = 2, l_3 \geqslant 6$ 或 $2 < l_2 < l_3)$ 或 $T(2, 2, l_3)$ 或 $T(2, 3, 3)$.

情形 3.1 假定 $H = T(1, l_2, l_3) \cup \left(\bigcup_{i=1}^{s} C_{p_i} \right) (l_2 = 2, l_3 \geqslant 6$ 或 $2 < l_2 < l_3)$，则 $M_1(1, m, n) = M_1(1, l_2, l_3)$.

(1) 当 $l_2 \leqslant m - 2$ 时，由引理 5.4.5 知 $M_1(1, l_2, l_3) < M_1(2, m - 1)$，由引理 5.4.6，$M_1(1, m, n) > M_1(2, m - 1)$，矛盾.

(2) 当 $l_2 = m-1$, 由引理 5.4.5 知 $M_1(1, l_2, l_3) < M_1(2, m)$. 当 $n \geqslant m+3$ 时, $M_1(1, m, n) \geqslant M_1(2, m)$, 矛盾. 当 $n = m+1$ 或 $m+2$ 时, 此时必有 $l_3 = m+2$ 或 $m+3$, 且容易计算 $\mu(H) \neq \mu(G)$.

(3) 当 $l_2 = m$ 时, 由 $M_1(1, m, n) = M_1(1, l_2, l_3)$ 可知 $l_3 = n$, $p_i = 0 (1 \leqslant i \leqslant s)$, 故 $H \cong G$.

(4) 当 $l_2 = m+1$ 时, 我们有 $M_1(1, m, n) = M_1(1, m+1, l_3)$.

(i) 若 $l_3 \geqslant m+4$, 由引理 5.4.5, $M_1(1, m+1, l_3) \geqslant M_1(2, m+1)$, 而 $M_1(1, m, n) < M_1(2, m+1)$, 矛盾.

(ii) 若 $l_3 = m+3$, 即 $H = T(1, m+1, m+3) \cup \left(\bigcup_{i=1}^{s} C_{p_i} \right)$, 由 m 是偶数, 故 $T(1, m, n)$ 有完美匹配或缺 1-匹配, 而图 H 没有完美匹配也没有缺 1-匹配, 矛盾.

(iii) 若 $l_3 = m+2$, $H = T(1, m+1, m+2) \cup \left(\bigcup_{i=1}^{s} C_{p_i} \right)$, $M_1(1, m, n) = M_1(1, m+1, m+2)$, 由引理 5.4.1(6) 知 $n = 2m+5$, 矛盾.

情形 3.2 假定 $H = T(2, 2, l_3) \cup \left(\bigcup_{i=1}^{s} C_{p_i} \right)$, $l_3 \geqslant 2$. 由 $\mu(2, 2, l_3) = \mu(Q(2, l_3)) \cdot \mu(P_3)$, 从而 $M_1(1, m, n) = M_1(2, 2, l_3) = M_1(2, l_3)$, 与 $n \neq m, m+3$ 矛盾.

情形 3.3 假定 $H = T(2, 3, 3) \cup \left(\bigcup_{i=1}^{s} C_{p_i} \right)$, 由 $\mu(2, 3, 3) = \mu(Q(3, 2)) \mu(P_3)$, 从而 $M_1(1, m, n) = M_1(2, 3, 3) = M_1(3, 2) = M_1(2, 6)$, 与 $n \neq m, m+3$ 矛盾.

综合情形 1—情形 3, $H \cong G = T(1, m, n)$, 故是匹配唯一的. □

定理 5.4.5 设 $G = T(m, n, s)(m \leqslant n \leqslant s)$, 若 G 是几乎等长的 (即 $n = m+1, s = n+1$ 或 $n+2$), 则图 G 是匹配唯一的.

证明 设图 $H \sim G$, 由 G 是几乎等长得, 当 $m = 1$ 时, $n = 2$, $s = 3$ 或 4, 容易证明图 G 是匹配唯一的, 当 $m \geqslant 2$ 时, 由引理 5.4.8 知, $M_1(G) \in (M_1(m+1, m), M_1(m+1, m+1))$, 再由引理 5.4.14 得: $H \in \left\{ Q(s_1, s_2) \cup P_l \cup \left(\bigcup_{i=0}^{t} C_{p_i} \right), K_1 \cup \left(\bigcup_{i=1}^{t} C_{p_i} \right), T(s_1, s_2, s_3) \cup \left(\bigcup_{i=0}^{t} C_{p_i} \right) \right\}$.

情形 1 $H = Q(s_1, s_2) \cup P_l \cup \left(\bigcup_{i=0}^{t} C_{p_i} \right) (l \geqslant 2)$.

若 $s_1 \leqslant m-1$, 由引理 5.4.4 和引理 5.4.10 知, $M_1(s_1, s_2) \leqslant M_1(m-1, s_2) = M_1(m-1, m-1, s_2) < M_1(m, m) < M_1(m+1, m)$, 矛盾.

若 $s_1 = m$, 当 $s_2 \leqslant 2m+2$ 时, $M_1(m, s_2) < M_1(m, 2m+2) = M_1(m+1, m)$, 矛盾.

当 $s_2 \geqslant 2m+3$ 时, 则 $|V(H)| \geqslant 3m+6$, 而 $|V(G)| = 3m+4$ 或 $3m+5$, 矛盾.

若 $s_1 = m+1$, 则 $M_1(m+1, s_2) \neq M_1(G)$, 矛盾. 若 $s_1 \geqslant m+2$, 则当 $s_2 \leqslant m-1$ 时, $M_1(m+2, s_2) \leqslant M_1(m+2, m-1) = M_1(m, m+1) < M_1(m+1, m)$, 矛盾.

当 $s_2 \geqslant m$ 时,$M_1(m+2,s_2) \geqslant M_1(m+2,m) = M_1(m+1,m+1)$,矛盾.

情形 2 $H = T(s_1,s_2,s_3) \cup \left(\bigcup_{i=0}^{t} C_{p_i}\right) (s_1 \leqslant s_2 \leqslant s_3)$.

情形 2.1   若 $s_1 \leqslant m-2$,由引理 5.4.10 得 $M_1(s_1,s_2,s_3) \leqslant M_1(m-2,s_2,s_3) < M_1(m-1,s_2+1) < M_1(m,m) < M_1(m+1,m)$,矛盾.

情形 2.2   若 $s_1 = m-1$,当 $s_2 \leqslant m$ 时,由引理 5.4.8 知,$M_1(m-1,s_2,s_3) \leqslant M_1(m-1,m,s_3) < M_1(m,m+1) < M_1(m+1,m)$,矛盾.

当 $s_2 = m+1$ 时,由引理 5.4.8 及引理 5.4.1 得 $M_1(m-1,m+1,s_3) < M_1(m,m+2) < M_1(m,2m+2) = M_1(m+1,m)$,矛盾.

当 $s_2 \geqslant m+2$ 时,$|V(H)| \geqslant m+s_2+s_3 \geqslant 3m+4$,若 $G = T(m,m+1,m+2), |V(G)| = 3m+4$,比较点数得 $s_2 = s_3 = m+2, M_1(H) = M_1(m-1,m+2,m+2) = M_1(m+2,m-1) = M_1(m,m+1) < M_1(m+1,m)$,矛盾. 若 $G = T(m,m+1,m+3), |V(G)| = 3m+5$,比较点数得 $s_2 = m+2, s_3 = m+3$,由定理 1.3.1 知,$\mu(G) = \mu(P_{m+3})\mu(P_{2m+2}) - \mu(P_m)\mu(P_{m+1})\mu(P_{m+2})$,而 $\mu(m-1,m+2,m+3) - \mu(G) = \mu(P_{m+2})(\mu(P_{m-1})\mu(P_{m+2}) - \mu(P_m)\mu(P_{m+1})) = -x\mu(P_{m+2})$,矛盾.

情形 2.3   若 $s_1 = m$,当 $s_2 = m$ 时,$M_1(m,m,s_3) = M_1(m,s_3)$,若 $s_3 \leqslant m+1, M_1(m,s_3) \leqslant M_1(m,m+1) < M_1(m+1,m)$,矛盾. 若 $s_3 = m+2, M_1(m,m,m+2) = M_1(m,m+2) < M_1(m,2m+2) = M_1(m+1,m)$,矛盾. 若 $s_3 \geqslant m+3, |V(H)| \geqslant 2m+s_3+1 \geqslant 3m+4, |V(G)| = 3m+4$ 或 $3m+5$,即 $s_3 = m+3$ 或 $m+4, M_1(m,m,s_3) \leqslant M_1(m,m+4) \leqslant M_1(m,2m+2) = M_1(m+1,m)$,矛盾. 当 $s_2 = m+1$ 时,$M_1(m,m+1,s_3) = M_1(G)$,从而 $s_3 = m+2$ 或 $m+3$,即 $H \cong G$. 当 $s_2 \geqslant m+2$ 时,$|V(G)| = 3m+4$ 或 $3m+5, |V(H)| \geqslant m+s_2+s_3+1 \geqslant 3m+5$,即 $s_2 = s_3 = m+2$,由定理 1.3.1 知 $\mu(G) = \mu(m,m+1,m+3) = \mu(P_m)\mu(P_{2m+5}) - \mu(P_{m-1})\mu(P_{m+1})\mu(P_{m+3}), \mu(H) = \mu(m,m+2,m+2) = \mu(P_m)\mu(P_{2m+5}) - \mu(P_{m-1})\mu(P_{m+2})\mu(P_{m+2})$,即 $\mu(G) - \mu(H) = \mu(P_{m-1})[\mu(P_{m+2})\mu(P_{m+2}) - \mu(P_{m+1})\mu(P_{m+3})] = \mu(P_{m-1})$,矛盾.

情形 2.4   若 $s_1 \geqslant m+1$,则 $M_1(s_1,s_2,s_3) > M_1(m+1,m+1,s_3) = M_1(m+1,s_3) \geqslant M_1(m+1,m+1)$,矛盾.   □

5.5 带有较少匹配根的匹配唯一图

在这一节中,我们寻找带有较少匹配根的图中的匹配唯一图,记号同 4.5 节. 图 $K(k,t,l)$ 见图 5.7.

注意 $K(k,t,l) \cong K(l+t,k-l,l), K'(k,t,l) \cong K'(l+t,k-l,l)$.

定理 5.5.1 若 $|l+t-k| \leqslant 1$, 则图 $K(k,t,l)$ 是匹配唯一的, 除了 $(k,t,l) \in \{(2,1,1),(2,1,2),(2,2,1),(3,0,2),(3,1,1),(3,1,2),(3,0,2),(3,2,2),(3,0,3),(4,1,2),(4,3,1)\}$.

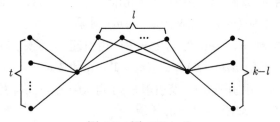

图 5.7 图 $K(k,t,l)$

证明 我们首先注意到 $k \geqslant l > 0$. 设 $l+t=k+\varepsilon$, 这里 $\varepsilon \in \{-1,0,1\}$. 设图 G 匹配等价于 $K(k,t,l)$. H 是删去图 G 的所有孤立点的图, 由定理 4.5.1 知道, 图 H 是定理 4.5.1 中 (iv), (v) 所描绘的图, 或是两个星图的并图, 或一个星图与一个 K_3 的并图 (因 $K(k,t,l)$ 没有 3-匹配).

(1) 若 $H = K(m,s,q)$. 比较图 H 与 $K(k,t,l)$ 的点数、边数和 2-匹配数, 我们得到
$$k+t \geqslant m+s, \quad 2k+\varepsilon = m+s+q,$$
$$(k+\varepsilon)(k-1)+t = (q+s)(m-1)+s.$$

令 $m = k+r$, 则
$$q+s = 2k+\varepsilon-m = k+\varepsilon-r. \tag{5.5.1}$$
$$\begin{aligned} s &= (k+\varepsilon)(k-1)+t-(q+s)(m-1) \\ &= t+(k+\varepsilon)(k-1)-(k+\varepsilon-r)(k+r-1) \\ &= t+r^2-\varepsilon r-r. \end{aligned}$$
$$m+s = t+r^2-\varepsilon r+m-r = k+t+r^2-\varepsilon r.$$

因为 $r^2-\varepsilon r \geqslant 0$. 于是 $m+s = k+t$ 且 $r^2-\varepsilon r = 0$.

若 $r=0$, 得 $m=k, s=t, q=k+\varepsilon-t=l$. 若 $r=\varepsilon$, 得 $m=k+\varepsilon, s=t-\varepsilon, q=k-s=k+\varepsilon-t=l$. 而图 $K(k+\varepsilon,t-\varepsilon,l) \cong K(l+t-\varepsilon,k+\varepsilon-l,l) = K(k,t,l)$.

(2) 若 $H = K'(m,s,q)$. 比较图 H 与 $K(k,t,l)$ 的点数、边数和 2-匹配数, 我们得到
$$k+t \geqslant m+s, \quad 2k+\varepsilon = m+s+q+1,$$
$$(k+\varepsilon)(k-1)+t = (q+s)(m-1)+s.$$

令 $m = k+r$, 则
$$q+s = k+\varepsilon-r-1. \tag{5.5.2}$$

$$s = (k+\varepsilon)(k-1) + t - (q+s)(m-1)$$
$$= t + (k+\varepsilon)(k-1) - (k+\varepsilon-r-1)(k+r-1)$$
$$= t + k + r^2 - \varepsilon r - 1.$$
$$m + s = t + k + r^2 - \varepsilon r + k + r - 1.$$

而 $r^2 - \varepsilon r \geqslant 0, k+r-1 = m-1 \geqslant 0, k+t \geqslant m+s$. 则 $m = k = 1$(意味着 $l = 1$), $r = 0$, 且由 (5.5.2) 得 $q+s = \varepsilon$. 而 $q+s > 0$, 必有 $q+s = \varepsilon = 1$. 若 $q = 1, s = 0$, 有 $t = 0, l = k+\varepsilon-t = 2 > k$, 矛盾. 若 $q = 0, s = t = 1$, 此时 $K'(m,s,q) = K'(1,1,0) \cong P_4 \cong K(1,1,1) = K(k,t,l)$.

(3) 若 $H = L(s,q)$. 比较图 H 与 $K(k,t,l)$ 的点数、边数和 2-匹配数, 我们有

$$k+t-2 \geqslant s, \quad 2k+\varepsilon = s+q+3,$$
$$(k+\varepsilon)(k-1) + t = 3s+q.$$

由前两个式子我们有

$$2q + 9 = 3(2k+\varepsilon) - (k+\varepsilon)(k-1) - t,$$

即

$$2q + 9 + t = 4\varepsilon + (7-\varepsilon)k - k^2$$
$$\leqslant \frac{49}{4} + \frac{\varepsilon}{2} + \frac{\varepsilon^2}{4}. \tag{5.5.3}$$

得 $q \leqslant 2$.

若 $q = 2$, 则 $t = 0$, 且 $\varepsilon = 1$. 这意味着 $l = k+1$ 与 $l \leqslant k$ 矛盾. 于是 $q = 1$. 现在很容易列举出满足 (5.5.3) 的所有的 k, t, ε, 以及它的匹配等价图 $L(s,q)$, 我们将它列在表 5.5.1 中.

表 5.5.1 图 $K(k,t,l), |l+t-k| \leqslant 1$ 中的非匹配唯一图以及它们的匹配等价图对

图	匹配等价图	图	匹配等价图
$K(2,1,2)$	$L(1,1)$	$K(2,1,1)$	$K_{1,1} \cup K_3$
$K(3,0,2)$	$L(1,1)$	$K(2,1,2)$	5.16
$K(3,1,2)$	$L(2,1)$	$K(2,2,1)$	$5.18 \cup K_1$
$K(3,2,2)$	$L(3,1)$	$K(3,0,2)$	5.16
$K(4,1,2)$	$L(3,1)$	$K(3,0,3)$	5.12
$K(4,3,1)$	$K_{1,5} \cup K_3$	$K(3,1,1)$	$5.18 \cup K_1$

注: 表中的 5.12, 5.16, 5.18 见附录 1.

(4) 若 H 是一个 4 阶或 5 阶的连通图时, 利用附录 1, 比较 $\mu(H,x)$ 与 $\mu(K(k,t,l),x)$, 我们容易列举出它们相等的所有可能, 将它们也列在表 5.5.1 中.

(5) 若 $H = K_{1,r} \cup K_{1,s}$. 比较图 H 与 $K(k,t,l)$ 的点数和边数得

$$k+t \geqslant r+s, \quad l+k+t = r+s,$$

这隐含 $l = 0$, 矛盾.

(6) 若 $H = K_{1,r} \cup K_3$. 我们得到

$$k+t-2 \geqslant r, \quad l+t+k = r+3, \quad (k+\varepsilon)(k-1)+t = 3r.$$

第一, 第二个等式意味着 $l = 1, t = k+\varepsilon-1, r = 2k+\varepsilon-3$. 代入第三个等式得

$$k^2 + (\varepsilon - 6)k - 3\varepsilon + 8 = 0,$$

$$k = 3 - \frac{\varepsilon}{2} \pm \frac{1}{2}\sqrt{4+\varepsilon^2}.$$

因为 $\varepsilon = 0, \pm 1$, 又由 k 是整数得 $\varepsilon = 0, k = 2$ 或 4. 此时得 $K(2,1,1) \sim K_{1,1} \cup K_3, K(4,3,1) \sim K_{1,5} \cup K_3$.

(7) 若 $H = T(r,m)$. 若 $r \geqslant 3$, 此时 $T(r,m)$ 有 3-匹配, 矛盾. 若 $r = 1$, 此时 $T(r,m)$ 是一棵树, 没有 2-匹配, 矛盾. 于是 $r = 2$. 比较点数、边数和 2-匹配数得

$$k+t-2 \geqslant 2m-1, \quad 2k+\varepsilon = 2m+2, \quad (k+\varepsilon)(k-1)+t = m(m-2).$$

由第二个等式得 $\varepsilon = 0$, 则 $m = k-1$. 由第三个等式得 $t = k-1$. 这意味着 $K(k,k-1,1) \sim T(2,k-1)$. 其实这两个图是同构的.

(8) 若 $H = S(r,s)$. 若 $r \geqslant 3$, 则 $S(r,s)$ 有 3-匹配, 矛盾. 于是 $r \leqslant 2$. 此时 H 是最多有 5 个点的图, 这种情况已经在 (4) 中讨论. □

将图 $K(1,t,1)$ 简记为 $S(t)$, $K'(1,t,1)$ 简记为 $S'(t)$. 见图 5.8.

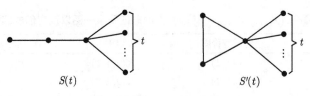

图 5.8 图 $S(t)$ 和 $S'(t)$

定理 5.5.2 对任意整数 $t \geqslant 0$, $S(t)$ 是匹配唯一的, 除 $t \in \{2,3,4\}$. $S'(t)$ 是匹配唯一的, 除 $t \in \{2,3\}$.

证明 当 $t = 0$ 时, $S(0) \cong K_{1,2}$, 当 $t = 1$ 时, $S(1) \cong P_4$, 均是匹配唯一的. 假设 $t \geqslant 2$, 图 G 与图 $S(t)$ 匹配等价, 则

$$\mu(G,x) = \mu(S(t),x) = x^{t-1}(x^4 - (t+2)x^2 + t).$$

由于多项式 $x^4 - (t+2)x^2 + t$ 不能分解成 $(x^2 - r)(x^2 - s)$ 的形式, 这里的 r, s 是正整数. 设 H 是图 G 的非孤立点形成的图, 则 H 不可能是两个星图的并图, 不可能是一个星图和 K_3 的并图, 也不可能是 $S(r, s)$ 或 $T(r, k)$. 由定理 4.5.1 知道, H 是定理 4.5.1(iv), (v) 中所描述的图. 由于

$$p(H,1) = p(H,2) + 2, \quad t = p(H,2) \geqslant 2. \tag{5.5.4}$$

(1) 设 H 是 4 个点的图. 由附录 1, 除 $4.6 \cong S(1)$ 外, 满足条件 (5.5.4) 的图还有 4.4, 此时 $t = 2$, 我们有 $S(2)$ 匹配等价于 $K_1 \cup K_{2,2}$.

(2) 设 H 是 5 个点的图. 由附录 1, 满足 (1) 的图有 5.9, 5.15, 5.20, 而 $5.20 \cong S(2)$. $S(3)$ 匹配等价于 $K_1 \cup$ 5.15, $S(4)$ 匹配等价于 $2K_1 \cup$ 5.9.

(3) 若 $H = L(s, q)$. 比较图 H 和 $S(t)$ 的 1-匹配, 2-匹配得到

$$t + 2 = s + q + 3, \quad t = 3s + q.$$

于是 $2s - 1 = 0$, 矛盾.

(4) 若 $H = K(m, s, q)$. 我们有

$$t + 2 = m + s + q, \quad t = (s+q)(m-1) + s.$$

记 $a = s + q, b = m - 1$, 则

$$s + ab = t = a + b - 1,$$

即

$$s + (a-1)(b-1) = 0, \quad a \geqslant 1, b \geqslant 0.$$

(i) 若 $a = 1$, 则 $s = 0, q = 1$, 且 $m = t + 1$. 此时 $K(t+1, 0, 1) \cong S(t)$.

(ii) 若 $a \geqslant 2$. 若 $b = 0$, 则 $m = 1, s + 1 - a = 0$. 进一步地, $q = 1, s = t$, 此时 $K(1, t, 1) \cong S(t)$.

若 $b = 1$, 则 $m = 2, s = 0$. 进一步地, $1 \leqslant q = t \leqslant m = 2$.

若 $q = t = 1$, 此时 $K(2, 0, 1) \cong S(1)$. 若 $q = t = 2$, 此时 $K(2, 0, 2) \cup K_1 \sim S(2)$.

若 $b \geqslant 2$, 与 $s + (a-1)(b-1) = 0$ 矛盾.

(5) 若 $H = K'(m, s, q)$. 我们有

$$t + 2 = m + s + q + 1, \quad t = (s+q)(m-1) + s.$$

记 $a = s + q, b = m - 1$, 则

$$s + ab = t = a + b,$$

即
$$s+(a-1)(b-1)=1, \quad a\geqslant 1, b\geqslant 0.$$

(i) 若 $a=1$, 则 $s=1, q=0, m=t$, 此时 $K'(t,1,0)\cong S(t)$.

(ii) 若 $a\geqslant 2$. 若 $b=0$, 则 $m=1, s=a, q=0, t=a$, 此时 $K'(1,t,0)\cong S(t)$.

若 $b=1$, 则 $m=2, s=1$. 进一步地, $1\leqslant a-s=q=t-2\leqslant m=2$. 若 $q=1, t=3$, 此时 $K'(2,1,1)\cup K_1 \sim S(3)$. 若 $q=2, t=4$, 此时 $K'(2,1,2)\cup 2K_1 \sim S(4)$.

若 $b\geqslant 2$, 则 $m=3, s=2-a=2-s-q$. 于是 $2s+q=2$. 若 $s=1, q=0, t=3$, 此时 $K'(3,1,0)\cong S(3)$.

若 $s=0, q=2, t=4$. 此时 $S(4)\sim 2K_1 \cup K'(3,0,2)$.

若 $b\geqslant 3$, 与 $s+(a-1)(b-1)=1$, 矛盾.

对于图 $S'(t)$ 的情况类似, 证明略. □

我们注意到
$$L(t,1)\sim K(t+1,1,2); \quad L(t,3)\sim K'(t+2,0,3).$$

定理 5.5.3 对任何正整数 t, 图 $L(t,2)$ 除 $t\in\{1,4,5,6\}$ 外是匹配唯一的.

证明 当 $t=1$, 由附录 1 知道 $L(1,2)\cong 5.10$, 而它匹配等价于 5.11. 设 $t\geqslant 2$, 且设图 G 匹配等价于图 $L(t,2)$.

$$\mu(G,x)=\mu(L(t,2).x)=x^t(x^4-(t+5)x^2+3t+2).$$

设 H 是图 G 的非孤立点组成的图. 由定理 4.5.1 知, H 是定理 4.5.1(iv), (v) 所描述的图, 或是两个星图的并图, 或是一个星图一个 K_3 的并图.

(1) 若 $H=K_{1,r}\cup K_{1,s}$, 我们有 $r+s+2\leqslant t+4, r+s=t+5$, 矛盾.

若 $H=K_{1,r}\cup K_3$, 我们有 $t+5=r+3, 3t+2=3r$, 这也不可能.

若 $H=S(r,s)$, 则 $\pm 1\in R(H)$, 在 $t\geqslant 2$ 时, 这也不可能.

若 $H=T(r,k)$, 由于 $L(t,2)$ 不是树, 也没有 3-匹配, 得 $r=2$. 比较 1-匹配和 2-匹配得 $t\geqslant 2k-1, t+5=2k+2$, 这也矛盾.

若 $H=L(t',l')$, 则 $t+5=t'+l'+3, 3t+2=3t'+l'$, 这意味着 $t=t', l'=2$.

(2) 若 $H=K(m,s,q)$. 我们有
$$t\geqslant m+s-2, \quad t+5=m+s+q, \quad 3t+2=(s+q)(m-1)+s.$$

从前两个式子我们得 $q\geqslant 3$. 从后两个等式我们得
$$1=(s+q-3)(4-m)-s.$$

这个式子在 $m\geqslant q\geqslant 3, s\geqslant 0$ 的条件下无解.

5.5 带有较少匹配根的匹配唯一图

(3) 若 $H = K'(m, s, q)$. 我们有

$$t \geqslant m+s-2, \quad t+5 = m+s+q+1, \quad 3t+2 = (s+q)(m-1)+s.$$

从前两个式子我们得 $q \geqslant 2$. 从后两个等式我们得

$$(s+q-3)(4-m)-s+2=0, \quad m \geqslant q \geqslant 2, s \geqslant 0.$$

不难列举出满足上式的所有解, 它推出

$$L(4,2) \sim K'(4,2,2),$$

$$L(5,2) \sim K'(4,2,3) \cup K_1,$$

$$L(6,2) \sim K'(4,2,4) \cup 2K_1 \sim K'(5,0,5) \cup 3K_1.$$

(4) 若 H 是 4 阶或 5 阶的连通图, 我们找出

$$L(1,2) \sim 5.11,$$

$$L(2,2) \sim 5.8 \cup K_1.$$

5.11, 5.8 见附录 1. □

注意 若 $2r-s \geqslant 2$, 则 $S(r,s) \sim S(r-2, s-r+1) \cup K_2$. 于是, 对图 $S(r,s)$, 我们有下面的定理.

定理 5.5.4 对任意正整数 s, 除 $s \in \{3,4,5\}$ 外, 图 $S\left(\left\lceil \frac{s}{2} \right\rceil, s\right)$ 是匹配唯一的. 特别地, 除 $r=2$ 外, 友谊图 $S(r, 2r)$ 是匹配唯一的. 图 $S(r, 2r)$ 和 $S(r+1, 2r+1)$ 见图 5.9.

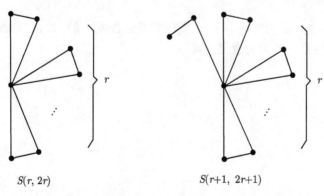

图 5.9 图 $S(r,2r)$ 和 $S(r+1, 2r+1)$

证明 当 $s = 1, 2$ 时, $S(1,1) \cong K_{1,2}, S(2,2) \cong K_3$ 均是匹配唯一的. 设 $s \geqslant 3$, 且设图 $G \sim S\left(\left\lceil\dfrac{s}{2}\right\rceil, s\right)$. 由于 $\mu(G, x) = \mu\left(S\left(\left\lceil\dfrac{s}{2}\right\rceil, s\right), x\right)$, 则 $R(G) = \{0, (\pm 1)^{\lceil\frac{s}{2}\rceil - 1}, \pm\sqrt{s+1}\}$. 于是图 G 中不能包含 K_3 或 $K_{1,t+1}(t \geqslant 2)$ 为一个它的一个连通分支. 由定理 3.1.4 知, 图 G 包含一个连通分支 H, 若干个连通分支 K_2, 最多有一个连通分支 K_1. 由于 $\{\pm 1, \pm\sqrt{s+1}\} \in R(H)$. 从附录 1 中可检索, 没有图 H 含有 ± 1 为匹配根且 $a(H)$(不同匹配根的个数)$= 4$. 于是 $a(H) = 5$.

$$R(H) = \{0, (\pm 1)^r, \pm\sqrt{s+1}\}, \tag{5.5.5}$$

于是 H 是定理 4.5.1(v) 中所描述的图之一.

若 $H = S(r', s')$, 此时容易得 $r' = \left\lceil\dfrac{s}{2}\right\rceil, s' = s$.

若 H 是定理 4.5.1(v) 所描述的其他图, 且多于 5 个点, 此时 0 在 $\mu(H, x)$ 中的重数 $m(0, H) \geqslant 2$, 不可能.

若 H 是 5 个点的图且满足 (5.5.5). 由附录 1, 我们可以找到所有的这些图, 它们是 5.5, 5.6, 5.10, 5.11, 5.16 和 5.17, 而 $5.16 \cong S(2,3), 5.11 \cong S(2,4)$. $S(2,4) \sim 5.10, S(2,3) \sim 5.17, S(3,5) \sim 5.5 \cup K_2 \sim 5.6 \cup K_2$. □

5.6 一些说明

目前知道的由匹配多项式唯一确定的图类比较少, 这个问题也比较难. 5.1 节内容主要来自文献 [22] 和 [24]. 5.2 节的内容来自文献 [54] 和 [55]. 5.3 节的内容来自文献 [56]—[58] 中, 在文献 [56] 中作者研究了图 $(C_m * C_n) \cup C_k$ 的匹配唯一性, 在文献 [57] 中作者还研究了图 $(C_m * C_n * C_r) \cup C_k$ 的匹配唯一性. 5.4 节的内容来自文献 [59]—[63]. 在文献 [64]—[67] 中作者还研究了 T-形树和若干个圈图并图、T-形树和一个孤立点的并图以及带有完美匹配的 T-形树的匹配唯一性. 5.5 节来自文献 [52].

$0, 1, 2, (n-1), (n-2), (n-3)$-正则图都是匹配唯一的, 那么, 刻画其他的正则图的匹配唯一性是一个很有意义的问题.

第6章 图的匹配等价图类

以 $[G] = \{H : H \sim G\}$ 表示与图 G 匹配等价的所有图的集合,称为图 G 的匹配等价图类. 如果 $[G] = \{G\}$, 此时 G 是匹配唯一的. 在这一章中,我们刻画若干图的匹配等价图类. 在 6.1 节中,我们刻画一条路 P_n 的匹配等价图类,一个点与一个圈的并图 $K_1 \cup C_n$ 的匹配等价图类,以及一个点与一条路的并图 $K_1 \cup P_n$ 的匹配等价图类; 在 6.2 节中,我们刻画图 I_n 的匹配等价图类; 在 6.3 节中,我们刻画一个点与一个 I_n 的并图 $K_1 \cup I_n$ 的匹配等价图类; 在 6.4 节中,我们刻画含有度序列 $\pi(G) = \{1, 3, 2^{n-2}\}$ 和 $\pi(G) = \{n-2, n-4, (n-3)^{n-2}\}$ 的图 G 的匹配等价图类.

6.1 路及点圈并图的匹配等价图类

由定理 1.5.1—定理 1.5.3 及它们的推论,我们有下面的定理.

定理 6.1.1 设 G 和 H 是两个图,则

(i) $G \sim H$ 当且仅当 $\overline{G} \sim \overline{H}$;

(ii) $[\overline{G}] = \{\overline{H} | H \in [G]\}$;

(iii) G 匹配唯一当且仅当 $\overline{G}$ 匹配唯一;

(iv) 假如 G 和 H 都是 $K_{m,n}$ 的生成子图,则 $G \sim H$ 当且仅当 $\widetilde{G} \sim \widetilde{H}$.

引理 6.1.1 (i) $\mu(P_{2m+1}, x) = \mu(P_m, x)\mu(C_{m+1}, x)$;

(ii) $\mu(T_{1,1,n}, x) = \mu(K_1, x)\mu(C_{n+2}, x)$;

(iii) $\mu(T_{1,2,2}, x) = \mu(P_2, x)\mu(Q(2,1), x)$;

(iv) $\mu(K_1, x)\mu(C_6, x) = \mu(P_3, x)\mu(Q(2,1), x)$;

(v) $\mu(K_1, x)\mu(C_9, x) = \mu(C_3, x)\mu(T_{1,2,3}, x)$;

(vi) $\mu(K_1, x)\mu(C_{15}, x) = \mu(C_3, x)\mu(C_5, x)\mu(T_{1,2,4}, x)$;

(vii) $\mu(C_{15}, x)\mu(T_{1,2,3}, x) = \mu(C_5, x)\mu(C_9, x)\mu(T_{1,2,4}, x)$.

证明 (i) 对 P_{2m+1} 的最中间一点和 C_{m+1} 的任一点应用定理 1.3.1(c) 得. (ii) 对 $T_{1,1,n}$ 的离 3 度点的距离为 1 的一个悬挂点和 C_{n+2} 的任一点应用定理 1.3.1(c) 得. (iii) 对 $T_{1,2,2}$ 和 $Q(2,1)$ 的 3 度点应用定理 1.3.1(c) 得. 由 (v) 和 (vi) 得 (vii).

(iv)—(vi) 由于 $\mu(K_1, x) = x$; $\mu(P_3, x) = x^3 - 2x$; $\mu(C_3, x) = x^3 - 3x$; $\mu(C_5, x) = x^5 - 5x^3 + 5x$; $\mu(C_6, x) = x^6 - 6x^4 + 9x^2 - 2$; $\mu(C_9, x) = x^9 - 9x^7 + 27x^5 - 30x^3 + 9x$; $\mu(C_{15}, x) = x^{15} - 15x^{13} + 90x^{11} - 275x^9 + 450x^7 - 378x^5 + 140x^3 - 15x$; $\mu(Q(2,1), x) =$

$x^4 - 4x^2 + 1$; $\mu(T_{1,2,3}, x) = x^7 - 6x^5 + 9x^3 - 3x$; $\mu(T_{1,2,4}, x) = x^8 - 7x^6 + 14x^4 - 8x^2 + 1$. □

引理 6.1.2 (i) 若 $m > n \geq 3$, 则 $M_1(C_m) = M_1(P_{2m-1}) > M_1(P_{2n-1}) = M_1(C_n)$;

(ii) $M_1(T_{1,1,n}) = M_1(C_{n+2}) = M_1(P_{2n+3})$;

(iii) $M_1(T_{1,2,2}) = M_1(Q(2,1)) = M_1(C_6) = M_1(P_{11})$;

(iv) $M_1(T_{1,2,3}) = M_1(C_9) = M_1(P_{17})$;

(v) $M_1(T_{1,2,4}) = M_1(C_{15}) = M_1(P_{29})$.

证明 设 G 是一个连通图, $u \in V(G)$, 由定理 3.1.4 知道, $M_1(G) > M_1(G \setminus u)$. 于是当 $m > n$ 时, 我们得到 $M_1(P_{2m-1}) > M_1(P_{2n-1})$. 比较引理 6.1.1 等式两边的最大根得其他等式, 得证. □

引理 6.1.3 若 $n = 3$ 或偶数, r 是非负整数, 则 $rK_1 \cup P_n$ 是匹配唯一的.

证明 设 $H \sim rK_1 \cup P_n$, 由定理 4.1.2 知, H 的每一个连通分支都属于 Ω_1, 比较两边的匹配最大根易得 $H \cong rK_1 \cup P_n$. □

为了方便, 我们用 $\delta(G)$ 表示图 G 的所有不同构的匹配等价图的个数. $\delta(G) = 1$ 当且仅当 G 是匹配唯一的.

定理 6.1.2 (i) 假如 $m + 1 = 2^{n+1}$ 对某个正整数 n 成立, 则 $\delta(P_m) = n$. 此时

$$[P_m] = \{P_{m_1}, P_{m_2} \cup C_{m_2+1}, P_{m_3} \cup C_{m_2+1} \cup C_{m_3+1},$$
$$\cdots, P_{m_n} \cup C_{m_2+1} \cup C_{m_3+1} \cup \cdots \cup C_{m_n+1}\},$$

这里的 $m_1 = m, m_{i+1} = \dfrac{m_i - 1}{2} (i = 1, 2, \cdots, n-1)$.

(ii) 假如 $m + 1 = 2^{n-1}(2k-1)$ 对某对正整数 n 和 k 成立, 则 $\delta(P_m) = n$. 此时

$$[P_m] = \{P_{m_1}, P_{m_2} \cup C_{m_2+1}, P_{m_3} \cup C_{m_2+1} \cup C_{m_3+1},$$
$$\cdots, P_{m_n} \cup C_{m_2+1} \cup C_{m_3+1} \cup \cdots \cup C_{m_n+1}\},$$

这里的 $m_1 = m, m_{i+1} = \dfrac{m_i - 1}{2} (i = 1, 2, \cdots, n-1)$.

证明 (i) 由引理 6.1.1(i) 知, 定理所述的每一张图都匹配等价于 P_m. 下面对 n 用数学归纳法证明 P_m 的匹配等价图就是定理所述的那些图类.

当 $n = 1$ 时, 由引理 5.2.1 知 P_3 是匹配唯一的. 假定结论对 $m_2 + 1 = 2^n$ 成立. 当 $m + 1 = 2^{n+1}$ 时, 设 $H \sim P_m$, 由推论 5.2.1 知 H 是一些路和圈的并. 由引理 6.1.2 知 H 不能含有长于 m 的路和长于 $\dfrac{m-1}{2} + 1 = 2^n = m_2 + 1$ 的圈, 但一定含有长为 m 的路或长为 $m_2 + 1$ 的圈.

(1) 若 H 含有长为 m 的路, 则 $H \cong P_m$.

(2) 若 H 含有长为 m_2+1 的圈, 即 $H = C_{m_2+1} \cup H_2$. 由 $H = C_{m_2+1} \cup H_2 \sim P_m \sim C_{m_2+1} \cup P_{m_2}$, 得 $H_2 \sim P_{m_2}$. 由归纳假定 H_2 同构于 $P_{m_2}, P_{m_3} \cup C_{m_3+1}, \cdots$, 或 $P_{m_n} \cup C_{m_3+1} \cup \cdots \cup C_{m_n+1}$. 于是 H 同构于 $P_{m_2} \cup C_{m_2+1}, P_{m_3} \cup C_{m_2+1} \cup C_{m_3+1}$, $\cdots$, 或 $P_{m_n} \cup C_{m_2+1} \cup C_{m_3+1} \cup \cdots \cup C_{m_n+1}$. 故结论成立.

(ii) 证明与 (i) 类似, 略. □

由定理 6.1.1 和定理 6.1.2, 下面的推论是显然的.

推论 6.1.1 (i) 假如 $m+1 = 2^{n+1}$ 对某个正整数 n 成立, 则 $\delta(\overline{P_m}) = n$. 此时

$$[\overline{P_m}] = \{\overline{P_{m_1}}, \overline{P_{m_2} \cup C_{m_2+1}}, \overline{P_{m_3} \cup C_{m_2+1} \cup C_{m_3+1}},$$
$$\cdots, \overline{P_{m_n} \cup C_{m_2+1} \cup C_{m_3+1} \cup \cdots \cup C_{m_n+1}}\},$$

这里的 $m_1 = m, m_{i+1} = \dfrac{m_i - 1}{2} (i = 1, 2, \cdots, n-1)$.

(ii) 假如 $m+1 = 2^{n-1}(2k-1)$ 对某对正整数 n 和 k 成立, 则 $\delta(\overline{P_m}) = n$. 此时

$$[\overline{P_m}] = \{\overline{P_{m_1}}, \overline{P_{m_2} \cup C_{m_2+1}}, \overline{P_{m_3} \cup C_{m_2+1} \cup C_{m_3+1}},$$
$$\cdots, \overline{P_{m_n} \cup C_{m_2+1} \cup C_{m_3+1} \cup \cdots \cup C_{m_n+1}}\},$$

这里的 $m_1 = m, m_{i+1} = \dfrac{m_i - 1}{2} (i = 1, 2, \cdots, n-1)$.

定理 6.1.3

$$[K_1 \cup C_m] = \begin{cases} \{K_1 \cup C_m, T_{1,1,m-2}\}, & m \neq 6, 9, 15, \\ \{K_1 \cup C_6, T_{1,1,4}, P_3 \cup Q(2,1)\}, & m = 6, \\ \{K_1 \cup C_9, T_{1,1,7}, C_3 \cup T_{1,2,3}\}, & m = 9, \\ \{K_1 \cup C_{15}, T_{1,1,13}, C_3 \cup C_5 \cup T_{1,2,4}\}, & m = 15. \end{cases}$$

证明 由引理 6.1.1 知定理所述的每一张图都匹配等价于 $K_1 \cup C_m$. 下面证明 $K_1 \cup C_m$ 的匹配等价图就是定理所述的那些图类.

设 $H \sim K_1 \cup C_m$, 且 H_1 是 H 的一个连通分支, $H = H_1 \cup H_2$, 使得 $M_1(H) = M_1(C_m)$ 是 $\mu(H_1, x)$ 的一个根, 即 H_1 带有图 H 的最大根. 由定理 4.1.2 知 $H_1 \in \Omega_1$.

情形 1 $3 \leqslant m < 6$ 时, 由引理 6.1.2 知道 $H_1 = P_{2m-1}, C_m$ 或 $T_{1,1,m-2}$. 若 $H_1 = P_{2m-1}$, 比较 $H_1 \cup H_2 \sim K_1 \cup C_m$ 两边的点数, 这不可能. 若 $H_1 = C_m$, 由 $K_1 \cup C_m \sim H \sim C_m \cup H_2$ 得 $K_1 \sim H_2$, 由引理 6.1.3 知 $H_2 = K_1$, 故 $H = K_1 \cup C_m$. 若 $H_1 = T_{1,1,m-2}$, 由 $K_1 \cup C_m \sim H \sim T_{1,1,m-2} \cup H_2 \sim K_1 \cup C_m \cup H_2$, 得 H_2 是一个空图 (没有点), 故 $H = T_{1,1,m-2}$.

情形 2 $m = 6$ 时, 由引理 6.1.2 知道 $H_1 = P_{11}, C_6, T_{1,1,4}, Q(2,1)$ 或 $T_{1,2,2}$. 若 $H_1 = P_{11}$, 比较 $P_{11} \cup H_2 \sim K_1 \cup C_6$ 两边的点数, 这不可能. 若 $H_1 = C_6$, 由 $K_1 \cup C_6 \sim H \sim C_6 \cup H_2$ 得 $K_1 \sim H_2$, 由定理 5.1.2 知 $H_2 = K_1$, 故 $H = K_1 \cup C_6$.

若 $H_1 = T_{1,1,4}$, 由 $K_1 \cup C_6 \sim H \sim T_{1,1,4} \cup H_2 \sim K_1 \cup C_6 \cup H_2$ 得 H_2 是一个空图 (没有点), 故 $H = T_{1,1,4}$. 若 $H_1 = Q(2,1)$, 由 $K_1 \cup C_6 \sim H \sim Q(2,1) \cup H_2$ 得 $P_3 \cup K_1 \cup C_6 \sim P_3 \cup Q(2,1) \cup H_2 \sim K_1 \cup C_6 \cup H_2$ 得 $P_3 \sim H_2$, 由引理 6.1.3 得 $H_2 = P_3$, 故 $H = P_3 \cup Q(2,1)$. 若 $H_1 = T_{1,2,2}$, 由 $K_1 \cup C_6 \sim H \sim T_{1,2,2} \cup H_2 \sim P_2 \cup Q(2,1) \cup H_2$ 得 $P_3 \cup K_1 \cup C_6 \sim P_2 \cup P_3 \cup Q(2,1) \cup H_2 \sim P_2 \cup K_1 \cup C_6 \cup H_2$, 得 $P_3 \sim P_2 \cup H_2$, 由引理 6.1.3 知这也不可能.

情形 3 $7 \leqslant m < 9, 10 \leqslant m < 15$ 或 $m > 15$ 时, 与情形 1 类似, 略.

情形 4 $m = 9$ 或 15 时, 与情形 2 类似, 略. □

下面的推论是明显的.

推论 6.1.2

$$[\overline{K_1 \cup C_m}] = \begin{cases} \{\overline{K_1 \cup C_m}, \overline{T_{1,1,m-2}}\}, & m \neq 6, 9, 15, \\ \{\overline{K_1 \cup C_6}, \overline{T_{1,1,4}}, \overline{P_3 \cup Q(2,1)}\}, & m = 6, \\ \{\overline{K_1 \cup C_9}, \overline{T_{1,1,7}}, \overline{C_3 \cup T_{1,2,3}}\}, & m = 9, \\ \{\overline{K_1 \cup C_{15}}, \overline{T_{1,1,13}}, \overline{C_3 \cup C_5 \cup T_{1,2,4}}\}, & m = 15. \end{cases}$$

为了找到 $K_1 \cup P_m (m \geqslant 2)$ 的所有匹配等价图类, 我们按 $m+1$ 所含的最大奇因数是 1, 3, 9, 15 或其他奇因数分为五种情形.

引理 6.1.4 (i) 若 $m + 1 = 2^{n+1}$ 对某个正整数 n 成立, 则 $\delta(K_1 \cup P_m) = \dfrac{n(n+1)}{2}$.

(ii) 若 $m + 1 = 2^{n-1}(2k+1)$ 对某对正整数 $n, k(\neq 1, 4, 7)$ 成立, 则 $\delta(K_1 \cup P_m) = \dfrac{n(n+1)}{2}$.

(iii) 若 $m + 1 = 3 \times 2^{n-1}$ 对某个正整数 n 成立, 则

$$\delta(K_1 \cup P_m) = \begin{cases} 1, & n = 1, \\ 3, & n = 2, \\ \dfrac{n(n+1)}{2} + 3, & n \geqslant 3. \end{cases}$$

(iv) 若 $m + 1 = 9 \times 2^{n-1}$ 对某个正整数 n 成立, 则

$$\delta(K_1 \cup P_m) = \begin{cases} 1, & n = 1, \\ \dfrac{n(n+1)}{2} + 1, & n \geqslant 2, \end{cases}$$

(v) 若 $m + 1 = 15 \times 2^{n-1}$ 对某个正整数 n 成立, 则

$$\delta(K_1 \cup P_m) = \begin{cases} 1, & n = 1, \\ \dfrac{n(n+1)}{2} + 1, & n \geqslant 2. \end{cases}$$

证明 设 $H \sim K_1 \cup P_m$, H_1 是 H 的一个连通分支, 使 $M_1(H_1) = M_1(P_m)$, $H = H_1 \cup H_2$.

(i) 对 n 用数学归纳法. 当 $n = 1$ 时, $K_1 \cup P_3$ 是匹配唯一的. 假定结论对 $m_2 + 1 = 2^n$ 成立. 由引理 6.1.2 知, $H_1 = P_m, C_{m_2+1}$ 或 $T_{1,1,m_2-1}$. ① 若 $H_1 = P_m$, 由 $K_1 \cup P_m \sim H = P_m \cup H_2$, 得 $H_2 = K_1$. ② 若 $H_1 = C_{m_2+1}$, $H = C_{m_2+1} \cup H_2 \sim K_1 \cup P_m \sim K_1 \cup P_{m_2} \cup C_{m_2+1}$, 得 $H_2 \sim K_1 \cup P_{m_2}$. 由归纳假设这样的 H_2 共有 $\dfrac{n(n-1)}{2}$ 个. ③ 若 $H_1 = T_{1,1,m_2-1}$, 由 $H = T_{1,1,m_2-1} \cup H_2 \sim K_1 \cup P_m \sim T_{1,1,m_2-1} \cup P_{m_2}$, 得 $H_2 \sim P_{m_2}$, 由定理 6.1.2 知这样的 H_2 共有 $n-1$ 个. 故 $\delta(K_1 \cup P_m) = 1 + \dfrac{n(n-1)}{2} + (n-1) = \dfrac{n(n+1)}{2}$.

(ii) 证明与 (i) 类似, 略.

(iii) 当 $n=1$ 时, $K_1 \cup P_2$ 是匹配唯一的. 当 $n=2$ 时, 由引理 6.1.2 知 $H_1 = P_5, C_3$ 或 $T_{1,1,1}$, 相应地, $H_2 = K_1, K_1 \cup P_2$ 或 P_2, 故 $\delta(K_1 \cup P_5) = 3$. 当 $n=3$ 时, 由引理 6.1.2 知 $H_1 = P_{11}, C_6, T_{1,1,4}, Q(2,1)$ 或 $T_{1,2,2}$. ① 若 $H_1 = P_{11}$, 易知 $H_2 = K_1$. ② 若 $H_1 = C_6$, 由 $H = C_6 \cup H_2 \sim K_1 \cup P_{11} \sim K_1 \cup P_5 \cup C_6$ 得 $H_2 \sim K_1 \cup P_5$, 这样的 H_2 共有三个. ③ 若 $H_1 = T_{1,1,4}$, 由 $H = T_{1,1,4} \cup H_2 \sim K_1 \cup P_{11} \sim P_5 \cup T_{1,1,4}$ 得 $H_2 \sim P_5$, 由定理 6.1.2 知这样的 H_2 共有两个. ④ 若 $H_1 = Q(2,1)$, 由 $H = Q(2,1) \cup H_2 \sim K_1 \cup P_{11} \sim P_3 \cup P_5 \cup Q(2,1)$, 得 $H_2 \sim P_3 \cup P_5$, 容易验证这样的 H_2 共有两个. ⑤ 若 $H_1 = T_{1,1,2}$, 由 $H = T_{1,1,2} \cup H_2 \sim K_1 \cup P_{11} \sim P_2 \cup P_3 \cup C_3 \cup Q(2,1) \sim P_3 \cup C_3 \cup T_{1,1,2}$, 得 $H_2 \sim P_3 \cup C_3$, 由 $P_3 \cup C_3$ 匹配唯一得 $H_2 = P_3 \cup C_3$. 则 $\delta(K_1 \cup P_{11}) = 1 + 3 + 2 + 2 + 1 = 9$.

下面对 $n (\geqslant 3)$ 用数学归纳法. 假定结论对 $m_2 + 1 = 3 \times 2^{n-1}, n \geqslant 3$ 成立. 由引理 6.1.2 知 $H_1 = P_m, C_{m_2+1}$ 或 $T_{1,1,m_2-1}$. ① 若 $H_1 = P_m$, 则 $H_2 = K_1$. ② 若 $H_1 = C_{m_2+1}$, 则 $H_2 \sim K_1 \cup P_{m_2}$, 由归纳假设这样的 H_2 共有 $\dfrac{n(n-1)}{2} + 3$ 个. ③ 若 $H_1 = T_{1,1,m_2-1}$, 则 $H_2 \sim P_{m_2}$, 由定理 6.1.2 这样的 H_2 共有 $(n-1)$ 个. 故 $\delta(K_1 \cup P_m) = 1 + \dfrac{n(n-1)}{2} + 3 + (n-1) = \dfrac{n(n+1)}{2} + 3$.

(iv) 当 $n=1$ 时, $K_1 \cup P_8$ 是匹配唯一的. 当 $n=2$ 时, 由引理 6.1.2 知 $H_1 = P_{17}, C_9, T_{1,1,7}$ 或 $T_{1,2,3}$, 相应地, $H_2 = K_1, K_1 \cup P_8, P_8$ 或 $P_8 \cup C_3$, 故 $\delta(K_1 \cup P_{17}) = 4$. 下面对 $n \geqslant 2$ 用数学归纳法. 假定结论对 $m_2 + 1 = 9 \times 2^{n-1}, n \geqslant 2$ 成立. 由引理 6.1.2 知 $H_1 = P_m, C_{m_2+1}$ 或 $T_{1,1,m_2-1}$. 若 $H_1 = P_m$, 则 $H_2 = K_1$. 若 $H_1 = C_{m_2+1}$, 则 $H_2 \sim K_1 \cup P_{m_2}$, 由归纳假设这样的 H_2 共有 $\dfrac{n(n-1)}{2} + 1$ 个. 若 $H_1 = T_{1,1,m_2-1}$, 则 $H_2 \sim P_{m_2}$, 由定理 6.1.2 知这样的 H_2 共有 $(n-1)$ 个. 故 $\delta(K_1 \cup P_m) = 1 + \dfrac{n(n-1)}{2} + 1 + (n-1) = \dfrac{n(n+1)}{2} + 1$.

(v) 证明与 (iv) 类似, 略. □

对 $m+1 = 2^{n+1}$ 或 $2^{n-1}(2k+1)$, 令 $\Delta = \{K_1 \cup P_{m_1}, K_1 \cup P_{m_2} \cup C_{m_2+1}, P_{m_2} \cup T_{1,1,m_2-1}, \cdots, K_1 \cup P_{m_n} \cup C_{m_2+1} \cup C_{m_3+1} \cup \cdots \cup C_{m_n+1}, P_{m_n} \cup T_{1,1,m_2-1} \cup C_{m_3+1} \cup \cdots \cup C_{m_n+1}, \cdots, P_{m_n} \cup C_{m_2+1} \cup \cdots \cup C_{m_{n-1}+1} \cup T_{1,1,m_n-1}\}$, 其中 $m_1 = m, m_{i-1} = \dfrac{m_i - 1}{2}(i = 1, 2, \cdots, n-1)$, Δ 中共有 $\dfrac{n(n+1)}{2}$ 张图.

定理 6.1.4 (1) 若 $m+1 = 2^{n+1}$ 对某个正整数 n 成立, 则 $K_1 \cup P_m$ 的所有匹配等价图 $H \in \Gamma_1 = \Delta$.

(2) 若 $m+1 = 2^{n-1}(2k+1)$ 对某对正整数 $n, k(\neq 1, 4, 7)$ 成立, 则 $K_1 \cup P_m$ 的所有匹配等价图 $H \in \Gamma_2 = \Delta$.

(3) 若 $m+1 = 3 \times 2^{n-1}$ 对某个正整数 n 成立, 则 $K_1 \cup P_m$ 的所有匹配等价图 $H \in \Gamma_3$. 其中, 当 $n = 1$ 时, $\Gamma_3 = \{K_1 \cup P_2\}$; 当 $n = 2$ 时, $\Gamma_3 = \{K_1 \cup P_5, K_1 \cup P_2 \cup C_3, P_2 \cup T_{1,1,1}\}$; 当 $n \geqslant 3$ 时, $\Gamma_3 = \Delta \cup \{P_2 \cup P_3 \cup C_3 \cup Q(2,1) \cup C_{12} \cup \cdots \cup C_{3 \times 2^{n-2}}, P_3 \cup C_3 \cup T_{1,2,2} \cup C_{12} \cup \cdots \cup C_{3 \times 2^{n-2}}, P_3 \cup P_5 \cup Q(2,1) \cup C_{12} \cup \cdots \cup C_{3 \times 2^{n-2}}\}$.

(4) 若 $m+1 = 9 \times 2^{n-1}$ 对某个正整数 n 成立, 则 $K_1 \cup P_m$ 的所有匹配等价图 $H \in \Gamma_4$. 其中, 当 $n = 1$ 时, $\Gamma_4 = \{K_1 \cup P_8\}$; 当 $n \geqslant 2$ 时, $\Gamma_4 = \Delta \cup \{P_8 \cup C_3 \cup C_3 \cup T_{1,2,3} \cup C_{18} \cup \cdots \cup C_{9 \times 2^{n-2}}\}$.

(5) 若 $m+1 = 15 \times 2^{n-1}$ 对某个正整数 n 成立, 则 $K_1 \cup P_m$ 的所有匹配等价图 $H \in \Gamma_5$. 其中, 当 $n = 1$ 时, $\Gamma_5 = \{K_1 \cup P_{14}\}$; 当 $n \geqslant 2$ 时, $\Gamma_5 = \Delta \cup \{P_{14} \cup C_3 \cup C_3 \cup T_{1,2,4} \cup C_{30} \cup \cdots \cup C_{15 \times 2^{n-2}}\}$.

证明 由引理 6.1.1, 这些图均等价于 $K_1 \cup P_m$, 且图的个数也等于 $\delta(K_1 \cup P_m)$. $\square$

6.2 I_n 的匹配等价图类

由定理 4.1.2 知, I_n(图 6.1) 是匹配最大根等于 2 的图中的唯一一个无限类, 在这一节中, 我们刻画 I_n 的匹配等价图类. 为了方便, 我们用 $\delta(G, H)$ 表示图 G 的所有匹配等价图中含有分支 H 的图的个数.

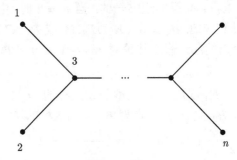

图 6.1 图 I_n

6.2 I_n 的匹配等价图类

引理 6.2.1 (i) 若 $m+1 = 3 \times 2^{n-1}$ 对某个正整数 n 成立，则 $\delta(P_m, P_2) = 1, \delta(P_m, P_2 \cup P_3) = 0$;

(ii) 若 $m+1$ 的最大奇数不是 3，则 $\delta(P_m, P_2) = 0$。

证明 由定理 6.1.2 显然。 □

引理 6.2.2 (i) 若 $m+1 = 3 \times 2^{n-1}$ 对某个正整数 n 成立，则

$$\delta(K_1 \cup P_m, P_2) = \begin{cases} 1, & n = 1, \\ 2, & n = 2, \\ n+1, & n \geqslant 3. \end{cases}$$

$$\delta(K_1 \cup P_m, P_2 \cup P_3) = \begin{cases} 0, & n \leqslant 2, \\ 1, & n \geqslant 3. \end{cases}$$

(ii) 若 $m+1$ 的最大奇因数不是 3，则

$$\delta(K_1 \cup P_m, P_2) = 0.$$

证明 设 $H \sim K_1 \cup P_m$，H_1 是 H 的一个连通分支，使 $M_1(H_1) = M_1(P_m)$，$H = H_1 \cup H_2$。

(i) 当 $n=1$ 时结论显然。当 $n=2$ 时，由定理 4.1.2 和引理 6.1.2 知 $H_1 = P_5, C_3$ 或 $T_{1,1,1}$，相应地，$H_2 = K_1, K_1 \cup P_2$ 或 P_2，故 $\delta(K_1 \cup P_5, P_2) = 2, \delta(K_1 \cup P_5, P_2 \cup P_3) = 0$。

当 $n=3$ 时，由引理 6.1.2 知，$H_1 = P_{11}, C_6, T_{1,1,4}, Q(2,1)$ 或 $T_{1,2,2}$。

(1) 若 $H_1 = P_{11}$，易知 $H_2 = K_1$。

(2) 若 $H_1 = C_6$，由 $H = C_6 \cup H_2 \sim K_1 \cup P_{11} \sim K_1 \cup P_5 \cup C_6$ 得 $H_2 \sim K_1 \cup P_5$，由 $n=2$ 时情形，$\delta(K_1 \cup P_5, P_2) = 2, \delta(K_1 \cup P_5, P_2 \cup P_3) = 0$。

(3) 若 $H_1 = T_{1,1,4}$，由 $H = T_{1,1,4} \cup H_2 \sim K_1 \cup P_{11} \sim P_5 \cup T_{1,1,4}$，得 $H_2 \sim P_5$。由引理 6.2.1 知，$\delta(P_5, P_2) = 1, \delta(P_5, P_2 \cup P_3) = 0$。

(4) 若 $H_1 = Q(2,1)$，由 $H = Q(2,1) \cup H_2 \sim K_1 \cup P_{11} \sim P_3 \cup P_5 \cup Q(2,1)$，得 $H_2 \sim P_3 \cup P_5$。容易验证 $\delta(P_3 \cup P_5, P_2) = 1, \delta(P_3 \cup P_5, P_2 \cup P_3) = 1$。

(5) 若 $H_1 = T_{1,2,2}$，由 $H = T_{1,2,2} \cup H_2 \sim K_1 \cup P_{11} \sim P_3 \cup C_3 \cup T_{1,2,2}$，得 $H_2 = P_3 \cup C_3$，而 $\delta(P_3 \cup C_3, P_2) = 0, \delta(P_3 \cup C_3, P_2 \cup P_3) = 0$。总之，$K_1 \cup P_{11}$ 的所有匹配等价图中含有分支 P_2 的匹配等价图共有 $\delta(K_1 \cup P_{11}, P_2) = 2+1+1 = 4$；含有分支 $P_2 \cup P_3$ 的匹配等价图共有 $\delta(K_1 \cup P_{11}, P_2 \cup P_3) = 1$。

下面对 $n \geqslant 3$ 用数学归纳法。假定结论对 $m_2 + 1 = 3 \times 2^{n-2}$ 成立。由引理 6.1.2 知 $H_1 = P_m, C_{m_2+1}$ 或 $T_{1,1,m_2-1}$。

(1) 若 $H_1 = P_m$，则 $H_2 = K_1$。

(2) 若 $H_1 = C_{m_2+1}$, 则 $H_2 \sim K_1 \cup P_{m_2}$, 由归纳假设 $\delta(K_1 \cup P_{m_2}, P_2) = n, \delta(K_1 \cup P_m, P_2 \cup P_3) = 1$.

(3) 若 $H_1 = T_{1,1,m_2-1}$, 则 $H_2 \sim P_{m_2}$, 由引理 6.2.1 知, $\delta(P_{m_2}, P_2) = 1, \delta(P_{m_2}, P_2 \cup P_3) = 0$. 故 $\delta(K_1 \cup P_m, P_2) = n+1, \delta(K_1 \cup P_m, P_2 \cup P_3) = 1$.

(ii) 按 $m+1$ 的最大奇因数是 1, 9, 15 或其他奇数分以下 (a)—(d) 四种情形.

(a) 按 $m+1 = 2^{n+1}$, 对 n 用数学归纳法. 当 $n=1$ 时, $\delta(K_1 \cup P_3, P_2) = 0$. 假定结论对 $m_2 + 1 = 2^n$ 成立. 由引理 6.1.2 知 $H_1 = P_m, C_{m_2+1}$ 或 $T_{1,1,m_2-1}$.

(1) 若 $H_1 = P_m$, 则 $H_2 = K_1$.

(2) 若 $H_1 = C_{m_2+1}$, 则 $H_2 \sim K_1 \cup P_{m_2}$, 由归纳假定 $\delta(K_1 \cup P_{m_2}, P_2) = 0$.

(3) 若 $H_1 = T_{1,1,m_2-1}$, 则 $H_2 \sim P_{m_2}$, 由引理 6.2.1 知 $\delta(P_{m_2}, P_2) = 0$. 故 $\delta(K_1 \cup P_m, P_2) = 0$.

(b) $m+1 = 9 \times 2^{n-1}$. 当 $n = 1$ 时, $\delta(K_1 \cup P_8, P_2) = 0$. 当 $n = 2$ 时, 由引理 6.1.2 知 $H_1 = P_{17}, C_9, T_{1,1,7}$ 或 $T_{1,2,3}$, 相应地 $H_2 = K_1, K_1 \cup P_8, P_8$ 或 $P_8 \cup C_3$. 而 $\delta(H_2, P_2) = 0$. 假定结论对 $m_2+1 = 9 \times 2^{n-2}$ 成立. 由引理 6.1.2 知 $H_1 = P_m, C_{m_2+1}$ 或 $T_{1,1,m_2-1}$, 相应地, $H_2 \sim K_1, K_1 \cup P_{m_2}$ 或 P_{m_2}, 由归纳假设和引理 6.2.1 知, $\delta(H_2, P_2) = 0$. 故 $\delta(K_1 \cup P_m, P_2) = 0$.

(c) $m+1 = 15 \times 2^{n-1}$. 证明与 (b) 类似, 略.

(d) $m+1 = 2^{n-1}(2k+1), k(\neq 0, 1, 4, 7)$ 为正整数. 证明与 (a) 类似, 略. □

引理 6.2.3 若 $m+1 = 3 \times 2^{n-1}$ 对某个正整数 n 成立, 则 $K_1 \cup P_m$ 的所有匹配等价图中含有分支 P_2 的图是下面的图.

(i) $n = 1, K_1 \cup P_2$;

(ii) $n = 2, P_2 \cup K_1 \cup C_3, P_2 \cup T_{1,1,1}$;

(iii) $n \geqslant 3, P_2 \cup K_1 \cup C_3 \cup C_6 \cup \cdots \cup C_{3 \times 2^{n-2}}, P_2 \cup T_{1,1,1} \cup C_6 \cup \cdots \cup C_{3 \times 2^{n-2}}, P_2 \cup C_3 \cup T_{1,1,4} \cdots \cup C_{3 \times 2^{n-2}}, \cdots, P_2 \cup C_3 \cup C_6 \cup \cdots \cup T_{1,1,3 \times 2^{n-2}-2}, P_2 \cup P_3 \cup C_3 \cup Q(2,1) \cup \cdots \cup C_{3 \times 2^{n-2}}$.

证明 由引理 6.1.1, 这些图均等价于 $K_1 \cup P_m$ 且含有 P_2 分支. 由引理 6.2.2, 图的个数也等于 $\delta(K_1 \cup P_m, P_2)$. □

引理 6.2.4 (i) $Q(2,2) \sim Q(3,1)$; (ii) $K_1 \cup Q(2,2) \sim I_6$;

(iii) $P_2 \cup Q(2,2) \sim T_{2,2,2}$; (iv) $P_3 \cup Q(2,2) \sim T_{1,3,3}$;

(v) $P_4 \cup Q(2,2) \sim T_{1,2,5}$; (vi) $K_1 \cup I_6 \sim P_2 \cup K_{1,4}$;

(vii) $P_{m-4} \cup I_n \sim P_{n-4} \cup I_m (m, n \geqslant 6)$; (viii) $I_{2n-3} \sim I_n \cup C_{n-3}(n \geqslant 6)$.

证明 由定理 1.3.1 容易计算: $\mu(K_1, x) = x, \mu(P_2, x) = x^2 - 1, \mu(P_3, x) = x^3 - 2x, \mu(P_4, x) = x^4 - 3x^2 + 1, \mu(Q(2,2), x) = x^5 - 5x^3 + 4x, \mu(Q(3,1), x) = x^5 - 5x^3 + 4x, \mu(I_6, x) = x^6 - 5x^4 + 4x^2, \mu(T_{2,2,2}, x) = x^7 - 6x^5 + 9x^3 - 4x, \mu(T_{1,3,3}, x) =$

6.2 I_n 的匹配等价图类

$x^8 - 7x^6 + 14x^4 - 8x^2, \mu(T_{1,2,5}, x) = x^9 - 8x^7 + 20x^5 - 17x^3 + 4x, \mu(K_{1,4}, x) = x^5 - 4x^3, \mu(I_7, x) = x^7 - 6x^5 + 8x^3$, 等价关系 (i)—(vi) 直接容易得证.

(vii) 由定理 1.3.1, $\mu(I_{n+1}, x) = x\mu(T_{1,1,n-3}, x) - x\mu(T_{1,1,n-5}, x)$, $\mu(I_n, x) = x\mu(T_{1,1,n-4}, x) - x\mu(T_{1,1,n-6}, x)$, $\mu(I_{n-1}, x) = x\mu(T_{1,1,n-5}, x) - x\mu(T_{1,1,n-7}, x)$, 于是, $\mu(I_{n+1}, x) = x\mu(I_n, x) - \mu(I_{n-1}, x)$. 先证 $m = 6$ 时 (vii) 成立.

容易验证: $P_2 \cup I_7 \sim P_3 \cup I_6$. 假定 (vii) 对大于等于 6 小于 n 的整数成立, 则 $\mu(P_2 \cup I_n, x) = \mu(P_2, x)[x\mu(I_{n-1}, x) - \mu(I_{n-2}, x)] = x\mu(P_2 \cup I_{n-1}, x) - \mu(P_2 \cup I_{n-2}, x) = x\mu(P_{n-5} \cup I_6, x) - \mu(P_{n-6} \cup I_6, x) = \mu(I_6, x)[x\mu(P_{n-5}, x) - \mu(P_{n-6}, x)] = \mu(I_6, x)\mu(P_{n-4}, x)$. 故 $P_2 \cup I_n \sim P_{n-4} \cup I_6$.

$P_2 \cup P_{m-4} \cup I_n \sim P_{n-4} \cup P_{m-4} \cup I_6 \sim P_{n-4} \cup P_2 \cup I_m$, 于是 $P_{m-4} \cup I_n \sim P_{n-4} \cup I_m$.

(viii) 由 $P_{n-4} \cup I_{2n-3} \sim P_{2n-7} \cup I_n \sim P_{n-4} \cup C_{n-3} \cup I_n$, 得 $I_{2n-3} \sim C_{n-3} \cup I_n$. □

引理 6.2.5 若 $n = 7$ 或 $n \geq 8$ 为偶数, 则 I_n 是匹配唯一的.

证明 设 $H \sim I_n$, 由定理 4.1.2 及 $M_1(H) = M_1(I_n) = 2$ 知, H 必有一连通分支 $H_1 \in \Omega_2$, 设 $H = H_1 \cup H_2$.

(i) 若 $H_1 = I_m (m \geq 6)$. 由 $I_n \sim H = I_m \cup H_2$, 得 $P_{n-4} \cup I_n \sim P_{n-4} \cup I_m \cup H_2 \sim P_{m-4} \cup I_n \cup H_2$, 因而 $P_{n-4} \sim P_{m-4} \cup H_2$. 当 $n = 7$ 或 $n \geq 8$ 且为偶数时, P_{n-4} 匹配唯一, 于是 $n = m, H_2$ 为空图, 即 $H = I_n$.

(ii) 若 $H = Q(2,2), Q(3,1)(\sim Q(2,2)), T_{2,2,2}(\sim P_2 \cup Q(2,2)), T_{1,3,3}(\sim P_3 \cup Q(2,2))$ 或 $T_{1,2,5}(\sim P_4 \cup Q(2,2))$. 均可设 $I_n \sim Q(2,2) \cup H_2$. 于是 $K_1 \cup P_{n-4} \cup I_n \sim K_1 \cup P_{n-4} \cup Q(2,2) \cup H_2 \sim P_{n-4} \cup I_6 \cup H_2 \sim P_2 \cup I_n \cup H_2$, 得 $K_1 \cup P_{n-4} \sim P_2 \cup H_2$. 这与 $n = 7$ 或 $n \geq 8$ 为偶数时, $K_1 \cup P_{n-4}$ 是匹配唯一的矛盾.

(iii) 若 $H_1 = K_{1,4}$. 由 $I_n \sim H = K_{1,4} \cup H_2$, 得 $P_{n-4} \cup P_2 \cup I_n \sim P_{n-4} \cup P_2 \cup K_{1,4} \cup H_2 \sim P_{n-4} \cup K_1 \cup I_6 \cup H_2 \sim K_1 \cup P_2 \cup I_n \cup H_2$, 因而 $P_{n-4} \sim K_1 \cup H_2$, 这与 $n = 7$ 或 $n \geq 8$ 为偶数时, P_{n-4} 时匹配唯一的矛盾. □

为了找到 $I_m(m \geq 6)$ 的所有匹配等价图类, 我们按 $m - 3$ 所含的最大奇因数是 1, 3 或其他奇数分为三类.

定理 6.2.1 (i) 若 $m - 3 = 2^{n+1}$ 对某个正整数 n 成立, 则 $\delta(I_m) = n$. 此时 I_m 的所有匹配等价图是

$$I_{m_1}, I_{m_2} \cup C_{m_2-3}, I_{m_3} \cup C_{m_2-3} \cup C_{m_3-3}, \cdots, I_{m_n} \cup C_{m_2-3} \cup C_{m_3-3} \cup \cdots \cup C_{m_n-3},$$

其中

$$m_1 = m, \quad m_{i+1} = \frac{m_i + 3}{2} \quad (i = 1, 2, \cdots, n-1).$$

(ii) 若 $m - 3 = 2^{n-1}(2k - 3)$ 对某对正整数 $n, k (\geq 4)$ 成立, 则 $\delta(I_m) = n$. 此时

I_m 的所有匹配等价图是

$$I_{m_1}, I_{m_2} \cup C_{m_2-3}, I_{m_3} \cup C_{m_2-3} \cup C_{m_3-3}, \cdots, I_{m_n} \cup C_{m_2-3} \cup C_{m_3-3} \cup \cdots \cup C_{m_n-3},$$

其中

$$m_1 = m, \quad m_{i+1} = \frac{m_i + 3}{2} \quad (i = 1, 2, \cdots, n-1).$$

(iii) 若 $m - 3 = 2^{n-1} \times 3$ 对某个正整数 n 成立, 则

$$\delta(I_m) = \begin{cases} 3n, & n = 1, 2, \\ 3(n+1), & n \geqslant 3. \end{cases}$$

当 $n = 1$ 时, I_6 的匹配等价图是 $I_6, K_1 \cup Q(2,2), K_1 \cup Q(3,1)$.

当 $n = 2$ 时, I_9 的匹配等价图是 $I_9, I_6 \cup C_3, K_1 \cup Q(2,2) \cup C_3, Q(2,2) \cup T_{1,1,1}, K_1 \cup Q(3,1) \cup C_3, Q(3,1) \cup T_{1,1,1}$.

当 $n \geqslant 3$ 时, I_m 的匹配等价图分为四类:

(1) 含 I-形分支的是 $I_{m_1}, I_{m_2} \cup C_{m_2-3}, I_{m_3} \cup C_{m_2-3} \cup C_{m_3-3}, \cdots, I_{m_n} \cup C_{m_2-3} \cup C_{m_3-3} \cup \cdots \cup C_{m_n-3}$, 其中 $m_1 = m, m_{i+1} = \dfrac{m_i + 3}{2}(i = 1, 2, \cdots, n-1)$;

(2) 含 $Q(2,2)$ 分支的是 $Q(2,2) \cup H_2$, 其中 $H_2 \in \Gamma = \{K_1 \cup C_3 \cup C_6 \cup \cdots \cup C_{3 \times 2^{n-2}}, T_{1,1,1} \cup C_6 \cup C_{3 \times 2^{n-2}}, C_3 \cup T_{1,1,4} \cup \cdots \cup C_{3 \times 2^{n-2}}, C_3 \cup C_6 \cup \cdots \cup T_{1,1,3 \times 2^{n-2}-2}, P_3 \cup C_3 \cup Q(2,1) \cup C_9 \cup \cdots \cup C_{3 \times 2^{n-2}}\}$;

(3) 含 $Q(3,1)$ 分支的是 $Q(3,1) \cup H_2$, 其中 $H_2 \in \Gamma$;

(4) 含 $T_{1,3,3}$ 分支的是 $T_{1,3,3} \cup C_3 \cup Q(2,1) \cup C_9 \cup \cdots \cup C_{3 \times 2^{n-2}}$.

证明 设 $H \sim I_m$. 由 $M_1(H) = 2$, H 必有一连通分支 $H_1 \in \Omega_2, H = H_1 \cup H_2$.

(i) 分以下三种情形:

(1) 若 $H_1 = I_t (t \geqslant 6)$. 由 $I_m \sim H = I_t \cup H_2$, 得 $P_{m-4} \cup I_m \sim P_{m-4} \cup I_t \cup H_2 \sim P_{t-4} \cup I_m \cup H_2$, 因而 $P_{m-4} \sim P_{t-4} \cup H_2$. 由于 $(m-4) + 1 = 2^{n+1}$ 及定理 6.1.2(i) 知, 这样的 H_2 共有 n 个 (包括空图). 它们是 $C_{2^n}, C_{2^n} \cup C_{2^{n-1}}, \cdots, C_{2^n} \cup C_{2^{n-1}} \cup \cdots \cup C_4$, 空图. 由 H_2 的点数易知 t 值, 即这种 H 是定理的 (i) 中所描述的 n 个图.

(2) 若 $H_1 = Q(2,2), Q(3,1)(\sim Q(2,2)), T_{2,2,2}(\sim P_2 \cup Q(2,2)), T_{1,3,3}(\sim P_3 \cup Q(2,2))$ 或 $T_{1,2,5} \sim (P_4 \cup Q(2,2))$. 均可设 $I_m \sim Q(2,2) \cup H_2$. 于是 $K_1 \cup P_{m-4} \cup I_m \sim K_1 \cup P_{m-4} \cup Q(2,2) \cup H_2 \sim P_{m-4} \cup I_6 \cup H_2 \sim P_2 \cup I_m \cup H_2$, 得 $K_1 \cup P_{m-4} \sim P_2 \cup H_2$, 由引理 6.2.2(ii) 知, 这样的 H_2 不存在.

(3) 若 $H_1 = K_{1,4}$. 由 $I_m \sim H = K_{1,4} \cup H_2$, 得 $P_{m-4} \cup P_2 \cup I_m \sim P_{m-4} \cup P_2 \cup K_{1,4} \cup H_2 \sim P_{m-4} \cup K_1 \cup I_6 \cup H_2 \sim K_1 \cup P_2 \cup I_m \cup H_2$, 因而 $P_{m-4} \sim K_1 \cup H_2$, 由定理 6.1.2 知这样的 H_2 不存在.

总之由 (1)—(3), (i) 得证.

6.2 I_n 的匹配等价图类

(ii) 证明与 (i) 类似, 略.

(iii) 当 $n=1$ 时. 若 $H_1 = I_t(t \geq 6)$, 由 I_6 只有 6 个点知 $H = I_6$; 若 $H_1 = Q(2,2)$ 或 $Q(3,1)$, 由 I_6 只有 6 个点知 $H_2 = K_1$; 若 $H_1 = T_{2,2,2}, T_{1,3,3}$ 或 $T_{1,2,5}$, 由 I_6 只有 6 个点知, 这不可能; 若 $H_1 = K_{1,4}$, 与 (i)(3) 类似知, 这也不可能. 故 I_6 的匹配等价图是: $I_6, K_1 \cup Q(2,2), K_1 \cup Q(3,1)$.

当 $n=2$ 时. 若 $H_1 = I_t(t \geq 6)$, 得 $P_5 \sim P_{t-4} \cup H_2$, 由定理 6.1.2(ii) 知, H_2 为空图或 C_3, 因而 $H_1 = I_9$ 或 $I_6, H = I_9$ 或 $I_6 \cup C_3$; 若 $H_1 = Q(2,2)$ 或 $Q(3,1)$, 得 $K_1 \cup P_5 \sim P_2 \cup H_2$, 由引理 6.2.3(ii) 知, $H_2 = K_1 \cup C_3$ 或 $T_{1,1,1}$; 若 $H_1 = T_{2,2,2}, T_{1,3,3}$ 或 $T_{1,2,5}$, 得 $K_1 \cup P_5 \sim P_2 \cup P_2 \cup H_2, P_2 \cup P_3 \cup H_2$ 或 $P_2 \cup P_4 \cup H_2$, 由引理 6.2.3(ii) 知, 这均不可能; 若 $H_1 = H_{1,4}$, 与 (i)(3) 类似知, 这也不可能. 故 I_9 的匹配等价图是: $I_9, I_6 \cup C_3, K_1 \cup Q(2,2) \cup C_3, K_1 \cup Q(3,1) \cup C_3, Q(2,2) \cup T_{1,1,1}, Q(3,1) \cup T_{1,1,1}$.

当 $n \geq 3$ 时, 分以下四种情形.

(1) $H_1 = I_t(t \geq 6)$. 与 (i)(1) 类似. 这样的 I_m 的匹配等价图是定理 (iii)(1) 所描述的 n 张图.

(2) $H_1 = Q(2,2)$ 或 $Q(3,1)$, 则 $K_1 \cup P_{m-4} \sim P_2 \cup H_2$. 由定理 6.2.3(3) 知, $H_2 \in \Gamma = \{K_1 \cup C_3 \cup C_6 \cup \cdots \cup C_{3 \times 2^{n-2}}, T_{1,1,1} \cup C_6 \cup \cdots \cup C_{3 \times 2^{n-2}}, C_3 \cup T_{1,1,4} \cup \cdots \cup C_{3 \times 2^{n-2}}, \cdots, C_3 \cup C_6 \cup \cdots T_{1,1,3 \times 2^{n-2}-2}, P_3 \cup C_3 \cup Q(2,1) \cup C_9 \cup \cdots \cup C_{3 \times 2^{n-2}}\}$, 即 I_m 的这种匹配等价图是定理的 (iii)(2)(3) 所描述的 $2(n+1)$ 张图.

(3) $H_1 = T_{1,3,3}$, 则 $K_1 \cup P_{m-4} \sim P_2 \cup P_3 \cup H_2$. 由引理 6.2.2(i) 和引理 6.2.3(iii) 知 $H_2 = C_3 \cup Q(2,1) \cup C_6 \cup \cdots \cup C_{3 \times 2^{n-2}}$, 即 I_m 的这种匹配等价图是 $T_{1,3,3} \cup C_3 \cup Q(2,1) \cup C_6 \cup \cdots \cup C_{3 \times 2^{n-2}}$.

(4) $H_1 \neq T_{2,2,2}, T_{1,2,5}$ 或 $K_{1,4}$. 若 $H_1 = T_{2,2,2}$ 或 $T_{1,2,5}$, 则 $K_1 \cup P_{m-4} \sim P_2 \cup P_2 \cup H_2$ 或 $P_2 \cup P_4 \cup H_2$, 由引理 6.2.3 (iii) 知, 这样的 H_2 不存在. 若 $H_1 = K_{1,4}$, 与 (i)(3) 类似, 这也不可能.

总之由 (1)—(4), (iii) 得证. □

推论 6.2.1 (i) 若 $m - 3 = 2^{n+1}$ 对某个正整数 n 成立, 则 $\delta(\overline{I_m}) = n$. 此时 $\overline{I_m}$ 的匹配等价图是定理 6.2.1(i) 所述的那些图的补图.

(ii) 若 $m - 3 = 2^{n-1}(2k-3)$ 对某对正整数 $n, k(\geq 4)$ 成立, 则 $\delta(\overline{I_m}) = n$. 此时 $\overline{I_m}$ 的匹配等价图是定理 6.2.1(ii) 所述的那些图的补图.

(iii) 若 $m - 3 = 2^{n-1} \times 3$ 对某个正整数 n 成立, 则

$$\delta(\overline{I_m}) = \begin{cases} 3n, & n = 1, 2, \\ 3(n+1), & n \geq 3. \end{cases}$$

此时 $\overline{I_m}$ 的匹配等价图是定理 6.2.1(iii) 所述的那些图的补图.

6.3 $K_1 \cup I_n$ 的匹配等价图类

在前一节中, 我们完整地刻画了 I_n 以及它的补图的匹配等价图类. 在这一节中, 我们将完整地刻画了 $K_1 \cup I_n$ 以及它的补图的匹配等价图类.

假如 $m+1 = 2^{n+1}$ 或 $2^{n-1}(2k+1)$ 对某个正整数 n,k 成立, 将与图 P_m 等价的图的集合记为

$$\Phi_1 = [P_m] = \{P_{m_1}, P_{m_2} \cup C_{m_2+1}, P_{m_3} \cup C_{m_2+1} \cup C_{m_3+1},$$
$$\cdots, P_{m_n} \cup C_{m_2+1} \cup C_{m_3+1} \cup \cdots \cup C_{m_n+1}\},$$

这里的 $m_1 = m, m_{i+1} = \dfrac{m_i - 1}{2} (i = 1, 2, \cdots, n-1)$.

由定理 6.1.4 易知, $K_1 \cup P_m$ 的每一个等价图都至少有一个路分支, 用 Φ_2 表示 $K_1 \cup P_m$ 的每一个等价图删去一条路分支后得到的图的集合. 注意

$$|\Phi_2| = \begin{cases} \delta(K_1 \cup P_m) + 2, & m+1 = 3 \times 2^{n-1} \text{ 且 } n \geqslant 3, \\ \delta(K_1 \cup P_m), & \text{其他}. \end{cases}$$

引理 6.3.1 (i) 若 $m+1 = 3 \times 2^{n-1}$ 对某对正整数 n 成立, 则

$$\delta(2K_1 \cup P_m, P_2) = \begin{cases} 1, & n=1, \\ 2, & n=2, \\ \dfrac{n(n+1)}{2}, & n \geqslant 3. \end{cases}$$

$$\delta(2K_1 \cup P_m, P_2 \cup P_3) = \begin{cases} 0, & n \leqslant 2, \\ n-1, & n \geqslant 3. \end{cases}$$

(ii) 若 $m+1$ 的最大奇因数不是 3, 则 $\delta(2K_1 \cup P_m, P_2) = 0$.

证明 (i) $H \sim 2K_1 \cup P_m$. H_1 是 H 的连通分支, 使 $M_1(H_1) = M_1(P_m)$, $H = H_1 \cup H_2$. 对 n 用数学归纳. 当 $n=1$ 时, 结论明显. 当 $n=2$ 时, $H_1 = P_5, C_6$ 或 $T_{1,1,1}$, 相应地, $H_2 \sim 2K_1, 2K_1 \cup P_2$ 或 $K_1 \cup P_2$, 则 $\delta(2K_1 \cup P_5, P_2) = 2, \delta(2K_1 \cup P_m, P_2 \cup P_3) = 0$. 当 $n=3$ 时, $H_1 = P_{11}, C_6, T_{1,1,4}, Q(2,1)$ 或 $T_{1,2,2}$.

由引理 6.1.1, 相应地, $H_2 \sim 2K_1, 2K_1 \cup P_5$ 或 $K_1 \cup P_5, K_1 \cup P_3 \cup P_5$ 或 $K_1 \cup P_3 \cup C_3$. 于是 $\delta(2K_1 \cup P_{11}, P_2) = \delta(2K_1, P_2) + \delta(2K_1 \cup P_5, P_2) + \delta(K_1 \cup P_5, P_2) + \delta(K_1 \cup P_3 \cup P_5, P_2) + \delta(K_1 \cup P_3 \cup C_3, P_2) = 0 + 2 + 2 + 2 + 0 = 6; \delta(2K_1 \cup P_{11}, P_2 \cup P_3) =$

$\delta(2K_1, P_2 \cup P_3) + \delta(2K_1 \cup P_5, P_2 \cup P_3) + \delta(K_1 \cup P_5, P_2 \cup P_3) + \delta(K_1 \cup P_3 \cup P_5, P_2 \cup P_3) + \delta(2K_1 \cup P_3 \cup C_3, P_2 \cup P_3) = 0 + 0 + 0 + 2 + 0 = 2.$

当 $n \geqslant 4$ 时,$H_1 = P_m, C_{m_2+1}$ 或 $T_{1,1,m_2-1}(m_2 + 1 = 3 \times 2^{n-2})$,相应地,$H_2 \sim 2K_1, 2K_1 \cup P_{m_2}$ 或 $K_1 \cup P_{m_2}$. 于是 $\delta(2K_1 \cup P_m, P_2) = \delta(2K_1, P_2) + \delta(2K_1 \cup P_{m_2}, P_2) + \delta(K_1 \cup P_{m_2}, P_2) = 0 + \dfrac{n(n-1)}{2} + n = \dfrac{n(n+1)}{2}, \delta(2K_1 \cup P_m, P_2 \cup P_3) = \delta(2K_1, P_2 \cup P_3) + \delta(2K_1 \cup P_{m_2}, P_2 \cup P_3) + \delta(K_1 \cup P_{m_2}, P_2 \cup P_3) = 0 + (n-2) + 1 = n - 1.$

(ii) 按 $m+1$ 的最大奇因数使 1, 9, 15 或其他奇数分以下 (a)—(d) 四种情形. 设 $H \sim 2K_1 \cup P_m$. H_1 是 H 的一个连通分支,使 $M_1(H_1) = M_1(P_m), H = H_1 \cup H_2$.

(a) $m + 1 = 2^{n+1}$. 当 $n = 1$ 时,$\delta(2K_1 \cup P_3, P_2) = 0$. 假定结论对 $m_2 + 1 = 2^n$ 成立且对 n 用数学归纳. $H_1 = P_m, C_{m_2+1}$ 或 $T_{1,1,m_2-1}$,相应地,$H_2 \sim 2K_1, 2K_1 \cup P_{m_2}$ 或 $K_1 \cup P_{m_2}$. 于是由归纳假定和引理 6.2.2 知,$\delta(2K_1 \cup P_m, P_2) = \delta(2K_1, P_2) + \delta(2K_1 \cup P_{m_2}, P_2) + \delta(K_1 \cup P_{m_2}, P_2) = 0.$

(b) $m + 1 = 9 \times 2^{n-1}$. 当 $n = 1$ 时,$\delta(2K_1 \cup P_8, P_2) = 0$. 当 $n = 2$ 时,$H_1 = P_{17}, C_9, T_{1,1,7}$ 或 $T_{1,2,3}$. 相应地,$H_2 \sim 2K_1, 2K_1 \cup P_8, K_1 \cup P_8$ 或 $K_1 \cup C_3 \cup P_8$. 都有 $\delta(H_2, P_2) = 0$. 假定结论对 $m_2 + 1 = 9 \times 2^{n-2}$ 成立且对 n 用数学归纳. $H_1 = P_m, C_{m_2+1}$ 或 $T_{1,1,m_2-1}$,相应地,$H_2 \sim 2K_1, 2K_1 \cup P_{m_2}$ 或 $K_1 \cup P_{m_2}$. 于是 $\delta(2K_1 \cup P_m, P_2) = \delta(2K_1, P_2) + \delta(2K_1 \cup P_{m_2}, P_2) + \delta(K_1 \cup P_{m_2}, P_2) = 0.$

(c) $m + 1 = 15 \times 2^{n-1}$. 证明与 (b) 类似,略.

(d) $m + 1 = 2^{n-1}(2k+1), k(\neq 0, 1, 4, 7)$ 为整数. 证明与 (a) 类似, 略. □

引理 6.3.2 若 $m + 1 = 3 \times 2^{n-1}$ 对某对正整数 n 成立,则 $2K_1 \cup P_m$ 的所有匹配等价图中含有分支 P_2 的图是下面的图:

(i) $n = 1, 2K_1 \cup P_2$;

(ii) $n = 2, P_2 \cup 2K_1 \cup C_3, K_1 \cup P_2 \cup T_{1,1,1}$;

(iii) $n \geqslant 3, P_2 \cup 2K_1 \cup C_3 \cup C_6 \cup \cdots \cup C_{3 \times 2^{n-2}}, P_2 \cup K_1 \cup T_{1,1,1} \cup C_6 \cup \cdots \cup C_{3 \times 2^{n-2}}, P_2 \cup K_1 \cup C_3 \cup T_{1,1,4} \cup \cdots \cup C_{3 \times 2^{n-2}}, \cdots, P_2 \cup K_1 \cup C_3 \cup C_6 \cup \cdots \cup T_{1,1,3 \times 2^{n-2}-2}, P_2 \cup T_{1,1,1} \cup T_{1,1,4} \cup \cdots \cup C_{3 \times 2^{n-2}}, \cdots, P_2 \cup T_{1,1,1} \cup C_6 \cup \cdots \cup C_{3 \times 2^{n-3}} \cup T_{1,1,3 \times 2^{n-2}-2}, \cdots, P_2 \cup C_3 \cup \cdots \cup T_{1,1,3 \times 2^{n-3}-2} \cup T_{1,1,3 \times 2^{n-2}-2}, P_2 \cup P_3 \cup K_1 \cup Q(2,1) \cup C_3 \cup C_{12} \cup \cdots \cup C_{3 \times 2^{n-2}}, P_2 \cup P_3 \cup Q(2,1) \cup T_{1,1,1} \cup C_{12} \cup \cdots \cup C_{3 \times 2^{n-2}}, \cdots, P_2 \cup P_3 \cup Q(2,1) \cup C_3 \cup \cdots \cup T_{1,1,3 \times 2^{n-2}-2}.$

证明 由引理 6.1.1,这些图均等价于 $2K_1 \cup P_m$ 且含有分支 P_2. 对 $n \geqslant 3$,它们可以分为仅含一条路分支 P_2 的 3 类: ① 不含 T-形树分支的 1 张图; ② 含一个 T-形树分支的 $n-1$; ③ 含两个 T-形树分支的 $\dfrac{(n-1)(n-2)}{2}$ 张图. 以及含有两条路 $P_2 \cup P_3$ 的一类,这类图共有 $n-1$ 张. 共有 $\dfrac{n(n+1)}{2}$ 张图. 由引理 6.3.1,图的个数也等于 $\delta(2K_1 \cup P_m, P_2)$. □

为了方便,用 Φ_3 表示 $2K_1 \cup P_m$ 的含有分支 P_2 的所有等价图中删去 P_2 后得到的图的集合, 即引理 6.3.2 的每张图中删去 P_2 后得到的图的集合. 用 Φ_4 表示 $2K_1 \cup P_m$ 的含有分支 $P_2 \cup P_3$ 的所有等价图中删去 $P_2 \cup P_3$ 后得到的图的集合. 由引理 6.3.1 和引理 6.3.2 容易得到下面的引理.

引理 6.3.3 若 $m \geqslant 2$ 是整数, $\delta(2K_1 \cup P_m, 2P_2) = 0, \delta(2K_1 \cup P_m, P_2 \cup P_4) = 0$.

为了找到 $K_1 \cup I_m (m \geqslant 6)$ 的所有匹配等价图, 按 $m-3$ 所含的最大奇因数是 $1, 3, 9, 15$ 或其他奇数分为五类.

定理 6.3.1 (i) 若 $m - 3 = 2^{n+1}$ 或 $2^{n-1}(2k+1)$ 对某对正整数 $n, k(\neq 1, 4, 7)$ 成立, 则

$$\delta(K_1 \cup I_m) = \frac{n(n+3)}{2}.$$

此时 $K_1 \cup I_m$ 的所有匹配等价分为两类: ① 含 I-形分支的是 $I_t \cup H_2, H_2 \in \Phi_2$; ② 含 $K_{1,4}$ 形分支的是 $K_{1,4} \cup H_2, H_2 \in \Phi_1$.

(ii) 若 $m - 3 = 9 \times 2^{n-1}$ 或 $15 \times 2^{n-1}$ 对某个正整数 n 成立, 则

$$\delta(K_1 \cup I_m) = \begin{cases} 2, & n = 1, \\ \dfrac{(n+1)(n+2)}{2}, & n \geqslant 2. \end{cases}$$

此时 $K_1 \cup I_m$ 的所有匹配等价分为两类: ① 含 I-形分支的是 $I_t \cup H_2, H_2 \in \Phi_2$; ② 含 $K_{1,4}$ 形分支的是 $K_{1,4} \cup H_2, H_2 \in \Phi_1$.

(iii) 若 $m - 3 = 3 \times 2^{n-1}$ 对某个正整数 n 成立, 则

$$\delta(K_1 \cup I_m) = \begin{cases} 4, & n = 1, \\ 9, & n = 2, \\ \dfrac{n(3n+7)}{4} + 4, & n \geqslant 3. \end{cases}$$

此时 $K_1 \cup I_m$ 的所有匹配等价分为五类: ① 含 I-形分支的是 $I_t \cup H_2, H_2 \in \Phi_2$; ② 含 $K_{1,4}$ 形分支的是 $K_{1,4} \cup H_2, H_2 \in \Phi_1$; ③ 含 $Q(2,2)$ 形分支的是 $Q(2,2) \cup H_2, H_2 \in \Phi_3$; ④ 含 $Q(3,1)$ 形分支的是 $Q(3,1) \cup H_2, H_2 \in \Phi_3$; ⑤ 含 $T_{1,3,3}$ 形分支的是 $T_{1,3,3} \cup H_2, H_2 \in \Phi_4$.

证明 设 $H \sim K_1 \cup I_m$, 由 $M_1(H) = 2$ 及定理 4.1.2 知, H 必有一连通分支 $H_1 \in \Omega_2, H = H_1 \cup H_2$.

(i) 分以下三种情形:

(1) 若 $H_1 = I_t (t \geqslant 6)$. 由 $K_1 \cup I_m \sim H = I_t \cup H_2$, 得 $P_{m-4} \cup K_1 \cup I_m \sim P_{m-4} \cup I_t \cup H_2 \sim P_{t-4} \cup I_m \cup H_2$, 因而 $K_1 \cup P_{m-4} \sim P_{t-4} \cup H_2$. 由定理 6.1.4 知, 这样的 $H_2 \in \Phi_2$.

(2) 若 $H_1 = K_{1,4}$. 由 $K_1 \cup I_m \sim K_{1,4} \cup H_2$, 得 $P_{m-4} \cup P_2 \cup K_1 \cup I_m \sim P_{m-4} \cup P_2 \cup K_{1,4} \cup H_2 \sim P_{m-4} \cup K_1 \cup I_6 \cup H_2 \sim K_1 \cup P_2 \cup I_m \cup H_2$, 因而 $P_{m-4} \sim H_2$. 由定理 6.1.2 知, 这样的 $H_2 \in \Phi_1$.

(3) 若 $H_1 = Q(2,2), Q(3,1)(\sim Q(2,2)), T_{2,2,2}(\sim P_2 \cup Q(2,2)), T_{1,3,3}(\sim P_3 \cup Q(2,2)), T_{1,2,5}(\sim P_4 \cup Q(2,2))$, 均可设 $K_1 \cup I_m \sim Q(2,2) \cup H_2$. 于是 $2K_1 \cup P_{m-4} \cup I_m \sim K_1 \cup P_{m-4} \cup Q(2,2) \cup H_2 \sim P_{m-4} \cup I_6 \cup H_2 \sim P_2 \cup I_m \cup H_2$, 得 $2K_1 \cup P_{m-4} \sim P_2 \cup H_2$. 由引理 6.3.1(ii) 知, 这样的 H_2 不存在.

(ii) 证明与 (i) 类似, 略.

(iii) 分以下七情形:

(1) 若 $H_1 = I_t(t \geqslant 6)$. 与 (i) 的 (1) 类似, 这样的 $H_2 \in \Phi_2$.

(2) 若 $H_1 = K_{1,4}$. 与 (i) 的 (2) 类似, 这样的 $H_2 \in \Phi_1$.

(3) 若 $H_1 = Q(2,2)$. 由 $K_1 \cup I_m \sim Q(2,2) \cup H_2$, 于是 $2K_1 \cup P_{m-4} \cup I_m \sim K_1 \cup P_{m-4} \cup Q(2,2) \cup H_2 \sim P_{m-4} \cup I_6 \cup H_2 \sim P_2 \cup I_m \cup H_2$, 得 $2K_1 \cup P_{m-4} \sim P_2 \cup H_2$. 由引理 6.3.2 知, 这样的 $H_2 \in \Phi_3$.

(4) 若 $H_1 = Q(3,1)$. 由 $K_1 \cup I_m \sim Q(3,1) \cup H_2$, 于是 $2K_1 \cup P_{m-4} \cup I_m \sim K_1 \cup P_{m-4} \cup Q(3,1) \cup H_2 \sim P_{m-4} \cup I_6 \cup H_2 \sim P_2 \cup I_m \cup H_2$, 得 $2K_1 \cup P_{m-4} \sim P_2 \cup H_2$. 由引理 6.3.2 知, 这样的 $H_2 \in \Phi_3$.

(5) 若 $H_1 = T_{1,3,3}$. 由 $K_1 \cup I_m \sim T_{1,3,3} \cup H_2 \sim P_3 \cup Q(2,2) \cup H_2$, 于是 $2K_1 \cup P_{m-4} \cup I_m \sim K_1 \cup P_{m-4} \cup Q(2,2) \cup P_3 \cup H_2 \sim P_{m-4} \cup I_6 \cup P_3 \cup H_2 \sim P_2 \cup P_3 \cup I_m \cup H_2$, 得 $2K_1 \cup P_{m-4} \sim P_2 \cup P_3 \cup H_2$. 由引理 6.3.1 和由引理 6.3.2 知, 当 $n \leqslant 2$ 时, 这样的 H_2 不存在, 当 $n \geqslant 3$ 时, 这样的 $H_2 \in \Phi_4$.

(6) 若 $H_1 = T_{2,2,2}$. 由 $K_1 \cup I_m \sim T_{2,2,2} \cup H_2 \sim P_2 \cup Q(2,2) \cup H_2$, 于是 $2K_1 \cup P_{m-4} \cup I_m \sim K_1 \cup P_{m-4} \cup Q(2,2) \cup P_2 \cup H_2 \sim P_{m-4} \cup I_6 \cup P_2 \cup H_2 \sim P_2 \cup P_2 \cup I_m \cup H_2$, 得 $2K_1 \cup P_{m-4} \sim 2P_2 \cup H_2$. 由引理 6.3.3 知, 这样的 H_2 不存在.

(7) 若 $H_1 = T_{1,2,5}$. 由 $K_1 \cup I_m \sim T_{1,2,5} \cup H_2 \sim P_4 \cup Q(2,2) \cup H_2$, 于是 $2K_1 \cup P_{m-4} \cup I_m \sim K_1 \cup P_{m-4} \cup Q(2,2) \cup P_4 \cup H_2 \sim P_{m-4} \cup I_6 \cup P_4 \cup H_2 \sim P_2 \cup P_4 \cup I_m \cup H_2$, 得 $2K_1 \cup P_{m-4} \sim P_2 \cup P_4 \cup H_2$. 由引理 6.3.3 知, 这样的 H_2 不存在. □

推论 6.3.1 对定理 6.3.1 所述的每一种情形, $\overline{K_1 \cup I_m}$ 的匹配等价图是定理所述的那些图的补图.

6.4 两种度序列图的匹配等价图类

显然, 度序列为 $\pi(G) = (1, 3, \underbrace{2, 2, \cdots, 2}_{n-2}) = (1^1, 3^1, 2^{n-2})$ 的图 G 是 $Q(s,t) \cup$

$\overline{\left(\bigcup_{i\in A} C_i\right)}$, 其中 $Q(m,n)$ 见图 6.2, 度序列为 $\pi(G) = (n-2, n-4, (n-3)^{n-2})$ 的图 G 是 $\overline{Q(s,t) \cup \left(\bigcup_{i\in A} C_i\right)}$, 其中 A 是大于等于 3 的整数组成的可重集. 这一节中我们完全刻画了 $Q(m,n) \cup \left(\bigcup_{i\in A} C_i\right)$ 和它的补图的匹配等价图类, 其中 A 是大于等于 3 的整数组成的可重集. 即刻画了度序列为 $\pi(G) = (1^1, 3^1, 2^{n-2})$ 和 $\pi(G) = (n-2, n-4, (n-3)^{n-2})$ 的图 G 的匹配等价图类. 我们的主要结果是下面的定理.

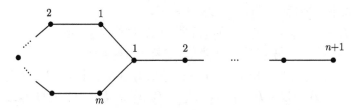

图 6.2 图 $Q(m,n)$

定理 6.4.1 设 $G = Q(m,n) \cup \left(\bigcup_{i\in A} C_i\right)$, A 是大于等于 3 的整数组成的可重集.

(i) 若 $m=2, n=1$, 则 $\delta(G) = 1$. 此时 G 是匹配唯一的.

(ii) 若 $m=k, n=2k+2$ 或 $m=2k+3, n=k-1$, 则 $\delta(G) = 3$. 此时 G 的匹配等价图是: $Q(k, 2k+2) \cup \left(\bigcup_{i\in A} C_i\right)$, $Q(2k+3, k-1) \cup \left(\bigcup_{i\in A} C_i\right)$, $Q(k+1, k) \cup \left(\bigcup_{i\in A\cup\{k+1\}} C_i\right)$.

(iii) 若 $m=n+1$. 当 $n+1 \in A$ 时, $\delta(G) = 3$, 此时 G 的匹配等价图是: $Q(n+1, n) \cup \left(\bigcup_{i\in A} C_i\right)$, $Q(n, 2n+2) \cup \left(\bigcup_{i\in A\setminus\{n+1\}} C_i\right)$, $Q(2n+3, n-1) \cup \left(\bigcup_{i\in A\setminus\{n+1\}} C_i\right)$. 当 $n+1 \notin A$ 时, $\delta(G) = 1$, 此时 G 是匹配唯一的.

(iv) 若不是 (i)—(iii) 情形. $\delta(G) = 2$. 此时 G 的匹配的等价图是: $Q(m,n) \cup \left(\bigcup_{i\in A} C_i\right)$, $Q(n+1, m-1) \cup \left(\bigcup_{i\in A} C_i\right)$.

推论 6.4.1 设 $G = \overline{Q(m,n) \cup \left(\bigcup_{i\in A} C_i\right)}$, A 是大于等于 3 的整数组成的可重集.

(i) 若 $m=2, n=1$, 则 $\delta(G) = 1$. 此时 G 是匹配唯一的.

(ii) 若 $m=k, n=2k+2$ 或 $m=2k+3, n=k-1$, 则 $\delta(G) = 3$. 此时 G 的匹

配等价图是

$$\overline{Q(k,2k+2)\cup\left(\bigcup_{i\in A}C_i\right)},\quad \overline{Q(2k+3,k-1)\cup\left(\bigcup_{i\in A}C_i\right)},$$

$$\overline{Q(k+1,k)\cup\left(\bigcup_{i\in A\cup\{k+1\}}C_i\right)}.$$

(iii) 若 $m=n+1$. 当 $n+1\in A$ 时, $\delta(G)=3$, 此时 G 的匹配等价图是

$$\overline{Q(n+1,n)\cup\left(\bigcup_{i\in A}C_i\right)},\quad \overline{Q(n,2n+2)\cup\left(\bigcup_{i\in A\setminus\{n+1\}}C_i\right)},$$

$$\overline{Q(2n+3,n-1)\cup\left(\bigcup_{i\in A\setminus\{n+1\}}C_i\right)}.$$

当 $n+1\notin A$ 时, $\delta(G)=1$, 此时 G 是匹配唯一的.

(iv) 若不是 (i)—(iii) 情形. $\delta(G)=2$. 此时 G 的匹配的等价图是

$$\overline{Q(m,n)\cup\left(\bigcup_{i\in A}C_i\right)},\quad \overline{Q(n+1,m-1)\cup\left(\bigcup_{i\in A}C_i\right)}.$$

引理 6.4.1 设图 G 的度序列为 $\pi(G)=(1,3,2,\cdots,2)=(1^1,3^1,2^{n-2})$. 若 $H\sim G$, 则图 H 的度序列为 $\pi(H)=(1^1,3^1,2^{n-2})$.

证明 已知 $|V(G)|=n$, $|E(G)|=n$. 由定理 5.1.1 知

$$|V(H)|=n,\quad |E(H)|=n.$$

因为 G 的度序列 $(d_1,d_2,d_3,\cdots,d_n)=(1,3,2,\cdots,2)$. 设 H 的度序列为 $(d_1+t_1,d_2+t_2,d_3+t_3,\cdots,d_n+t_n)=(1+t_1,3+t_2,2+t_3,\cdots,2+t_n)$. 定理 5.2.1(3) 知 $\sum_{i=1}^n t_i^2+2t_1+6t_2+4\sum_{i=3}^n t_i=0$. 又由定理 5.2.1(2) 有 $\sum_{i=3}^n t_i=-t_1-t_2$, 代入前式得

$$\sum_{i=1}^n t_i^2-2t_1+2t_2=0. \tag{6.4.1}$$

从而 $t_1^2-2t_1+r_1=0$, 其中 $r_1=\sum_{i=2}^n t_i^2+2t_2=\sum_{i=3}^n t_i^2+(t_2+1)^2-1\geqslant -1$, 解此方程得 $t_1=1\pm\sqrt{1-r_1}$, 故 $r_1\leqslant 1$. 由定理 5.2.1 知, r_1 只能取值 $0,1$, 则 t_1 只可能取值 $0,1,2$.

(i) 当 $t_1=0$ 时, 由 (6.4.1) 得 $\sum_{i=2}^n t_i^2+2t_2=0$, 即 $t_2^2+2t_2+r_2=0$, 这里 $r_2=\sum_{i=3}^n t_i^2\geqslant 0$. 故 $t_2=-1\pm\sqrt{1-r_2}$, 则 $r_2\leqslant 1$, 即 r_2 仅取值 $0,1$, 则 t_2 只可能取值 $-2,-1,0$.

由定理 5.2.1 和 r_2 的值, 容易验证 t_i 仅有如下的可能解:

当 $t_1 = 0$, $t_2 = -2$ 时, $(t_3, \cdots, t_n)$ 中的每个数均取 0, 此时 $\pi(H) = (1^2, 2^{n-2})$.

当 $t_1 = 0$, $t_2 = -1$ 时, $(t_3, \cdots, t_n)$ 中仅有一个数取 1 或 -1, 其余的数均为 0. 此时 $\pi(H) = (1^1, 3^1, 2^{n-2})$ 或 $(1^2, 2^{n-2})$.

当 $t_1 = 0$, $t_2 = 0$ 时, $(t_3, \cdots, t_n)$ 中的每个数均取 0, 此时 $\pi(H) = (1^1, 3^1, 2^{n-2})$.

(ii) 当 $t_1 = 1$ 时, 同 (i) 类似讨论知 $\pi(H)$ 仅为下述三种情形之一: $(1^1, 3^1, 2^{n-2})$; $(1^2, 2^{n-2})$; $(3^2, 2^{n-2})$.

(iii) 当 $t_1 = 2$ 时, 同 (i) 类似讨论知 $\pi(H)$ 仅为下述二种情形之一: $(1^1, 3^1, 2^{n-2})$; $(3^2, 2^{n-2})$.

综上所述, $\pi(H)$ 仅为下述三种情形之一: $(1^2, 2^{n-2})$; $(3^2, 2^{n-2})$; $(1^1, 3^1, 2^{n-2})$.

对于 $(1^2, 2^{n-2})$ 和 $(3^2, 2^{n-2})$, 得 $\sum d_i \neq 2n$, 矛盾. 所以 $(1^2, 2^{n-2})$, $(3^2, 2^{n-2})$ 均不是 H 的度序列. 从而得到 H 的度序列为 $\pi(H) = (1^1, 3^1, 2^{n-2})$. □

引理 6.4.2 (i) 设图 $G = Q(m, n)$, 则 $M_1(G) < 2$ 的图是 $Q(2, 1)$;

(ii) 设 $G = C_i$, 则 $M_1(G) < 2$.

证明 由定理 4.1.2, 显然. □

引理 6.4.3 (i) $M_1(Q(m, n)) = M_1(Q(n+1, m-1))$;

(ii) $M_1(Q(m, 2m+2)) = M_1(Q(2m+3, m-1)) = M_1(Q(m+1, m))$.

证明 由引理 5.4.1(3), (4), 比较两边的匹配最大根得. □

引理 6.4.4 $M_1(Q(m, m)) > M_1(Q(m-1, n))$, $m \geqslant 3$.

证明 若 $n \leqslant 2m$. 由定理 3.1.4 和引理 6.4.3(ii) 知, $M_1(Q(m, m)) > M_1(Q(m, m-1)) = M_1(Q(m-1, 2m)) \geqslant M_1(Q(m-1, n))$.

若 $n \geqslant 2m+1$. 由定理 1.3.1(b) 和引理 2.2.1 知

$$\mu(Q(m,m))\mu(P_{n-1})$$
$$= \mu(P_{2m+1})\mu(P_{n-1}) - \mu(P_{m-1})\mu(P_m)\mu(P_{n-1})$$
$$= \mu(P_{2m+n}) + \mu(P_{2m})\mu(P_{n-2}) - \mu(P_{m-1})\mu(P_m)\mu(P_{n-1}). \tag{6.4.2}$$

$$\mu(Q(m-1,n))\mu(P_m)$$
$$= \mu(P_{m+n})\mu(P_m) - \mu(P_{m-2})\mu(P_n)\mu(P_m)$$
$$= \mu(P_{2m+n}) + \mu(P_{m+n-1})\mu(P_{m-1}) - \mu(P_{m-2})\mu(P_n)\mu(P_n)\mu(P_m). \tag{6.4.3}$$

(6.4.2) 减 (6.4.3) 并充分利用引理 2.2.2 和定理 1.3.1 知

$$\mu(Q(m,m) \cup P_{n-1}) - \mu(Q(m-1,n) \cup P_m)$$
$$= [\mu(P_{2m})\mu(P_{n-2}) - \mu(P_{m+n-1})\mu(P_{m-1})] + [\mu(P_{m-2})\mu(P_n) - \mu(P_{m-1})\mu(P_{n-1})]\mu(P_m)$$
$$= \mu(P_m)\mu(P_{n-m-2}) - \mu(P_{n-m})\mu(P_m) = \mu(P_m)[\mu(P_{n-m-2}) - \mu(P_{n-m})]$$

$$= -\mu(P_m)\mu(C_{n-m}). \tag{6.4.4}$$

当 $x \geqslant M_1(Q(m,m)) \geqslant 2$ 时, (6.4.4) 式恒小于零, 则

$$M_1(Q(m,m)) > M_1(Q(m-1,n)). \qquad \square$$

定理 6.4.1 的证明   由引理 6.4.3, 引理 6.4.4 和定理 3.1.4 知, 图 $Q(m,n)$ 按最大根的大小规律见图 6.3, 同一曲线上的最大根相等, 箭头所指方向是最大根增大方向.

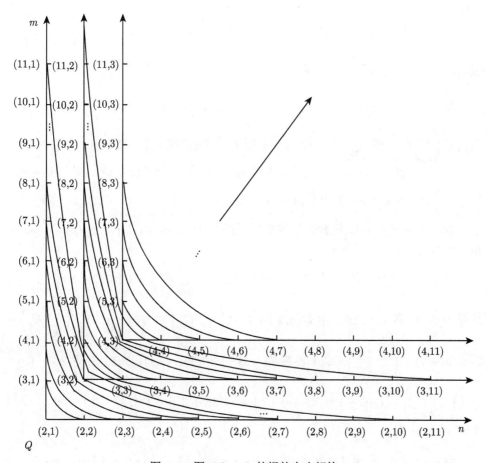

图 6.3 图 $Q(m,n)$ 的根的大小规律

设 $H \sim G$. 由引理 6.4.1 初步判断 $H \cong Q(s,t) \cup \left(\bigcup_{j \in B} C_j \right)$, 其中 B 是大于等于 3 的整数组成的可重集.

(i) 若 $m = 2, n = 1$. 由引理 6.4.2 知 $M_1(G) < 2$. 比较两边的匹配最大根必有

$s=2, t=1$. 由 $Q(2,1) \cup \left(\bigcup\limits_{i \in A} C_i\right) \backsim Q(2,1) \cup \left(\bigcup\limits_{j \in B} C_j\right)$ 得 $\bigcup\limits_{i \in A} C_i \backsim \bigcup\limits_{j \in B} C_j$. 由定理 5.1.2 得 $B = A$. 则 G 是匹配唯一的.

(ii) 若 $m = k, n = 2k + 2$. 比较两边的最大根必有 (1) $s = k, t = 2k + 2$; (2) $s = 2k + 3, t = k - 1$; 或 (3) $s = k + 1, t = k$.

若 (1) 发生, 由 $Q(k, 2k+2) \cup \left(\bigcup\limits_{i \in A} C_i\right) \backsim Q(k, 2k+2) \cup \left(\bigcup\limits_{j \in B} C_j\right)$ 得 $\bigcup\limits_{i \in A} C_i \backsim \bigcup\limits_{j \in B} C_j$. 由定理 5.1.2 得 $B = A$.

若 (2) 发生, 由 $Q(k, 2k+2) \cup \left(\bigcup\limits_{i \in A} C_i\right) \backsim Q(2k+3, k-1) \cup \left(\bigcup\limits_{j \in B} C_j\right) \backsim Q(k, 2k+2) \cup \left(\bigcup\limits_{i \in B} C_j\right)$, 同理得 $B = A$.

若 (3) 发生, 由 $Q(k+1, k) \cup \left(\bigcup\limits_{j \in B} C_j\right) \backsim Q(k, 2k+2) \cup \left(\bigcup\limits_{i \in A} C_i\right) \backsim Q(k+1, k) \cup C_{k+1} \cup \left(\bigcup\limits_{i \in A} C_i\right)$ 得 $\bigcup\limits_{j \in B} C_j \backsim C_{k+1} \cup \left(\bigcup\limits_{i \in A} C_i\right)$, 由定理 5.1.2 得 $B = A \cup \{k+1\}$.

若 $m = 2k + 3, n = k - 1$ 时, 同理可证 G 的匹配等价图是: $Q(k, 2k+2) \cup \left(\bigcup\limits_{i \in A} C_i\right), Q(2k+3, k-1) \cup \left(\bigcup\limits_{i \in A} C_i\right), Q(k+1, k) \cup \left(\bigcup\limits_{i \in A \cup \{k+1\}} C_i\right)$.

(iii) 若 $m = n + 1$. 比较两边的最大根必有 (1) $s = n + 1, t = n$; (2) $s = n, t = 2n + 2$; 或 (3) $s = 2n + 3, t = n - 1$.

当 $n+1 \in A$ 时. 若 (1) 发生, 由 $Q(n+1, n) \cup \left(\bigcup\limits_{i \in A} C_i\right) \backsim Q(n+1, n) \cup \left(\bigcup\limits_{j \in B} C_j\right)$ 易得 $B = A$. 若 (2) 发生, 由 $Q(n, 2n+2) \cup \left(\bigcup\limits_{j \in B} C_j\right) \backsim Q(n+1, n) \cup \left(\bigcup\limits_{i \in A} C_i\right) \backsim Q(n, 2n+2) \cup \left(\bigcup\limits_{i \in A \setminus \{n+1\}} C_i\right)$ 易得 $B = A \setminus \{n+1\}$. 若 (3) 发生, 由 $Q(2n+3, n-1) \cup \left(\bigcup\limits_{j \in B} C_j\right) \backsim Q(n+1, n) \cup \left(\bigcup\limits_{i \in A} C_i\right) \backsim Q(2n+3, n-1) \cup \left(\bigcup\limits_{i \in A \setminus \{n+1\}} C_i\right)$ 易得 $B = A \setminus \{n+1\}$.

当 $n+1 \notin A$ 时. 若 (1) 发生, 由 $Q(n+1, n) \cup \left(\bigcup\limits_{i \in A} C_i\right) \backsim Q(n+1, n) \cup \left(\bigcup\limits_{j \in B} C_j\right)$ 易得 $B = A$. 若 (2) 发生, 由 $Q(n+1, n) \cup \left(\bigcup\limits_{i \in A} C_i\right) \backsim Q(n, 2n+2) \cup \left(\bigcup\limits_{j \in B} C_j\right) \backsim Q(n+1, n) \cup C_{n+1} \cup \left(\bigcup\limits_{j \in B} C_j\right)$ 得 $\bigcup\limits_{i \in A} C_i \backsim C_{n+1} \cup \left(\bigcup\limits_{j \in B} C_j\right)$, 由定理 5.1.2 知

$n+1 \in A$, 矛盾. 若 (3) 发生, 同样得一个矛盾. 于是 G 是匹配唯一的.

(iv) 若不是 (i)—(iii) 情形. 比较两边的最大根必有 $s = m$, $t = n$ 或 $s = n+1$, $t = m-2$. 不论怎样都得 $B = A$. □

6.5 一些说明

对每一个图, 我们都可以刻画它的匹配等价图类, 但截至目前, 完全能刻画出匹配等价图类的图不是很多. 6.1 节来自文献 [68] 和 [69]. 6.2 节来自文献 [70]. 6.3 节来自文献 [71]. 6.4 节来自文献 [72].

第 7 章　图匹配等价的充要条件

7.1　最大根小于 2 的图匹配等价的一个充要条件

在这一节中, 我们给出匹配最大根小于 2 的图的匹配等价图的一种刻画. P_1 和 K_1 都是孤立点, 但它们的性质与多于一个点的路的性质不一样. 为了以示特别, 在本章的前两节中, 将 P_1 记为 K_1. 由定理 4.1.2 知道, 若图 G 连通, 则 $M_1(G) < 2$ 当且仅当

$$G \in \Omega_1 = \{K_1, P_n, T_{1,1,n}, T_{1,2,2}, T_{1,2,3}, T_{1,2,4}, C_n, Q(2,1)\}.$$

由引理 6.1.1, 我们还知道以下的七个匹配等价关系, 并称之为匹配等价桥:

(1) $P_{2m+1} \sim P_m \cup C_m$;

(2) $T_{1,1,n} \sim K_1 \cup C_{n+2}$;

(3) $T_{1,2,2} \sim P_2 \cup Q(2,1)$;

(4) $K_1 \cup C_6 \sim P_3 \cup Q(2,1)$;

(5) $K_1 \cup C_9 \sim C_3 \cup T_{1,2,3}$;

(6) $K_1 \cup C_{15} \sim C_3 \cup C_5 \cup T_{1,2,4}$;

(7) $C_{15} \cup T_{1,2,3} \sim C_5 \cup C_9 \cup T_{1,2,4}$.

若两个匹配等价图 G 和 H 是由以上七个匹配等价桥逐步推导出的等价, 称为基本匹配等价, 记为 $G \simeq H$. 我们的主要结论是下面的定理, 它告诉我们, 若 $M_1(G) < 2$, 则图 G 的匹配等价图完全由上述的七个匹配等价桥所确定.

定理 7.1.1　若图 G 的匹配最大根 $M_1(G) < 2$, 则 $H \sim G$ 当且仅当 $H \simeq G$.

为了证明这个定理, 我们需要下面的一些引理, 设 G 是一个图, $\phi(G,x)$ 是 G 的特征多项式, 用 $\mathrm{Spec}(G)$ 表示 $\phi(G,x)$ 的所有根形成的集合, 称为图 G 的谱.

引理 7.1.1[7]　(i) $\mathrm{Spec}(P_n) = \left\{2\cos\dfrac{i\pi}{n+1} \bigg| 1 \leqslant i \leqslant n\right\}$;

(ii) $\mathrm{Spec}(T_{1,1,n-2}) = \left\{0, 2\cos\dfrac{(2i-1)\pi}{2n} \bigg| 1 \leqslant i \leqslant n\right\}$.

引理 7.1.2　(i) $(\mu(P_{2n},x), \mu(C_m,x)) = 1$ (互质);

(ii) 若 $H \in \{K_1, P_i(2 \leqslant i \leqslant 10, i \neq 3,7), C_j(3 \leqslant j \leqslant 5), T_{1,1,k}(1 \leqslant k \leqslant 3), Q(2,1)\}$, 则 $(x^2-2) \nmid \mu(H,x)$;

(iii) 若 $H \in \{K_1, P_i(2 \leqslant i \leqslant 28, i \neq 5, 11, 17, 23), C_j(4 \leqslant j \leqslant 14, j \neq 9), T_{1,1,k}(2 \leqslant k \leqslant 12, k \neq 7), Q(2,1), T_{1,2,2}, T_{1,2,3}, T_{1,2,4}\}$, 则 $(x^2 - 3) \nmid \mu(H, x)$;

(iv) 若 $H \in \{K_1, P_i(2 \leqslant i \leqslant 28, i \neq 9, 19), C_j(3 \leqslant j \leqslant 14, j \neq 5), T_{1,1,k}(1 \leqslant k \leqslant 12, k \neq 3), Q(2,1), T_{1,2,2}, T_{1,2,3}, T_{1,2,4}\}$, 则 $(x^4 - 5x^2 + 5) \nmid \mu(H, x)$.

证明 (i) 由定理 3.1.1, 引理 7.1.1 和引理 6.1.1(ii) 知, $\mu(P_{2n}, x)$ 的根集为 $\left\{2\cos\dfrac{i\pi}{2n+1} \middle| 1 \leqslant i \leqslant 2n\right\}$, $\mu(C_m, x)$ 的根集为 $\left\{2\cos\dfrac{(2i-1)\pi}{2m} \middle| 1 \leqslant i \leqslant m\right\}$. 对任意整数 $m(\geqslant 3), n$, $\mu(P_{2n}, x)$ 与 $\mu(C_m, x)$ 没有相同的根.

(ii) $\mu(P_3, x) = x(x^2 - 2)$. $x^2 - 2$ 最多整除三个相邻多项式 $\mu(P_{n-1}, x), \mu(P_n, x), \mu(P_{n+1}, x)$ 中的一项, 否则由递推关系 $\mu(P_{n+1}, x) = x\mu(P_n, x) - \mu(P_{n-1}, x)$ 将得 $x^2 - 2$ 整除所有多项式 $\mu(P_i, x)(i = 2, 3, \cdots)$, 矛盾. 由引理 6.1.1(i), (iv) 知, $(x^2 - 2) \mid \mu(P_3, x), (x^2 - 2) \mid \mu(P_7, x), (x^2 - 2) \mid \mu(P_{11}, x)$. 故 $(x^2 - 2) \nmid \mu(P_i, x)(2 \leqslant i \leqslant 10, i \neq 3, 7)$. 由 $\mu(C_3, x) = x^3 - 3x, \mu(Q(2,1), x) = x^4 - 4x^2 + 1, \mu(C_4, x) = x\mu(P_3, x) - 2\mu(P_2, x), \mu(C_5, x) = x\mu(P_4, x) - 2\mu(P_3, x)$ 易得 $(x^2 - 2) \nmid \mu(C_j, x)(3 \leqslant j \leqslant 5), (x^2 - 2) \nmid \mu(Q(2,1), x)$. 由引理 6.1.1(ii) 得 $(x^2 - 2) \nmid \mu(T_{1,1,k}, x)(1 \leqslant k \leqslant 3)$.

(iii) 由定理 1.3.1, $\mu(C_n, x) = x\mu(P_{n-1}, x) - 2\mu(P_{n-2}, x), \mu(P_n, x) = x\mu(P_{n-1}, x) - \mu(P_{n-2}, x)$ 易得 $\mu(C_{n+1}, x) = x\mu(C_n, x) - \mu(C_{n-1}, x)$.

$\mu(C_3, x) = x(x^2 - 3)$. $(x^2 - 3)$ 最多整除三个相邻多项式 $\mu(C_{n-1}, x), \mu(C_n, x), \mu(C_{n+1}, x)$ 中的一项, 否则由递推关系 $\mu(C_{n+1}, x) = x\mu(C_n, x) - \mu(C_{n-1}, x)$ 将得 $(x^2 - 3)$ 整除所有多项式 $\mu(C_i, x)(i = 3, 4, \cdots)$, 矛盾. 由引理 6.1.1(v), (vi) 知, $(x^2 - 3) \mid \mu(C_3, x), (x^2 - 3) \mid \mu(C_9, x), (x^2 - 3) \mid \mu(C_{15}, x)$. 故 $(x^2 - 3) \nmid \mu(C_j, x)(j = 4, 5, 7, 8, 10, 11, 13, 14)$. 将 $\mu(C_{n+1}, x) = x\mu(C_n, x) - \mu(C_{n-1}, x)$ 连续递推两次得 $\mu(C_6, x) = (x^2 - 1)\mu(C_4, x) - x\mu(C_3, x), \mu(C_{12}, x) = (x^2 - 1)\mu(C_{10}, x) - x\mu(C_9, x)$, 于是 $(x^2 - 3) \nmid \mu(C_j, x)(j = 6, 12)$.

若 i 为偶数, 由 (i) 知 $(\mu(C_3, x), \mu(P_i, x)) = 1$; 若 i 为奇数, 由引理 6.1.1(i) 及 $(x^2 - 3) \nmid \mu(C_j, x)(4 \leqslant j \leqslant 14, j \neq 9)$ 易得 $(x^2 - 3) \nmid \mu(P_i, x)(2 \leqslant i \leqslant 28, i \neq 5, 11, 17, 23)$. 由引理 6.1.1(ii) 易知 $(x^2 - 3) \nmid \mu(T_{1,1,k}, x)(2 \leqslant k \leqslant 12, k \neq 7)$. 由 (i) 的证明知 $\mu(C_m, x)$ 的根都是单根, 由引理 6.1.1(iii)—(vi) 易知, $(x^2 - 3) \nmid \mu(Q(2,1), x), (x^2 - 3) \nmid \mu(T_{1,2,t}, x)(t = 2, 3, 4)$.

(iv) $\mu(C_5, x) = x(x^4 - 5x^2 + 5)$. 由引理 6.1.1(vi) 知, $(x^4 - 5x^2 + 5) \mid \mu(C_5, x), (x^4 - 5x^2 + 5) \mid \mu(C_{15}, x)$. 由 $\mu(C_{n+1}, x) = x\mu(C_n, x) - \mu(C_{n-1}, x)$ 易知 $(x^4 - 5x^2 + 5) \nmid \mu(C_j, x)(j = 3, 4, 6, 7, 13, 14)$. 由 $\mu(C_8, x) = (x^2 - 1)\mu(C_6, x) - x\mu(C_5, x), \mu(C_9, x) = (x^3 - 2x)\mu(C_6, x) - (x^2 - 1)\mu(C_5, x), \mu(C_{10}, x) = (x^4 - 3x^2 + 1)\mu(C_6, x) - (x^3 - 2x)\mu(C_5, x), \mu(C_{15}, x) = (x^3 - 2x)\mu(C_{12}, x) - (x^2 - 1)\mu(C_{11}, x)$, 易知 $(x^4 - 5x^2 + 5) \nmid \mu(C_j, x)(j = 8, 9, 10, 11, 12)$.

若 i 为偶数, 由 (i) 知 $(\mu(C_5,x), \mu(P_i,x)) = 1$; 若 i 为奇数, 由引理 6.1.1(i) 及 $(x^4 - 5x^2 + 5) \nmid \mu(C_j,x)(3 \leqslant j \leqslant 14, j \neq 5)$ 易得 $(x^4 - 5x^2 + 5) \nmid \mu(P_i,x)(2 \leqslant i \leqslant 28, i \neq 9, 19)$. 由引理 6.1.1(ii) 易得 $(x^4-5x^2+5) \nmid \mu(T_{1,1,k},x)(1 \leqslant k \leqslant 12, k \neq 3)$. 由 $\mu(C_m,x)$ 的根都是单根及引理 6.1.1(iii)—(vi) 易知, $(x^4-5x^2+5) \nmid \mu(Q(2,1),x), (x^4-5x^2+5) \nmid \mu(T_{1,2,t},x)(t=2,3,4)$. □

定理 7.1.1 的证明 (对 $|V(G)|$ 用数学归纳法) 约定 $P_1 = K_1$. 由定理 4.1.2 和引理 6.1.2 可以得到如下的事实: 若 $M_1(G) < 2$, 则必存在 i 使 $M_1(G) = M_1(P_i)$, 故可按 i 的大小对图进行分类. 事实上, 对 $M_1(G) < 2$ 的每一个连通图 G 都可以按它们的最大根排成一排, 最大根为 $M_1(P_{2n})$ 或 $M_1(P_3)$ 的连通图只有一种, 就是它们本身 P_{2n} 或 P_3; 最大根为 $M_1(P_{2m-1})(2m-1 \geqslant 5, 2m-1 \neq 11, 17, 29)$ 的连通图有三种, 它们是 $P_{2m-1}, C_m, T_{1,1,m-2}$; 最大根为 $M_1(P_{11})$ 的连通图有五种, 它们是 $P_{11}, C_6, T_{1,1,4}, T_{1,2,2}, Q(2,1)$; 最大根为 $M_1(P_{17})$ 的连通图有四种, 它们是 $P_{17}, C_9, T_{1,1,7}, T_{1,2,3}$; 最大根为 $M_1(P_{29})$ 的连通图有四种, 它们是 $P_{29}, C_{15}, T_{1,1,13}, T_{1,2,4}$.

设 $H \sim G$. 分情形考虑 $M_1(G)$.

情形 1 $M_1(G) = M_1(K_1)$. 此时 $G = mK_1$, 由等价图间的点数相等得 $H = mK_1$, 结论显然.

情形 2 若 $M_1(G) = M_1(P_n)(2 \leqslant n \leqslant 10)$. 若 n 为偶数或 3, 由上述事实知 G 必有一连通分支为 P_n, 设 $G = P_n \cup G_2$. 同理可设 $H = P_n \cup H_2$. 由 $H \sim G$ 得 $H_2 \sim G_2$. 由归纳假设得 $H_2 \simeq G_2$. 故 $H = P_n \cup H_2 \simeq P_n \cup G_2 = G$. 若 $n = 2m-1(\geqslant 5)$ 为奇数, 由上述事实知 G 必有一个连通分支为 $P_{2m-1}(\simeq C_m \cup P_{m-1})$, C_m 或 $T_{1,1,m-2}(\simeq K_1 \cup C_m)$, 可设 $G \simeq C_m \cup G_2$. 同理可设 $H \simeq C_m \cup H_2$. 由 $H \sim G$ 得 $H_2 \sim G_2$. 由归纳假设得 $H_2 \simeq G_2$. 故 $H \simeq C_m \cup H_2 \simeq C_m \cup G_2 \simeq G$.

情形 3 $M_1(G) = M_1(P_{11})$. 由上述事实知 G 必有一连通分支为 $P_{11}(\simeq C_6 \cup P_5), C_6, T_{1,1,4}(\simeq C_6 \cup K_1), T_{1,2,2}(\simeq P_2 \cup Q(2,1)), Q(2,1)$. 可设 $G \simeq C_6 \cup G_2$ 或 $Q(2,1) \cup G_2$. 同理也可设 $H \simeq C_6 \cup H_2$ 或 $Q(2,1) \cup H_2$.

(a) 若 $G \simeq C_6 \cup G_2$, 则必有 $H \simeq C_6 \cup H_2$. 此时由归纳假设易知 $H \simeq G$.

事实上, 如果 $H \simeq mQ(2,1) \cup H_2, m(\geqslant 1)$ 是 $M_1(P_{11})$ 在 $\mu(H,x)$ 中的重数 (是 H 的连通分支 $P_{11}, C_6, T_{1,1,4}, T_{1,2,2}$ 和 $Q(2,1)$ 的个数和), $M_1(H_2) < M_1(P_{11})$. 由引理 6.1.2 知, H_2 的每个连通分支 $H' \in \{K_1, P_i(2 \leqslant i \leqslant 10), C_j(3 \leqslant j \leqslant 5), T_{1,1,k}(1 \leqslant k \leqslant 3)\}$. 由 $C_6 \cup G_2 \sim mQ(2,1) \cup H_2$ 知, $P_3 \cup C_6 \cup G_2 \sim P_3 \cup mQ(2,1) \cup H_2 \sim K_1 \cup C_6 \cup (m-1)Q(2,1) \cup H_2$, 于是 $P_3 \cup G_2 \sim K_1 \cup (m-1)Q(2,1) \cup H_2$. 而 $\mu(P_3,x) = x(x^2-2), x^2-2$ 与 $\mu(Q(2,1),x) = x^4-4x^2+1$ 互素, 故 $(x^2-2) \mid \mu(H_2,x)$. 由引理 7.1.2(ii) 知, H_2 必有一个连通分支是 P_3 或 $P_7(\simeq P_3 \cup C_4)$, 则 $H \simeq mQ(2,1) \cup P_3 \cup H_3 \simeq C_6 \cup [K_1 \cup (m-1)Q(2,1) \cup H_3]$. 令 $H_4 = K_1 \cup (m-1)Q(2,1) \cup H_3$, 则

$H \simeq C_6 \cup H_4$. 于是论断 (a) 成立.

(b) 若 $G \simeq Q(2,1) \cup G_2$, 但 $G \not\simeq C_6 \cup G_2$, 则由 (a) 必有 $H \simeq Q(2,1) \cup H_2$. 由归纳假设易知 $H \simeq G$.

情形 4 $M_1(G) = M_1(P_n)(12 \leqslant n \leqslant 16)$. 与情形 2 类似, 略.

情形 5 $M_1(G) = M_1(P_{17})$. 由上述事实知 G 必有一连通分支为 $P_{17}(\simeq C_9 \cup P_8), C_9, T_{1,1,7}(\simeq C_9 \cup K_1)$ 或 $T_{1,2,3}$. 可设 $G \simeq C_9 \cup G_2$ 或 $T_{1,2,3} \cup G_2$.

(a) 若 $G \simeq C_9 \cup G_2$, 则必有 $H \simeq C_9 \cup H_2$. 此时由归纳假设易知 $H \simeq G$.

事实上, 如果 $H \simeq mT_{1,2,3} \cup H_2, m(\geqslant 1)$ 是 $M_1(P_{17})$ 在 $\mu(H,x)$ 中的重数, $M_1(H_2) < M_1(P_{17})$. 由引理 6.1.2 知, H_2 的每个连通分支 $H' \in \{K_1, P_i(2 \leqslant i \leqslant 16), C_j(3 \leqslant j \leqslant 8), T_{1,1,k}(1 \leqslant k \leqslant 6), T_{1,2,2}, Q(2,1)\}$. 由 $C_9 \cup G_2 \sim mT_{1,2,3} \cup H_2$ 得, $C_3 \cup C_9 \cup G_2 \sim C_3 \cup mT_{1,2,3} \cup H_2 \sim K_1 \cup C_9 \cup (m-1)T_{1,2,3} \cup H_2$, 于是 $C_3 \cup G_2 \sim K_1 \cup (m-1)T_{1,2,3} \cup H_2$. 而 $\mu(C_3, x) = x(x^2 - 3), x^2 - 3$ 与 $\mu(T_{1,2,3}, x) = x^7 - 6x^5 + 9x^3 - 3x$ 互素, 故 $(x^2 - 3) \mid \mu(H_2, x)$. 由引理 7.1.2(iii) 知, H_2 必有一个连通分支是 $P_5(\simeq C_3 \cup P_2), P_{11}(\simeq C_3 \cup P_2 \cup C_6), C_3$ 或 $T_{1,1,1}(\simeq C_3 \cup K_1)$, 则 $H \simeq mT_{1,2,3} \cup C_3 \cup H_3 \simeq C_9 \cup [K_1 \cup (m-1)T_{1,2,3} \cup H_3]$, 论断 (a) 成立.

(b) 若 $G \simeq T_{1,2,3} \cup G_2$, 但 $G \not\simeq C_9 \cup G_2$, 则由 (a) 必有 $H \simeq T_{1,2,3} \cup H_2$, 由归纳假设易得 $H \simeq G$.

情形 6 $M_1(G) = M_1(P_n)(18 \leqslant n \leqslant 28)$. 与情形 2 类似, 略.

情形 7 $M_1(G) = M_1(P_{29})$. G 必有一连通分支为 $P_{29}(\simeq C_{15} \cup P_{14}), C_{15}, T_{1,1,13}(\simeq C_{15} \cup K_1)$ 或 $T_{1,2,4}$, 则 $G \simeq C_{15} \cup G_2$ 或 $T_{1,2,4} \cup G_2$.

(a) 若 $G \simeq C_{15} \cup G_2$, 则必有 $H \simeq C_{15} \cup H_2$. 此时由归纳假设易知 $H \simeq G$.

事实上, 如果 $H \simeq mT_{1,2,4} \cup H_2(m \geqslant 1)$ 是 $M_1(P_{29})$ 在 $\mu(H,x)$ 中的重数, $M_1(H_2) < M_1(P_{29})$, 由引理 6.1.2 知, H_2 的每个连通分支 $H' \in \{K_1, P_i(2 \leqslant i \leqslant 28), C_j(3 \leqslant j \leqslant 14), T_{1,1,k}(1 \leqslant k \leqslant 12), T_{1,2,2}, T_{1,2,3}, Q(2,1)\}$. 由 $C_{15} \cup G_2 \sim mT_{1,2,4} \cup H_2$ 知, $C_3 \cup C_5 \cup C_{15} \cup G_2 \sim C_3 \cup C_5 \cup mT_{1,2,4} \cup H_2 \sim K_1 \cup C_{15} \cup (m-1)T_{1,2,4} \cup H_2$, 于是 $C_3 \cup C_5 \cup G_2 \sim K_1 \cup (m-1)T_{1,2,4} \cup H_2$. 而 $\mu(C_3, x) = x(x^2 - 3), \mu(C_5, x) = x(x^4 - 5x^2 + 5), x^2 - 3$ 和 $x^4 - 5x^2 + 5$ 均与 $\mu(T_{1,2,4}, x) = x^8 - 7x^6 + 14x^4 - 8x^2 + 1$ 互素, 故 $(x^2 - 3) \mid \mu(H_2, x), (x^4 - 5x^2 + 5) \mid \mu(H_2, x)$. 由引理 7.1.2(iv) 知, H_2 必有一个连通分支为 $P_9(\simeq C_5 \cup P_4), P_{19}(\simeq C_5 \cup P_4 \cup C_{10}), C_5$ 或 $T_{1,1,3}(\simeq C_5 \cup K_1)$. 由引理 7.1.2(iii) 知, H_2 必有一个连通分支为 $P_5(\simeq C_3 \cup P_2), P_{11}(\simeq C_3 \cup P_2 \cup C_6), P_{17}(\simeq C_9 \cup P_8), P_{23}(\simeq C_3 \cup P_2 \cup C_6 \cup C_{12}), C_3, C_9, T_{1,1,1}(\simeq C_3 \cup K_1)$ 或 $T_{1,1,7}(\simeq C_9 \cup K_1)$, 则 $H_2 \simeq C_3 \cup C_5 \cup H_3$ 或 $C_5 \cup C_9 \cup H_3$. 故 $H \simeq mT_{1,2,4} \cup C_3 \cup C_5 \cup H_3 \simeq C_{15} \cup [K_1 \cup (m-1)T_{1,2,4} \cup H_3]$, 或 $H \simeq mT_{1,2,4} \cup C_5 \cup C_9 \cup H_3 \simeq C_{15} \cup [T_{1,2,3} \cup (m-1)T_{1,2,4} \cup H_3]$. 论断 (a) 成立.

(b) 若 $G \simeq T_{1,2,4} \cup G_2$, 但 $G \not\simeq C_{15} \cup G_2$, 则由 (a) 必有 $H \simeq T_{1,2,4} \cup H_2$, 则 $H \simeq G$.

情形 8 $M_1(G) = M_1(P_n)(n \geqslant 30)$，与情形 2 类似，略. □

推论 7.1.1 设图 G 的匹配最大根 $M_1(G) < 2$，则 G 是匹配唯一的当且仅当

$$G = kK_1 \cup m_2P_2 \cup m_3P_3 \cup \left[\bigcup_{i \geqslant 2} m_{2i}P_{2i}\right] \cup \left[\bigcup_{j \geqslant 3} n_jC_j\right] \cup dQ(2,1) \cup eT_{1,2,3} \cup fT_{1,2,4},$$

满足

$$kn_j = m_in_{i+1} = m_2d = m_3d = n_3e = n_{15}e = n_3n_5f = n_5n_9f = 0,$$

其中 k, m_i, n_j, d, e, f 都是非负整数.

证明 由引理 6.1.1，必要性显然. 下证充分性. 由于图 G 的每个连通分支之间不满足七个匹配等价桥，因此 G 不能进行等价转换，故 G 是匹配唯一的. □

推论 7.1.2 设图 G 的补图 G^c 的匹配最大根 $M_1(G^c) < 2$，则 G 是匹配唯一的当且仅当 G 是推论 7.1.1 所述的图的补图.

7.2 最大根不大于 2 的图匹配等价的一个充要条件

前一节中我们给出了七个匹配等价桥，证明了两个匹配最大根小于 2 的图等价，当且仅当它们之间可以由这七个匹配等价桥进行等价转换. 在这一节中，我们给出十六个匹配等价桥，证明两个匹配最大根小于等于 2 的图等价，当且仅当它们之间可以由这十六个匹配等价桥进行等价转换; 完全刻画了这些图的补图的匹配等价图类; 也找到了这些图和它们的补图中的所有匹配唯一图.

引理 7.2.1 设图 G 的匹配最大根 $M_1(G) < 2$.

(1) 若 $G \sim P_2 \cup H$，则 G 中必有一个连通分支是 $T_{1,2,2}$ 或 $P_{3 \times 2^{k-1}-1}$ (k 为正整数);

(2) 若 $G \sim P_3 \cup H$，则 G 中必有一个连通分支是 $C_6, T_{1,1,4}, P_{2^{k+1}-1}$ 或 $P_{12 \times 2^{k-1}-1}$ (k 为正整数);

(3) 若 $G \sim P_n \cup H$ ($n \neq 2$，为偶数)，则 G 中必有一个连通分支是 $P_{2^{k-1}(n+1)-1}$ (k 为正整数).

证明 (1) (反证) 假定 G 没有 $T_{1,2,2}, P_{3 \times 2^{k-1}-1}$(对任何正整数 k) 的连通分支，那么，图 G 用七个匹配等价桥进行一次 (或多次) 等价转换也不能变出这些连通分支，则由定理 7.1.1 知，图 G 的任何匹配等价图也不能含有这些连通分支. 故 $G \not\sim P_2 \cup H_2$，矛盾.

(2), (3) 的证明与 (1) 类似，略. □

引理 7.2.2 设图 G 的匹配最大根 $M_1(G) < 2$.

(1) 若 G 有一个连通分支是 $T_{1,2,2}$ 或 $P_{3 \times 2^{k-1}-1}$(k 为正整数)，则 $G \simeq P_2 \cup G_2$;

(2) 若 G 有一个连通分支是 $C_6, T_{1,1,4}, P_{2^{k+1}-1}$ 或 $P_{12\times 2^{k-1}-1}(k$ 为正整数$)$，则 $G \simeq P_3 \cup G_2$ 或 $G \simeq C_6 \cup G_2$;

(3) 若 G 有一个连通分支是 $P_{2^{k-1}(n+1)-1}(k$ 为正整数$)$，则 $G \simeq P_n \cup G_2$.

证明 由定理 7.1.1 和七个匹配等价桥，显然. □

引理 7.2.3 (8) $Q(2,2) \sim Q(3,1)$;　　(9) $Q(2,2) \cup K_1 \sim I_6$;
(10) $Q(2,2) \cup P_2 \sim T_{2,2,2}$;　　(11) $Q(2,2) \cup P_3 \sim T_{1,3,3}$;
(12) $Q(2,2) \cup P_4 \sim T_{1,2,5}$;　　(13) $K_1 \cup I_n \sim P_{n-4} \cup K_{1,4}$;
(14) $P_{m-4} \cup I_n \sim P_{n-4} \cup I_m$;　　(15) $I_{2n-3} \sim I_n \cup C_{n-3}(n \geqslant 6)$;
(16) $C_6 \cup K_{1,4} \sim I_7 \cup Q(2,1)$.

证明 由引理 6.2.4 得 (8)—(12), (14), (15) 各式. 由 (14) 及引理 6.2.4(vi) $K_1 \cup I_6 \sim P_2 \cup K_{1,4}$ 知, $K_1 \cup P_2 \cup I_n \sim K_1 \cup P_{n-4} \cup I_6 \sim P_{n-4} \cup P_2 \cup K_{1,4}$, 得 (13) 式. 由 (13) 及引理 6.1.1(iv) 知, $K_1 \cup C_6 \cup K_{1,4} \sim P_3 \cup Q(2,1) \cup K_{1,4} \sim K_1 \cup I_7 \cup Q(2,1)$, 得 (16) 式. □

引理 7.2.4 $m \geqslant 6$, 按 $m-3$ 的最大奇因数是 1, 3 或其他奇数分为三类.

(1) 若 $m = 2^{k+1} + 3$ 对某个正整数 k 成立，则 $I_m \simeq I_7 \cup C_4 \cup C_8 \cup \cdots \cup C_{2^k}$;

(2) 若 $m = 3 \times 2^{k-1} + 3$ 对某个正整数 k 成立，则 $I_m \simeq I_6 \cup C_3 \cup C_6 \cup \cdots \cup C_{3\times 2^{k-2}} \simeq Q(2,2) \cup K_1 \cup C_3 \cup C_6 \cup \cdots \cup C_{3\times 2^{k-2}}$;

(3) 若 $m = 2^{k-1}(2n-3)+3$ 对某对正整数 $n(\geqslant 4), k$ 成立，则 $I_m \simeq I_{2n} \cup C_{2n-3} \cup C_{2(2n-3)} \cup \cdots \cup C_{2^{k-2}(2n-3)}$.

证明 充分利用引理 7.2.3(15) 及 (9). □

我们把定理 7.1.1 和引理 7.2.3 中的十六个匹配等价关系称为最大根小于等于 2 的图间的匹配等价桥，若两个 (最大根小于等于 2 的) 匹配等价图 G 和 H 是由以上十六个匹配等价桥逐步推导出的等价，称为基本匹配等价，记为 $G \simeq H$. 我们的主要结果是下面的定理，它告诉我们，若 $M_1(G) \leqslant 2$, 则 G 的匹配等价图完全由上述的十六个匹配等价桥所确定.

定理 7.2.1 若图 G 的匹配最大根 $M_1(G) \leqslant 2$, 则 $G \sim H$ 当且仅当 $G \simeq H$.

证明 (对 $\mu(G,x)$ 的根 2 的重数用数学归纳法) 设 $H \sim G$.

(1) 若 2 是 $\mu(G,x)$ 的 0 重根，则由定理 7.1.1 结论成立. 若 2 是 $\mu(G,x)$ 的 1 重根，由定理 4.1.2 知, G 必有一个连通分支为 $Q(2,2), Q(3,1)(\simeq Q(2,2)), T_{2,2,2}(\simeq Q(2,2) \cup P_2), T_{1,3,3}(\simeq Q(2,2) \cup P_3), T_{1,2,5}(\simeq Q(2,2) \cup P_4), K_{1,4}$ 或 I_m. 由引理 7.2.4, $I_m \simeq Q(2,2) \cup A, I_7 \cup B$ 或 $I_{2n} \cup C$, 其中 A, B, C 是适当的图. 于是可设 $G \simeq Q(2,2) \cup G_2, G \simeq K_{1,4} \cup G_2$, 或 $G \simeq I_n \cup G_2(n=7$ 或 $n \geqslant 8$ 为偶数$)$, 其中 $M_1(G_2) < 2$.

(1.1) 若 $G \simeq Q(2,2) \cup G_2$, 则必有 $H \simeq Q(2,2) \cup H_2$. 此时由定理 7.1.1 易得 $H \simeq G$.

(1.1.1) 如果 $H \simeq K_{1,4} \cup H_2$. 由 $Q(2,2) \cup G_2 \sim K_{1,4} \cup H_2$ 得 $P_2 \cup Q(2,2) \cup G_2 \sim P_2 \cup K_{1,4} \cup H_2 \sim (2K_1) \cup Q(2,2) \cup H_2$, 于是

$$P_2 \cup G_2 \sim (2K_1) \cup H_2.$$

由引理 7.2.1(1) 知, $(2K_1) \cup H_2$ 必有一个连通分支是 $T_{1,2,2}$ 或 $P_{3 \times 2^{k-1}-1}$(k 为正整数), 则 H_2 必有一个连通分支是 $T_{1,2,2}$ 或 $P_{3 \times 2^{k-1}-1}$. 由引理 7.2.2(1) 知, $H_2 \simeq P_2 \cup H_3$. 于是 $H \simeq K_{1,4} \cup P_2 \cup H_3 \simeq Q(2,2) \cup (2K_1) \cup H_3$. 论断 (1.1) 成立.

(1.1.2) 如果 $H \simeq I_n \cup H_2 (n=7$ 或 $n \geqslant 8$ 为偶数), 由 $Q(2,2) \cup G_2 \sim I_n \cup H_2$ 得 $P_2 \cup Q(2,2) \cup G_2 \sim P_2 \cup I_n \cup H_2 \sim P_{n-4} \cup I_6 \cup H_2 \sim P_{n-4} \cup K_1 \cup Q(2,2) \cup H_2$, 于是

$$P_2 \cup G_2 \sim K_1 \cup P_{n-4} \cup H_2.$$

① 若 $n=7$, 由引理 7.2.1(1) 知, $K_1 \cup P_3 \cup H_2$ 必有一个连通分支是 $T_{1,2,2}$ 或 $P_{3 \times 2^{k-1}-1}$(k 为正整数), 则 H_2 必有一个连通分支是 $T_{1,2,2}$ 或 $P_{3 \times 2^{k-1}-1}$. 由引理 7.2.2(1) 知, $H_2 \simeq P_2 \cup H_3$. 于是 $H \simeq I_n \cup P_2 \cup H_3 \simeq P_{n-4} \cup K_1 \cup Q(2,2) \cup H_3$, 则论断 (1.1) 成立.

② 若 $n \geqslant 8$ 为偶数, 由引理 7.2.1(3) 知, $P_2 \cup G_2$ 必有一个连通分支是 $P_{2^{k-1}(n-3)-1}$ (k 为正整数), 则 G_2 必有一个连通分支是 $P_{2^{k-1}(n-3)-1}$. 由引理 7.2.2(3) 知, $G_2 \simeq P_{n-4} \cup G_3$. 于是

$$P_2 \cup G_3 \sim K_1 \cup H_2,$$

由引理 7.2.1(1) 知, $K_1 \cup H_2$ 必有一个连通分支是 $T_{1,2,2}$ 或 $P_{3 \times 2^{k-1}-1}$(k 为正整数), 则 H_2 必有一个连通分支是 $T_{1,2,2}$ 或 $P_{3 \times 2^{k-1}-1}$. 由引理 7.2.2(1) 知, $H_2 \simeq P_2 \cup H_3$. 于是 $H \simeq I_n \cup P_2 \cup H_3 \simeq P_{n-4} \cup K_1 \cup Q(2,2) \cup H_3$, 则论断 (1.1) 成立.

(1.2) 若 $G \simeq K_{1,4} \cup G_2$, 且 $G \not\simeq Q(2,2) \cup G_2$, 则必有 $H \simeq K_{1,4} \cup H_2$. 此时由定理 7.1.1 易得 $H \simeq G$.

事实上, 由 (1.1) 知, $H \not\simeq Q(2,2) \cup H_2$. 如果 $H \simeq I_n \cup H_2 (n=7$ 或 $n \geqslant 8$ 为偶数), 由 $K_{1,4} \cup G_2 \sim I_n \cup H_2$ 得 $K_1 \cup K_{1,4} \cup G_2 \sim K_1 \cup I_n \cup H_2 \sim P_{n-4} \cup K_{1,4} \cup H_2$, 于是

$$K_1 \cup G_2 \sim P_{n-4} \cup H_2.$$

若 $n=7$, 由引理 7.2.1(2) 知, $K_1 \cup G_2$ 必有一个连通分支是 $C_6, T_{1,1,4}, P_{2^{k+1}-1}$ 或 $P_{12 \times 2^{k-1}-1}$(k 为正整数), 则 G_2 必有一个连通分支是 $C_6, T_{1,1,4}, P_{2^{k+1}-1}$ 或 $P_{12 \times 2^{k-1}-1}$. 由引理 7.2.2(2) 知, $G_2 \simeq P_3 \cup G_3$ 或 $G_2 \simeq C_6 \cup G_3$. 若是前者, 则 $H_2 \sim K_1 \cup G_3$, 由定理 7.1.1 得 $H_2 \simeq K_1 \cup G_3$. 于是, $H \simeq I_7 \cup K_1 \cup G_3 \simeq K_{1,4} \cup P_3 \cup G_3$, 论断 (1.2) 成立. 若是后者, 由定理 6.1.1(iv) 知, $P_3 \cup H_2 \sim K_1 \cup C_6 \cup G_3 \sim P_3 \cup Q(2,1) \cup G_3$,

得 $H_2 \sim Q(2,1) \cup G_3$. 由定理 7.1.1 得 $H_2 \simeq Q(2,1) \cup G_3$. 于是由引理 7.2.3(16), $H \simeq I_7 \cup Q(2,1) \cup G_3 \simeq K_{1,4} \cup C_6 \cup G_3$, 论断 (1.2) 成立.

若 $n \geqslant 8$ 为偶数, 由引理 7.2.1(2) 知, $K_1 \cup G_2$ 中必有一个连通分支是 $P_{2^{k-1}(n-3)-1}$ (k 为正整数), 则 G_2 中必有一个连通分支是 $P_{2^{k-1}(n-3)-1}$. 由引理 7.2.2(3) 知, $G_2 \simeq P_{n-4} \cup G_3$, 则 $H_2 \sim K_1 \cup G_3$. 由定理 7.1.1, $H_2 \simeq K_1 \cup G_3$. 于是, $H \simeq I_n \cup K_1 \cup G_3 \simeq K_{1,4} \cup P_{n-4} \cup G_3$, 论断 (1.2) 成立.

(1.3) 若 $G \simeq I_n \cup G_2 (n = 7$ 或 $n \geqslant 8$ 为偶数), 且 $G \not\simeq Q(2,2) \cup G_2$, $G \not\simeq K_{1,4} \cup G_2$, 则必有 $H \simeq I_n \cup H_2$. 此时由定理 7.1.1 易得 $H \simeq G$.

事实上, 由 (1.1), (1.2) 知, 必有 $H \simeq I_m \cup H_2 (m = 7$ 或 $m \geqslant 8$ 为偶数). 假若 $m \neq n$, 不妨设 $n > m$, 由 $I_n \cup G_2 \sim I_m \cup H_2$ 得 $P_{n-4} \cup I_n \cup G_2 \sim P_{n-4} \cup I_m \cup H_2 \sim P_{m-4} \cup I_n \cup H_2$, 于是

$$P_{n-4} \cup G_2 \sim P_{m-4} \cup H_2.$$

由引理 7.2.1(3) 知 $P_{m-4} \cup H_2$ 必有一个连通分支是 $P_{2^{k-1}(n-3)-1}$(k 为正整数), 则 H_2 必有一个连通分支是 $P_{2^{k-1}(n-3)-1}$. 由引理 7.2.2(3), $H_2 \simeq P_{n-4} \cup H_3$, 于是, $H \simeq I_m \cup P_{n-4} \cup H_3 \simeq I_n \cup P_{m-4} \cup H_3$, 论断 (1.3) 成立.

(2) 假定 2 是 $\mu(G, x)$ 的 $k(\geqslant 1)$ 重根时结论成立. 在此假定之下, 我们有下面的两个论断.

论断 (2.1) 设 2 是 $\mu(G, x)$ 的 $k(\geqslant 1)$ 重根.

(i) 若 $G \sim P_2 \cup H$, 则 G 中必有一个连通分支是 $T_{1,2,2}, Q(2,2), Q(3,1), T_{2,2,2}, T_{1,3,3}, T_{1,2,5}, P_{3 \times 2^{k-1}-1}$ 或 $I_{3 \times 2^{k-1}+3}$(k 为正整数);

(ii) 若 $G \sim P_3 \cup H$, 则 G 中必有一个连通分支是 $C_6, T_{1,1,4}, T_{1,3,3}, P_{2^{k+1}-1}, P_{12 \times 2^{k-1}-1}, I_{2^{k+1}+3}$ 或 $I_{12 \times 2^{k-1}+3}$(k 为正整数);

(iii) 若 $G \sim P_4 \cup H$, 则 G 中必有一个连通分支是 $T_{1,2,5}, P_{5 \times 2^{k-1}-1}$ 或 $I_{5 \times 2^{k-1}+3}$, (k 为正整数);

(iv) 若 $G \sim P_n \cup H(n \neq 2, 4$ 为偶数), 则 G 中必有一个连通分支是 $P_{2^{k-1}(n+1)-1}$ 或 $I_{2^{k-1}(n+1)+3}$(k 为正整数).

事实上, (i) (反证) 假定 G 没有 $T_{1,2,2}$, $Q(2,2)$, $Q(3,1)$, $T_{2,2,2}$, $T_{1,3,3}$, $T_{1,2,5}$, $P_{3 \times 2^{k-1}-1}$, $I_{3 \times 2^{k-1}+3}$(对任何正整数 k) 的连通分支. 那么, 图 G 用十六个匹配等价桥进行一次 (或多次) 等价转换也不能变出这些连通分支. 由假定对图 G 定理成立, 则图 G 的任何匹配等价图也不能含有这些连通分支. 故 $G \not\sim P_2 \cup H_2$, 矛盾.

(ii)—(iv) 的论证与 (i) 类似, 略.

论断 (2.2) 设 2 是 $\mu(G, x)$ 的 $k(\geqslant 1)$ 重根.

(i) 若 G 有一个连通分支是 $T_{1,2,2}, Q(2,2), Q(3,1), T_{2,2,2}, T_{1,3,3}, T_{1,2,5}, P_{3 \times 2^{k-1}-1}$ 或 $I_{3 \times 2^{k-1}+3}$(k 为正整数), 则 $G \simeq P_2 \cup G_2$ 或 $G \simeq Q(2,2) \cup G_2$;

(ii) 若 G 有一个连通分支是 $C_6, T_{1,1,4}, T_{1,3,3}, P_{2^{k+1}-1}, P_{12\times 2^{k-1}-1}, I_{2^{k+1}+3}$ 或 $I_{12\times 2^{k-1}+3}$ (k 为正整数), 则 $G \simeq P_3 \cup G_2, G \simeq C_6 \cup G_2$ 或 $G \simeq I_7 \cup G_2$;

(iii) 若 G 中必有一个连通分支是 $T_{1,2,5}, P_{5\times 2^{k-1}-1}$ 或 $I_{5\times 2^{k-1}+3}$(k 为正整数), 则 $G \simeq P_4 \cup G_2$ 或 $G \simeq I_8 \cup G_2$;

(iv) 若 G 有一个连通分支是 $P_{2^{k-1}(n+1)-1}$ 或 $I_{2^{k-1}(n+1)+3}$(k 为正整数), 则 $G \simeq P_n \cup G_2$ 或 $G \simeq I_{n+4} \cup G_2$.

事实上, 由假定和十六个匹配等价桥, 论断 (2.2) 显然.

(3) 若 2 是 $\mu(G,x)$ 的 $k+1$ 重根, 下证结论也成立.

设 $G \simeq Q(2,2) \cup G_2, G \simeq K_{1,4} \cup G_2$, 或 $G \simeq I_n \cup G_2(n=7$, 或 $n \geqslant 8$ 为偶数), 其中 2 是 $\mu(G_2,x)$ 的 k 重根.

(3.1) 若 $G \simeq Q(2,2) \cup G_2$, 则必有 $H \simeq Q(2,2) \cup H_2$. 此时由归纳假定易得 $H \simeq G$.

(3.1.1) 如果 $H \simeq K_{1,4} \cup H_2$. 同情形 (1.1.1) 可得

$$P_2 \cup G_2 \sim (2K_1) \cup H_2.$$

由论断 (2.1), $(2K_1) \cup H_2$ 必有一个连通分支是 $T_{1,2,2}, Q(2,2), Q(3,1), T_{2,2,2}, T_{1,3,3}, T_{1,2,5}, P_{3\times 2^{k-1}-1}$ 或 $I_{3\times 2^{k-1}+3}$(k 为正整数), 则 H_2 必有一个连通分支是 $T_{1,2,2}, Q(2,2), Q(3,1), T_{2,2,2}, T_{1,3,3}, T_{1,2,5}, P_{3\times 2^{k-1}-1}$ 或 $I_{3\times 2^{k-1}+3}$(k 为正整数). 由论断 (2.2) 知, $H_2 \simeq P_2 \cup H_3$ 或 $H_2 \simeq Q(2,2) \cup H_3$. 若是前者 $H \simeq K_{1,4} \cup P_2 \cup H_3 \simeq Q(2,2) \cup (2K_1) \cup H_3$. 于是, 不论是前者还是后者论断 (3.1) 成立.

(3.1.2) 如果 $H \simeq I_n \cup H_2(n=7$ 或 $n \geqslant 8$ 为偶数), 同情形 (1.1.2) 可得

$$P_2 \cup G_2 \sim K_1 \cup P_{n-4} \cup H_2.$$

若 $n=7$, 与情形 (3.1.1) 类似地, 由论断 (2.1) 和论断 (2.2) 可得, $H_2 \simeq P_2 \cup H_3$ 或 $H_2 \simeq Q(2,2) \cup H_3$. 若是前者, $H \simeq I_n \cup P_2 \cup H_3 \simeq Q(2,2) \cup K_1 \cup P_{n-4} \cup H_3$. 于是, 不论是前者还是后者论断 (3.1) 成立.

若 $n \geqslant 8$ 为偶数, 与情形 (3.1.1) 类似地, 由论断 (2.1)(iii), (iv) 和论断 (2.2)(iii), (iv) 可得, $G_2 \simeq P_{n-4} \cup G_3$ 或 $G_2 \simeq I_n \cup G_3$. 若是前者, 我们有 $P_2 \cup G_3 \sim K_1 \cup H_2$, 此时与情形 (3.1.1) 类似, 必有 $H_2 \simeq P_2 \cup H_3$ 或 $H_2 \simeq Q(2,2) \cup H_3$, 则论断 (3.1) 成立. 若是后者, 由 $K_1 \cup P_{n-4} \cup H_2 \sim P_2 \cup I_n \cup G_3 \sim K_1 \cup P_{n-4} \cup Q(2,2) \cup G_3$ 得 $H_2 \sim Q(2,2) \cup G_3$, 由归纳假定知 $H_2 \simeq Q(2,2) \cup G_3$, 则论断 (3.1) 也成立.

(3.2) 若 $G \simeq K_{1,4} \cup G_2$ 且 $G \not\simeq Q(2,2) \cup G_2$, 则必有 $H \simeq K_{1,4} \cup H_2$. 此时由归纳假定易得 $H \simeq G$.

7.2 最大根不大于 2 的图匹配等价的一个充要条件

事实上，由情形 (3.1) 知，$H \not\simeq Q(2,2) \cup H_2$. 如果 $H \simeq I_n \cup H_2 (n = 7,$ 或 $n \geqslant 8$ 为偶数)，与情形 (1.2) 类似可得

$$K_1 \cup G_2 \sim P_{n-4} \cup H_2.$$

① 若 $n = 7$，由论断 (2.1)(ii) 和论断 (2.2)(ii) 知，$G_2 \simeq P_3 \cup G_3, G_2 \simeq C_6 \cup G_3$ 或 $G_2 \simeq I_7 \cup G_3$，若是前者，则 $H_2 \sim K_1 \cup G_3$，由归纳假定 $H_2 \simeq K_1 \cup G_3$. 于是，$H \simeq I_7 \cup K_1 \cup G_3 \simeq K_{1,4} \cup P_3 \cup G_3$，论断 (3.2) 成立. 若是第二种情形，由定理 6.1.1(iv) 知，$P_3 \cup H_2 \sim K_1 \cup C_6 \cup G_3 \sim P_3 \cup Q(2,1) \cup G_3$，得 $H_2 \sim Q(2,1) \cup G_3$. 由归纳假定得 $H_2 \simeq Q(2,1) \cup G_3$. 于是由引理 7.2.3 (16)，$H \simeq I_7 \cup Q(2,1) \cup G_3 \simeq K_{1,4} \cup C_6 \cup G_3$，论断 (3.2) 成立. 若是最后一种情形，由 $P_3 \cup H_2 \sim K_1 \cup I_7 \cup G_3 \sim P_3 \cup K_{1,4} \cup G_3$，得 $H_2 \sim K_{1,4} \cup G_3$. 由归纳假定得 $H_2 \simeq K_{1,4} \cup G_3$，论断 (3.2) 也成立.

② 若 $n \geqslant 8$ 为偶数，由论断 (2.1) 和论断 (2.2) 知，$G_2 \simeq P_{n-4} \cup G_3$ 或 $G_2 \simeq I_n \cup G_3$. 若是前者，则 $H_2 \sim K_1 \cup G_3$，由归纳假定 $H_2 \simeq K_1 \cup G_3$. 于是，$H \simeq I_n \cup K_1 \cup G_3 \simeq K_{1,4} \cup P_{n-4} \cup G_3$，论断 (3.2) 成立. 若是后者，由 $P_{n-4} \cup H_2 \sim K_1 \cup I_n \cup G_3 \sim P_{n-4} \cup K_{1,4} \cup G_3$，得 $H_2 \sim K_{1,4} \cup G_3$. 由归纳假定得 $H_2 \simeq K_{1,4} \cup G_3$，论断 (3.2) 也成立.

(3.3) 若 $G \simeq I_n \cup G_2 (n = 7$ 或 $n \geqslant 8$ 为偶数) 且 $G \not\simeq Q(2,2) \cup G_2$，$G \not\simeq K_{1,4} \cup G_2$，则必有 $H \simeq I_n \cup H_2$. 此时由归纳假定易得 $H \simeq G$.

事实上，由 (3.1), (3.2) 知，必有 $H \simeq I_m \cup H_2 (m = 7$ 或 $m \geqslant 8$ 为偶数). 假若 $m \neq n$，不妨设 $n > m$，与情形 (1.3) 类似可得

$$P_{n-4} \cup G_2 \sim P_{m-4} \cup H_2.$$

由论断 (2.1) 和论断 (2.2) 知，$H_2 \simeq P_{n-4} \cup H_3$ 或 $H_2 \simeq I_n \cup H_3$. 若是前者，$H \simeq I_m \cup P_{n-4} \cup H_3 \simeq I_n \cup P_{m-4} \cup H_3$，论断 (3.3) 成立. 若是后者，论断 (3.3) 也成立. □

推论 7.2.1 设图 G 的匹配最大根 $M_1(G) \leqslant 2$，则 G 是匹配唯一的当且仅当 $G = kK_1 \cup m_2P_2 \cup m_3P_3 \cup \left[\bigcup_{i \geqslant 2} m_{2i}P_{2i}\right] \cup \left[\bigcup_{j \geqslant 3} n_jC_j\right] \cup dQ(2,1) \cup eT_{1,2,3} \cup fT_{1,2,4} \cup gK_{1,4} \cup h_7I_7 \cup \left[\bigcup_{l \geqslant 4} h_{2l}I_{2l}\right]$，满足 $kn_j = m_in_{i+1} = m_2d = m_3d = n_3e = n_{15}e = n_3n_5f = n_5n_9f = m_ig = n_6g = kh_l = h_lm_{l-4} = h_ln_{l-3} = h_7d = 0$，其中 $k, m_i, n_j, d, e, f, g, h_l$ 都是非负整数.

证明 由定理 7.1.1 和引理 7.2.3，必要性显然. 下证充分性. 由于图 G 的每个连通分支之间不满足十六个匹配等价桥，因此 G 不能进行等价转换，故 G 是匹配唯一的. □

推论 7.2.2 设图 G 的补图 $\overline{G}$ 的匹配最大根 $M_1(\overline{G}) \leqslant 2$, 则 G 是匹配唯一的当且仅当 G 是推论 7.2.1 所述的图的补图.

7.3 图的线性表示和匹配等价

定理 4.1.2 刻画了匹配最大根 $M_1(G) \leqslant 2$ 的图, 定理 7.1.1 和定理 7.2.1 给出了这样的两个图匹配等价的两个充分必要条件, 这个问题得到了较圆满的解决, 但是, 这个充分必要条件中给出了十六个等价关系, 叫匹配等价桥, 两个图匹配等价当且仅当它们可以由这十六个等价桥相互转化. 问题在于给出两个图, 定理 7.1.1 和定理 7.2.1 并没有指出从一个图变成另一个的途径, 特别是对于复杂的图, 我们仍然不知道一个图能不能由十六个等价桥变成另一个图. 因此, 仍然不好判断这两个图是否匹配等价. 在这一节中, 我们给出一个新的充分必要条件, 完全克服了上面的缺陷. 为此, 先给出下面定义.

定义 7.3.1 设 G 和 $H_i (i = 1, 2, \cdots, n)$ 是一些图, 它们的匹配多项式满足

$$\mu(G, x) = \mu(H_1, x)^{k_1} \mu(H_2, x)^{k_2} \cdots \mu(H_n, x)^{k_n},$$

这里的 $k_i (i = 1, 2, \cdots, n)$ 是整数. 则称图 G 是图 H_i 的一个线性组合, 记为 $G = k_1 H_1 + k_2 H_2 + \cdots + k_n H_n$.

注意 1 这里的某些 k_i 可以是负整数. 事实上, 假如所有的 k_i 是正整数, 则 $G = k_1 H_1 + k_2 H_2 + \cdots + k_n H_n$ 意味着图 $G \sim k_1 H_1 \cup k_2 H_2 \cup \cdots \cup k_n H_n$, 从这个意义上说, 系数均为正的线性组合可以看成两个图匹配等价, 其中的和运算就是并运算. 假如某个 k_i 是负数, $G = k_1 H_1 + k_2 H_2 + \cdots + k_n H_n$ 仅意味着两个多项式 $\mu(G, x)$ 和 $\mu(H_1, x)^{k_1} \mu(H_2, x)^{k_2} \cdots \mu(H_n, x)^{k_n}$ 相等.

注意 2 这个线性组合等式中同类项可以合并, 两边也可以移项. 例如, $\mu(P_{2m+1}, x) = \mu(P_m, x) \mu(C_{m+1}, x)$, 我们可以记 $C_{m+1} = P_{2m+1} - P_m$. 在下面, 孤立点 K_1 也当一条路, 记为 P_1.

引理 7.3.1 (1) $C_m = P_{2m-1} - P_{m-1}$;   (2) $T_{1,1,n} = P_{2n+3} - P_{n+1} + P_1$;
(3) $Q(2,1) = P_{11} - P_5 - P_3 + P_1$;   (4) $T_{1,2,2} = P_{11} - P_5 - P_3 + P_2 + P_1$;
(5) $T_{1,2,3} = P_{17} - P_8 - P_5 + P_2 + P_1$;
(6) $T_{1,2,4} = P_{29} - P_{14} - P_9 + P_4 - P_5 + P_2 + P_1$;
(7) $Q(3,1) = Q(2,2)$;   (8) $T_{2,2,2} = Q(2,2) + P_2$;
(9) $T_{1,3,3} = Q(2,2) + P_3$;   (10) $T_{1,2,5} = Q(2,2) + P_4$;
(11) $K_{1,4} = Q(2,2) - P_2 + 2P_1$;   (12) $I_m = Q(2,2) + P_{m-4} - P_2 + P_1$.

证明 由定理 7.1.1 和引理 7.2.3, 显然. □

7.3 图的线性表示和匹配等价

引理 7.3.2 设 G 是一个图且 $M_1(G) < 2$, 则 G 可以唯一地表示成一些路的线性组合, 即

$$G = \alpha_1 P_{m_1} + \alpha_2 P_{m_2} + \cdots + \alpha_k P_{m_k},$$

且系数非零的最长的路 P_{m_k} 的系数 α_i 是正整数, $M_1(G) = M_1(P_{m_k})$.

证明 因为 $M_1(G) < 2$, 由定理 4.1.2, 图 G 的每个连通分支属于 Ω_1. 由引理 7.3.1 知, G 能表示成一些路的线性组合. 假设图 G 有两个线性表示, 则

$$a_1 P_{m_1} + a_2 P_{m_2} + \cdots + a_k P_{m_k} = b_1 P_{n_1} + b_2 P_{n_2} + \cdots + b_s P_{n_s}, \tag{7.3.1}$$

这里 $m_1 < m_2 < \cdots < m_k, n_1 < n_2 < \cdots < n_s$.

现在把等式 (7.3.1) 中系数为负的所有项移到等式的另一边, 使得所有项的系数均为正数, 得到等式 (7.3.1)′, 等式 (7.3.1)′ 两边的线性组合可以看成图, 比较这两个图两边的最大根和最大根的重数, 我们得到 $n_s = m_k, b_s = a_k$. 于是

$$a_1 P_{m_1} + a_2 P_{m_2} + \cdots + a_{k-1} P_{m_{k-1}} = b_1 P_{n_1} + b_2 P_{n_2} + \cdots + b_{s-1} P_{n_{s-1}}.$$

重复上述过程, 我们得到 $k = s$, $n_i = m_i, b_i = a_i$ $(i = 1, 2, \cdots, k)$, 即 G 可以唯一地表示成一些路的线性组合.

进一步, 假设 G 表示成一些路的线性组合如下

$$G = \alpha_1 P_{m_1} + \alpha_2 P_{m_2} + \cdots + \alpha_k P_{m_k}, \tag{7.3.2}$$

且 α_k 是 (7.3.2) 中系数非零的最长的路的系数, 必有 $\alpha_k > 0$.

事实上, 假如 $\alpha_k < 0$, 移项使得等式两边的系数均为正, 我们获得等式 (7.3.3)

$$G + (-\alpha_k) P_{m_k} + \cdots + \beta_p P_{m_p} = \beta_1 P_{n_1} + \beta_2 P_{n_2} + \cdots + \beta_q P_{n_q}, \tag{7.3.3}$$

这里的 $\beta_i = \pm \alpha_j$ 且 $\beta_i > 0$. 比较两边的最大根, 左边为

$$M_1(G + (-\alpha_k) P_{m_k} + \cdots + \beta_p P_{m_p}) \geqslant M_1(P_{m_k}),$$

而右边为

$$M_1(\beta_1 P_{n_1} + \beta_2 P_{n_2} + \cdots + \beta_q P_{n_q}) < M_1(P_{m_k}),$$

矛盾. 于是 $\alpha_k > 0$. 等式 (7.3.3) 移项使得所有项系数为正得到下式

$$G + \cdots + \beta_p P_{m_p} = \alpha_k P_{m_k} + \beta_1 P_{n_1} + \beta_2 P_{n_2} + \cdots + \beta_q P_{n_q},$$

比较两边的最大根，我们得到

$$M_1(G) = M_1(P_{m_k}).$$ □

引理 7.3.3　设 G 是一个图且 $M_1(G) = 2$，则 G 可以唯一地表示成一些路和 $Q(2,2)$ 的线性组合，即 $G = a_0Q(2,2) + a_1P_{m_1} + a_2P_{m_2} + \cdots + a_kP_{m_k}$，且 a_0 等于 2 在 $\mu(G,x)$ 中的重数.

证明　因为 $M_1(G) = 2$，由定理 4.1.2 知，G 的每一个连通分支属于 $\Omega_1 \cup \Omega_2$. 由引理 7.3.1 知，G 可以表示成一些路和 $Q(2,2)$ 的线性组合. 假设 G 有两种这样的表示如下：

$$a_0Q(2,2) + a_1P_{m_1} + a_2P_{m_2} + \cdots + a_kP_{m_k} = b_0Q(2,2) + b_1P_{n_1} + b_2P_{n_2} + \cdots + b_sP_{n_s}.$$

移项使每一项的系数为正，然后比较根 2 的重数得 $a_0 = b_0$，等于根 2 在 $\mu(G,x)$ 中的重数. 于是

$$a_1P_{m_1} + a_2P_{m_2} + \cdots + a_kP_{m_k} = b_1P_{n_1} + b_2P_{n_2} + \cdots + b_sP_{n_s}.$$

进一步地，我们将得到 $s = k$，$n_i = m_i, a_i = b_i$ $(i = 1, 2, \cdots, k)$. □

由引理 7.3.2 和引理 7.3.3 我们得到下面的主要定理.

定理 7.3.1　设 G, H 是两个图.

(1) 假如 $M_1(G) < 2, M_1(H) < 2$，则 $G \sim H$ 当且仅当 G 和 H 有一样的路的线性表示.

(2) 假如 $M_1(G) = 2, M_1(H) = 2$，则 $G \sim H$ 当且仅当 G 和 H 有一样的路和 $Q(2,2)$ 的线性表示.

证明　$G \sim H$ 意味着它们有一样的匹配多项式，由线性表示的定义知，匹配多项式相等当且仅当它们有一样的线性表示式. □

这一节最后我们给出定理 7.3.1 的几个应用. 记 $\aleph$ 是一些图构成的集合，假如 $\aleph$ 中的每一个图的匹配等价图仍属于 $\aleph$，称 $\aleph$ 为一个匹配等价闭包.

应用 1　设 $\aleph_1$ 是由长至少是 2 的路和圈以及这种路和圈的各种并图构成的集合 (或度序列是 1 和 2 的所有图)，则 $\aleph_1$ 是一个匹配等价闭包.

事实上，设 $G \in \aleph_1$，由引理 7.3.1 知，G 表示成路的线性组合时，P_1 项的系数始终为 0. 若 $H \sim G$，由定理 7.3.1 知，H 表示成路的线性组合时，P_1 项的系数也始终为 0. 这迫使图 H 不能有分支是：$P_1, T_{1,1,k}, T_{1,2,2}, T_{1,2,3}, T_{1,2,4}, Q(2,1)$. 另一方面，因为 $M_1(H) = M_1(G) < 2$，结合定理 4.1.2，我们知道 H 是路 (长至少为 2) 和圈并图. 于是 $H \in \aleph_1$.

应用 2　设 $\aleph_2$ 是由图 $P_n(n \geqslant 2)$, $C_m(m \geqslant 3)$, $Q(2,2)$, $Q(3,1)$, $T_{2,2,2}$, $T_{1,3,3}$, $T_{1,2,5}$ 及这些图的各种并图构成的集合. 与应用 1 类似, 我们知道 $\aleph_2$ 也是一个匹配等价闭包.

应用 3　设 A 是 3 和一些偶数组成的可重集, B 是大于等于 3 的一些整数组成的可重集. 则图 $\bigcup_{i \in A} P_i \cup \bigcup_{j \in B} C_j$ 是匹配唯一的当且仅当 $A \cap D = \varnothing$, 这里的 $D = \{x-1 | x \in B\}$.

证明　因为 $P_i \cup C_{i+1} \sim P_{2i+1}$, 所以必要性是显然的. 下证充分性.

设 $H \sim \bigcup_{i \in A} P_i \cup \bigcup_{j \in B} C_j$, 由应用 1 知, $H \cong \bigcup_{i \in A'} P_i \cup \bigcup_{j \in B'} C_j$, 这里的 A' 是大于等于 2 的一些整数组成的可重集, B' 是大于等于 3 的一些整数组成的可重集. 由引理 7.3.1 和定理 7.3.1 知

$$\sum_{i \in A} P_i + \sum_{j \in B} P_{2j-1} - \sum_{j \in B} P_{j-1} = \sum_{i \in A'} P_i + \sum_{j \in B'} P_{2j-1} - \sum_{j \in B'} P_{j-1}, \tag{7.3.4}$$

因为 $A \cap D = \varnothing$, 考虑等式 (7.3.4) 左边, 路 $\sum_{i \in A} P_i$ 不能由等式 (7.3.4) 左边的其他路抵消. 由表示的唯一性知, $A \subseteq A'$, 不妨设 $A' = A \cup A''$,

$$\sum_{i \in A'} P_i = \sum_{i \in A} P_i + \sum_{i \in A''} P_i, \tag{7.3.5}$$

$$\sum_{j \in B} P_{2j-1} - \sum_{j \in B} P_{j-1} = \sum_{i \in A''} P_i + \sum_{j \in B'} P_{2j-1} - \sum_{j \in B'} P_{j-1}. \tag{7.3.6}$$

假如 $A'' \neq \varnothing$, 等式 (7.3.6) 左端带有正系数的路数与带有负系数的路数相等, 而右端不相等, 这与表示的唯一性矛盾. 于是 $A'' = \varnothing$, 因而 $A = A'$. 比较等式 (7.3.6) 两边最长的路, 得到 $B = B'$.

于是 $H \cong \bigcup_{i \in A} P_i \cup \bigcup_{j \in B} C_j$, 即图 $\bigcup_{i \in A} P_i \cup \bigcup_{j \in B} C_j$ 是匹配唯一的. □

7.4　构造匹配等价图的若干方法

在这一节中, 我们给出若干构造匹配等价图的方法.

方法一. 设 G 和 H 是两个图, 且 $u \in V(G)$, $v \in V(H)$. 将一个图 G 的点 u 和 m 个图 H 中的点 v 均邻接得到的图记为 $(G_u - H_v^m)$. 将一个图 H 的点 v 和 m 个图 G 中的点 u 均邻接得到的图记为 $(H_v - G_u^m)$, 如图 7.1 所示.

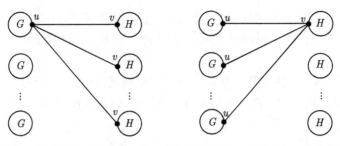

图 7.1 图 $(G_u - H_v^m) \cup (m-1)G$ 和 $(H_v - G_u^m) \cup (m-1)H$

定理 7.4.1 对任意正整数 m, 有

$$\mu((G_u - H_v^m) \cup (m-1)G, x) = \mu((H_v - G_u^m) \cup (m-1)H, x).$$

证明 由定理 1.3.1,

$$\mu(G_u - H_v^m, x) = x\mu(G\backslash u, x)[\mu(H, x)]^m - \sum_{i \in V(G), i \sim u} \mu(G\backslash ui, x)[\mu(H, x)]^m$$
$$- m\mu(G\backslash u, x)\mu(H\backslash v, x)[\mu(H, x)]^{m-1}$$
$$= [\mu(H, x)]^m \mu(G, x) - m[\mu(H, x)]^{m-1}\mu(G\backslash u, x)\mu(H\backslash v, x).$$

于是

$$\mu[(G_u - H_v^m) \cup (m-1)G, x]$$
$$= [\mu(G, x)\mu(H, x)]^m - m[\mu(G, x)\mu(H, x)]^{m-1}\mu(G\backslash u, x)\mu(H\backslash v, x)$$
$$= [\mu(G, x)\mu(H, x)]^{m-1}[\mu(G, x)\mu(H, x) - m\mu(G\backslash u, x)\mu(H\backslash v, x)].$$

类似地, 我们有

$$\mu[(H_v - G_u^m) \cup (m-1)H, x]$$
$$= [\mu(G, x)\mu(H, x)]^{m-1}[\mu(G, x)\mu(H, x) - m\mu(G\backslash u, x)\mu(H\backslash v, x)]. \qquad \square$$

推论 7.4.1 对任意正整数 $m > 1$, 图 $(G_u - H_v^m) \cup (m-1)G$ 和 $(G_u - H_v^m) \cup (m-1)G$ 匹配等价. 进一步地, 若图 G 不同构于图 H, 则它们都不是匹配唯一的.

方法二. 设 G 和 H 是两个图, 且 $u \in V(G)$, $v_1, v_2, \cdots, v_m \in V(H)$. 将一个图 G 的点 u 分别与第 i 个图 H 的点 v_i 邻接, $i = 1, 2, \cdots, m$, 得到的图记为 $G_u - H_{v_1, v_2, \cdots, v_m}^m$. 将一个图 G 的点 u 分别与第一个图 H 的点 $v_1, v_2, \cdots, v_m$ 均邻接, 再并上 $m-1$ 个图 H 后得到的图记为 $(G_u - H_{v_1, v_2, \cdots, v_m}) \cup (m-1)H$ (图 7.2).

定理 7.4.2 对任意正整数 m, 有

$$\mu(G_u - H_{v_1, v_2, \cdots, v_m}^m, x) = \mu((G_u - H_{v_1, v_2, \cdots, v_m}) \cup (m-1)H, x).$$

7.4 构造匹配等价图的若干方法

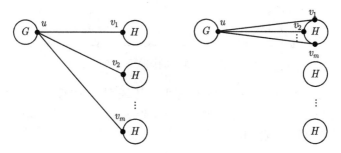

图 7.2 图 $G_u - H^m_{v_1,v_2,\cdots,v_m}$ 和 $(G_u - H_{v_1,v_2,\cdots,v_m}) \cup (m-1)H$

证明 由定理 1.3.1, 对任意正整数 m,

$$\mu(G_u - H^m_{v_1,v_2,\cdots,v_m}, x)$$
$$= x\mu(G\backslash u, x)[\mu(H,x)]^m - \sum_{i \in V(G), i \sim u} \mu(G\backslash ui, x)[\mu(H,x)]^m$$
$$- \sum_{k=1}^{m} \mu(G\backslash u, x)\mu(H\backslash v_k, x)[\mu(H,x)]^{m-1}$$
$$= \mu(G,x)[\mu(H,x)]^m - \sum_{k=1}^{m} \mu(G\backslash u, x)\mu(H\backslash v_k, x)[\mu(H,x)]^{m-1}$$
$$= [\mu(H,x)]^{m-1}\left[\mu(G,x)\mu(H,x) - \mu(G\backslash u, x)\sum_{k=1}^{m}\mu(H\backslash v_k, x)\right].$$

且

$$\mu[(G_u - H_{v_1,v_2,\cdots,v_m}) \cup (m-1)H, x]$$
$$= [\mu(H,x)]^{m-1}\left[x\mu(G\backslash u, x)\mu(H,x) - \sum_{i \in V(G), i \sim u}\mu(G\backslash ui, x)\mu(H,x)\right.$$
$$\left. - \sum_{k=1}^{m}\mu(G\backslash u, x)\mu(H\backslash v_k, x)\right]$$
$$= [\mu(H,x)]^{m-1}\left[\mu(G,x)\mu(H,x) - \mu(G\backslash u, x)\sum_{k=1}^{m}\mu(H\backslash v_k, x)\right]. \qquad \square$$

推论 7.4.2 对任意正整数 $m > 1$, 图 $G_u - H^m_{v_1,v_2,\cdots,v_m}$ 和 $(G_u - H_{v_1,v_2,\cdots,v_m}) \cup (m-1)H$ 匹配等价, 进一步地, 它们都不是匹配唯一的.

方法三. 设 B 是一个连通图, 若存在两个点 $u, v \in V(B)$ 使得图 $B\backslash u$ 和 $B\backslash v$ 匹配等价, 且图 B 不存在一个自同构映射将点 u 变为点 v. 我们将 (B, u, v) 称为一个非匹配唯一的图因子.

例 1 如图 7.3 所示, (B_1, u, v) 是一个非匹配唯一的图因子.

图 7.3 非匹配唯一的图因子 (B_1, u, v)

例 2 如图 7.4 所示,设 G 和 H 是两个连通图,u(也被记为 v)$\in V(G)$ 且 $v_1, v_2, \cdots, v_m \in V(H)$,$m > 1$ 是正整数.我们构造 B_2(图 7.4).由定理 7.4.2 容易知道 (B_2, u, v) 是一个非匹配唯一的图因子.

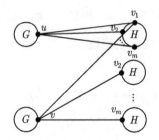

图 7.4 非匹配唯一的图因子 (B_2, u, v)

对任意的两个图 X 和 Y,$u \in V(X)$ 且 $v \in V(Y)$,我们以 $XuvY$ 表示图 X 的点 u 和图 Y 的点 v 黏结后得到的图.

定理 7.4.3 设 X 是一个图带有点 w,且 (B, u, v) 是一个非匹配唯一的图因子,则
$$\mu(XwuB, x) = \mu(XwvB, x).$$

证明 由定理 1.3.4,显然. □

推论 7.4.3 设 X 是一个图带有点 w,且 (B, u, v) 是一个非匹配唯一的图因子,则图 $XwuB$ 和图 $XwvB$ 匹配等价.若 X 是至少有两个点的连通图且没有割点,则图 $XwuB$ 和 $XwvB$ 都不是匹配唯一的.

证明 若 X 是至少有两个点的连通图,没有割点,则图 $XwuB$ 不同构于图 $XwvB$. □

若 X 是至少有两个点且无割点的连通图,(B, u, v) 是一个非匹配唯一的图因子,则 $XwuB$ 不匹配唯一.这说明非匹配唯一图因子就像一个病菌,一个机体 (图) 一旦带有这个病菌,就染上了这种病 (不匹配唯一),这也是它名称的由来.

方法四. 看下面的定理.

定理 7.4.4 设 G 和 H 是两个 $K_{n,n}$ 的生成子图,则

(1) 图 $G \sim H$ 当且仅当 $\widetilde{G} \sim \widetilde{H}$;

(2) 若图 G 不同构于图 H,则图 $\widetilde{G}$ 和 $\widetilde{H}$ 都不是匹配唯一的.

证明 由推论 1.5.2,显然. □

方法五. 看下面的定理.

定理 7.4.5 设图 F_1 和 F_2 匹配等价，G 是一个图，则图 $F_1:G$ 和 $F_2:G$ 匹配等价.

证明 由定理 1.3.5, 显然. □

7.5 一些说明

本章仅对匹配最大根小于等于 2 的图给出了它们之间匹配等价的充分必要条件, 对于其他图类这是一个值得进一步探讨的问题. 7.1 节来自文献 [73], 7.2 节来自文献 [74], 7.3 节来自文献 [75], 7.4 节来自文献 [76].

第 8 章 图的匹配等价图的个数

完全刻画一个图的匹配等价图类是很困难的，在这一章中，我们给出一些图的匹配等价图个数的计算公式. 8.1 节给出一些路并图的匹配等价图个数的计算公式; 8.2 节给出一些 I-形图并图的匹配等价图个数的计算公式; 8.3 节给出一些点圈并图的匹配等价图个数的计算公式.

8.1 路并图的匹配等价图的个数

为了叙述的方便，我们将大于 2 的整数分系定级. 对整数 $m+1 (\geqslant 3)$ 按所含的最大奇因数进行分类. 若 $m+1$ 的最大奇因数是 1，即 $m+1 = 2^{n+1}$ 时，称 m 属于 3-系，且是第 n 级的. 如 31 是 3-系第 4 级的数 (因 $31+1 = 2^{4+1}$). 若 $m+1$ 的最大奇因数是 $2k+1 (k \geqslant 1)$，即 $m+1 = 2^{n-1}(2k+1)$ 时，称 m 属于 $2k$-系，且是第 n 级的. 如 55 是 6-系第 4 级的数 (因 $55+1 = 2^{4-1}(6+1)$). 于是每个整数 $m (\geqslant 2)$ 均属于且仅属于一个系. 设 A 是一些大于等于 2 的整数组成的可重集，则 A 可以分解为属于不同系的整数构成的可重集的并集. 将可重集 $A = \{\overbrace{m_1, \cdots, m_1}^{s_1}, \overbrace{m_2, \cdots, m_2}^{s_2}, \cdots, \overbrace{m_k, \cdots, m_k}^{s_k}\}$ 简记为 $A = \{m_1^{s_1}, m_2^{s_2}, \cdots, m_k^{s_k}\}$. 将 $s_1 P_{m_1} \cup s_2 P_{m_2} \cup \cdots \cup s_k P_{m_k}$ 简记为 $\bigcup_{i \in A} P_i$, $\delta\left(\bigcup_{i \in A} P_i\right)$ 简记为 $\delta(A)$.

引理 8.1.1 设 B 是同一系 (3 或 $2k$-系) 整数构成的可重集，最大整数 m_n 是 n 级的，即 $m_n + 1 = 2^{n-1}(a+1) (a = 3 \text{ 或 } 2k)$，则

$$\delta(B) = \begin{cases} 1, & n=1, \\ \delta(B \setminus \{m_n\}) + \delta(B \cup \{m_{n-1}\} \setminus \{m_n\}) - \delta(B \cup \{m_{n-1}\} \setminus \{m_n, m_n\}), & n \geqslant 2. \end{cases}$$

证明 若 $n=1$，最大整数 $m_n = 3$ 或 $2k$，此时 B 是数 3 或 $2k$ 组成的可重集，$\bigcup_{i \in B} P_i = sP_3$ 或 sP_{2k}，由引理 5.2.1 知 $\delta(B) = 1$.

若 $n \geqslant 2$，设 $H \sim \bigcup_{i \in B} P_i$. 根据推论 5.2.1 知，$H$ 是一些路和圈的并. 比较两边的最大根，右边为 $M_1(P_{m_n})$，根据引理 6.1.2 知，H 必有一连通分支为 P_{m_n} 或 $C_{m_{n-1}+1}$ (其中 $m_{n-1}+1 = 2^{n-2}(a+1), a = 3 \text{ 或 } 2k$).

(1) 若 H 含有连通分支 P_{m_n}. 由 $H = P_{m_n} \cup H_2 \sim \bigcup_{i \in B} P_i$ 得 $H_2 \sim \bigcup_{i \in B \setminus \{m_n\}} P_i$，这种等价图共有 $\delta(B \setminus \{m_n\})$ 个.

8.1 路并图的匹配等价图的个数

(2) 若 H 含有连通分支 $C_{m_{n-1}+1}$. 由引理 6.1.1 及 $H = C_{m_{n-1}+1} \cup H_2 \sim \bigcup_{i \in B} P_i = \left(\bigcup_{i \in B \setminus \{m_n\}} P_i \right) \cup P_{m_n} \sim \left(\bigcup_{i \in B \setminus \{m_n\}} P_i \right) \cup P_{m_{n-1}} \cup C_{m_{n-1}+1}$, 得 $H_2 \sim \bigcup_{i \in (B \cup \{m_{n-1}\}) \setminus \{m_n\}} P_i$, 这种等价图共有 $\delta(B \cup \{m_{n-1}\} \setminus \{m_n\})$ 个.

(3) 若 H 同时含有连通分支 P_{m_n} 和 $C_{m_{n-1}+1}$. 由引理 6.1.1 及 $H = P_{m_n} \cup C_{m_{n-1}+1} \cup H_2 \sim \bigcup_{i \in B} P_i$, 得 $H_2 \sim \bigcup_{i \in (B \cup \{m_{n-1}\}) \setminus \{m_n, m_n\}} P_i$, 这种等价图共有 $\delta(B \cup \{m_{n-1}\} \setminus \{m_n, m_n\})$ 个.

故 $\delta(B) = \delta(B \setminus \{m_n\}) + \delta(B \cup \{m_{n-1}\} \setminus \{m_n\}) - \delta(B \cup \{m_{n-1}\} \setminus \{m_n, m_n\})$. □

定理 8.1.1 设 A 是大于等于 2 的整数组成的可重集, $A = B_1 \cup B_2 \cup \cdots \cup B_t$, 其中 $B_i (i = 1, 2, \cdots, t)$ 是同一系整数构成的可重集, B_i 与 $B_j (i \neq j)$ 是互不相同系的整数所构成, 则

$$\delta(A) = \prod_{i=1}^{t} \delta(B_i).$$

证明 （对 $\left| V \left(\bigcup_{i \in A} P_i \right) \right|$ 用数学归纳法）考虑 A 中的最大整数, 不妨设它是 $m_n \in B_t$, 且是第 n 级的, 即 $m_n + 1 = 2^{n-1}(a+1) (a = 3$ 或 $2k)$.

设 $H \sim \bigcup_{i \in A} P_i$. 分以下两种情形.

情形 1 $n = 1$. 此时 B_t 是数 3 或 $2k$ 组成的可重集. 比较 $H \sim \bigcup_{i \in A} P_i$ 两边的匹配最大根, 右边是 $M_1(P_{m_n})$, 由引理 6.1.2 知, H 必有一个连通分支是 P_{m_n}. 由 $H = P_{m_n} \cup H_2 \sim \bigcup_{i \in A} P_i$ 得 $H_2 \sim \bigcup_{i \in A \setminus \{m_n\}} P_i$. 于是这样的匹配等价图共有 $\delta(A \setminus \{m_n\}) = \delta(B_1 \cup B_2 \cup \cdots \cup B_t \setminus \{m_n\})$ 个. 由归纳假定及引理 8.1.1 知

$$\delta(A) = \delta(A \setminus \{m_n\}) = \delta(B_1)\delta(B_2) \cdots \delta(B_t \setminus \{m_n\})$$
$$= \delta(B_1)\delta(B_2) \cdots \delta(B_{t-1}) = \delta(B_1)\delta(B_2) \cdots \delta(B_t).$$

(因为此时 $\delta(B_t \setminus \{m_n\}) = \delta(B_t) = 1$.)

情形 2 $n \geqslant 2$. 比较 $H \sim \bigcup_{i \in A} P_i$ 两边的匹配最大根, 右边是 $M_1(P_{m_n})$, 由引理 6.1.2 知, H 必有一个连通分支是 P_{m_n} 或 $C_{m_{n-1}+1}$ (其中 $m_{n-1}+1 = 2^{n-2}(a+1), a = 3$ 或 $2k$). 与引理 8.1.1 的分析类似, 可得

$$\delta(A) = \delta(B_1 \cup B_2 \cup \cdots \cup B_t \setminus \{m_n\}) + \delta(B_1 \cup B_2 \cup \cdots \cup (B_t \cup \{m_{n-1}\} \setminus \{m_n\}))$$
$$- \delta(B_1 \cup B_2 \cup \cdots \cup (B_t \cup \{m_{n-1}\} \setminus \{m_n, m_n\})).$$

由归纳假定及引理 8.1.1 知

$$\delta(A) = \delta(B_1)\delta(B_2)\cdots\delta(B_t \setminus \{m_n\}) + \delta(B_1)\delta(B_2)\cdots\delta(B_t \cup \{m_{n-1}\} \setminus \{m_n\})$$
$$- \delta(B_1)\delta(B_2)\cdots\delta(B_t \cup \{m_{n-1}\} \setminus \{m_n, m_n\})$$
$$= \delta(B_1)\delta(B_2)\cdots\delta(B_{t-1})[\delta(B_t \setminus \{m_n\}) + \delta(B_t \cup \{m_{n-1}\} \setminus \{m_n\})$$
$$- \delta(B_t \cup \{m_{n-1}\} \setminus \{m_n, m_n\})]$$
$$= \delta(B_1)\delta(B_2)\cdots\delta(B_t). \qquad \square$$

定理 8.1.2 设 $B = \{m_1^{k_1}, m_2^{k_2}, \cdots, m_n^{k_n}\}$ 是同一系 (3 或 $2k$-系) 整数构成的可重集, 其中 $m_i (\geqslant 2)$ 是第 i 级的, 有 $k_i (\geqslant 0)$ 个, 则

$$\delta(B) = \begin{cases} 1, & n = 1, \\ \displaystyle\sum_{i_n=0}^{k_n} \sum_{i_{n-1}=0}^{k_{n-1}+i_n} \cdots \sum_{i_2=0}^{k_2+i_3} 1, & n \geqslant 2. \end{cases}$$

证明 $n=1$, 由引理 8.1.1, 显然. $n \geqslant 2$, 为了方便, 简记 $\delta(B) = \delta(k_1, k_2, \cdots, k_n)$. 由引理 8.1.1 知, $\delta(k_1, k_2, \cdots, k_n) = \delta(k_1, \cdots, k_{n-1}, k_n - 1) + \delta(k_1, \cdots, k_{n-1}+1, k_n - 1) - \delta(k_1, \cdots, k_{n-1}+1, k_n - 2)$, 即

$$\delta(k_1, k_2, \cdots, k_n) - \delta(k_1, \cdots, k_{n-1}, k_n - 1)$$
$$= \delta(k_1, \cdots, k_{n-1}+1, k_n - 1) - \delta(k_1, \cdots, k_{n-1}+1, k_n - 2), \qquad (8.1.0)$$

重复应用 (8.1.0) 式得

$$\delta(k_1, k_2, \cdots, k_n) - \delta(k_1, \cdots, k_{n-1}, k_n - 1)$$
$$= \delta(k_1, \cdots, k_{n-1}+1, k_n - 1) - \delta(k_1, \cdots, k_{n-1}+1, k_n - 2)$$
$$= \delta(k_1, \cdots, k_{n-1}+2, k_n - 2) - \delta(k_1, \cdots, k_{n-1}+2, k_n - 3)$$
$$\cdots\cdots$$
$$= \delta(k_1, \cdots, k_{n-1}+k_n - 1, 1) - \delta(k_1, \cdots, k_{n-1}+k_n - 1, 0)$$
$$= \delta(k_1, \cdots, k_{n-1}+k_n). \qquad (8.1.1)$$

同理

$$\delta(k_1, \cdots, k_{n-1}, k_n - 1) - \delta(k_1, \cdots, k_{n-1}, k_n - 2) = \delta(k_1, \cdots, k_{n-1}+k_n - 1), \quad (8.1.2)$$
$$\cdots\cdots$$
$$\delta(k_1, \cdots, k_{n-1}, 1) - \delta(k_1, \cdots, k_{n-1}, 0) = \delta(k_1, \cdots, k_{n-1}+1). \qquad (8.1.k_n)$$

将 $(8.1.1), (8.1.2), \cdots, (8.1.k_n)$ 式相加得

$$\delta(k_1,\cdots,k_{n-1},k_n) = \sum_{i_n=0}^{k_n} \delta(k_1,\cdots,k_{n-2},k_{n-1}+i_n). \qquad (8.1.k_n+1)$$

重复应用 $(8.1.k_n+1)$ 式得

$$\delta(k_1,\cdots,k_{n-1},k_n) = \sum_{i_n=0}^{k_n}\sum_{i_{n-1}=0}^{k_{n-1}+i_n}\cdots\sum_{i_2=0}^{k_2+i_3}\delta(k_1+i_2).$$

由引理 8.1.1 知, $\delta(k_1+i_2) = \delta((k_1+i_2)P_{m_1}) = 1$, 故定理 8.1.2 成立. □

推论 8.1.1   设 m_n 是 a-系 ($a=3$ 或 $2k$) 的第 n 级整数, 则

$$\delta(kP_{m_n}) = \binom{k+n-1}{n-1}.$$

证明   由定理 8.1.2, 此时 $B = \{m_1^0, m_2^0, \cdots, m_n^k\}$. 当 $n=1$ 时, 结论成立. 当 $n \geqslant 2$ 时,

$$\begin{aligned}
\delta(kP_{m_n}) = \delta(B) &= \sum_{i_n=0}^{k}\sum_{i_{n-1}=0}^{i_n}\cdots\sum_{i_2=0}^{i_3} 1 \\
&= \sum_{i_n=0}^{k}\sum_{i_{n-1}=0}^{i_n}\cdots\sum_{i_3=0}^{i_4}\binom{i_3+1}{1} \\
&= \sum_{i_n=0}^{k}\sum_{i_{n-1}=0}^{i_n}\cdots\sum_{i_4=0}^{i_5}\binom{i_4+2}{2} \\
&= \cdots = \sum_{i_n=0}^{k}\binom{i_n+n-2}{n-2} = \binom{k+n-1}{n-1}. \quad\square
\end{aligned}$$

两个图匹配等价当且仅当它们的补图也匹配等价, 故 $\delta(G^c) = \delta(G)$. 于是我们也给出了 $\delta((s_1P_{m_1} \cup s_2P_{m_2} \cup \cdots \cup s_kP_{m_k})^c)$ 的计算公式.

8.2 I-形图并图的匹配等价图数

在这一节中, 我们将计算一些 I-形图并图的匹配等价图的个数, 即 $\delta\left(\bigcup_{i\in A} I_i\right)$, 这里 A 是一些大于等于 6 的整数组成的可重集.

为叙述方便, 我们将不小于 6 的整数分系定级. 对整数 $m-3(m \geqslant 6)$ 按所含的最大奇因数是 1, 3 或是其他的奇数分成三类: 若 $m-3$ 的最大奇因数是 1, 即 $m-3 = 2^{n+1} = (7-3) \times 2^{n-1}$ 时, 称 m 属于 7-系且是第 n 级的, 如 35 是 7-系第 4 级的数 (因为 $35-3 = 2^{4+1}$). 若 $m-3$ 的最大奇因数是 3, 即 $m-3 =$

$3 \times 2^{n-1} = (6-3) \times 2^{n-1}$ 时,称 m 属于 6-系,且是第 n 级的,如 99 是 6-系第 6 级的数 (因 $99 - 3 = 3 \times 2^{6-1}$). 若 $m - 3$ 的最大奇因数是 $2k - 3(k \geqslant 4)$, 即 $m - 3 = 2^{n-1}(2k-3)$ 时,称 m 属于 $2k$-系,且是第 n 级的. 如 43 是 8-系第 4 级的数 (因为 $43 - 3 = 2^{4-1} \times (8-3)$). 于是每一个整数 $m(m \geqslant 6)$ 均属于且仅属于一个系. 设 A 是一些大于等于 6 的整数组成的可重集,则 A 可以分解为属于不同系的整数构成的可重集的并集. 将可重集 $A = \{\overbrace{m_1, \cdots, m_1}^{s_1}, \overbrace{m_2, \cdots, m_2}^{s_2}, \cdots, \overbrace{m_k, \cdots, m_k}^{s_k}\}$ 简记为 $A = \{m_1^{s_1}, m_2^{s_2}, \cdots, m_k^{s_k}\}$. 将 $s_1 I_{m_1} \cup s_2 I_{m_2} \cup \cdots \cup s_k I_{m_k}$ 简记为 $\bigcup_{i \in A} I_i$, $\delta\left(\bigcup_{i \in A} I_i\right)$ 简记为 $\delta(A)$.

在定理 7.2.1 中我们给出了的十六个匹配等价关系,称其为最大根小于等于 2 的图间的匹配等价桥,若 $M_1(G) \leqslant 2$, 则 G 的匹配等价图完全由上述的十六个匹配等价桥所确定.

引理 8.2.1 假若可重集 A 不包含 6-系的整数,则图 $\bigcup_{i \in A} I_i$ 的每个等价图不包含形如 $K_1, P_n, T_{1,1,n}, T_{1,2,2}, T_{1,2,3}, T_{1,2,4}, Q(2,1), K_{1,4}, T_{2,2,2}, T_{1,3,3}, T_{1,2,5}, Q(2,2), Q(3,1)$ 连通分支.

证明 由于可重集 A 不包含 6-系的整数,引理 6.1.1 和引理 7.2.3 的等价桥中只有公式 (15) 对图 $\bigcup_{i \in A} I_i$ 连通分支之间有可能运行,其余公式始终无法运行. 因此,使用引理 6.1.1 和引理 7.2.3 中的所有公式求图 $\bigcup_{i \in A} I_i$ 的匹配等价图始终不包含形如 $K_1, P_n, T_{1,1,n}, T_{1,2,2}, T_{1,2,3}, T_{1,2,4}, Q(2,1), K_{1,4}, T_{2,2,2}, T_{1,3,3}, T_{1,2,5}, Q(2,2), Q(3,1)$ 的连通分支. 由定理 7.2.1 知,图 $\bigcup_{i \in A} I_i$ 所有等价图中不包含形如 $K_1, P_n, T_{1,1,n}, T_{1,2,2}, T_{1,2,3}, T_{1,2,4}, Q(2,1), K_{1,4}, T_{2,2,2}, T_{1,3,3}, T_{1,2,5}, Q(2,2), Q(3,1)$ 的连通分支. □

由引理 8.2.1,我们有下面的推论.

推论 8.2.1 假若可重集 A 不包含 6-系的整数,则图 $\bigcup_{i \in A} I_i$ 的每个匹配等价图的连通分支只能是圈或 I-形图.

引理 8.2.2 (1) $M_2(I_n) = M_1(P_{n-4})$;

(2) $M_1(C_n) = M_1(P_{2n-1})$.

证明 比较引理 7.2.3(13) 两边的次大根得 (1),比较引理 6.1.1(i) 两边的最大根得 (2). □

引理 8.2.3 图 sI_7 和 $sI_{2k}(k > 3)$ 是匹配唯一的.

证明 由推论 7.2.1, 显然. □

引理 8.2.4 设 B 是非 6-系且是同系整数构成的可重集,最大整数 m_n 是 n

8.2 I-形图并图的匹配等价图数

级的,即 $m_n - 3 = 2^{n-1}(a-3)$,其中 $a = 7$ 或 $2k(k > 3)$,则

$$\delta(B) = \begin{cases} 1, & n=1, \\ \delta(B \setminus \{m_n\}) + \delta(B \cup \{m_{n-1}\} \setminus \{m_n\}) - \delta(B \cup \{m_{n-1}\} \setminus \{m_n, m_n\}), & n \geqslant 2. \end{cases}$$

证明 设 $H \sim \bigcup_{i \in B} I_i$,由推论 8.2.1 知,$H$ 是一些圈和 I-形图的并图,比较两边根 2 的重数,由定理 4.1.2 知,H 中的 I-形图共有 $|B|$ 个. 若 $n = 1$,最大整数 m_n 等于 7 或 $2k(k > 3)$,此时 B 是由整数 7 或 $2k$ 组成的可重集,$\bigcup_{i \in B} I_i = sI_7$ 或 sI_{2k},由引理 8.2.3 知 $\delta(B) = 1$.

若 $n \geqslant 2$,比较两边非 2 的最大根,由引理 8.2.2 知右边为 $M_1(P_{m_n-4})$. H 的连通分支中能贡献这个根的图是 I_{m_n} 或 $C_{2^{n-2}(a-3)}$,于是 H 必有一连通分支为 I_{m_n} 或 $C_{m_{n-1}-3}$,其中 $m_{n-1} - 3 = 2^{n-2}(a-3)$.

(1) H 含有连通分支 I_{m_n}. 由 $H = I_{m_n} \cup H_2 \sim \bigcup_{i \in B} I_i$ 得 $H_2 \sim \bigcup_{i \in B \setminus \{m_n\}} I_i$,这种等价图共有 $\delta(B \setminus \{m_n\})$.

(2) H 含有连通分支 $C_{m_{n-1}-3}$.

$$H = C_{m_{n-1}-3} \cup H_2 \sim \bigcup_{i \in B} I_i = \left(\bigcup_{i \in B \setminus \{m_n\}} I_i\right) \cup I_{m_n} \sim \left(\bigcup_{i \in B \setminus \{m_n\}} I_i\right) \cup I_{m_{n-1}} \cup C_{m_{n-1}-3},$$

有 $H_2 \sim \left(\bigcup_{i \in B \setminus \{m_n\}} I_i\right) \cup I_{m_{n-1}}$,即 $H_2 \sim \bigcup_{i \in (B \cup \{m_{n-1}\} \setminus \{m_n\})} I_i$,这种等价图共有 $\delta(B \cup \{m_{n-1}\} \setminus \{m_n\})$ 个.

(3) H 同时含有连通分支 I_{m_n} 和 $C_{m_{n-1}-3}$,则 $H = I_{m_n} \cup C_{m_{n-1}-3} \cup H_2 \sim \bigcup_{i \in B} I_i \sim \left(\bigcup_{i \in B \setminus \{m_n, m_n\}} I_i\right) \cup I_{m_n} \cup I_{m_n} \sim \left(\bigcup_{i \in B \setminus \{m_n, m_n\}} I_i\right) \cup I_{m_n} \cup I_{m_{n-1}} \cup C_{m_{n-1}-3}$.

所以 $H_2 \sim \bigcup_{i \in B \cup \{m_{n-1}\} \setminus \{m_n, m_n\}} I_i$,此类等价图共有 $\delta(B \cup \{m_{n-1}\} \setminus \{m_n, m_n\})$ 个. 由容斥原理 $\delta(B) = \delta(B \setminus \{m_n\}) + \delta(B \cup \{m_{n-1}\} \setminus \{m_n\}) - \delta(B \cup \{m_{n-1}\} \setminus \{m_n, m_n\})$. □

定理 8.2.1 设 A 是一些非 6-系的整数组成的可重集且 $A = B_1 \cup B_2 \cup \cdots \cup B_t$,其中 $B_i(i = 1, 2, \cdots, t)$ 为同系整数构成的可重集,B_i 与 $B_j(i \neq j)$ 为互不同系的整数所构成的集合,则 $\delta(A) = \prod_{i=1}^{t} \delta(B_i)$.

证明 对 $\left|V\left(\bigcup_{i \in A} I_i\right)\right|$ 用数学归纳法. 不妨设 $m_n(\in B_t)$ 是 A 中的最大整数,且是第 n 级的,$m_n - 3 = 2^{n-1}(a-3)$,其中 $a = 7$ 或 $2k(k > 3)$.

设 $H \sim \bigcup_{i \in A} I_i$,$H$ 是一些圈和 I-形图的并,分以下两种情形.

情形 1 $n = 1$,此时 B_t 是由整数 7 或 $2k(k > 3)$ 组成的可重集,比较 $H \sim$

$\bigcup_{i \in A} I_i$ 两边非 2 的最大根, 由引理 8.2.2 知, 右边为 $M_1(P_3)$ 或 $M_1(P_{2k-4})$. H 的连通分支中能贡献这个根的图是 I_{m_n}, 于是 H 必有一连通分支为 I_{m_n}. 由 $H = I_{m_n} \cup H_1 \sim \bigcup_{i \in A} I_i$ 得 $H_1 \sim \bigcup_{i \in A \setminus \{m_n\}} I_i$. 从而这样的匹配等价图共有 $\delta(A \setminus \{m_n\}) = \delta(B_1 \cup B_2 \cup \cdots \cup B_t \setminus \{m_n\})$ 个, 因为当 $n = 1$ 时, $\delta(B_t \setminus \{m_n\}) = \delta(B_t) = 1$, 故由归纳假定及引理 8.2.4, 知

$$\begin{aligned}\delta(A \setminus \{m_n\}) &= \delta(B_1)\delta(B_2)\cdots\delta(B_t \setminus \{m_n\}) \\ &= \delta(B_1)\delta(B_2)\cdots\delta(B_{t-1}) \\ &= \delta(B_1)\delta(B_2)\cdots\delta(B_t) \\ &= \prod_{i=1}^{t} \delta(B_i).\end{aligned}$$

情形 2 $n \geqslant 2$, 比较 $H \sim \bigcup_{i \in A} I_i$ 两边非 2 的最大根, 由引理 8.2.2 知, 右边为 $M_1(P_{m_n-4})$. H 的连通分支中能贡献这个根的图是 I_{m_n} 或 $C_{\frac{1}{2}(m_n-3)} = C_{2^{n-2}(a-3)}$, 于是 H 必有一连通分支为 I_{m_n} 或 $C_{m_{n-1}-3}$, 其中 $m_{n-1} - 3 = 2^{n-2}(a-3)$. 与引理 8.2.4 的证明类似, 有

$$\begin{aligned}\delta(A) = &\delta(B_1 \cup B_2 \cup \cdots \cup B_t \setminus \{m_n\}) + \delta(B_1 \cup B_2 \cup \cdots \cup (B_t \cup \{m_{n-1}\} \setminus \{m_n\})) \\ &- \delta(B_1 \cup B_2 \cup \cdots \cup (B_t \cup \{m_{n-1}\} \setminus \{m_n, m_n\})).\end{aligned}$$

由归纳假设及引理 8.2.4, 有

$$\begin{aligned}\delta(A) =& \delta(B_1)\delta(B_2)\cdots\delta(B_t \setminus \{m_n\}) + \delta(B_1)\delta(B_2)\cdots\delta(B_t \cup \{m_{n-1}\} \setminus \{m_n\}) \\ &- \delta(B_1)\delta(B_2)\cdots\delta(B_t \cup \{m_{n-1}\} \setminus \{m_n, m_n\}) \\ =& \delta(B_1)\delta(B_2)\cdots\delta(B_{t-1})[\delta(B_t \setminus \{m_n\}) \\ &+ \delta(B_t \cup \{m_{n-1}\} \setminus \{m_n\}) - \delta(B_t \cup \{m_{n-1}\} \setminus \{m_n, m_n\})] \\ =& \delta(B_1)\delta(B_2)\cdots\delta(B_{t-1})\delta(B_t) \\ =& \prod_{i=1}^{t} \delta(B_i). \quad \square\end{aligned}$$

定理 8.2.2 设 $B = \{m_1^{s_1}, m_2^{s_2}, \cdots, m_n^{s_n}\}$ 非 6-系且是同系整数构成的可重集, 其中 m_i 是第 i 级的, 有 $s_i(\geqslant 0)$ 个, 则

$$\delta(B) = \begin{cases} 1, & n = 1, \\ \sum_{i_n=0}^{s_n} \sum_{i_{n-1}=0}^{s_{n-1}+i_n} \cdots \sum_{i_2=0}^{s_2+i_3} 1, & n \geqslant 2. \end{cases}$$

8.2 I-形图并图的匹配等价图数

证明 当 $n=1$ 时,由引理 8.2.3,结论显然成立. 当 $n \geqslant 2$ 时,简记 $\delta(B) = \delta(s_1, s_2, \cdots, s_n)$,由引理 8.2.4 有

$$\delta(s_1, s_2, \cdots, s_n) = \delta(s_1, \cdots, s_{n-1}, s_n - 1) + \delta(s_1, \cdots, s_{n-1}+1, s_n - 1) - \delta(s_1, \cdots, s_{n-1}+1, s_n - 2),$$

即

$$\delta(s_1, s_2, \cdots, s_n) - \delta(s_1, \cdots, s_{n-1}, s_n - 1) \\ = \delta(s_1, \cdots, s_{n-1}+1, s_n - 1) - \delta(s_1, \cdots, s_{n-1}+1, s_n - 2),$$

重复应用上式有

$$\delta(s_1, s_2, \cdots, s_n) - \delta(s_1, \cdots, s_{n-1}, s_n - 1) \\ = \delta(s_1, \cdots, s_{n-1}+1, s_n - 1) - \delta(s_1, \cdots, s_{n-1}+1, s_n - 2) \\ = \delta(s_1, \cdots, s_{n-1}+2, s_n - 2) - \delta(s_1, \cdots, s_{n-1}+2, s_n - 3) \\ \cdots \cdots \\ = \delta(s_1, \cdots, s_{n-1}+s_n-1, 1) - \delta(s_1, \cdots, s_{n-1}+s_n-1, 0) \\ = \delta(s_1, \cdots, s_{n-1}+s_n). \quad (8.2.1)$$

同理

$$\delta(s_1, \cdots, s_{n-1}, s_n - 1) - \delta(s_1, \cdots, s_{n-1}, s_n - 2) = \delta(s_1, \cdots, s_{n-1}+s_n-1), \quad (8.2.2)$$

$$\cdots \cdots$$

$$\delta(s_1, \cdots, s_{n-1}, 1) - \delta(s_1, \cdots, s_{n-1}, 0) = \delta(s_1, \cdots, s_{n-1}+1). \quad (8.2.s_n)$$

将 $(8.2.1), (8.2.2), \cdots, (8.2.s_n)$ 式相加有

$$\delta(s_1, \cdots, s_{n-1}, s_n) = \sum_{i_n=0}^{s_n} \delta(s_1, \cdots, s_{n-2}, s_{n-1}+i_n). \quad (8.2.s_n+1)$$

重复应用 $(8.2.s_n+1)$ 式有

$$\delta(s_1, \cdots, s_{n-1}, s_n) = \sum_{i_n=0}^{s_n} \sum_{i_{n-1}=0}^{s_{n-1}+i_n} \cdots \sum_{i_2=0}^{s_2+i_3} \delta(s_1+i_2).$$

由引理 8.2.3 有 $\delta(s_1+i_2) = \delta((s_1+i_2)I_{m_1}) = 1$,从而定理 8.2.2 成立. □

推论 8.2.2 设 m_n 是 a-系 ($a=7$ 或 $2k(k>3)$) 的第 n 级整数, 则

$$\delta(kI_{m_n}) = \binom{k+n-1}{n-1}.$$

证明 由定理 8.2.2, 此时 $B = \{m_1^0, m_2^0, \cdots, m_n^k\}$. 当 $n=1$, 结论成立. 当 $n \geqslant 2$ 时,

$$\delta(kI_{m_n}) = \delta(B) = \sum_{i_n=0}^{k}\sum_{i_{n-1}=0}^{i_n}\cdots\sum_{i_2=0}^{i_3}1 = \sum_{i_n=0}^{k}\sum_{i_{n-1}=0}^{i_n}\cdots\sum_{i_3=0}^{i_4}\binom{i_3+1}{1}$$

$$= \sum_{i_n=0}^{k}\sum_{i_{n-1}=0}^{i_n}\cdots\sum_{i_4=0}^{i_5}\binom{i_4+2}{2} = \cdots = \sum_{i_n=0}^{k}\binom{i_n+n-2}{n-2}$$

$$= \binom{k+n-1}{n-1}. \qquad \square$$

注意 在这一节中, 只要 A 不包含 6-系整数, 我们给出了 $\delta\left(\bigcup_{i \in A} I_i\right)$ 的计算公式, 但对于 A 包含 6-系整数的情况, 值得进一步探讨.

两个图匹配等价当且仅当它们的补图也匹配等价, 故 $\delta(G^c) = \delta(G)$. 于是只要 $m_i (i=1,2,\cdots,k)$ 不是 6-系整数, 我们也给出了 $\delta((s_1I_{m_1} \cup s_2I_{m_2} \cup \cdots \cup s_kI_{m_k})^c)$ 的计算公式.

8.3 点圈并图的匹配等价图数

在这一节中我们给出一些点和一些圈的并图的匹配等价图数.

引理 8.3.1 设 $G = sK_1 \cup t_1C_{m_1} \cup t_2C_{m_2} \cup \cdots \cup t_kC_{m_k}, m_i \neq 6 (i=1,2,\cdots,k)$, 则 G 的所有匹配等价图均不含有路分支.

证明 (对 $|V(G)|$ 用数学归纳法) 当 $k=0$ 或 $s=0$ 或 $k=s=t_1=1$ 时, 由定理 6.1.3 和定理 5.1.2 知结论成立. 不妨设 $m_1 < m_2 < \cdots < m_k$, 考虑 G 的匹配最大根 $M_1(G) = M_1(C_{m_k})$.

设 $H \sim G$. H_1 是 H 的包含根 $M_1(C_{m_k})$ 的一个连通分支, $H = H_1 \cup H_2$.

情形 1 $m_k \neq 9, 15$. 由定理 4.1.2 和引理 6.1.2 知, $H_1 = C_{m_k}, T_{1,1,m_k-2}$ 或 P_{2m_k-1}.

若 $H_1 = C_{m_k}$. 由 $C_{m_k} \cup H_2 = H \sim G = sK_1 \cup t_1C_{m_1} \cup \cdots \cup t_kC_{m_k}$ 得 $H_2 \sim sK_1 \cup t_1C_{m_1} \cup \cdots \cup (t_k-1)C_{m_k}$, 由归纳假定 H_2 的所有匹配等价图不含路分支.

若 $H_1 = T_{1,1,m_k-2}$. 由 $T_{1,1,m_k-2} \cup H_2 \sim sK_1 \cup t_1C_{m_1} \cup \cdots \cup t_kC_{m_k}$ 及引理 6.1.1(ii) 得 $H_2 \sim (s-1)K_1 \cup t_1C_{m_1} \cup \cdots \cup (t_k-1)C_{m_k}$, 由归纳假定 H_2 的所有匹配等价图不含路分支.

8.3 点圈并图的匹配等价图数

若 $H_1 = P_{2m_k-1}$. 由 $P_{2m_k-1} \cup H_2 \sim sK_1 \cup t_1 C_{m_1} \cup \cdots \cup t_k C_{m_k}$ 及引理 6.1.1(i) 得 $P_{m_k-1} \cup H_2 \sim sK_1 \cup t_1 C_{m_1} \cup \cdots \cup (t_k-1)C_{m_k}$, 与归纳假定 $sK_1 \cup t_1 C_{m_1} \cup \cdots \cup (t_k-1)C_{m_k}$ 的等价图不含有路分支矛盾.

情形 2 $m_k = 9$. 由引理 6.1.2 知, $H_1 = C_9, T_{1,1,7}, P_{17}$ 或 $T_{1,2,3}$. 若 H_1 是前三者, 证明与情形 1 类似. 若 $H_1 = T_{1,2,3}$. 由 $T_{1,2,3} \cup H_2 \sim sK_1 \cup t_1 C_{m_1} \cup \cdots \cup t_k C_{m_k}$ 及引理 6.1.1(v) 得 $H_2 \sim (s-1)K_1 \cup t_1 C_{m_1} \cup \cdots \cup (t_k-1)C_{m_k} \cup C_3$. 由归纳假定 H_2 的所有匹配等价图不含路分支.

情形 3 $m_k = 15$. 证明与情形 2 类似, 略. □

定理 8.3.1 $m_1 < m_2 < \cdots < m_k, m_i \neq 6, 9, 15 (i = 1, 2, \cdots, k)$, 则 $\delta(sK_1 \cup t_1 C_{m_1} \cup \cdots \cup t_k C_{m_k}) = \sum_{i=0}^{r} \delta((s-i)K_1 \cup t_1 C_{m_1} \cup \cdots \cup t_{k-1} C_{m_{k-1}})$, 其中 $r = \min\{s, t_k\}$.

证明 为了方便, 简记 $\delta(sK_1 \cup t_1 C_{m_1} \cup \cdots \cup t_k C_{m_k}) = \delta(s, t_1, \cdots, t_k)$. 设 $H \sim G$. 由引理 6.1.2 和引理 8.3.1 知, H 包含连通分支 C_{m_k} 或 $T_{1,1,m_k-2}$.

(1) 若 H 包含连通分支 C_{m_k}. 由 $H = C_{m_k} \cup H_2 \sim G = sK_1 \cup t_1 C_{m_1} \cup \cdots \cup t_k C_{m_k}$ 得 $H_2 \sim sK_1 \cup t_1 C_{m_1} \cup \cdots \cup (t_k-1)C_{m_k}$. 这样的 H_2 共有 $\delta(s, t_1, \cdots, t_k-1)$ 个.

(2) 若 H 包含连通分支 $T_{1,1,m_k-2}$. 由 $H = T_{1,1,m_k-2} \cup H_2 \sim G = sK_1 \cup t_1 C_{m_1} \cup \cdots \cup t_k C_{m_k}$ 及引理 6.1.1(ii) 得 $H_2 \sim (s-1)K_1 \cup t_1 C_{m_1} \cup \cdots \cup (t_k-1)C_{m_k}$. 这样的 H_2 共有 $\delta(s-1, t_1, \cdots, t_k-1)$ 个.

(3) 若 H 同时包含 C_{m_k} 和 $T_{1,1,m_k-2}$. 由 $H = C_{m_k} \cup T_{1,1,m_k-2} \cup H_2 \sim sK_1 \cup t_1 C_{m_1} \cup \cdots \cup t_k C_{m_k}$ 得 $H_2 \sim (s-1)K_1 \cup t_1 C_{m_1} \cup \cdots \cup (t_k-2)C_{m_k}$. 这样的 H_2 共有 $\delta(s-1, t_1, \cdots, t_k-2)$ 个, 则

$$\delta(s, t_1, \cdots, t_{k-1}, t_k) = \delta(s, t_1, \cdots, t_{k-1}, t_k-1) + \delta(s-1, t_1, \cdots, t_{k-1}, t_k-1) - \delta(s-1, t_1, \cdots, t_{k-1}, t_k-2),$$

即

$$\delta(s, t_1, \cdots, t_{k-1}, t_k) - \delta(s-1, t_1, \cdots, t_{k-1}, t_k-1) = \delta(s, t_1, \cdots, t_{k-1}, t_k-1) - \delta(s-1, t_1, \cdots, t_{k-1}, t_k-2).$$

重复应用上式得

$$\begin{aligned}
&\delta(s, t_1, \cdots, t_{k-1}, t_k) - \delta(s-1, t_1, \cdots, t_{k-1}, t_k-1) \\
&= \delta(s, t_1, \cdots, t_{k-1}, 1) - \delta(s-1, t_1, \cdots, t_{k-1}, 0) \\
&= \delta(s, t_1, \cdots, t_{k-1}, 0) = \delta(s, t_1, \cdots, t_{k-1}),
\end{aligned} \quad (8.3.1)$$

同理

$$\delta(s-1, t_1, \cdots, t_{k-1}, t_k-1) - \delta(s-2, t_1, \cdots, t_{k-1}, t_k-2) = \delta(s-1, t_1, \cdots, t_{k-1}), \quad (8.3.2)$$

......

$$\delta(s-r+1,t_1,\cdots,t_{k-1},t_k-r+1)-\delta(s-r,t_1,\cdots,t_{k-1},t_k-r)=\delta(s-r+1,t_1,\cdots,t_{k-1}). \tag{8.3.r}$$

将 (8.3.1), (8.3.2), $\cdots$, (8.3.r) 式两边相加得

$$\delta(s,t_1,\cdots,t_{k-1},t_k)-\delta(s-r,t_1,\cdots,t_{k-1},t_k-r)=\sum_{i=0}^{r-1}\delta(s-i,t_1,\cdots,t_{k-1}).$$

若 $r=s$, 由定理 5.1.2,

$$\delta(s-r,t_1,\cdots,t_k-r)=1=\delta(s-r,t_1,\cdots,t_{k-1}).$$

若 $r=t_k$,

$$\delta(s-r,t_1,\cdots,t_k-r)=\delta(s-r,t_1,\cdots,t_{k-1}).$$

故

$$\delta(s,t_1,\cdots,t_{k-1},t_k)=\sum_{i=0}^{r}\delta(s-i,t_1,\cdots,t_{k-1}). \qquad \square$$

推论 8.3.1 $m\neq 6,9,15$, 则 $\delta(sK_1\cup tC_m)=\min\{s,t\}+1$.

证明 设 $r=\min\{s,t\}$, 由定理 8.3.1 知, $\delta(sK_1\cup tC_m)=\sum_{i=0}^{r}\delta((s-i)K_1)=\sum_{i=0}^{r}1=r+1$. $\qquad\square$

推论 8.3.2 $m_i\neq 6,9,15(i=1,2)$, 则 $\delta(sK_1\cup t_1C_{m_1}\cup t_2C_{m_2})=\sum_{i=0}^{r}\min\{s-i,t_1\}+r+1$, 其中 $r=\min\{s,t_2\}$.

证明 由定理 8.3.1, $\delta(sK_1\cup t_1C_{m_1}\cup t_2C_{m_2})=\sum_{i=0}^{r}\delta((s-i)K_1\cup t_1C_{m_1})=\sum_{i=0}^{r}(\min\{s-i,t_1\}+1)=\sum_{i=0}^{r}\min\{s-i,t_1\}+r+1$. $\qquad\square$

引理 8.3.2 (i) $G=sK_1\cup aP_3\cup tC_6$, 则 G 的所有匹配等价图不含 P_{11} 分支, 也不含 $T_{1,2,2}$ 分支;

(ii) $\delta(sK_1\cup aP_3\cup tC_6)=\delta(sK_1\cup tC_6)$.

证明 (i) 因 $P_{11}\sim P_2\cup C_3\cup C_6$, 则 $\mu(P_2,x)|\mu(P_{11},x)$. 而 $\mu(K_1,x)=x, \mu(P_2,x)=x^2-1, \mu(P_3,x)=x^3-2x, \mu(C_6,x)=x^6-6x^4+9x^2-2$, 易证 $\mu(P_2,x)$ 不整除 $\mu(sK_1\cup aP_3\cup tC_6,x)$. 因而 $sK_1\cup aP_3\cup tC_6$ 的所有匹配等价图不含 P_{11} 分支, 由引理 6.1.1(iii) 知, 也不含 $T_{1,2,2}$ 分支.

(ii) 首先对 t 用数学归纳法证明 $sK_1\cup aP_3\cup tC_6$ 的每个等价图至少含有 a 个 P_3 分支. 设 $H\sim sK_1\cup aP_3\cup tC_6$. 由 (i) 和引理 6.1.2 知, H 包含连通分支 $C_6, T_{1,1,4}$ 或 $Q(2,1)$.

(1) 若 H 包含 C_6, 由 $H = C_6 \cup H_2 \sim sK_1 \cup aP_3 \cup tC_6$ 得 $H_2 \sim sK_1 \cup aP_3 \cup (t-1)C_6$, 由归纳假设这种等价图至少有 a 个 P_3 分支.

(2) 若 H 包含 $T_{1,1,4}$, 由 $H = T_{1,1,4} \cup H_2 \sim sK_1 \cup aP_3 \cup tC_6$ 得 $H_2 \sim (s-1)k_1 \cup aP_3 \cup (t-1)C_6$, 由归纳假设这种等价图至少含 a 个 P_3 分支.

(3) 若 H 包含 $Q(2,1)$, 由 $H = Q(2,1) \cup H_2 \sim sK_1 \cup aP_3 \cup tC_6$, 及引理 6.1.1(iv) 得到 $H_2 \sim (s-1)K_1 \cup (a+1)P_3 \cup (t-1)C_6$, 由归纳假设这种等价图至少含 $(a+1)$ 个 P_3 分支.

其次, 将 $sK_1 \cup aP_3 \cup tC_6$ 的每个等价图中删去 a 个 P_3 分支后得到 $sK_1 \cup tC_6$ 的等价图, 故
$$\delta(sK_1 \cup aP_3 \cup tC_6) = \delta(sK_1 \cup tC_6). \qquad \square$$

定理 8.3.2 $\delta(sK_1 \cup tC_6) = \dfrac{1}{2}(r+1)(r+2)$, 其中 $r = \min\{s,t\}$.

证明 为了方便, 简记 $\delta(sK_1 \cup tC_6) = \delta(s,t)$. 设 $H \sim sK_1 \cup tC_6$. 由引理 8.3.2(i) 和引理 6.1.2 知, H 包含连通分支 $C_6, T_{1,1,4}$ 或 $Q(2,1)$.

(1) 若 H 包含 C_6, 这样的等价图共有 $\delta(s,t-1)$ 个.

(2) 若 H 包含 $T_{1,1,4}$, 这样的等价图共有 $\delta(s-1,t-1)$ 个.

(3) 若 H 包含 $Q(2,1)$, 由 $H = Q(2,1) \cup H_2 \sim sK_1 \cup tC_6$ 及引理 6.1.1(iv) 得 $H_2 \sim (s-1)K_1 \cup P_3 \cup (t-1)C_6$, 由引理 8.3.2(ii), 这样的等价图共有 $\delta(s-1, t-1)$ 个.

(4) 若 H 同时包含 C_6 和 $T_{1,1,4}$, 这样的等价图共有 $\delta(s-1,t-2)$ 个.

(5) 若 H 同时包含 C_6 和 $Q(2,1)$, 这样的等价图共有 $\delta(s-1,t-2)$ 个.

(6) 若 H 同时包含 $T_{1,1,4}$ 和 $Q(2,1)$, 这样的等价图共有 $\delta(s-2,t-2)$ 个.

(7) 若 H 同时包含 $C_6, T_{1,1,4}$ 和 $Q(2,1)$, 这样的等价图共有 $\delta(s-2,t-3)$ 个, 故

$$\delta(s,t) = \delta(s,t-1) + 2\delta(s-1,t-1) - 2\delta(s-1,t-2) - \delta(s-2,t-2) + \delta(s-2,t-3),$$

即

$$\delta(s,t) - 2\delta(s-1,t-1) + \delta(s-2,t-2) = \delta(s,t-1) - 2\delta(s-1,t-2) + \delta(s-2,t-3).$$

重复应用上式得

$$\delta(s,t) - 2\delta(s-1,t-1) + \delta(s-2,t-2)$$
$$= \delta(s,2) - 2\delta(s-1,1) + \delta(s-2,0)$$
$$= \delta(s,1) - 2\delta(s-1,0) = \delta(s,0) = 1,$$

故

$$\delta(s,t) - \delta(s-1,t-1) = \delta(s-1,t-1) - \delta(s-2,t-2) + 1$$

$$\cdots\cdots$$

$$= \delta(s-r+1,t-r+1) - \delta(s-r,t-r) + r - 1$$
$$= \delta(s-r,t-r) + r = r+1, \tag{8.3.1}'$$

同理

$$\delta(s-1,t-1) - \delta(s-2,t-2) = r, \tag{8.3.2}'$$

$$\cdots\cdots$$

$$\delta(s-r+1,t-r+1) - \delta(s-r,t-r) = 2, \tag{8.3.r}'$$

$$\delta(s-r,t-r) = 1. \tag{8.3.r+1}'$$

将 $(8.3.1)', (8.3.2)', \cdots, (8.3.r+1)'$ 式相加得

$$\delta(s,t) = \frac{1}{2}(r+1)(r+2). \qquad \square$$

定理 8.3.3 $\delta(sK_1 \cup tC_9) = \sum\limits_{i=1}^{r} \min\{s-r,i\} + \frac{1}{2}(r+1)(r+2)$, 其中 $r = \min\{s,t\}$.

证明 为了方便,简记 $\delta(sK_1 \cup t_1C_3 \cup t_2C_9) = \delta(s,t_1,t_2)$. 设 $H \sim sK_1 \cup tC_9$. 由引理 6.1.2 和引理 8.3.1 知, H 包含连通分支 $C_9, T_{1,1,7}$ 或 $T_{1,2,3}$. 与定理 8.3.2 的证明类似, 有 $\delta(sK_1 \cup tC_9) = \delta(s,0,t) = \delta(s,0,t-1) + \delta(s-1,0,t-1) + \delta(s-1,1,t-1) - \delta(s-1,0,t-2) - \delta(s-1,1,t-2) - \delta(s-2,1,t-2) + \delta(s-2,1,t-3)$, 即

$$\delta(s,0,t) - \delta(s-1,0,t-1) - \delta(s-1,1,t-1) + \delta(s-2,1,t-2)$$
$$= \delta(s,0,t-1) - \delta(s-1,0,t-2) - \delta(s-1,1,t-2) + \delta(s-2,1,t-3)$$
$$\cdots\cdots$$
$$= \delta(s,0,2) - \delta(s-1,0,1) - \delta(s-1,1,1) + \delta(s-2,1,0)$$
$$= \delta(s,0,1) - \delta(s-1,0,0) - \delta(s-1,1,0) = \delta(s,0,0) = 1.$$

故

$$\delta(s,0,t) - \delta(s-1,0,t-1) = \delta(s-1,1,t-1) - \delta(s-2,1,t-2) + 1.$$

同理

$$\delta(s,i,t) - \delta(s-1,i,t-1) = \delta(s-1,i+1,t-1) - \delta(s-2,i+1,t-2) + 1,$$

8.3 点圈并图的匹配等价图数

于是
$$\delta(s,0,t) - \delta(s-1,0,t-1) = \cdots$$
$$= \delta(s-r+1, r-1, t-r+1) - \delta(s-r, r-1, t-r) + r - 1$$
$$= \delta(s-r, r, t-r) + r = \begin{cases} 1+r, & r = s, \\ \min\{s-r, r\} + 1 + r, & r = t. \end{cases}$$
$$= \min\{s-r, r\} + r + 1. \qquad (8.3.1)''$$

同理
$$\delta(s-1, 0, t-1) - \delta(s-2, 0, t-2) = \min\{s-r, r-1\} + r, \qquad (8.3.2)''$$

......

$$\delta(s-r+1, 0, t-r+1) - \delta(s-r, 0, t-r) = \min\{s-r, 1\} + 2, \qquad (8.3.r)''$$

$$\delta(s-r, 0, t-r) = 1 \qquad (8.3.r+1)''$$

将 $(8.3.1)'', (8.3.2)'', \cdots, (8.3.r+1)''$ 式相加得

$$\delta(sK_1 \cup tC_9) = \sum_{i=1}^{r} \min\{s-r, i\} + \frac{1}{2}(r+1)(r+2). \qquad \square$$

定理 8.3.4 $\delta(sK_1 \cup tC_{15}) = \sum_{i=0}^{r} \delta((s-r)K_1 \cup iC_3 \cup iC_5) + \frac{1}{2}r(r+1)$, 其中 $r = \min\{s, t\}$.

证明 为了方便, 简记 $\delta(sK_1 \cup t_1C_3 \cup t_2C_5 \cup t_3C_{15}) = \delta(s, t_1, t_2, t_3)$. 与定理 8.3.3 的证明类似, 可得

$$\delta(s, i, i, t) - \delta(s-1, i, i, t-1)$$
$$= \delta(s-1, i+1, i+1, t-1) - \delta(s-2, i+1, i+1, t-2) + 1.$$

于是
$$\delta(s, 0, 0, t) - \delta(s-1, 0, 0, t-1) = \cdots$$
$$= \delta(s-r, r, r, t-r) + r = \begin{cases} 1+r, & r = s, \\ \delta(s-r, r, r, 0) + r, & r = t. \end{cases}$$
$$= \delta(s-r, r, r, 0) + r. \qquad (8.3.1)'''$$

同理
$$\delta(s-1, 0, 0, t-1) - \delta(s-2, 0, 0, t-2) = \delta(s-r, r-1, r-1, 0) + r - 1, \qquad (8.3.2)'''$$

......

$$\delta(s-r+1,0,0,t-r+1) - \delta(s-r,0,0,t-r) = \delta(s-r,1,1,0) + 1, \quad (8.3.r)'''$$

$$\delta(s-r,0,0,t-r) = 1 = \delta(s-r,0,0,0). \quad (8.3.r+1)'''$$

将 $(8.3.1)''', (8.3.2)''', \cdots, (8.3.r+1)'''$ 式相加得

$$\delta(sK_1 \cup tC_{15}) = \sum_{i=0}^{r} \delta((s-r)K_1 \cup iC_3 \cup iC_5) + \frac{1}{2}r(r+1). \qquad \square$$

8.4 一些说明

虽然很难刻画出一个图的匹配等价图类, 但我们有时可以算出某些图的匹配等价图的个数. 8.1 节来自文献 [77], 8.2 节来自文献 [78], 8.3 节来自文献 [79].

第 9 章 匹配多项式的应用

在这一章中,我们介绍匹配多项式的几个应用. 在 9.1 节中,我们介绍利用匹配多项式 (或车多项式) 计算满足某些不等式条件的置换的个数问题. 在 9.2 节中,我们介绍图的匹配能量和 Hosoya 指标,并给出计算这两个指标的一些公式. 在 9.3—9.10 节中,我们对有些图类给出这两个指标的完全排序,对有些图类刻画这两个指标取得极值的图.

9.1 满足某些不等式条件的置换的计数

设 π 是 $\{1,2,\cdots,n\}$ 上的一个置换,计算满足某些条件的置换的个数是组合数学的重要问题. 在这一节中,我们利用匹配多项式 (车多项式) 来计算满足某些不等式条件的置换的个数.

设有一个 $n\times n$ 的棋盘,B 是这个棋盘上的一些方格组成的子集,则 B 可以定义一个 $K_{n,n}$ 的生成子图 $G(B)$ 如下: 棋盘上的每一行作为一个顶点,每一列作为一个顶点,一个行顶点与一个列顶点相邻当且仅当它们相交的方格在 B 中. 现有 n 个车放在 B 中,要求每两个车在不同行不同列上,显然,这种安排车的方法数恰等于图 $G(B)$ 的完美匹配的个数. 由定理 1.4.2 我们知道图 G 的完美匹配数

$$pm(G)=\int_0^{+\infty}\rho(\widetilde{G},x)e^{-x}dx.$$

9.1.1 满足一个线性不等式条件的置换的计数

设 π 数是集合 $\{1,2,\cdots,n\}=[n]$ 上的一个置换,满足条件 $\pi(i)\neq i,\forall i\in[n]$ 的置换 π 称一个错排. 集合 $[n]$ 上的所有错排的个数称为错排数. 设有一个 $n\times n$ 的棋盘,B 是这个棋盘上的所有对角线方格组成的子集,则 B 定义 $K_{n,n}$ 的生成子图 $G(B)=nK_2$,且 $\widetilde{G(B)}$ 的完美匹配数恰好等于错排数.

定理 9.1.1 集合 $[n]$ 上的所有的错排数等于 $\sum_{r=0}^{n}\binom{n}{r}(-1)^r(n-r)$, 也等于最接近于 $\frac{n!}{e}$ 的整数.

证明 集合 $[n]$ 上的所有的错排数等于

$$\int_0^{+\infty}\rho(nk_2,x)e^{-x}dx=\int_0^{+\infty}(x-1)^n e^{-x}dx$$

$$= \sum_{r=0}^{n} \binom{n}{r}(-1)^r(n-r)!,$$

另一方面，

$$\int_0^{+\infty}(x-1)^n e^{-x}dx = \int_1^{+\infty}(x-1)^n e^{-x}dx + \int_0^1(x-1)^n e^{-x}dx$$
$$= e^{-1}\int_0^{\infty} ye^{-y}dy + \int_0^1(x-1)^n e^{-x}dx$$
$$= \frac{n!}{e} + R_n.$$

而

$$|R_n| < \left|\int_0^1 (x-1)^n dx\right| = \frac{1}{n+1}.$$

于是错排数等于最接近于 $\dfrac{n!}{e}$ 的整数. □

以 D_n 表示 $K_{n,n}$ 如下的一个生成子图：它是由一个星图 $K_{1,n}$ 和 $n-1$ 个孤立点的不交并组成的，即 $D_n = K_{1,n} \cup (n-1)K_1$.

引理 9.1.1 $\rho(D_n, x) = x^n - nx^{n-1}$.

引理 9.1.2[80] 一次同余式 $ax \equiv b(\bmod n)$, $a \not\equiv 0(\bmod n)$ 有解当且仅当 $(a,n) \mid b$. 若有解，则解数 (对模 n 来说) 是 $d = (a,n)$.

引理 9.1.3 $\int_0^{+\infty} x^n e^{-x}dx = n!$.

定理 9.1.2 设 $a(\neq 0), b, n(>0)$ 是三个整数, $(a,n) = d$, 则集合 $\{1,2,\cdots,n\}$ 上满足条件 $\pi(k) \neq ak + b(\bmod n)$ 的置换 π 的个数为

$$\sum_{r=0}^{m}(-1)^r \binom{m}{r} d^r(n-r)!,$$

其中 $m = \dfrac{n}{d}$.

证明 在一个 $n \times n$ 的棋盘上取一个由以下方格组成的集合 B：第 k 行取 $ak + b(\bmod n)$ 格, $k = 1, 2, \cdots, n$. 则 $G(B)$ 为 $\dfrac{n}{d} = m$ 个图 D_d 的不交并. 这是因为：一个列顶点 j 有行顶点邻接当且仅当同余式 $ax + b \equiv j(\bmod n)$ 有解，由引理 9.1.2 知, 此时必有 d 个解, 而每一个行顶点有且仅有一个列顶点相邻. 因此 $G(B)$ 是由 m 个星图 $K_{1,d}$ 和 $n - m$ 个孤立点组成, 即 $G(B) = mD_d$.

由引理 9.1.1 和推论 1.3.1 得: $\rho(G(B), x) = (x^d - dx^{d-1})^m$.

容易看出，所求的置换的个数恰等于 $\widetilde{G(B)}$ 的完美匹配的个数. 由定理 1.4.2

得

$$pm\widetilde{(G(B))} = \int_0^\infty \rho(G(B),x)e^{-x}dx = \int_0^\infty (x^d - dx^{d-1})^m e^{-x}dx$$
$$= \int_0^\infty \sum_{r=0}^m \binom{m}{r}(-d)^r x^{dm-r} e^{-x}dx = \sum_{r=0}^m (-1)^r \binom{m}{r} d^r (n-r)!. \quad \square$$

注意到, 当 $a = 1$ 时, $d = (a,n) = 1, m = n$. 则集合 $\{1,2,\cdots,n\}$ 上满足条件 $\pi(k) \neq k + b(\mathrm{mod}\ n)$ 的置换 π 的个数为

$$\sum_{r=0}^n (-1)^r \binom{n}{r}(n-r)!,$$

它等于最接近于 $\dfrac{n!}{e}$ 的整数, 因此, 定理 9.1.2 是错排数问题的一个推广.

9.1.2 满足两个线性不等式条件的置换的计数

将 n 对已婚的夫妻安排在一个圆桌上就餐, 要求男女相间, 且任何一对夫妻不相邻, 这种所有不同的安排的方法数称为 Ménage 问题. 设 n 个女士已安排就座, 她们按顺时针方向编号为 1 到 n. 我们将第 i 号女士的丈夫编号为 i, 且第 i 号女士右边的座位编号也为 i. 那么第 i 号男士不能坐在第 $i(\mathrm{mod}\ n)$ 号座位上, 也不能坐在第 $i-1(\mathrm{mod}\ n)$ 号座位上. 这个问题相当于求满足条件 $\pi(i) \notin \{i, i-1(\mathrm{mod}\ n)\}$ 的集合 $[n]$ 上的置换的个数. 它所对应的二分图是 C_{2n}. 于是所有男士的安排方法数满足下述定理.

定理 9.1.3 集合 $\{1,2,\cdots,n\}$ 上满足条件 $\pi(i) \notin \{i, i-1(\mathrm{mod}\ n)\}$ 的置换 π 的个数为

$$\sum_{r=0}^n (-1)^r \frac{2n}{2n-r} \binom{2n-r}{r}(n-r)!.$$

证明 集合 $\{1,2,\cdots,n\}$ 上满足条件 $\pi(i) \notin \{i, i-1(\mathrm{mod}\ n)\}$ 的置换 π 的个数

$$\int_0^{+\infty} \rho(C_{2n},x)e^{-x}dx = \sum_{r=0}^n (-1)^r p(C_{2n},r)(n-r)!$$
$$= \sum_{r=0}^n (-1)^r \frac{2n}{2n-r}\binom{2n-r}{r}(n-r)!. \quad \square$$

设 i,j 是两个固定整数, 下面我们对满足条件 $\pi(k) \notin \{k+i, n-k+j(\mathrm{mod}\ n)\}$ 的置换个数进行计数.

引理 9.1.4 (1) $\rho(K_2, x) = x - 1$;

(2) $\rho(K_{2,2},x) = x^2 - 4x + 2$.

引理 9.1.5[81] $(a+b+c)^n = \sum\limits_{e+f+g=n} \dfrac{n!}{e!f!g!} a^e b^f c^g$, 这里 $\sum$ 是对满足 $0 \leqslant e,f,g \leqslant n, e+f+g=n$ 所有整数组 (e,f,g) 求和.

定理 9.1.4 设 $n = 2m+1$ 为奇数, i,j 是任意固定整数, 则 $\{1,2,\cdots,n\}$ 上满足条件 $\pi(k) \notin \{k+i, n-k+j(\bmod n)\}$ 的置换 π 的个数为

$$\sum_{e+f+g=m} \frac{(-1)^f 2^{2f+g} m!(2e+f)!(2e+f)}{e!f!g!},$$

这里 $\sum$ 是对满足 $0 \leqslant e,f,g \leqslant m, e+f+g=m$ 的所有整数组 (e,f,g) 求和.

证明 在一个 $n \times n$ 的棋盘上取一个子集 B 如下: 第 k 行取 $k+i, n-k+j(\bmod n)$ 两格, $k=1,2,\cdots,n$.

首先, $G(B) = K_2 \cup mK_{2,2}$.

这是因为, 每个行顶点最多与两个列顶点相邻. 若第 t 列顶点与第 k 行顶点相邻, 必有 $k+i \equiv t(\bmod n)$ 或 $n-k+j \equiv t(\bmod n)$ 成立. 这说明每个列顶点也最多与两个行顶点相邻.

由引理 9.1.2, 同余式 $2k \equiv j-i(\bmod n)$ 有解, 且仅有一解, 记为 k_0 (对模 n). 由于 $2k_0 \equiv j-i(\bmod n)$, 即 $k_0+i \equiv n-k_0+j(\bmod n)$, 这说明 k_0 行顶点仅与一个列顶点 $k_0+i(\bmod n)$ 相邻. 如果列顶点 $k_0+i(\bmod n)$ 还与其他的 k 行顶点相邻, 必有 $k+i \equiv k_0+i(\bmod n)$ 或 $n-k+j \equiv k_0+i(\bmod n)$ 之一成立, 前者使 $k \equiv k_0(\bmod n)$, 后者也使 $k \equiv (j-i)-k_0 \equiv 2k_0-k_0 \equiv k_0(\bmod n)$. 这说明 $k_0+i(\bmod n)$ 列顶点也仅与 k_0 行顶点相邻, 则 $G(B)$ 有一个连通分支是 K_2.

若 $k \not\equiv k_0(\bmod n)$, 则第 k 行顶点恰与两个列顶点 $k+i, n-k+j(\bmod n)$ 相邻 (因 $k+i \not\equiv n-k+j(\bmod n)$). 取 $k_1 \equiv (j-i)-k(\bmod n)$, 则 $k_1 \not\equiv k(\bmod n)$, 且 $k_1+i \equiv n-k+j$, $n-k_1+j \equiv k+i(\bmod n)$. 这说明第 k_1 行顶点也与第 $k+i, n-k+j(\bmod n)$ 列顶点相邻. 因此, 除 k_0 行顶点外每一个行顶点都在一个连通分支 $K_{2,2}$ 上. 故 $G(B)$ 有 m 个 $K_{2,2}$ 连通分支.

于是

$$G(B) = K_2 \cup K_{2,2}.$$

其次, 容易看出, 所求置换的个数等于 $\widetilde{G(B)}$ 的完美匹配的个数. 由定理 1.4.2 知

$$pm(\widetilde{G(B)}) = \int_0^{+\infty} \rho(G(B),x) e^{-x} dx$$
$$= \int_0^{+\infty} (x-1)(x^2-4x+2)^m e^{-x} dx$$

9.1 满足某些不等式条件的置换的计数

$$= \int_0^{+\infty} (x-1) \sum_{e+f+g=m} \frac{m!}{e!f!g!} x^{2e}(-4x)^f 2^g e^{-x} dx$$

$$= \int_0^{+\infty} \sum_{e+f+g=m} \frac{(-1)^f 2^{2f+g} m!}{e!f!g!} (x^{2e+f+1} - x^{2e+f}) e^{-x} dx$$

$$= \sum_{e+f+g=m} \frac{(-1)^f 2^{2f+g} m!(2e+f)!(2e+f)}{e!f!g!}. \qquad \Box$$

定理 9.1.5 设 $n=2m$ 为偶数, i,j 是任意固定整数.

(i) 若 $j-i$ 为奇数, 则 $\{1,2,\cdots,n\}$ 上满足条件 $\pi(k) \notin \{k+i, n-k+j (\mathrm{mod}\, n)\}$ 的置换 π 的个数为

$$\sum_{e+f+g=m} \frac{(-1)^f 2^{2f+g} m!(2e+f)!}{e!f!g!},$$

这里 $\sum$ 是对满足 $0 \leqslant e,f,g \leqslant m, e+f+g=m$ 的所有整数组 (e,f,g) 求和;

(ii) 若 $j-i$ 为偶数, 则 $\{1,2,\cdots,n\}$ 上满足条件 $\pi(k) \notin \{k+i, n-k+j(\mathrm{mod}\, n)\}$ 的置换 π 的个数为

$$\sum_{e+f+g=m-1} \frac{(-1)^f 2^{2f+g}(m-1)!(2e+f)![(2e+f)^2+(2e+f)+1]}{e!f!g!},$$

这里 $\sum$ 是对满足 $0 \leqslant e,f,g \leqslant m-1, e+f+g=m-1$ 的所有整数组 (e,f,g) 求和.

证明 与定理 9.1.4 的证明类似, 取子集 B. 同样所求的置换个数等于 $\widetilde{G(B)}$ 的完美匹配个数.

(i) 当 $j-i$ 为奇数时, $G(B) = mK_{2,2}$.

事实上, 由引理 9.1.2, 此时同余式 $2k \equiv j-i (\mathrm{mod}\, n)$ 无解. 第 k 行顶点恰好与两个列顶点 $k+i, n-k+j (\mathrm{mod}\, n)$ 相邻 (因 $k+i \not\equiv n-k+j (\mathrm{mod}\, n)$). 取 $k_1 \equiv (j-i)-k (\mathrm{mod}\, n)$, 则 $k_1 \not\equiv k (\mathrm{mod}\, n)$, 且 $k_1+i \equiv n-k+j, n-k_1+j \equiv k+i (\mathrm{mod}\, n)$. 这表明第 k_1 行顶点也与第 $k+i, n-k+j (\mathrm{mod}\, n)$ 列顶点相邻. 因此, $G(B)$ 的每个顶点都在一个连通分支 $K_{2,2}$ 上. 故 $G(B) = mK_{2,2}$.

于是, 所求的置换个数等于

$$pm(\widetilde{G(B)}) = \int_0^{+\infty} \rho(G(B), x) e^{-x} dx$$

$$= \int_0^{+\infty} (x^2 - 4x + 2)^m e^{-x} dx$$

$$= \sum_{e+f+g=m} \frac{(-1)^f 2^{2f+g} m!(2e+f)!}{e!f!g!}.$$

(ii) 当 $j-i$ 为偶数时, $G(B) = 2K_2 \cup (m-1)K_{2,2}$.

事实上, 由引理 9.1.2, 此时同余式 $2k \equiv j-i \pmod{n}$ 有两个解, 记为 k_1, k_2 (对模 n), 则 $2k_1 \equiv j-i \pmod{n}, 2k_2 \equiv j-i \pmod{n}, k_1 \not\equiv k_2 \pmod{n}$. 与定理 9.1.4 的证明类似, k_1 行顶点与 k_1+i 列顶点形成 $G(B)$ 的一个连通分支 K_2. k_2 行顶点与 k_2+i 列顶点形成 $G(B)$ 的另一连通分支 K_2.

与定理 9.1.4 的证明类似, 当 $k \not\equiv k_1, k_2 \pmod{n}$ 时, 行顶点 $k, (j-i)-k \pmod{n}$ 与列顶点 $k+i, n-k+j \pmod{n}$ 形成 $G(B)$ 的一个连通分支 $K_{2,2}$. 故 $G(B) = 2K_2 \cup (m-1)K_{2,2}$.

于是, 所求的置换的个数等于

$$\widetilde{pm(G(B))}$$
$$= \int_0^{+\infty} \rho(G(B),x))e^{-x}dx$$
$$= \int_0^{+\infty} (x-1)^2(x^2-4x+2)^{m-1}e^{-x}dx$$
$$= \int_0^{+\infty} \sum_{e+f+g=m-1} \frac{(-1)^f 2^{2f+g}(m-1)!}{e!f!g!}(x^{2e+f+2} - 2x^{2e+f+1} + x^{2e+f})e^{-x}dx$$
$$= \sum_{e+f+g=m-1} \frac{(-1)^f 2^{2f+g}(m-1)!(2e+f)![(2e+f)^2+(2e+f)+1]}{e!f!g!}. \qquad \Box$$

9.1.3 满足一个二次不等式条件的置换的计数

在这一部分中, 我们讨论满足不等式条件 $\pi(k) \neq k^2 \pmod{n}$ 的置换 π 的个数问题. 如果同余式

$$x^2 \equiv a \pmod{p^\alpha}, \quad \alpha > 0 \tag{9.1.1}$$

有解, 称 a 是模 p^α 的平方剩余.

引理 9.1.6[80] 设 p 是奇素数, $(a,p)=1, \alpha > 0$ 为整数, 则同余式 $x^2 \equiv a \pmod{p^\alpha}$ 有解的充分必要条件是 $\left(\dfrac{a}{p}\right)=1$, 并且在有解的条件下解数为 2, 这里 $\left(\dfrac{a}{p}\right)$ 是 p 对 a 的 Legendre 符号.

引理 9.1.7[80] 设 p 是奇素数, 在模 p^α 的简化剩余系 (集合 $\{1,2,\cdots,p^\alpha\}$ 中且与 p 互素的元构成的集合) 中平方剩余与非平方剩余各占一半, 为 $\dfrac{p^\alpha - p^{\alpha-1}}{2}$.

引理 9.1.8 设 p 是奇素数, $a \in \{1,2,\cdots,p^\alpha\}$, 且设 $(a,p^\alpha) = p^\beta, 0 \leqslant \beta \leqslant \alpha$.

(1) 若 $\beta = 2r$ 为偶数且 $2r < \alpha$, 则这样的 a 是模 p^α 的平方剩余的共有 $\dfrac{p^{\alpha-2r} - p^{\alpha-2r-1}}{2}$ 个, 对每个平方剩余 a 同余式 (9.1.1) 有 $2p^r$ 个解.

(2) 若 $\beta = 2r+1$ 为奇数且 $2r+1 < \alpha$, 则这样的 a 不是模 p^α 的平方剩余.

(3) 对 $a = p^\alpha$, 同余式 (9.1.1) 有 $p^{\lfloor \frac{\alpha}{2} \rfloor}$ 个解.

证明 (1) 设 $a = p^{2r}a', (a', p) = 1$, 如果同余式 $x^2 \equiv a(\bmod p^\alpha)$ 有解, 必有 $x = p^r x'$, 且同余式 $x'^2 \equiv a'(\bmod p^{\alpha-2r})$ 有解. 由引理 9.1.7 知, 这样的 a' 共有 $\dfrac{p^{\alpha-2r} - p^{\alpha-2r-1}}{2}$ 个, 于是这样的 a 共有 $\dfrac{p^{\alpha-2r} - p^{\alpha-2r-1}}{2}$ 个. 对每个有解的 a', 由引理 9.1.6 知, 同余式 $x'^2 \equiv a'(\bmod p^{\alpha-2r})$ 在集合 $\{1, 2, \cdots, p^{\alpha-2r}\}$ 中有 2 个解, 由 $x = p^r x'$ 知, 对每个有解的 a, 同余式 $x^2 \equiv a(\bmod p^\alpha)$ 在集合 $\{1, 2, \cdots, p^{\alpha-r}\}$ 中有 2 个解, 于是在集合 $\{1, 2, \cdots, p^\alpha\}$ 中有 $2p^r$ 个解.

(2) 设 $a = p^{2r+1}a', (a', p) = 1$, 如果 a 是模 p^α 的平方剩余, 即同余式 $x^2 \equiv a(\bmod p^\alpha)$ 有解, 必有 $x = p^{r+1}x'$, 且同余式 $px'^2 \equiv a'(\bmod p^{\alpha-2r-1})$ 有解. 这意味着 $p | a'$, 矛盾.

(3) 对 $a = p^\alpha$, 集合 $\{1, 2, \cdots, p^\alpha\}$ 中的数 $p^{\lceil \frac{\alpha}{2} \rceil}$ 的倍数都是同余式 (9.1.1) 的解, 共有 $p^{\lfloor \frac{\alpha}{2} \rfloor}$ 个. □

对同余式
$$x^2 \equiv a(\bmod 2^\alpha), \quad \alpha > 0, \tag{9.1.2}$$

我们有下面的三个引理.

引理 9.1.9[80] 如果 $(a, 2) = 1, \alpha > 0$ 为整数, 则同余式 $x^2 \equiv a(\bmod 2^\alpha)$ 有解的充分必要条件是 $\alpha = 1$; $\alpha = 2$ 且 $a \equiv 1(\bmod 4)$; 或 $\alpha \geqslant 3$ 且 $a \equiv 1(\bmod 8)$. 在有解的条件下, 当 $\alpha = 1$ 时, 解数是 1; 当 $\alpha = 2$ 时, 解数是 2; 当 $\alpha \geqslant 3$ 时, 解数是 4.

引理 9.1.10 如果 $\alpha = 2m, m \geqslant 2, a \in \{1, 2, \cdots, 2^{2m}\}$, 且 $(a, 2^{2m}) = 2^\beta, 0 \leqslant \beta \leqslant 2m$.

(1) 若 $a = 2^{2m}$, 则同余式 (9.1.2) 有 2^m 个解.

(2) 若 $\beta = 2(m-1)$, 则这样的 a 是模 2^{2m} 的平方剩余的只有 1 个, 对应的有 $2 \times 2^{m-1}$ 个解.

(3) 若 $\beta = 2(m-r), r = 2, 3, \cdots, m$, 则这样的 a 是模 2^{2m} 的平方剩余的共有 2^{2r-3} 个, 对每个平方剩余 a 同余式 (9.1.2) 有 $4 \times 2^{m-r}$ 个解.

(4) 若 $\beta = 2r + 1$ 为奇数且 $2r + 1 < 2m$, 则这样的 a 不是模 2^{2m} 的平方剩余.

证明 (1) 对 $a = 2^{2m}$, 集合 $\{1, 2, \cdots, 2^{2m}\}$ 中的 2^m 的倍数都是同余式 (9.1.2) 的解, 共有 2^m 个.

(2) 设 $a = 2^{2(m-1)}a', (a', 2) = 1$, 如果同余式 $x^2 \equiv a(\bmod 2^{2m})$ 有解, 必有 $x = 2^{m-1}x'$, 且同余式 $x'^2 \equiv a'(\bmod 2^2)$ 有解. 由引理 9.1.9 知, 这样的 a' 只有 1 个, 于是这样的 a 也只有 1 个. 对每个有解的 a', 由引理 9.1.9 知, 同余式 $x'^2 \equiv a'(\bmod 2^2)$ 在集合 $\{1, 2, 3, 4\}$ 中有 2 个解, 由 $x = 2^{m-1}x'$ 知, 对每个有解的 a, 同余式 $x^2 \equiv a(\bmod 2^{2m})$ 在集合 $\{1, 2, \cdots, 2^{m+1}\}$ 中有 2 个解, 于是在集合 $\{1, 2, \cdots, 2^{2m}\}$ 中有 $2 \times 2^{m-1}$ 个解.

(3) 设 $a = 2^{2(m-r)}a', r = 2, 3, \cdots, m, (a', 2) = 1$, 如果同余式 $x^2 \equiv a \pmod{2^{2m}}$ 有解, 必有 $x = 2^{m-r}x'$, 且同余式 $x'^2 \equiv a' \pmod{2^{2r}}$ 有解. 由引理 9.1.9 知, 这样的 a' 有 $\dfrac{2^{2r}}{8} = 2^{2r-3}$ 个, 于是这样的 a 也只有 2^{2r-3} 个. 对每个有解的 a', 由引理 9.1.9 知, 同余式 $x'^2 \equiv a' \pmod{2^{2r}}$ 在集合 $\{1, 2, \cdots, 2^{2r}\}$ 中有 4 个解, 由 $x = 2^{m-r}x'$ 知, 对每个有解的 a, 同余式 $x^2 \equiv a \pmod{2^{2m}}$ 在集合 $\{1, 2, \cdots, 2^{m+r}\}$ 中有 4 个解, 于是在集合 $\{1, 2, \cdots, 2^{2m}\}$ 中有 $4 \times 2^{m-r}$ 个解.

(4) 证明与引理 9.1.8 的 (2) 类似, 略.   □

引理 9.1.11   如果 $\alpha = 2m + 1, m \geqslant 1, a \in \{1, 2, \cdots, 2^{2m+1}\}$, 且 $(a, 2^{2m+1}) = 2^\beta, 0 \leqslant \beta \leqslant 2m + 1$.

(1) 若 $a = 2^{2m+1}$, 则同余式 (9.1.2) 有 2^m 个解.

(2) 若 $\beta = 2m$, 则这样的 a 是模 2^{2m+1} 的平方剩余的只有 1 个, 对应的有 2^m 个解.

(3) 若 $\beta = 2(m-r), r = 1, 2, \cdots, m$, 则这样的 a 是模 2^{2m+1} 的平方剩余的共有 2^{2r-2} 个, 对每个平方剩余 a 同余式 (2) 有 $4 \times 2^{m-r}$ 个解.

(4) 若 $\beta = 2r + 1$ 为奇数且 $2r + 1 < 2m + 1$, 则这样的 a 不是模 2^{2m+1} 的平方剩余.

证明   (1) 对 $a = 2^{2m+1}$, 集合 $\{1, 2, \cdots, 2^{2m+1}\}$ 中的 2^{m+1} 的倍数都是同余式 (9.1.2) 的解, 共有 2^m 个.

(2) 设 $a = 2^{2m}a', (a', 2) = 1$, 如果同余式 $x^2 \equiv a \pmod{2^{2m+1}}$ 有解, 必有 $x = 2^m x'$, 且同余式 $x'^2 \equiv a' \pmod 2$ 有解. 由引理 9.1.9 知, 这样的 a' 只有 1 个, 于是这样的 a 也只有 1 个. 对每个有解的 a', 由引理 9.1.9 知, 同余式 $x'^2 \equiv a' \pmod 2$ 在集合 $\{1, 2\}$ 中有 1 个解, 由 $x = 2^m x'$ 知, 对每个有解的 a, 同余式 $x^2 \equiv a \pmod{2^{2m+1}}$ 在集合 $\{1, 2, \cdots, 2^{m+1}\}$ 中有 1 个解, 于是在集合 $\{1, 2, \cdots, 2^{2m+1}\}$ 中有 2^m 个解.

(3) 设 $a = 2^{2(m-r)}a', r = 1, 2, \cdots, m, (a', 2) = 1$, 如果同余式 $x^2 \equiv a \pmod{2^{2m+1}}$ 有解, 必有 $x = 2^{m-r}x'$, 且同余式 $x'^2 \equiv a' \pmod{2^{2r+1}}$ 有解. 由引理 9.1.9 知, 这样的 a' 有 $\dfrac{2^{2r+1}}{8} = 2^{2r-2}$ 个, 于是这样的 a 也只有 2^{2r-2} 个. 对每个有解 a', 由引理 9.1.9 知, 同余式 $x'^2 \equiv a' \pmod{2^{2r+1}}$ 在集合 $\{1, 2, \cdots, 2^{2r+1}\}$ 中有 4 个解, 由 $x = 2^{m-r}x'$ 知, 对每个有解的 a, 同余式 $x^2 \equiv a \pmod{2^{2m+1}}$ 在集合 $\{1, 2, \cdots, 2^{m+r+1}\}$ 中有 4 个解, 于是在集合 $\{1, 2, \cdots, 2^{2m+1}\}$ 中有 $4 \times 2^{m-r}$ 个解.

(4) 证明与引理 9.1.8 的 (2) 类似, 略.   □

定理 9.1.6   设 p 是一个奇素数, $\alpha > 0$ 为整数, 则集合 $\{1, 2, \cdots, p^\alpha\}$ 上满足条件 $\pi(k) \not\equiv k^2 \pmod{p^\alpha}$ 的置换 π 的个数为

$$\int_0^\infty (x^{p^{\lfloor \frac{\alpha}{2} \rfloor}} - p^{\lfloor \frac{\alpha}{2} \rfloor} x^{p^{\lfloor \frac{\alpha}{2} \rfloor} - 1}) \prod_{r=0}^{\lfloor \frac{\alpha-1}{2} \rfloor} (x^{2p^r} - 2p^r x^{2p^r - 1})^{\frac{p^{\alpha-2r} - p^{\alpha-2r-1}}{2}} e^{-x} dx.$$

证明 在一个 $p^\alpha \times p^\alpha$ 的棋盘上取一个由以下方格组成的集合 B: 第 k 行取 $k^2 \pmod{p^\alpha}$ 格, $k = 1, 2, \cdots, p^\alpha$, 则图 $G(B)$ 为 $\bigcup_{r=0}^{\lfloor \frac{\alpha-1}{2} \rfloor} \frac{p^{\alpha-2r} - p^{\alpha-2r-1}}{2} D_{2p^r} \cup D_{p^{\lfloor \frac{\alpha}{2} \rfloor}}$. 这是因为: 一个列顶点 j 与行顶点 x 邻接当且仅当同余式 $x^2 \equiv j \pmod{p^\alpha}$ 有解, 由引理 9.1.8 知, 满足条件 $j = p^{2r}j', (j', p) = 1, 0 \leqslant 2r < \alpha$ 的数中有 $\frac{p^{\alpha-2r} - p^{\alpha-2r-1}}{2}$ 个 j 有解, 每个的解数为 $2p^r$; 以及对 $j = p^\alpha$ 时有解, 解数为 $p^{\lfloor \frac{\alpha}{2} \rfloor}$. 而每一个行顶点有且仅有一个列顶点相邻. 因此 $G(B)$ 为 $\bigcup_{r=0}^{\lfloor \frac{\alpha-1}{2} \rfloor} \frac{p^{\alpha-2r} - p^{\alpha-2r-1}}{2} D_{2p^r} \cup D_{p^{\lfloor \frac{\alpha}{2} \rfloor}}$. 由引理 9.1.1 和定理 1.4.2 得到结论. □

定理 9.1.7 设 $\alpha \geqslant 3$ 为整数, 则集合 $\{1, 2, \cdots, 2^\alpha\}$ 上满足条件 $\pi(k) \not\equiv k^2 \pmod{2^\alpha}$ 的置换 π 的个数为

$$\int_0^\infty (x^{2\lfloor \frac{\alpha}{2} \rfloor} - 2^{\lfloor \frac{\alpha}{2} \rfloor} x^{2\lfloor \frac{\alpha}{2} \rfloor - 1})^2 \prod_{k=0}^{\lfloor \frac{\alpha-3}{2} \rfloor} (x^{2^{k+2}} - 2^{k+2} x^{2^{k+2}-1})^{2^{\alpha-3-2k}} e^{-x} dx.$$

证明 在一个 $2^\alpha \times 2^\alpha$ 的棋盘上取一个由以下方格组成的集合 B: 第 k 行取 $k^2 \pmod{2^\alpha}$ 格, $k = 1, 2, \cdots, 2^\alpha$. 若 $\alpha = 2m, m \geqslant 2$, 与定理 9.1.6 类似, 由引理 9.1.10 知 $G(B) \cong \bigcup_{r=2}^{m} 2^{2r-3} D_{2^{m-r+2}} \cup 2D_{2^m}$; 若 $\alpha = 2m + 1, m \geqslant 1$, 由引理 9.1.11 知 $G(B) \cong \bigcup_{r=2}^{m} 2^{2r-2} D_{2^{m-r+2}} \cup 2D_{2^m}$. 若令 $k = m - r$, 不论 α 是偶数还是奇数均有 $G(B) \cong \bigcup_{k=0}^{\lfloor \frac{\alpha-3}{2} \rfloor} 2^{\alpha-3-2k} D_{2^{k+2}} \cup 2D_{2^{\lfloor \frac{\alpha}{2} \rfloor}}$. 由引理 9.1.1 和定理 1.4.2 得到结论. □

注记 1 容易计算, 对 $\alpha = 1, 2, 3$, 集合 $\{1, 2, \cdots, 2^\alpha\}$ 上满足条件 $\pi(k) \not\equiv k^2 \pmod{2^\alpha}$ 的置换 π 的个数分别为 $1, \int_0^\infty \rho(2D_2, x) e^{-x} dx = 8, \int_0^\infty \rho(2D_2 \cup D_4, x) e^{-x} dx = \int_0^\infty (x^8 - 8x^7 + 20x^6 - 16x^5) e^{-x} dx = 12480$.

注记 2 对一般的正整数 n, 计算集合 $\{1, 2, \cdots, n\}$ 上满足条件 $\pi(k) \not\equiv k^2 \pmod{n}$ 的置换 π 的个数是一个很困难的问题, 留给读者思考.

9.2 匹配能量和 Hosoya 指标的计算公式

图的匹配能量衍生自图的能量, 所谓能量是这个图的谱的绝对值的和, 即所有特征根的绝对值的和. 在 Hückel 分子轨道理论中, 共轭碳氢化合物的分子的 π-电子能量水平近似地等于该分子图的能量. 对图的能量已有了大量的研究, 见专著 [82].

由于无圈图的特征多项式等于匹配多项式, 故在无圈图上, 能量和匹配能量是一致的. 图的匹配能量与图的能量一样, 都与该图所表示的碳氢化合物的活性有关. 自从 2012 年 I. Gutman 和 S. Wagner 在 [2] 中提出图的匹配能量的概念以来, 对这

个主题已经有了大量的研究. 在研究图的能量时, 有一个所谓的 Coulson 积分公式扮演非常重要的角色, 我们在研究图的匹配能量时, 也有一个类似的积分公式, 被 I. Gutman 也命名为 Coulson 积分公式.

设 G 是有 n 个点的图, 以 $M_i(i=1,2,\cdots,n)$ 表示图 G 的 n 个匹配根, 以 $\sum_+ M_i, \sum_- M_i$ 分别表示图的所有正匹配根和与所有负匹配根的和, 则

$$\sum_+ M_i + \sum_- M_i = 0.$$

于是

$$ME(G) = \sum_i |M_i| = 2\sum_+ M_i.$$

设 $f(z)$ 是一个 (复) 变量 z 的一个 n 次多项式, $\mu_1, \mu_2, \cdots, \mu_n$ 是它的根, 则 $f(z) = \prod_{i=1}^{n}(z - \mu_i)$. 且

$$f'(z) = f(z)\sum_{i=1}^{n}\frac{1}{z-\mu_i},$$

$$\frac{zf'(z)}{f(z)} = \sum_{i=1}^{n}\frac{z}{z-\mu_i} = n + \sum_{i=1}^{n}\frac{\mu_i}{z-\mu_i}.$$

我们知道, 当 $|z| \to \infty$ 时, $\sum_{i=1}^{n}\frac{\mu_i}{z-\mu_i} \to 0$.

$$\frac{zf'(z)}{f(z)} - n \to 0. \tag{9.2.1}$$

由著名的 Cauchy 积分公式, 我们有下面的引理.

引理 9.2.1[83]　设 Γ 是正定向的复平面上的一个简单闭曲线, z_0 是一个复数, 则

$$\frac{1}{2\pi i}\oint_{\Gamma}\frac{dz}{z-z_0} = \begin{cases} 1, & \text{如果 } z_0 \text{ 属于 } \Gamma \text{ 的内部}, \\ 0, & \text{如果 } z_0 \text{ 属于 } \Gamma \text{ 的外部}. \end{cases}$$

设 Γ^+ 为如图 9.1 所示的闭曲线, 它的内部包含匹配多项式的所有正根. 由引理 9.2.1,

$$\frac{1}{2\pi i}\oint_{\Gamma^+}\left[\frac{z\mu'(G,z)}{\mu(G,z)} - n\right]dz = \frac{1}{2\pi i}\oint_{\Gamma^+}\sum_{i=1}^{n}\frac{M_i}{z-M_i}$$

$$= \sum_+ M_i = \frac{1}{2}ME(G). \tag{9.2.2}$$

9.2 匹配能量和 Hosoya 指标的计算公式

等式 (9.2.2) 对包含匹配多项式所有正根的闭曲线都成立. 我们让 Γ^+ 按图 9.1 左边的图所示的方式无限扩大, 有

$$ME(G) = \frac{1}{\pi i} \oint_{\Gamma^+} \left[\frac{z\mu'(G,z)}{\mu(G,z)} - n \right] dz$$

$$= \frac{1}{\pi i} \oint_{y\text{轴上的部分}} \left[\frac{z\mu'(G,z)}{\mu(G,z)} - n \right] dz + \frac{1}{\pi i} \oint_{\text{不是}y\text{轴上的部分}} \left[\frac{z\mu'(G,z)}{\mu(G,z)} - n \right] dz,$$

当曲线 Γ^+ 按图 9.1 的方式无限扩大时, 由 (9.2.1) 知

$$\frac{z\mu'(G,z)}{\mu(G,z)} - n \to 0,$$

则

$$\frac{1}{\pi i} \oint_{\text{不是}\,y\,\text{轴上的部分}} \left[\frac{z\mu'(G,z)}{\mu(G,z)} - n \right] dz = 0.$$

于是

$$ME(G) = \frac{1}{\pi i} \oint_{+\infty}^{-\infty} \left[\frac{iy\mu'(G,iy)}{\mu(G,iy)} - n \right] d(iy)$$

$$= \frac{1}{\pi} \oint_{-\infty}^{+\infty} \left[n - \frac{iy\mu'(G,iy)}{\mu(G,iy)} \right] dy$$

$$= \frac{1}{\pi} \oint_{-\infty}^{+\infty} \left[n - y\frac{d}{dy}(\ln \mu(G,iy)) \right] dy.$$

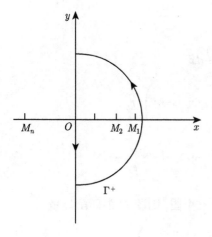 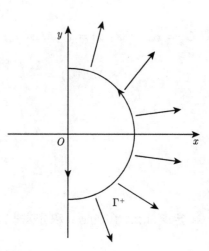

图 9.1 简单闭曲线 Γ^+

设 G_1 和 G_2 都是有 n 个点的两个图, 则

$$ME(G_1) - ME(G_2) = -\frac{1}{\pi}\int_{-\infty}^{+\infty} y\frac{d}{dy}\left(\ln\frac{\mu(G_1,iy)}{\mu(G_2,iy)}\right)dy$$

$$= \frac{1}{\pi}\int_{-\infty}^{+\infty}\ln\frac{\mu(G_1,iy)}{\mu(G_2,iy)}dy - \frac{1}{\pi}y\ln\frac{\mu(G_1,iy)}{\mu(G_2,iy)}\bigg|_{-\infty}^{+\infty}.$$

设 $M_1 \geqslant M_2 \geqslant \cdots \geqslant M_n, M_1' \geqslant M_2' \geqslant \cdots \geqslant M_n'$ 分别是 $\mu(G_1,x)$ 和 $\mu(G_2,x)$ 的根, $k \geqslant 0$, 则

$$k\ln\frac{\mu(G_1,ik)}{\mu(G_2,ik)} - (-k)\ln\frac{\mu(G_1,-ik)}{\mu(G_2,-ik)}$$

$$= k\ln\frac{(ik-M_1)\cdots(ik-M_n)(-ik-M_1)\cdots(-ik-M_n)}{(ik-M_1')\cdots(ik-M_n')(-ik-M_1')\cdots(-ik-M_n')}$$

$$= \ln\left(1-\frac{M_1}{ik}\right)^k + \cdots + \ln\left(1-\frac{M_n}{ik}\right)^k + \ln\left(1+\frac{M_1}{ik}\right)^k + \cdots + \ln\left(1+\frac{M_n}{ik}\right)^k$$

$$- \ln\left(1-\frac{M_1'}{ik}\right)^k - \cdots - \ln\left(1-\frac{M_n'}{ik}\right)^k - \ln\left(1+\frac{M_1'}{ik}\right)^k - \cdots - \ln\left(1+\frac{M_n'}{ik}\right)^k,$$

当 $k \to \infty$ 时, 上式的极限为

$$-\frac{M_1}{i} - \cdots - \frac{M_n}{i} + \frac{M_1}{i} + \cdots + \frac{M_n}{i} - \frac{M_1'}{i} - \cdots - \frac{M_n'}{i} + \frac{M_1'}{i} + \cdots + \frac{M_n'}{i} = 0.$$

故

$$y\ln\frac{\mu(G_1,iy)}{\mu(G_2,iy)}\bigg|_{-\infty}^{+\infty} = 0.$$

取 $G_2 = \overline{K_n}, \mu(G_2,x) = x^n, ME(G_2) = 0$, 于是

$$ME(G) = \frac{1}{\pi}\int_{-\infty}^{+\infty}\ln\frac{\mu(G,ix)}{(ix)^n}dx$$

$$= \frac{1}{\pi}\int_{-\infty}^{+\infty}\ln\left(\sum_{k\geqslant 0}p(G,k)x^{-2k}\right)dx$$

$$= \frac{1}{\pi}\int_{-\infty}^{+\infty}\frac{1}{x^2}\ln\left(\sum_{k\geqslant 0}p(G,k)x^{2k}\right)dx.$$

定理 9.2.1 (Coulson 积分公式) 设 G 是一个图, 则图 G 的匹配能量

$$ME(G) = \frac{1}{\pi}\int_{-\infty}^{+\infty}\frac{1}{x^2}\ln\left(\sum_{k\geqslant 0}p(G,k)x^{2k}\right)dx.$$

9.2 匹配能量和 Hosoya 指标的计算公式

一个图 G 的 Hosoya 指标是指这个图上的所有匹配的总数

$$Z(G) = \sum_{t \geqslant 0} p(G, t).$$

明显地,

$$Z(G) = \frac{\mu(G, i)}{i^n},$$

这里 i 是复数单位, $i^2 = -1$.

进一步地, 假设 $M_1, M_2, \cdots, M_n$ 是匹配多项式 $\mu(G, x)$ 的 n 个根, 则

$$Z(G) = \sqrt{(1 + M_1^2)(1 + M_2^2) \cdots (1 + M_n^2)}.$$

设 G 是 $K_{m,n}(n \leqslant m)$ 的一个生成子图, 图 G 的车多项式为

$$\rho(G, x) = \sum_{r=0}^{n} (-1)^r p(G, r) x^{n-r}.$$

明显地,

$$Z(G) = \frac{\rho(G, -1)}{(-1)^n} = (1 + \lambda_1)(1 + \lambda_2) \cdots (1 + \lambda_n),$$

这里的 $\lambda_1, \lambda_2, \cdots, \lambda_n$ 是车多项式 $\rho(G, x)$ 的 n 个根.

在这一节的后半部分中, 我们给出计算图的 Hosoya 指标的若干公式, 为此, 先介绍下面的引理.

引理 9.2.2 (1) $Z(G \cup H) = Z(G)Z(H)$;

(2) 假设 $e = \{u, v\} \in E(G)$, 则 $Z(G) = Z(G \setminus e) + Z(G \setminus uv)$;

(3) 假设 $u \in V(G)$, 则 $Z(G) = Z(G \setminus u) + \sum_{i \sim u} Z(G \setminus ui)$.

证明 在定理 1.3.1 中令 $x = i$ 即可. □

引理 9.2.3 设 $\mu(G, x)$ 是图 G 的匹配多项式, 则

$$[\mu(G, x)]^{(k)} = k! \sum_{U \in V(G), |U| = k} \mu(G \setminus U, x),$$

这里 $\sum$ 是对 $V(G)$ 的所有 k 子集求和.

证明 (对 k 用数学归纳法) 当 $k = 1$ 时, 由定理 1.3.1 (d) 知, 结论成立. 假设结论对 $k \geqslant 1$ 成立, 则

$$[\mu(G, x)]^{(k+1)} = k! \sum_{U \in V(G), |U| = k} \sum_{u \in V(G \setminus U)} \mu(G \setminus U \setminus u, x).$$

设 $U = \{v_1, v_2, \cdots, v_k\}$, $U' = U \cup \{v_{k+1}\}$, 为了确定上式求和中 $\mu(G \setminus U', x)$ 的系数, 按最后删除的点 u 是 $v_1, v_2, \cdots$ 或 v_{k+1} 分为 $k + 1$ 类, 而每一类中这一项

共出现了 $k!$ 次, 于是这一项共出现了 $(k+1)k! = (k+1)!$ 次. 故 $[\mu(G,x)]^{(k+1)} = (k+1)! \sum_{U' \in V(G), |U'|=k+1} \mu(G \setminus U', x)$. 结论成立. □

定理 9.2.2 设 G 是一个图, 则
$$Z(\overline{G}) = \frac{1}{\sqrt{2\pi}} \int_{-\infty}^{\infty} e^{-\frac{x^2}{2}} \mu(G, x+1) dx.$$

证明 由定理 1.4.1 知, $\overline{G}$ 的匹配按它没有饱和的点集分类, 设 $U \in V(G)$, $\overline{G}$ 中仅仅没有饱和点集 U 的匹配等于
$$\frac{1}{\sqrt{2\pi}} \int_{-\infty}^{\infty} e^{-\frac{x^2}{2}} \mu(G \setminus U, x) dx,$$

于是由引理 9.2.3,
$$Z(\overline{G}) = \sum_{k=0}^{n} \sum_{U \in V(G), |U|=k} \frac{1}{\sqrt{2\pi}} \int_{-\infty}^{\infty} e^{-\frac{x^2}{2}} \mu(G \setminus U, x) dx$$
$$= \frac{1}{\sqrt{2\pi}} \int_{-\infty}^{\infty} e^{-\frac{x^2}{2}} \sum_{k=0}^{n} \frac{1}{k!} \mu(G, x)^{(k)} dx$$
$$= \frac{1}{\sqrt{2\pi}} \int_{-\infty}^{\infty} e^{-\frac{x^2}{2}} \sum_{k=0}^{\infty} \frac{1}{k!} \mu(G, x)^{(k)} dx.$$

注意到 $\mu(G, x+1)$ 在 x 处的泰勒展开式
$$\mu(G, x+1) = \sum_{k=0}^{\infty} \frac{1}{k!} \mu(G, x)^{(k)},$$

则
$$Z(\overline{G}) = \frac{1}{\sqrt{2\pi}} \int_{-\infty}^{\infty} e^{-\frac{x^2}{2}} \mu(G, x+1) dx. \qquad \square$$

定理 9.2.3 设 G 是有 n 个点的图, 则
$$Z(G) = \sum_{m=0}^{\lfloor n/2 \rfloor} \sum_{r=0}^{\lfloor (n-2m)/2 \rfloor} \frac{(-1)^m (n-2m)! p(\overline{G}, m)}{r!(n-2m-2r)! 2^r}.$$

证明 由 (2.1.1) 知
$$\mu(K_n, x) = \sum_{r \geqslant 0} (-1)^r \frac{n!}{r!(n-2r)! 2^r} x^{n-2r},$$

则
$$Z(K_n) = \frac{\mu(K_n, i)}{i^n} = \sum_{r=0}^{\lfloor n/2 \rfloor} \frac{n!}{r!(n-2r)! 2^r}.$$

9.2 匹配能量和 Hosoya 指标的计算公式

由定理 1.5.1 知

$$Z(G) = \frac{\mu(G,i)}{i^n} = \sum_{m=0}^{\lfloor n/2 \rfloor} p(\overline{G},m) \frac{\mu(K_{n-2m},i)}{i^{n-2m}} i^{2m}$$

$$= \sum_{m=0}^{\lfloor n/2 \rfloor} (-1)^m p(\overline{G},m) Z(K_{n-2m})$$

$$= \sum_{m=0}^{\lfloor n/2 \rfloor} \sum_{r=0}^{\lfloor (n-2m)/2 \rfloor} \frac{(-1)^m (n-2m)! p(\overline{G},m)}{r!(n-2m-2r)!2^r}. \qquad \square$$

引理 9.2.4 设 G 是 $K_{n,n+a}$ 的一个生成子图，G 的顶点集按二分图划分为两类：$V(G) = V_1 \cup V_2$，$|V_1| = n$，$|V_2| = n+a$，则 $\dfrac{d}{dx}\rho(G,x) = \sum\limits_{i \in V_1} \rho(G \setminus i, x)$.

证明 $\dfrac{d}{dx}\rho(G,x)$ 中 x^{n-r-1} 的系数是 $(-1)^r p(G,r)(n-r)$，它的绝对值等于如下的组合对的个数，这种组合对是：第一个元是 G 上的一个 r-匹配，第二个元是没有被这个匹配饱和的 V_1 中的一个点. 假如我们先取 V_1 中的一个点，然后再取 G 的不饱和这个被选点的一个 r-匹配，则这种组合对的个数等于 $\sum\limits_{i \in V_1} p(G \setminus i, r)$. 于是

$$\frac{d}{dx}\rho(G,x) = \sum_{r=0}^{n} (-1)^r p(G,r)(n-r) x^{n-r-1}$$

$$= \sum_{r=0}^{n-1} \sum_{i \in V_1} (-1)^r p(G \setminus i, r) x^{n-r-1} = \sum_{i \in V_1} \rho(G \setminus i, x). \qquad \square$$

引理 9.2.5 设 G 是 $K_{n,n+a}$ 的一个生成子图，G 的顶点集按二分图划分为两类：$V(G) = V_1 \cup V_2$，$|V_1| = n$，$|V_2| = n+a$. 则 $[\rho(G,x)]^{(k)} = k! \sum\limits_{U \in V_1, |U|=k} \rho(G \setminus U, x)$. 这里 $\sum$ 是对 V_1 的所有 k 子集求和.

证明 与引理 9.2.3 的证明类似，略. $\qquad \square$

定理 9.2.4 设 G 是 $K_{n,n+a}$ 的一个生成子图，则

$$Z(\widetilde{G}) = \int_0^\infty e^{-x} x^a \sum_{k=0}^{n} \frac{1}{k!(a+k)!} x^k \rho(G,x)^{(k)} dx.$$

证明 $\widetilde{G}$ 的匹配按它没有饱和 V_1 的点子集分类，设 $U \in V_1, |U| = k$，由定理 1.4.3，$\widetilde{G}$ 中仅仅没有饱和点集 U 的匹配等于

$$\frac{1}{(a+k)!} \int_0^\infty e^{-x} x^{a+k} \rho(G \setminus U, x) dx.$$

于是由引理 9.2.5,
$$Z(\widetilde{G}) = \sum_{k=0}^{n} \sum_{U \in V_1, |U|=k} \frac{1}{(a+k)!} \int_0^\infty e^{-x} x^{a+k} \rho(G \setminus U, x) dx$$
$$= \int_0^\infty e^{-x} x^a \sum_{k=0}^{n} \frac{1}{k!(a+k)!} x^k \rho(G, x)^{(k)} dx.$$
□

定理 9.2.5 设 G 是 $K_{n,n+a}$ 的一个生成子图, 则
$$Z(G) = \sum_{t=0}^{n} \sum_{r=0}^{t} (-1)^{n-t} p(\widetilde{G}, n-t) \binom{t}{r} \binom{t+a}{r} r!.$$

证明 由 (2.1.3) 知道
$$\rho(K_{n,n+a}, x) = \sum_{r=0}^{n} (-1)^r \binom{n}{r} \binom{n+a}{r} r! x^{n-r}.$$

由定理 1.5.3 知
$$Z(G) = \frac{\rho(G,-1)}{(-1)^n} = \sum_{t=0}^{n} p(\widetilde{G}, n-t) \frac{\rho(K_{t,t+a},-1)}{(-1)^n}$$
$$= \sum_{t=0}^{n} (-1)^{n-t} p(\widetilde{G}, n-t) Z(K_{t,t+a})$$
$$= \sum_{t=0}^{n} \sum_{r=0}^{t} (-1)^{n-t} p(\widetilde{G}, n-t) \binom{t}{r} \binom{t+a}{r} r!.$$
□

问题 设 G 是 $K_{n,n+a}$ 的一个生成子图, 我们看出定理 9.2.4 没有定理 9.2.2 那么简洁完美, 究其原因, 是无法给出 $\sum_{k=0}^{n} \frac{1}{k!(a+k)!} x^k \rho(G,x)^{(k)}$ 的一个简单表达式, 我们的第一个问题是求出这个和式的一个简洁表达式. 由定理 9.2.5 的证明知: $Z(G) = \sum_{t=0}^{n} (-1)^{n-t} p(\widetilde{G}, n-t) Z(K_{t,t+a})$, 而 $\rho(\widetilde{K_{t,t+a}}, x) = x^t$. 如果对图 $K_{t,t+a}$ 的 Hosoya 指标能找到某种积分关系: 如果 $Z(K_{t,t+a}) = \int_c^d *\rho(\widetilde{K_{t,t+a}}, x) dx$, 那么这种关系对一般图 G 也成立, 即 $Z(G) = \sum_{t=0}^{n} (-1)^{n-t} p(\widetilde{G}, n-t) Z(K_{t,t+a}) = \int_c^d * \sum_{t=0}^{n} (-1)^{n-t} p(\widetilde{G}, n-t) x^t dx = \int_c^d * \rho(\widetilde{G}, x) dx$. 我们的第二个问题是寻找这样的积分表达式.

9.3 树及单圈图中的匹配能量极值图

由定理 9.2.1 知, 我们可以规定一种偏序关系 "$\preceq$". 设 G_1, G_2 是两个 n 阶图, 若对所有的非负整数 k, 满足 $p(G_1, k) \leqslant p(G_2, k)$, 则定义 $G_1 \preceq G_2$. 如果不等式

9.3 树及单圈图中的匹配能量极值图

$p(G_1,k) \leqslant p(G_2,k)$ 对某个非负整数 k 是严格的, 则定义 $G_1 \prec G_2$. 于是, 我们可以得到下面的结果:

$$G_1 \preceq G_2 \Rightarrow ME(G_1) \leqslant ME(G_2), Z(G_1) \leqslant Z(G_2);$$

$$G_1 \prec G_2 \Rightarrow ME(G_1) < ME(G_2), Z(G_1) < Z(G_2).$$

设 G 是一个图, $e = uv \in E(G)$, 由于 $p(G,r) = p(G \setminus e, r) + p(G \setminus \{u,v\}, r-1)$, 则 $G \setminus e \prec G$. 由此我们可以得到下面的定理.

定理 9.3.1 设 G 是一个 n 阶图, 则

$$ME(\overline{K_n}) \leqslant ME(G) \leqslant ME(K_n),$$

$$Z(\overline{K_n}) \leqslant Z(G) \leqslant Z(K_n).$$

仅当两个图同构时等号成立.

引理 9.3.1 设 G_1, G_2 是两个 n 阶图, 如果存在一个 m 阶图 H, 使得

$$\mu(G_1) - \mu(G_2) = \mu(H),$$

则

(1) $n - m$ 是一个偶数;
(2) 如果 $n - m \equiv 0 \pmod 4$, 则 $G_1 \succ G_2$;
(3) 如果 $n - m \equiv 2 \pmod 4$, 则 $G_1 \prec G_2$.

证明 (1) 由于多项式 $\mu(G_i, x)(i=1,2)$ 中 $x^{n-(2k-1)}$ 的系数均为零, 则多项式 $\mu(G_1,x) - \mu(G_2,x)$ 中 $x^{n-(2k-1)}$ 的系数也为零. 于是 $\mu(H)$ 的首项 x^m 必定形如 x^{n-2k}, 对某个整数 k. 故 $n - 2k = m$, 则 $n - m$ 是一个偶数.

(2) 不妨设 $n = m + 4k$,

$$\mu(G_1) = x^n - p(G_1,1)x^{n-2} + \cdots + p(G_1,2k)x^m - p(G_1,2k+1)x^{m-2} + \cdots,$$

$$\mu(G_2) = x^n - p(G_2,1)x^{n-2} + \cdots + p(G_2,2k)x^m - p(G_2,2k+1)x^{m-2} + \cdots,$$

$$\mu(H) = x^m - p(H,1)x^{m-2} + \cdots.$$

由于 $\mu(G_1) = \mu(G_2) + \mu(H)$, 比较系数得

$$p(G_1,s) = \begin{cases} p(G_2,s), & s < 2k, \\ p(G_2,s) + p(H,s-2k), & s \geqslant 2k, \end{cases}$$

所以 $G_1 \succ G_2$.

(3) 不妨设 $n = m + 4k + 2$,

$$\mu(G_1) = x^n - p(G_1,1)x^{n-2} + \cdots - p(G_1, 2k+1)x^m + p(G_1, 2k+2)x^{m-2} - \cdots,$$
$$\mu(G_2) = x^n - p(G_2,1)x^{n-2} + \cdots - p(G_2, 2k+1)x^m + p(G_2, 2k+2)x^{m-2} - \cdots,$$
$$\mu(H) = x^m - p(H,1)x^{m-2} + \cdots.$$

由于 $\mu(G_1) = \mu(G_2) + \mu(H)$, 比较系数得

$$p(G_1, s) = \begin{cases} p(G_2, s), & s < 2k+1, \\ p(G_2, s) - p(H, s-2k-1), & s \geqslant 2k+1, \end{cases}$$

所以 $G_1 \prec G_2$. □

引理 9.3.2 设 G_1, G_2 是两个 n 阶图, 如果存在 s 个图 H_i, 图 H_i 的阶分别为 m_i, 使得

$$\mu(G_1) - \mu(G_2) = \sum_{i=1}^{s} \mu(H_i),$$

则

(1) $n - m_i$ 是一个偶数;

(2) 如果 $n - m_i \equiv 0 \pmod 4$ 对每个 i 均成立, 则 $G_1 \succ G_2$;

(3) 如果 $n - m_i \equiv 2 \pmod 4$ 对每个 i 均成立, 则 $G_1 \prec G_2$.

证明 (1) 由于多项式 $\mu(G_i, x)(i=1,2)$ 中 $x^{n-(2k-1)}$ 的系数均为零, 则多项式 $\mu(G_1, x) - \mu(G_2, x)$ 中 $x^{n-(2k-1)}$ 的系数也为零. 于是 $\mu(H_i)$ 的首项 x^m 必定形如 x^{n-2k}, 对某个整数 k. 故 $n - 2k = m_i$, 则 $n - m_i$ 是一个偶数.

(2), (3) 的证明类似于引理 9.3.1 的 (2), (3), 略. □

引理 9.3.3 设 G 是一个图, $e = uv \in E(G)$, 且 $d(u) \geqslant 2, d(v) \geqslant 2$, $N(u) \cap N(v) = \varnothing$, 则 $ME(G) > ME(G^{(e)})$, $Z(G) > Z(G^{(e)})$, 这里的图 $G^{(e)}$ 见图 2.6.

证明 由定理 2.5.1 知, 若 G 的点数为 n, 这 $G \setminus \{u, v, i, j\}$ 的点数为 $n-4$, 由引理 9.3.2 显然. □

设 G 是一个连通图, $u \in V(G)$, (T, v) 是带有根点 v 的一棵 $n(\geqslant 2)$ 阶树, 以 $G_{u,v}T$ 表示将图 G 的点 u 和 T 的点 v 黏结后得到的图, $K_{1,n-1}$ 为 n 个点的星图, 中心点记为 w.

推论 9.3.1 设 G 是一个连通图, $u \in V(G)$, (T, v) 是带有根点 v 的一棵 $n(\geqslant 2)$ 阶树, 则 $ME(G_{u,v}T) \geqslant ME(G_{u,w}K_{1,n-1})$, 进一步地, $Z(G_{u,v}T) \geqslant Z(G_{u,w}K_{1,n-1})$, 仅当 $G_{u,v}T \cong G_{u,w}K_{1,n-1}$ 时取等号.

证明 对图 $G_{u,v}T$ 的 G 与 T 之间的割边重复的使用引理 9.3.3, 得证. □

由定理 2.5.2 和引理 9.3.2, 下面的引理是显然的.

引理 9.3.4 设 G 是至少有两个点的连通图, $u \in V(G)$, $n \geqslant 3$, $1 < i < n$, 则 $ME(G_{u,1}P_n) > ME(G_{u,i}P_n)$, $Z(G_{u,1}P_n) > Z(G_{u,i}P_n)$.

推论 9.3.2 设 G 是一个连通图, $u \in V(G)$, (T,v) 是带有根点 v 的一棵 $n(\geqslant 2)$ 阶树, 则 $ME(G_{u,v}T) \leqslant ME(G_{u,1}P_n)$, $Z(G_{u,v}T) \leqslant Z(G_{u,1}P_n)$, 仅当 $G_{u,v}T \cong G_{u,1}P_n$ 时取等号.

证明 对图 $G_{u,v}T$ 的距离点 v 最远的分叉点 (度数大于 2 的点) 重复地使用引理 9.3.4, 得证. □

定理 9.3.2 设 T 是 n 个点的一棵树, 则

$$ME(K_{1,n-1}) \leqslant ME(T) \leqslant ME(P_n),$$

$$Z(K_{1,n-1}) \leqslant Z(T) \leqslant Z(P_n),$$

仅当两个图同构时取等号.

证明 由推论 9.3.1 和推论 9.3.2, 显然. □

设 G, H_1, H_2 是三个连通图, $u,v \in V(G)$, $u' \in V(H_1)$, $u'' \in V(H_2)$, 图 $G_{uu'H_1}^{vu''H_2}$ 和 $G_{vu'H_1}^{vu''H_2}$ 如图 2.8 所示.

推论 9.3.3 设 G, H_1, H_2 是三个连通图, 都至少有两个点, $u,v \in V(G)$, $u' \in V(H_1)$, $u'' \in V(H_2)$, 且 u,v 在图 G 中相似, 则

$$ME(G_{uu'H_1}^{vu''H_2}) > ME(G_{vu'H_1}^{vu''H_2}).$$

$$Z(G_{uu'H_1}^{vu''H_2}) > Z(G_{vu'H_1}^{vu''H_2}).$$

证明 由定理 2.5.3, 推论 2.5.1 与引理 9.3.2, 显然. □

设 G 是一个图, $e = uv \in E(G)$, 在边 e 中依次插入 n 点 $v_1, v_2, \cdots, v_n$ 后得到的图记为 $G^{e,n}$ (图 2.9). $G_{u,1}P_{n+1}$ 的记号同引理 9.3.2.

推论 9.3.4 设 G 是至少有三个点的连通图, $e = uv \in E(G)$, $n \geqslant 1$, $d(v) \geqslant 2$, 则

$$ME(G^{e,n}) > ME(G_{v,1}P_{n+1}),$$

$$Z(G^{e,n}) > Z(G_{v,1}P_{n+1}).$$

证明 由定理 2.5.4 与引理 9.3.2, 显然. □

定理 9.3.3 设 G 是一个 n 阶连通单圈图, 则

$$ME(S_n^+) \leqslant ME(G) \leqslant ME(C_n),$$

$$Z(S_n^+) \leqslant Z(G) \leqslant Z(C_n).$$

仅当两个图同构时取等号, 这里的 C_n 是 n 个点的圈, S_n^+ 见图 3.2.

证明 设 G 是有 n 点的连通单圈图, 其中的唯一的圈是 C_k, $3 \leqslant k \leqslant n$. 由推论 9.3.1 知, 将依附于圈 C_k 的每棵树替换成星图, 其匹配能量会减小. 再重复使

用 2.5 节中的 (后面提到的变换都出自这一节) 第一种图变换, 将圈 C_k 逐步变为圈 C_3, 由引理 9.3.3 知, 匹配能量会减小. 再使用第三种图变换, 将所有的悬挂点集中在圈是 C_3 的一个点上, 最后变为 S_n^+ 后, 由推论 9.3.3 知, 匹配能量达最小.

由推论 9.3.2 知, 将依附于圈 C_k 的每棵树替换成同样点数的路后匹配能量会增加, 再重复使用第四种图变换, 逐步将圈外的路变为圈上的路, 最后变为 C_n 后, 匹配能量达最大. □

9.4 θ-图的匹配能量全排序

在这一节中, 我们给出 θ-图 (图 9.2) 的匹配能量和 Hosoya 指标的一个完全排序. 为了方便, 在下面我们约定 P_0, P_{-1}, P_{-2} 都是空图, 且 $\mu(P_0) = 1, \mu(P_{-1}) = 0, \mu(P_{-2}) = -1$. $T(0, b, c) = P_{b+c+1}, T(-1, b, c) = P(b, c)$. 如 $a = 2$ 时, $\mu(P(a-2, b, c)) = \mu(P_0)\mu(P_b)\mu(P_c) = \mu(P(b, c))$, $\mu(P(a-3, b, c)) = \mu(P_{-1})\mu(P_b)\mu(P_c) = 0$, $\mu(P(a-4, b, c)) = \mu(P_{-2})\mu(P_b)\mu(P_c) = -\mu(P_b)\mu(P_c)$.

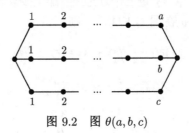

图 9.2 图 $\theta(a, b, c)$

引理 9.4.1 设 $1 \leqslant a \leqslant b, 0 \leqslant c$, 则
$$\mu(T(a, b, c)) - \mu(T(a-2, b+2, c)) = -\mu(P(1, b-a+1, c-1)).$$

证明 当 $c = 0$ 时, $T(a, b, 0) = T(a-2, b+2, 0) = P(a+b+1)$, $\mu(P_{-1}) = 0$, 结论显然成立.

当 $c \geqslant 1$ 时,

(1) 当 $a = 1$ 时,
$\mu(T(a, b, c)) = x\mu(P(1, b, c)) - \mu(P(b, c)) - \mu(P(1, b-1, c)) - \mu(P(1, b, c-1))$.
$\mu(T(a-2, b+2, c)) = \mu(P(b+2, c)) = x\mu(P(b+1, c)) - \mu(P(b, c))$.
$\mu(T(a, b, c)) - \mu(T(a-2, b+2, c)) = x[\mu(P(1, b, c)) - \mu(P(b+1, c))] - \mu(P(1, b-1, c)) - \mu(P(1, b, c-1)) = x\mu(P(0, b-1, c)) - \mu(P(1, b-1, c)) - \mu(P(1, b, c-1)) = -\mu(P(1, b, c-1)) = -\mu(P(1, b-a+1, c-1))$. 结论成立.

(2) 当 $a \geqslant 2$ 时,
$\mu(T(a, b, c)) = x\mu(P(a, b, c)) - \mu(P(a-1, b, c)) - \mu(P(a, b-1, c)) - \mu(P(a, b, c-1))$.

$\mu(T(a-2,b+2,c)) = x\mu(P(a-2,b+2,c)) - \mu(P(a-3,b+2,c)) - \mu(P(a-2,b+1,c)) - \mu(P(a-2,b+2,c-1)))$.

由引理 2.2.2, $\mu(T(a,b,c)) - \mu(T(a-2,b+2,c)) = x[\mu(P(a,b,c)) - \mu(P(a-2,b+2,c))] - [\mu(P(a-1,b,c)) - \mu(P(a-3,b+2,c))] - [\mu(P(a,b-1,c)) - \mu(P(a-2,b+1,c))] - [\mu(P(a,b,c-1)) - \mu(P(a-2,b+2,c-1))] = x\mu(P(1,b-a+1,c)) - \mu(P(1,b-a+2,c)) - \mu(P(1,b-a,c)) - \mu(P(1,b-a+1,c-1)) = -\mu(P(1,b-a+1,c-1))$.

注意, 在上述等式中, 当 $a = 2$ 时, $\mu(P(a-1,b,c)) = \mu(P(1,b,c)), \mu(P(a-3,b+2,c)) = 0$, 结论也成立. □

引理 9.4.2 设 $c \geqslant 0, k \geqslant 1$, 则

(1) $\mu(T(2k-1,2k+1,c)) - \mu(T(2k,2k,c)) = \mu(P_{c-1})$;

(2) $\mu(T(2k-2,2k+1,c)) - \mu(T(2k-1,2k,c)) = \mu(P(1,c-1))$.

证明 (1) 当 $c = 0$ 时, $T(2k-1,2k+1,0) = P_{4k+1} = T(2k,2k,0), \mu(P_{-1}) = 0$, 结论显然成立.

当 $c \geqslant 1$ 时,

$\mu(T(2k-1,2k+1,c)) = x\mu(P(2k-1,2k+1,c)) - \mu(P(2k-2,2k+1,c)) - \mu(P(2k-1,2k,c)) - \mu(P(2k-1,2k+1,c-1))$.

$\mu(T(2k,2k,c)) = x\mu(P(2k,2k,c)) - \mu(P(2k-1,2k,c)) - \mu(P(2k,2k-1,c)) - \mu(P(2k,2k,c-1))$.

所以 $\mu(T(2k-1,2k+1,c)) - \mu(T(2k,2k,c)) = x[\mu(P(2k-1,2k+1,c)) - \mu(P(2k,2k,c))] - [\mu(P(2k-2,2k+1,c)) - \mu(P(2k,2k-1,c))] - [\mu(P(2k-1,2k+1,c-1)) - \mu(P(2k,2k,c-1))] = -x\mu(P(0,0,c)) + \mu(P(0,1,c)) + \mu(P(0,0,c-1)) = \mu(P(0,0,c-1)) = \mu(P_{c-1})$.

(2) 证明与 (1) 类似, 略. □

引理 9.4.3 设 $c \geqslant 0, k \geqslant 0$, 则

(1) $\mu(T(2k+1,2k+1,c)) - \mu(T(2k,2k+2,c)) = -\mu(P_{c-1})$;

(2) $\mu(T(2k,2k+1,c)) - \mu(T(2k-1,2k+2,c)) = -\mu(P(1,c-1))$.

证明 (1) 当 $c = 0$ 时, $T(2k+1,2k+1,0) = P_{4k+3} = T(2k,2k+2,0), \mu(P_{-1}) = 0$, 结论显然成立.

当 $c \geqslant 1$ 时, $\mu(T(2k+1,2k+1,c)) = x\mu(P(2k+1,2k+1,c)) - \mu(P(2k,2k+1,c)) - \mu(P(2k+1,2k,c)) - \mu(P(2k+1,2k+1,c-1))$.

$\mu(T(2k,2k+2,c)) = x\mu(P(2k,2k+2,c)) - \mu(P(2k-1,2k+2,c)) - \mu(P(2k,2k+1,c)) - \mu(P(2k,2k+2,c-1))$.

所以 $\mu(T(2k+1,2k+1,c)) - \mu(T(2k,2k+2,c)) = x[\mu(P(2k+1,2k+1,c)) - \mu(P(2k,2k+2,c))] - [\mu(P(2k+1,2k,c)) - \mu(P(2k-1,2k+2,c))] - [\mu(P(2k+1,2k+

$1, c-1)) - \mu(P(2k, 2k+2, c-1))] = x\mu(P(0,0,c)) - \mu(P(0,1,c)) - \mu(P(0,0,c-1)) = -\mu(P(0,0,c-1)) = -\mu(P_{c-1})$.

(2) 证明与 (1) 类似, 略. □

引理 9.4.4 设 $2 \leqslant a \leqslant b, 0 \leqslant c$, 则

$$\mu(\theta(a,b,c)) - \mu(\theta(a-2,b+2,c)) = \mu(P(1, b-a+1, c-2)).$$

证明 当 $c=0$ 时, $\mu(\theta(a,b,0)) = x\mu(T(a,b,0)) - \mu(T(a-1,b,0)) - \mu(T(a,b-1,0)) - \mu(P(a,b))$.

$\mu(\theta(a-2,b+2,0)) = x\mu(T(a-2,b+2,0)) - \mu(T(a-3,b+2,0)) - \mu(T(a-2,b+1,0)) - \mu(P(a-2,b+2))$.

由于 $T(a,b,0) = P_{a+b+1} = T(a-2,b+2,0)$, 则 $\mu(\theta(a,b,c)) - \mu(\theta(a-2,b+2,c)) = \mu(P(a-2,b+2)) - \mu(P(a,b)) = -\mu(P(1, b-a+1))$, 再由约定 $\mu(P_{-2}) = -1$ 知, 结论成立.

当 $c=1$ 时, $\mu(\theta(a,b,1)) = x\mu(T(a,b,1)) - \mu(T(a-1,b,1)) - \mu(T(a,b-1,1)) - \mu(T(a,b,0))$.

$\mu(\theta(a-2,b+2,1)) = x\mu(T(a-2,b+2,1)) - \mu(T(a-3,b+2,1)) - \mu(T(a-2,b+1,1)) - \mu(T(a-2,b+2,0))$.

由引理 9.4.1 知, $\mu(\theta(a,b,1)) - \mu(\theta(a-2,b+2,1)) = -x\mu(P(1,b-a+1,0)) + \mu(P(1,b-a+2,0)) + \mu(P(1,b-a,0)) = 0 = \mu(P(1,b-a+1,-1))$.

当 $c \geqslant 2$ 时, $\mu(\theta(a,b,c)) = x\mu(T(a,b,c)) - \mu(T(a-1,b,c)) - \mu(T(a,b-1,c)) - \mu(T(a,b,c-1))$.

$\mu(\theta(a-2,b+2,c)) = x\mu(T(a-2,b+2,c)) - \mu(T(a-3,b+2,c)) - \mu(T(a-2,b+1,c)) - \mu(T(a-2,b+2,c-1))$.

由引理 9.4.1 知, $\mu(\theta(a,b,c)) - \mu(\theta(a-2,b+2,c)) = -x\mu(P(1,b-a+1,c-1)) + \mu(P(1,b-a+2,c-1)) + \mu(P(1,b-a,c-1)) + \mu(P(1,b-a+1,c-2)) = \mu(P(1,b-a+1,c-2))$. □

引理 9.4.5 设 $c \geqslant 0, k \geqslant 1$, 则

$$\mu(\theta(2k-1, 2k+1, c)) - \mu(\theta(2k, 2k, c)) = -\mu(P_{c-2}).$$

证明 当 $c=0$ 时, $\mu(\theta(2k-1, 2k+1, 0)) = x\mu(T(2k-1, 2k+1, 0)) - \mu(T(2k-2, 2k+1, 0)) - \mu(T(2k-1, 2k, 0)) - \mu(P(2k-1, 2k+1))$.

$\mu(\theta(2k-1, 2k+1, 0)) - \mu(\theta(2k, 2k, 0)) = -[\mu(P(2k-1, 2k+1)) - \mu(P(2k, 2k))] = \mu(P(0,0)) = 1 = -\mu(P(c-2))$. 结论成立.

当 $c \geqslant 1$ 时, $\mu(\theta(2k-1, 2k+1, c)) = x\mu(T(2k-1, 2k+1, c)) - \mu(T(2k-2, 2k+1, c)) - \mu(T(2k-1, 2k, c)) - \mu(T(2k-1, 2k+1, c-1))$.

9.4 θ-图的匹配能量全排序

由引理 9.4.2, $\mu(\theta(2k-1,2k+1,c)) - \mu(\theta(2k,2k,c)) = x[\mu(T(2k-1,2k+1,c)) - \mu(T(2k,2k,c))] - [\mu(T(2k-2,2k+1,c)) - \mu(T(2k-1,2k,c))] - [\mu(T(2k-1,2k+1,c-1)) - \mu(T(2k,2k,c-1))] = x\mu(P(c-1)) - \mu(P(1,c-1)) - \mu(P(c-2)) = -\mu(P(c-2))$. □

引理 9.4.6 设 $c \geqslant 0, k \geqslant 1$, 则

$$\mu(\theta(2k+1,2k+1,c)) - \mu(\theta(2k,2k+2,c)) = \mu(P_{c-2}).$$

证明 当 $c=0$ 时, $\mu(\theta(2k+1,2k+1,0)) = x\mu(T(2k+1,2k+1,0)) - \mu(T(2k,2k+1,0)) - \mu(T(2k+1,2k,0)) - \mu(P(2k+1,2k+1))$.

$\mu(\theta(2k+1,2k+1,0)) - \mu(\theta(2k,2k+2,0)) = -[\mu(P(2k+1,2k+1)) - \mu(P(2k,2k+2))] = -\mu(P(0,0)) = -1 = \mu(P(c-2))$.

当 $c \geqslant 1$ 时, $\mu(\theta(2k+1,2k+1,c)) = x\mu(T(2k+1,2k+1,c)) - \mu(T(2k,2k+1,c)) - \mu(T(2k+1,2k,c)) - \mu(T(2k+1,2k+1,c-1))$.

由引理 9.4.3, $\mu(\theta(2k+1,2k+1,c)) - \mu(\theta(2k,2k+2,c)) = x[\mu(T(2k+1,2k+1,c)) - \mu(T(2k,2k+2,c))] - [\mu(T(2k,2k+1,c)) - \mu(T(2k-1,2k+2,c))] - [\mu(T(2k+1,2k+1,c-1)) - \mu(T(2k,2k+2,c-1))] = -x\mu(P(c-1)) + \mu(P(1,c-1)) + \mu(P(c-2)) = \mu(P(c-2))$. □

定理 9.4.1 设 $c \geqslant 0$ 是一个固定整数, 则

(1) 当 $a+b=4k$ 时, $\theta(1,4k-1,c) \prec \theta(3,4k-3,c) \prec \theta(5,4k-5,c) \prec \cdots \prec \theta(2k-1,2k+1,c) \prec \theta(2k,2k,c) \prec \theta(2k-2,2k+2,c) \prec \cdots \prec \theta(4,4k-4,c) \prec \theta(2,4k-2,c) \prec \theta(0,4k,c)$;

(2) 当 $a+b=4k+1$ 时, $\theta(1,4k,c) \prec \theta(3,4k-2,c) \prec \theta(5,4k-4,c) \prec \cdots \prec \theta(2k+1,2k,c) = \theta(2k,2k+1,c) \prec \theta(2k-2,2k+3,c) \prec \cdots \prec \theta(4,4k-3,c) \prec \theta(2,4k-1,c) \prec \theta(0,4k+1,c)$;

(3) 当 $a+b=4k+2$ 时, $\theta(1,4k+1,c) \prec \theta(3,4k-1,c) \prec \theta(5,4k-3,c) \prec \cdots \prec \theta(2k+1,2k+1,c) \prec \theta(2k,2k+2,c) \prec \theta(2k-2,2k+4,c) \prec \cdots \prec \theta(4,4k-2,c) \prec \theta(2,4k,c) \prec \theta(0,4k+2,c)$;

(4) 当 $a+b=4k+3$ 时, $\theta(1,4k+2,c) \prec \theta(3,4k,c) \prec \theta(5,4k-2,c) \prec \cdots \prec \theta(2k+3,2k,c) = \theta(2k,2k+3,c) \prec \theta(2k-2,2k+5,c) \prec \cdots \prec \theta(4,4k-1,c) \prec \theta(2,4k+1,c) \prec \theta(0,4k+3,c)$.

证明 由引理 9.4.4 知, 当 $2 \leqslant a \leqslant b, 0 \leqslant c$ 时, 有

$$\mu(\theta(a,b,c)) - \mu(\theta(a-2,b+2,c)) = \mu(P(1,b-a+1,c-2)). \tag{9.4.1}$$

等式 (9.4.1) 左端的图的点数为 $a+b+c+2$, 右端的图的点数为 $b+c-a$, 它们的差为 $2a+2$. 于是由引理 9.3.2 知, 当 a 为奇数时, 有 $\theta(a,b,c) \succ \theta(a-2,b+2,c)$,

当 a 为偶数时有 $\theta(a,b,c) \prec \theta(a-2,b+2,c)$, 由此便得到 (1)—(4) 中的不等式的前半段和后半段.

由引理 9.4.5 知, 当 $c \geqslant 0, k \geqslant 1$ 时, 有

$$\mu(\theta(2k-1, 2k+1, c)) - \mu(\theta(2k, 2k, c)) = -\mu(P_{c-2}). \tag{9.4.2}$$

等式 (9.4.2) 左端的图的点数为 $4k+c+2$, 右端的图的点数为 $c-2$, 它们的差为 $4k+4$. 于是由引理 9.3.2, 我们得到定理中 (1) 的中间的不等式 $\theta(2k-1, 2k+1, c) \prec \theta(2k, 2k, c)$.

由引理 9.4.6 知, 当 $c \geqslant 0, k \geqslant 1$ 时, 有

$$\mu(\theta(2k+1, 2k+1, c)) - \mu(\theta(2k, 2k+2, c)) = \mu(P_{c-2}). \tag{9.4.3}$$

等式 (9.4.3) 左端的图的点数为 $4k+c+4$, 右端的图的点数为 $c-2$, 它们的差为 $4k+6$. 于是由引理 9.3.2, 我们得到定理中 (3) 的中间的不等式 $\theta(2k+1, 2k+1, c) \prec \theta(2k, 2k+2, c)$. 定理证毕. □

下面的推论 9.4.1 和推论 9.4.2 是定理 9.4.1 的直接推论.

推论 9.4.1 设 $c \geqslant 0$ 是一个固定整数, 则 $\theta(a,b,c)$ 图的匹配能量大小排序规律如下:

(1) 当 $a+b = 4k$ 时, $ME(\theta(1, 4k-1, c)) < ME(\theta(3, 4k-3, c)) < ME(\theta(5, 4k-5, c)) < \cdots < ME(\theta(2k-1, 2k+1, c)) < ME(\theta(2k, 2k, c)) < ME(\theta(2k-2, 2k+2, c)) < \cdots < ME(\theta(4, 4k-4, c)) < ME(\theta(2, 4k-2, c)) < ME(\theta(0, 4k, c))$;

(2) 当 $a+b = 4k+1$ 时, $ME(\theta(1, 4k, c)) < ME(\theta(3, 4k-2, c)) < ME(\theta(5, 4k-4, c)) < \cdots < ME(\theta(2k+1, 2k, c)) = ME(\theta(2k, 2k+1, c)) < ME(\theta(2k-2, 2k+3, c)) < \cdots < ME(\theta(4, 4k-3, c)) < ME(\theta(2, 4k-1, c)) < ME(\theta(0, 4k+1, c))$;

(3) 当 $a+b = 4k+2$ 时, $ME(\theta(1, 4k+1, c)) < ME(\theta(3, 4k-1, c)) < ME(\theta(5, 4k-3, c)) < \cdots < ME(\theta(2k+1, 2k+1, c)) < ME(\theta(2k, 2k+2, c)) < ME(\theta(2k-2, 2k+4, c)) < \cdots < ME(\theta(4, 4k-2, c)) < ME(\theta(2, 4k, c)) < ME(\theta(0, 4k+2, c))$;

(4) 当 $a+b = 4k+3$ 时, $ME(\theta(1, 4k+2, c)) < ME(\theta(3, 4k, c)) < ME(\theta(5, 4k-2, c)) < \cdots < ME(\theta(2k+3, 2k, c)) = ME(\theta(2k, 2k+3, c)) < ME(\theta(2k-2, 2k+5, c)) < \cdots < ME(\theta(4, 4k-1, c)) < ME(\theta(2, 4k+1, c)) < ME(\theta(0, 4k+3, c))$.

推论 9.4.2 设 $c \geqslant 0$ 是一个固定整数, 则 $\theta(a,b,c)$ 图的 Hosoya 指标的大小排序规律如下:

(1) 当 $a+b = 4k$ 时, $Z(\theta(1, 4k-1, c)) < Z(\theta(3, 4k-3, c)) < Z(\theta(5, 4k-5, c)) < \cdots < Z(\theta(2k-1, 2k+1, c)) < Z(\theta(2k, 2k, c)) < Z(\theta(2k-2, 2k+2, c)) < \cdots < Z(\theta(4, 4k-4, c)) < Z(\theta(2, 4k-2, c)) < Z(\theta(0, 4k, c))$;

9.4 θ-图的匹配能量全排序

(2) 当 $a+b=4k+1$ 时，$Z(\theta(1,4k,c)) < Z(\theta(3,4k-2,c)) < Z(\theta(5,4k-4,c)) < \cdots < Z(\theta(2k+1,2k,c)) = Z(\theta(2k,2k+1,c)) < Z(\theta(2k-2,2k+3,c)) < \cdots < Z(\theta(4,4k-3,c)) < Z(\theta(2,4k-1,c)) < Z(\theta(0,4k+1,c))$;

(3) 当 $a+b=4k+2$ 时，$Z(\theta(1,4k+1,c)) < Z(\theta(3,4k-1,c)) < Z(\theta(5,4k-3,c)) < \cdots < Z(\theta(2k+1,2k+1,c)) < Z(\theta(2k,2k+2,c)) < Z(\theta(2k-2,2k+4,c)) < \cdots < Z(\theta(4,4k-2,c)) < Z(\theta(2,4k,c)) < Z(\theta(0,4k+2,c))$;

(4) 当 $a+b=4k+3$ 时，$Z(\theta(1,4k+2,c)) < Z(\theta(3,4k,c)) < Z(\theta(5,4k-2,c)) < \cdots < Z(\theta(2k+3,2k,c)) = Z(\theta(2k,2k+3,c)) < Z(\theta(2k-2,2k+5,c)) < \cdots < Z(\theta(4,4k-1,c)) < Z(\theta(2,4k+1,c)) < Z(\theta(0,4k+3,c))$.

推论 9.4.3 (1) 在 n 个点的 θ-图中，匹配能量第一小、第二小和第三小的图分别为 $\theta(1,1,n-4), \theta(1,3,n-6)$ 和 $\theta(1,5,n-8)$.

(2) 在 n 个点的 θ-图中，匹配能量第一大和第二大的图分别为 $\theta(0,2,n-4)$ 和 $\theta(0,4,n-6)$.

证明 (1) 观察推论 9.4.1(1)—(4)，匹配能量达到最小的图中必有一个参数为 1, 固定 $c=1$, 在此类图中，匹配能量前三小的图是

$$\theta(1,1,n-4), \quad \theta(1,3,n-6), \quad \theta(1,5,n-8).$$

除至少有一个参数是 1 的所有图外，匹配能量达到最小的图至少有一个参数是 3, 此类图中匹配能量最小的图是 $\theta(3,3,n-8)$. 然而 $ME(\theta(1,5,n-8)) < ME(\theta(3,3,n-8))$. 于是在 n 个点的 θ-图中，匹配能量第一小、第二小和第三小的图分别为 $\theta(1,1,n-4), \theta(1,3,n-6)$ 和 $\theta(1,5,n-8)$.

(2) 观察推论 9.4.1(1)—(4)，匹配能量达到最大的图中必有一个参数为 0, 固定 $c=0$, 在此类图中，匹配能量前两大的图是

$$\theta(0,2,n-4), \quad \theta(0,4,n-6).$$

除至少有一个参数是 0 的所有图外，匹配能量达到最大的图至少有一个参数是 2, 此类图中匹配能量最大的图是 $\theta(2,2,n-6)$. 然而 $ME(\theta(0,4,n-6)) > ME(\theta(2,2,n-2))$. 于是在 n 个点的 θ-图中，匹配能量第一大和第二大的图分别为 $\theta(0,2,n-4)$ 和 $\theta(0,4,n-6)$. □

推论 9.4.4 (1) 在 n 个点的 θ-图中，Hosoya 指标第一小、第二小和第三小的图分别为 $\theta(1,1,n-4), \theta(1,3,n-6)$ 和 $\theta(1,5,n-8)$.

(2) 在 n 个点的 θ-图中，Hosoya 指标第一大和第二大的图分别为 $\theta(0,2,n-4)$ 和 $\theta(0,4,n-6)$.

证明 证明与推论 9.4.3 类似, 略. □

9.5 8-字图的匹配能量全排序

两个圈 C_{a+1} 和 C_{b+1} 在一个点处黏结后得到的图称为 8-字图 (图 9.3), 记为 $\infty(a,b)$. 在这一节中我们给出这个图的匹配能量与 Hosoya 指标的一个完全排序.

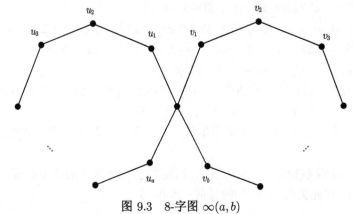

图 9.3 8-字图 $\infty(a,b)$

定理 9.5.1 对 8-字图 $\infty(a, n-a-1)(a \geqslant 2)$, 则

(1) 当 $n = 4k$ 时, $ME(\infty(3, 4k-4)) > ME(\infty(5, 4k-6)) > \cdots > ME(\infty(2k-1, 2k)) = ME(\infty(2k, 2k-1)) > ME(\infty(2k-2, 2k+1)) > \cdots > ME(\infty(4, 4k-5)) > ME(\infty(2, 4k-3))$;

(2) 当 $n = 4k+1$ 时, $ME(\infty(3, 4k-3)) > ME(\infty(5, 4k-5)) > \cdots > ME(\infty(2k-1, 2k+1)) > ME(\infty(2k, 2k)) > ME(\infty(2k-2, 2k+2)) > \cdots > ME(\infty(4, 4k-4)) > ME(\infty(2, 4k-2))$;

(3) 当 $n = 4k+2$ 时, $ME(\infty(3, 4k-2)) > ME(\infty(5, 4k-4)) > \cdots > ME(\infty(2k-1, 2k+2)) > ME(\infty(2k, 2k+1)) > ME(\infty(2k-2, 2k+3)) > \cdots > ME(\infty(4, 4k-3)) > ME(\infty(2, 4k-1))$;

(4) 当 $n = 4k+3$ 时, $ME(\infty(3, 4k-1)) > ME(\infty(5, 4k-3)) > \cdots > ME(\infty(2k-1, 2k+3)) > ME(\infty(2k+1, 2k+1)) > ME(\infty(2k, 2k+2)) > ME(\infty(2k-2, 2k+4)) > \cdots > ME(\infty(4, 4k-2)) > ME(\infty(2, 4k))$.

证明 (1) 证明分以下两步.

(i) 第一步, 证明对正整数 $3 \leqslant s \leqslant k$, 有

$$ME(\infty(2s-3, 4k-2s+2)) > ME(\infty(2s-1, 4k-2s)).$$

由定理 1.3.1 和引理 2.2.2 得

$$\mu(\infty(2s-3, 4k-2s+2)) - \mu(\infty(2s-1, 4k-2s))$$
$$= x\mu(P_{2s-3})\mu(P_{4k-2s+2}) - 2\mu(P_{2s-4})\mu(P_{4k-2s+2}) - 2\mu(P_{2s-3})\mu(P_{4k-2s+1})$$
$$\quad - [x\mu(P_{2s-1})\mu(P_{4k-2s}) - 2\mu(P_{2s-2})\mu(P_{4k-2s}) - 2\mu(P_{2s-1})\mu(P_{4k-2s-1})]$$
$$= x[\mu(P_{2s-3})\mu(P_{4k-2s+2}) - \mu(P_{2s-1})\mu(P_{4k-2s})] + 2[\mu(P_{2s-2})\mu(P_{4k-2s})$$
$$\quad - \mu(P_{2s-4})\mu(P_{4k-2s+2})] + 2[\mu(P_{2s-1})\mu(P_{4k-2s-1}) - \mu(P_{2s-3})\mu(P_{4k-2s+1})]$$
$$= x[\mu(P_{4k-4s+5}) - \mu(P_2)\mu(P_{4k-4s+3})] + 2[\mu(P_2)\mu(P_{4k-4s+4}) - \mu(P_{4k-4s+6})]$$
$$\quad + 2[\mu(P_2)\mu(P_{4k-4s+2}) - \mu(P_{4k+4s+4})]$$
$$= -x\mu(P_1)\mu(P_{4k-4s+2}) + 2\mu(P_1)\mu(P_{4k-4s+3}) + 2\mu(P_1)\mu(P_{4k-4s+1})$$
$$= x^2\mu(P_{4k-4s+2}) = \mu(2K_1 \cup P_{4k-4s+2}).$$

因此, 由引理 9.3.2(2) 可以得到: 当 $3 \leqslant s \leqslant k$ 时, 有

$$ME(\infty(2s-3, 4k-2s+2)) > ME(\infty(2s-1, 4k-2s)).$$

(ii) 第二步, 证明对正整数 $2 \leqslant s \leqslant k$, 有

$$ME(\infty(2s, 4k-2s-1)) > ME(\infty(2s-2, 4k-2s+1)).$$

由定理 1.3.1 和引理 2.2.2 知

$$\mu(\infty(2s, 4k-2s-1)) - \mu(\infty(2s-2, 4k-2s+1))$$
$$= x\mu(P_{2s})\mu(P_{4k-2s-1}) - 2\mu(P_{2s-1})\mu(P_{4k-2s-1}) - 2\mu(P_{2s})\mu(P_{4k-2s-2})$$
$$\quad - [x\mu(P_{2s-2})\mu(P_{4k-2s+1}) - 2\mu(P_{2s-3})\mu(P_{4k-2s+1}) - 2\mu(P_{2s-2})\mu(P_{4k-2s})]$$
$$= x[\mu(P_{2s})\mu(P_{4k-2s-1}) - \mu(P_{2s-2})\mu(P_{4k-2s+1})] + 2[\mu(P_{2s-3})\mu(P_{4k-2s+1})$$
$$\quad - \mu(P_{2s-1})\mu(P_{4k-2s-1})] + 2[\mu(P_{2s-2})\mu(P_{4k-2s}) - \mu(P_{2s})\mu(P_{4k-2s-2})]$$
$$= x[\mu(P_2)\mu(P_{4k-4s+1}) - \mu(P_{4k-4s+3})] + 2[\mu(P_{4k-4s+4}) - \mu(P_2)\mu(P_{4k-4s+2})]$$
$$\quad + 2[\mu(P_{4k-4s+2}) - \mu(P_2)\mu(P_{4k-4s})]$$
$$= x\mu(P_1)\mu(P_{4k-4s}) - 2\mu(P_1)\mu(P_{4k-4s+1}) - 2\mu(P_1)\mu(P_{4k-4s-1})$$
$$= -x\mu(P_1)\mu(P_{4k-4s}) = -\mu(2K_1 \cup P_{4k-4s}).$$

由引理 9.3.2(3), 得

$$ME(\infty(2s, 4k-2s-1)) > ME(\infty(2s-2, 4k-2s+1)), \quad 2 \leqslant s \leqslant k.$$

(2) 证明分三步.

(i) 第一步，先证明对正整数 $3 \leqslant s \leqslant k$，有

$$ME(\infty(2s-3, 4k-2s+3)) > ME(\infty(2s-1, 4k-2s+1)).$$

与 (1) 的 (i) 类似可得到

$$\mu(\infty(2s-3, 4k-2s+3)) - \mu(\infty(2s-1, 4k-2s+1)) = \mu(2K_1 \cup P_{4k-4s+3}).$$

由引理 9.3.2 得

$$ME(\infty(2s-3, 4k-2s+3)) > ME(\infty(2s-1, 4k-2s+1)), \quad 3 \leqslant s \leqslant k.$$

(ii) 第二步，证明 $ME(\infty(2k-1, 2k+1)) > ME(\infty(2k, 2k))$.

$$\mu(\infty(2k-1, 2k+1)) - \mu(\infty(2k, 2k))$$
$$= x\mu(P_{2k-1})\mu(P_{2k+1}) - 2\mu(P_{2k-2})\mu(P_{2k+1}) - 2\mu(P_{2k-1})\mu(P_{2k})$$
$$- [x\mu(P_{2k})\mu(P_{2k}) - 2\mu(P_{2k-1})\mu(P_{2k}) - 2\mu(P_{2k})\mu(P_{2k-1})]$$
$$= x[\mu(P_{2k-1})\mu(P_{2k+1}) - \mu(P_{2k})\mu(P_{2k})] + 2[\mu(P_{2k-1})\mu(P_{2k}) - \mu(P_{2k-2})\mu(P_{2k+1})]$$
$$= x[\mu(P_2) - \mu(P_1)\mu(P_1)] + 2[\mu(P_1)\mu(P_2) - \mu(P_3)] = \mu(K_1).$$

所以，由引理 9.3.2(2) 得到

$$ME(\infty(2k-1, 2k+1)) > ME(\infty(2k, 2k)).$$

(iii) 第三步，证明对正整数 $2 \leqslant s \leqslant k$，有

$$ME(\infty(2s, 4k-2s)) > ME(\infty(2s-2, 4k-2s+2)).$$

与 (1) 的 (ii) 类似，我们有

$$\mu(\infty(2s, 4k-2s)) - \mu(\infty(2s-2, 4k-2s+2)) = -\mu(2K_1 \cup P_{4k-4s+1}).$$

于是，由引理 9.3.2(3) 得到，当 $2 \leqslant s \leqslant k$ 时，有

$$ME(\infty(2s, 4k-2s)) > ME(\infty(2s-2, 4k-2s+2)).$$

(3), (4) 证明与 (1) 或 (2) 类似，略. □

下面的两个推论是定理 9.5.1 的直接推论.

推论 9.5.1 设 $\infty(a,b)(a \geqslant 2, b \geqslant 2)$ 是一个图，且满足 $a+b+1=n$，则它的 Hosoya 指标排序为

(1) 当 $n = 4k$ 时,$Z(\infty(3,4k-4)) > Z(\infty(5,4k-6)) > \cdots > Z(\infty(2k-1,2k)) = Z(\infty(2k,2k-1)) > Z(\infty(2k-2,2k+1)) > \cdots > Z(\infty(4,4k-5)) > Z(\infty(2,4k-3))$;

(2) 当 $n = 4k+1$ 时,$Z(\infty(3,4k-3)) > Z(\infty(5,4k-5)) > \cdots > Z(\infty(2k-1,2k+1)) > Z(\infty(2k,2k)) > Z(\infty(2k-2,2k+2)) > \cdots > Z(\infty(4,4k-4)) > Z(\infty(2,4k-2))$;

(3) 当 $n = 4k+2$ 时,$Z(\infty(3,4k-2)) > Z(\infty(5,4k-4)) > \cdots > Z(\infty(2k-1,2k+2)) > Z(\infty(2k,2k+1)) > Z(\infty(2k-2,2k+3)) > \cdots > Z(\infty(4,4k-3)) > Z(\infty(2,4k-1))$;

(4) 当 $n = 4k+3$ 时,$Z(\infty(3,4k-1)) > Z(\infty(5,4k-3)) > \cdots > Z(\infty(2k-1,2k+3)) > Z(\infty(2k+1,2k+1)) > Z(\infty(2k,2k+2)) > Z(\infty(2k-2,2k+4)) > \cdots > Z(\infty(4,4k-2)) > Z(\infty(2,4k))$.

推论 9.5.2 在所有 n 个点的 8-字图中,$\infty(3,n-4)$ 的匹配能量最大,$\infty(2,n-3)$ 的匹配能量最小. 类似地,$\infty(3,n-4)$ 的 Hosoya 指标最大,$\infty(2,n-3)$ 的 Hosoya 指标最小.

9.6 哑铃图的匹配能量局部排序

路 P_{s+2} 的两个端点分别与圈 C_{a+1} 和 C_{b+1} 上的一个点黏结后得到的连通图称为哑铃图,记为 $\infty(a,s,b)$ (图 9.4), 这里的 $s \geqslant 0, a \geqslant 2, b \geqslant 2$. 在这一节中,我们给出 a, b 两个变量变化 (即圈上的点变化), s 不变 (轴上的点不动) 下的匹配能量和 Hosoya 指标的一个完全排序. 在前几节的讨论中, 引理 9.3.2 起到很重要的作用, 我们首先推广此引理.

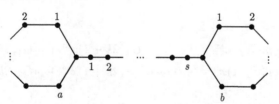

图 9.4 哑铃图 $\infty(a,s,b)$, $a \geqslant 2$, $b \geqslant 2$, $s \geqslant 0$

设 H 是一个 m 阶的图, $f(x)$ 是一个多项式 (它未必是一个图的匹配多项式), 如果 $f(x)$ 与 $\mu(H)$ 有相同的形式, 即

$$f(x) = \sum_{k \geqslant 0}(-1)^k a_k x^{m-2k}, \quad \mu(H,x) = \sum_{k \geqslant 0}(-1)^k p(G,k)x^{m-2k},$$

这里的 $a_k \geqslant 0$, 且至少有一个 $a_k > 0$, 我们记 $f(x) \approx \mu(H)$.

众所周知, 对于图 G_1 和 G_2, 多项式 $\mu(G_1) - \mu(G_2)$ 一般不是一个图的匹配多项式, 但如果存在一个 m 阶的图 H, 使得 $\mu(G_1) - \mu(G_2) \approx \mu(H)$, 则引理 9.3.2 的

结论也成立, 这就是下面的引理.

引理 9.6.1 设 G_1, G_2 是两个 n 阶图, 且 $\mu(G_1) - \mu(G_2) \neq 0$, 如果存在一个 m 阶图 H, 满足
$$\mu(G_1) - \mu(G_2) \approx \mu(H),$$
则

(1) $n - m$ 是一个偶数;

(2) 如果 $n - m \equiv 0 \pmod 4$, 则 $G_1 \succ G_2$;

(3) 如果 $n - m \equiv 2 \pmod 4$, 则 $G_1 \prec G_2$.

证明 (1) 记 $\mu(G_1) - \mu(G_2) = f(x) = \sum_{k \geqslant 0}(-1)^k a_k x^{m-2k}$, 明显地, 在多项式 $f(x)$ 中 $x^{n-(2k-1)}$ 的系数均为零. 由 $f(x) \approx \mu(H)$, 如果 n 为偶数, 则 m 必定是偶数, 如果 n 为奇数, 则 m 必定是奇数, 即 $n - m$ 是偶数.

(2) 不妨设 $n = m + 4k$,
$$\mu(G_1) = x^n - p(G_1, 1)x^{n-2} + \cdots + p(G_1, 2k)x^m - p(G_1, 2k+1)x^{m-2} + \cdots,$$
$$\mu(G_2) = x^n - p(G_2, 1)x^{n-2} + \cdots + p(G_2, 2k)x^m - p(G_2, 2k+1)x^{m-2} + \cdots,$$
$$f(x) = a_0 x^m - a_1 x^{m-2} + \cdots.$$
由于 $\mu(G_1) = \mu(G_2) + f(x)$, 比较系数得
$$p(G_1, s) = \begin{cases} p(G_2, s), & s < 2k, \\ p(G_2, s) + a_{s-2k}, & s \geqslant 2k, \end{cases}$$
所以 $G_1 \succ G_2$.

(3) 不妨设 $n = m + 4k + 2$,
$$\mu(G_1) = x^n - p(G_1, 1)x^{n-2} + \cdots - p(G_1, 2k+1)x^m + p(G_1, 2k+2)x^{m-2} - \cdots,$$
$$\mu(G_2) = x^n - p(G_2, 1)x^{n-2} + \cdots - p(G_2, 2k+1)x^m + p(G_2, 2k+2)x^{m-2} - \cdots,$$
$$f(x) = a_0 x^m - a_1 x^{m-2} + \cdots.$$
由于 $\mu(G_1) = \mu(G_2) + f(x)$, 比较系数得
$$p(G_1, s) = \begin{cases} p(G_2, s), & s < 2k+1, \\ p(G_2, s) - a_{s-2k-1}, & s \geqslant 2k+1, \end{cases}$$
所以 $G_1 \prec G_2$. □

引理 9.6.2 设 $a \leqslant b$, 则
$$\mu(P_a \cup Q(b, s)) - \mu(P_{a-2} \cup Q(b+2, s)) = \begin{cases} \mu(P_1 \cup C_{s+2}), & b = a, \\ \mu(P_1 \cup Q(b-a+1, s)), & b > a. \end{cases}$$

证明 由定理 1.3.1(b), $\mu(Q(b, s)) = \mu(P_{b+s+1}) - \mu(P_{b-1} \cup P_s)$, 由引理 2.2.2,

9.6 哑铃图的匹配能量局部排序

$$\mu(P_a \cup Q(b,s)) - \mu(P_{a-2} \cup Q(b+2,s))$$
$$=[\mu(P(a,b+s+1)) - \mu(P(a-2,b+s+3))]$$
$$- [\mu(P(a,b-1)) - \mu(P(a-2,b+1))]\mu(P_s)$$
$$=\mu(P(1,b+s-a+2)) - \mu(P(1,b-a))\mu(P_s)$$
$$=\begin{cases} \mu(P_1 \cup C_{s+2}), & b=a, \\ \mu(P_1 \cup Q(b-a+1,s)), & b>a. \end{cases}$$
□

引理 9.6.3 设 $4 \leqslant a \leqslant b$, 则 $\mu(\infty(a,s,b)) - \mu(\infty(a-2,s,b+2)) \approx -\mu(P_1 \cup Q(b-a+2,s))$.

证明 由定理 1.3.1(c), $\mu(\infty(a,s,b)) = x\mu(P_a \cup Q(b,s)) - 2\mu(P_{a-1} \cup Q(b,s)) - \mu(P_a \cup Q(b,s-1))$, $\mu(\infty(a-2,s,b+2)) = x\mu(P_{a-2} \cup Q(b+2,s)) - 2\mu(P_{a-3} \cup Q(b+2,s)) - \mu(P_{a-2} \cup Q(b+2,s-1))$.

由定理 1.3.1(c) 和引理 9.6.2 知, $\mu(\infty(a,s,b)) - \mu(\infty(a-2,s,b+2)) = x[\mu(P_a \cup Q(b,s)) - \mu(P_{a-2} \cup Q(b+2,s))] - 2[\mu(P_{a-1} \cup Q(b,s)) - \mu(P_{a-3} \cup Q(b+2,s))] - [\mu(P_a \cup Q(b,s-1)) - \mu(P_{a-2} \cup Q(b+2,s-1))] = x\mu(P_1 \cup Q(b-a+1,s)) - 2\mu(P_1 \cup Q(b-a+2,s)) - \mu(P_1 \cup Q(b-a+1,s-1)) = \mu(P_1 \cup Q(b-a+1,s+1)) - 2\mu(P_1 \cup Q(b-a+2,s)) = \mu(P_1)[\mu(Q(b-a+1,s+1)) - \mu(Q(b-a+2,s))] - \mu(P_1 \cup Q(b-a+2,s)) = \mu(P_1)[(\mu(P_{b+s-a+3}) - \mu(P_{b-a} \cup P_{s+1})) - (\mu(P_{b+s-a+3}) - \mu(P_{b-a+1} \cup P_s))] - \mu(P_1 \cup Q(b-a+2,s)) = \mu(P_1)[\mu(P(b-a+1,s)) - \mu(P(b-a,s+1))] - \mu(P_1 \cup Q(b-a+2,s))$.

(1) 若 $s \geqslant b-a+1$, 由引理 2.2.2 知

$$\mu(\infty(a,s,b)) - \mu(\infty(a-2,s,b+2)) = \mu(P_1)[\mu(P_{s-b+a-1}) - \mu(Q(b-a+2,s))].$$

图 $Q(b-a+2,s)$ 的点数 $N = b-a+s+3$, 路 $P_{s-b+a-1}$ 的点数是 $N_1 = s-b+a-1$, $N - N_1 = 2(b-a)+4$, 即从图 $Q(b-a+2,s)$ 中删去一条路 $P_{2(b-a)+4}$ 后便得到路 $P_{s-b+a-1}$. 我们知道, 路 $P_{2(b-a)+4}$ 上有一个完美匹配 (即饱和了所有点的匹配), 于是路 $P_{s-b+a-1}$ 上的任何一个 k-匹配, 并上路 $P_{2(b-a)+4}$ 的完美匹配后便得到图 $Q(b-a+2,s)$ 上的一个 $(k+b-a+2)$-匹配, 故 $p(P_{s-b+a-1},k) \leqslant p(Q(b-a+2,s),k+b-a+2)$.

由于 $\mu(P_{s-b+a-1}) = \sum\limits_{0 \leqslant k}(-1)^k p(P_{s-b+a-1},k)x^{N_1-2k}$,

$$\mu(Q(b-a+2,s)) = \sum\limits_{0 \leqslant k}(-1)^k p(Q(b-a+2,s),k)x^{N-2k}$$
$$= \sum\limits_{0 \leqslant k < b-a+2}(-1)^k p(Q(b-a+2,s),k)x^{N-2k}$$

$$+ \sum_{b-a+2 \leqslant k} (-1)^k p(Q(b-a+2,s),k) x^{N-2k}$$

$$= \sum_{0 \leqslant k < b-a+2} (-1)^k p(Q(b-a+2,s),k) x^{N-2k}$$

$$+ \sum_{0 \leqslant k} (-1)^{k+b-a+2} p(Q(b-a+2,s), k+b-a+2) x^{N_1-2k}, \quad (*)$$

于是

$$\mu(Q(b-a+2,s)) - \mu(P_{s-b+a-1})$$
$$= \sum_{0 \leqslant k < b-a+2} (-1)^k p(Q(b-a+2,s),k) x^{N-2k}$$
$$+ \sum_{0 \leqslant k} (-1)^k [(-1)^{b-a+2} p(Q(b-a+2,s),$$
$$k+b-a+2) - p(P_{s-b+a-1},k)] x^{N_1-2k}, \quad (**)$$

结合不等式 $p(P_{s-b+a-1},k) \leqslant p(Q(b-a+2,s),k+b-a+2))$, 比较多项式 $\mu(Q(b-a+2,s)) - \mu(P_{s-b+a-1})$ 和多项式 $\mu(Q(b-a+2,s))$, 即式 (*) 和式 (**). 我们发现它们有完全一样的形式, 只是当 $b-a+2$ 为偶数时, 多项式 $\mu(Q(b-a+2,s)) - \mu(P_{s-b+a-1})$ 中项 x^{N_1-2k} 的系数比多项式 $\mu(Q(b-a+2,s))$ 中项 x^{N_1-2k} 的系数的绝对值会减少, 符号仍然同多项式 $\mu(Q(b-a+2,s))$ 的项 x^{N_1-2k} 符号; 当 $b-a+2$ 为奇数时, 多项式 $\mu(Q(b-a+2,s)) - \mu(P_{s-b+a-1})$ 中项 x^{N_1-2k} 的系数比多项式 $\mu(Q(b-a+2,s))$ 中项 x^{N_1-2k} 的系数的绝对值会增加, 符号仍然同多项式 $\mu(Q(b-a+2,s))$ 的项 x^{N_1-2k} 符号. 也就是说, $\mu(Q(b-a+2,s)) - \mu(P_{s-b+a-1}) \approx \mu(Q(b-a+2,s))$, 于是 $\mu(\infty(a,s,b)) - \mu(\infty(a-2,s,b+2)) \approx -\mu(P_1 \cup Q(b-a+2,s))$.

(2) 若 $s = b-a$, 此时 $\mu(\infty(a,s,b)) - \mu(\infty(a-2,s,b+2)) = -\mu(P_1)\mu(Q(b-a+2,s))$.

(3) 若 $s \leqslant b-a-1$, 由引理 2.2.2 知, 此时

$$\mu(\infty(a,s,b)) - \mu(\infty(a-2,s,b+2)) = \mu(P_1)[-\mu(P_{b-a-s-1}) - \mu(Q(b-a+2,s))].$$

图 $Q(b-a+2,s)$ 的点数 $N = b-a+s+3$, 路 $P_{b-a-s-1}$ 的点数是 $N_2 = b-a-s-1$, $N - N_2 = 2s+4$, 即从图 $Q(b-a+2,s)$ 中删去一条路 P_{2s+4} 后便得到路 $P_{b-a-s-1}$. 我们知道, 路 P_{2s+4} 上有一个完美匹配, 于是路 $P_{b-a-s-1}$ 上的任何一个 k-匹配, 并上路 P_{2s+4} 的完美匹配后便得到图 $Q(b-a+2,s)$ 上的一个 $(k+s+2)$-匹配, 故 $p(P_{b-a-s-1},k) \leqslant p(Q(b-a+2,s),k+s+2)$.

由于 $\mu(P_{b-a-s-1}) = \sum_{0 \leqslant k} (-1)^k p(P_{b-a-s-1},k) x^{N_2-2k}$,

$$\mu(Q(b-a+2,s)) = \sum_{0 \leqslant k} (-1)^k p(Q(b-a+2,s),k) x^{N-2k}$$

9.6 哑铃图的匹配能量局部排序

$$= \sum_{0 \leqslant k < s+2} (-1)^k p(Q(b-a+2,s),k) x^{N-2k}$$

$$+ \sum_{s+2 \leqslant k} (-1)^k p(Q(b-a+2,s),k) x^{N-2k}$$

$$= \sum_{0 \leqslant k < s+2} (-1)^k p(Q(b-a+2,s),k) x^{N-2k}$$

$$+ \sum_{0 \leqslant k} (-1)^{k+s+2} p(Q(b-a+2,s),k+s+2) x^{N_2-2k}, \quad (\star)$$

于是

$$\mu(Q(b-a+2,s)) + \mu(P_{b-a-s-1})$$

$$= \sum_{0 \leqslant k < s+2} (-1)^k p(Q(b-a+2,s),k) x^{N-2k}$$

$$+ \sum_{0 \leqslant k} (-1)^k [(-1)^{s+2} p(Q(b-a+2,s),k+s+2)$$

$$+ p(P_{b-a-s-1},k)] x^{N_2-2k}. \quad (\star\star)$$

结合不等式 $p(P_{b-a-s-1},k) \leqslant p(Q(b-a+2,s),k+s+2)$, 同 (1) 类似, 我们得到 $\mu(Q(b-a+2,s)) + \mu(P_{b-a-s-1}) \approx \mu(Q(b-a+2,s))$, 于是 $\mu(\infty(a,s,b)) - \mu(\infty(a-2,s,b+2)) \approx -\mu(P_1 \cup Q(b-a+2,s))$. □

引理 9.6.4 (1) $\mu(P_{2k} \cup Q(2k,s)) - \mu(P_{2k-1} \cup Q(2k+1,s)) = \mu(P_{s+1})$;

(2) $\mu(P_{2k-1} \cup Q(2k,s)) - \mu(P_{2k-2} \cup Q(2k+1,s)) = \mu(P_{s+2}) - \mu(P_s)$.

证明 (1) 由定理 1.3.1(b), $\mu(P_{2k} \cup Q(2k,s)) = \mu(P_{2k} \cup P_{2k+s+1}) - \mu(P_{2k} \cup P_{2k-1} \cup P_s)$, $\mu(P_{2k-1} \cup Q(2k+1,s)) = \mu(P_{2k-1} \cup P_{2k+s+2}) - \mu(P_{2k-1} \cup P_{2k} \cup P_s)$, 由引理 2.2.2, $\mu(P_{2k} \cup Q(2k,s)) - \mu(P_{2k-1} \cup Q(2k+1,s)) = \mu(P_{s+1})$.

(2) 由定理 1.3.1(b), $\mu(P_{2k-1} \cup Q(2k,s)) = \mu(P_{2k-1} \cup P_{2k+s+1}) - \mu(P_{2k-1} \cup P_{2k} \cup P_s)$, $\mu(P_{2k-2} \cup Q(2k+1,s)) = \mu(P_{2k-2} \cup P_{2k+s+2}) - \mu(P_{2k-2} \cup P_{2k} \cup P_s)$, 由引理 2.2.2, $\mu(P_{2k-1} \cup Q(2k,s)) - \mu(P_{2k-2} \cup Q(2k+1,s)) = \mu(P_{s+2}) - \mu(P_s)$. □

引理 9.6.5 $\mu(\infty(2k,s,2k)) - \mu(\infty(2k-1,s,2k+1)) \approx -\mu(C_{s+2})$.

证明 由定理 1.3.1(c), $\mu(\infty(2k,s,2k)) = x\mu(P_{2k} \cup Q(2k,s)) - 2\mu(P_{2k-1} \cup Q(2k,s)) - \mu(P_{2k} \cup Q(2k,s-1))$, $\mu(\infty(2k-1,s,2k+1)) = x\mu(P_{2k-1} \cup Q(2k+1,s)) - 2\mu(P_{2k-2} \cup Q(2k+1,s)) - \mu(P_{2k-1} \cup Q(2k+1,s-1))$.

由引理 9.6.4 知, $\mu(\infty(2k,s,2k)) - \mu(\infty(2k-1,s,2k+1)) = x\mu(P_{s+1}) - 2(\mu(P_{s+2}) - \mu(P_s)) - \mu(P_s) = -\mu(P_{s+2}) + 2\mu(P_s) = -\mu(C_{s+2}) + \mu(P_s)$.

我们知道, 圈 C_{s+2} 上删去一个 P_2 便得到路 P_s, 而 P_2 有完美匹配, 同引理 9.6.3 的证明类似, 得到 $-\mu(C_{s+2}) + \mu(P_s) \approx -\mu(C_{s+2})$. □

引理 9.6.6 (1) $\mu(P_{2k+1} \cup Q(2k+1,s)) - \mu(P_{2k} \cup Q(2k+2,s)) = \mu(P_{s+1})$;

(2) $\mu(P_{2k} \cup Q(2k+1,s)) - \mu(P_{2k-1} \cup Q(2k+2,s)) = \mu(P_{s+2}) - \mu(P_s)$.

证明 (1) 由定理 1.3.1(b), $\mu(P_{2k+1} \cup Q(2k+1,s)) = \mu(P_{2k+1} \cup P_{2k+s+2}) - \mu(P_{2k+1} \cup P_{2k} \cup P_s)$, $\mu(P_{2k} \cup Q(2k+2,s)) = \mu(P_{2k} \cup P_{2k+s+3}) - \mu(P_{2k} \cup P_{2k+1} \cup P_s)$, 由引理 2.2.2, $\mu(P_{2k+1} \cup Q(2k+1,s)) - \mu(P_{2k} \cup Q(2k+2,s)) = \mu(P_{s+1})$.

(2) 由定理 1.3.1(b), $\mu(P_{2k} \cup Q(2k+1,s)) = \mu(P_{2k} \cup P_{2k+s+2}) - \mu(P_{2k} \cup P_{2k} \cup P_s)$, $\mu(P_{2k-1} \cup Q(2k+2,s)) = \mu(P_{2k-1} \cup P_{2k+s+3}) - \mu(P_{2k-1} \cup P_{2k+1} \cup P_s)$, 由引理 2.2.2, $\mu(P_{2k} \cup Q(2k+1,s)) - \mu(P_{2k-1} \cup Q(2k+2,s)) = \mu(P_{s+2}) - \mu(P_s)$. □

引理 9.6.7 $\mu(\infty(2k+1,s,2k+1)) - \mu(\infty(2k,s,2k+2)) \approx -\mu(C_{s+2})$.

证明 由定理 1.3.1(c), $\mu(\infty(2k+1,s,2k+1)) = x\mu(P_{2k+1} \cup Q(2k+1,s)) - 2\mu(P_{2k} \cup Q(2k+1,s)) - \mu(P_{2k+1} \cup Q(2k+1,s-1))$, $\mu(\infty(2k,s,2k+2)) = x\mu(P_{2k} \cup Q(2k+2,s)) - 2\mu(P_{2k-1} \cup Q(2k+2,s)) - \mu(P_{2k} \cup Q(2k+2,s-1))$.

由引理 9.6.6 知, $\mu(\infty(2k+1,s,2k+1)) - \mu(\infty(2k,s,2k+2)) = x\mu(P_{s+1}) - 2(\mu(P_{s+2}) - \mu(P_s)) - \mu(P_s) = -\mu(P_{s+2}) + 2\mu(P_s) = -\mu(C_{s+2}) + \mu(P_s) \approx -\mu(C_{s+2})$. □

定理 9.6.1 设 s 是一个固定的非负整数, 对图 $\infty(a,s,b)$, 有

(1) 当 $a+b=4k$ 时, $\infty(3,s,4k-3) \succ \infty(5,s,4k-5) \succ \cdots \succ \infty(2k-1,s,2k+1) \succ \infty(2k,s,2k) \succ \infty(2k-2,s,2k+2) \succ \cdots \succ \infty(4,s,4k-4) \succ \infty(2,s,4k-2)$;

(2) 当 $a+b=4k+1$ 时, $\infty(3,s,4k-2) \succ \infty(5,s,4k-4) \succ \cdots \succ \infty(2k-1,s,2k+2) \succ \infty(2k+1,s,2k) = \infty(2k,s,2k+1) \succ \infty(2k-2,s,2k+3) \succ \cdots \succ \infty(4,s,4k-3) \succ \infty(2,s,4k-1)$;

(3) 当 $a+b=4k+2$ 时, $\infty(3,s,4k-1) \succ \infty(5,s,4k-3) \succ \cdots \succ \infty(2k-1,s,2k+3) \succ \infty(2k+1,s,2k+1) \succ \infty(2k,s,2k+2) \succ \cdots \succ \infty(4,s,4k-2) \succ \infty(2,s,4k)$;

(4) 当 $a+b=4k+3$ 时, $\infty(3,s,4k) \succ \infty(5,s,4k-2) \succ \cdots \succ \infty(2k+1,s,2k+2) \succ \infty(2k+3,s,2k) = \infty(2k,s,2k+3) \succ \infty(2k-2,s,2k+5) \succ \cdots \succ \infty(4,s,4k-1) \succ \infty(2,s,4k+1)$.

证明 由引理 9.6.3, 当 $4 \leqslant a \leqslant b$ 时, 有

$$\mu(\infty(a,s,b)) - \mu(\infty(a-2,s,b+2)) \approx -\mu(P_1 \cup Q(b-a+2,s)). \tag{9.6.1}$$

等式 (9.6.1) 左端的图的点数为 $a+b+s+2$, 右端的图的点数为 $b+s-a+4$, 它们的差为 $2a-2$. 于是由引理 9.6.1 知, 当 a 为奇数时有 $\infty(a-2,s,b+2) \succ \infty(a,s,b)$, 当 a 为偶数时有 $\infty(a-2,s,b+2) \prec \infty(a,s,b)$, 由此便得到 (1)—(4) 中的不等式的前半段和后半段.

由引理 9.6.5 知

$$\mu(\infty(2k,s,2k)) - \mu(\infty(2k-1,s,2k+1)) \approx -\mu(C_{s+2}). \tag{9.6.2}$$

等式 (9.6.2) 左端的图的点数为 $4k+s+2$, 右端的图的点数为 $s+2$, 它们的差为 $4k$. 于是由引理 9.6.1, 得到定理 9.6.1(1) 中间的偏序关系 $\infty(2k-1,s,2k+1) \succ \infty(2k,s,2k)$. 类似地, 由引理 9.6.7 知

$$\mu(\infty(2k+1,s,2k+1)) - \mu(\infty(2k,s,2k+2)) \approx -\mu(C_{s+2}). \tag{9.6.3}$$

等式 (9.6.3) 左端的图的点数为 $4k+s+4$, 右端的图的点数为 $s+2$, 它们的差为 $4k+2$. 于是由引理 9.6.1, 得到定理 9.6.1(3) 中间的偏序关系 $\infty(2k+1,s,2k+1) \succ \infty(2k,s,2k+2)$. □

下面的三个推论是定理 9.6.1 的直接推论.

推论 9.6.1 设 s 是一个固定的非负整数, 对图 $\infty(a,s,b)$, 有

(1) 当 $a+b=4k$ 时, $ME(\infty(3,s,4k-3)) > ME(\infty(5,s,4k-5)) > \cdots > ME(\infty(2k-1,s,2k+1)) > ME(\infty(2k,s,2k)) > ME(\infty(2k-2,s,2k+2)) > \cdots > ME(\infty(4,s,4k-4)) > ME(\infty(2,s,4k-2))$;

(2) 当 $a+b=4k+1$ 时, $ME(\infty(3,s,4k-2)) > ME(\infty(5,s,4k-4)) > \cdots > ME(\infty(2k-1,s,2k+2)) > ME(\infty(2k+1,s,2k)) = ME(\infty(2k,s,2k+1)) > ME(\infty(2k-2,s,2k+3)) > \cdots > ME(\infty(4,s,4k-3)) > ME(\infty(2,s,4k-1))$;

(3) 当 $a+b=4k+2$ 时, $ME(\infty(3,s,4k-1)) > ME(\infty(5,s,4k-3)) > \cdots > ME(\infty(2k-1,s,2k+3)) > ME(\infty(2k+1,s,2k+1)) > ME(\infty(2k,s,2k+2)) > \cdots > ME(\infty(4,s,4k-2)) > ME(\infty(2,s,4k))$;

(4) 当 $a+b=4k+3$ 时, $ME(\infty(3,s,4k)) > ME(\infty(5,s,4k-2)) > \cdots > ME(\infty(2k+1,s,2k+2)) > ME(\infty(2k+3,s,2k)) = ME(\infty(2k,s,2k+3)) > ME(\infty(2k-2,s,2k+5)) > \cdots > ME(\infty(4,s,4k-1)) > ME(\infty(2,s,4k+1))$.

推论 9.6.2 设 s 是一个固定的非负整数, 对图 $\infty(a,s,b)$, 有

(1) 当 $a+b=4k$ 时, $Z(\infty(3,s,4k-3)) > Z(\infty(5,s,4k-5)) > \cdots > Z(\infty(2k-1,s,2k+1)) > Z(\infty(2k,s,2k)) > Z(\infty(2k-2,s,2k+2)) > \cdots > Z(\infty(4,s,4k-4)) > Z(\infty(2,s,4k-2))$;

(2) 当 $a+b=4k+1$ 时, $Z(\infty(3,s,4k-2)) > Z(\infty(5,s,4k-4)) > \cdots > Z(\infty(2k-1,s,2k+2)) > Z(\infty(2k+1,s,2k)) = Z(\infty(2k,s,2k+1)) > Z(\infty(2k-2,s,2k+3)) > \cdots > Z(\infty(4,s,4k-3)) > Z(\infty(2,s,4k-1))$;

(3) 当 $a+b=4k+2$ 时, $Z(\infty(3,s,4k-1)) > Z(\infty(5,s,4k-3)) > \cdots > Z(\infty(2k-1,s,2k+3)) > Z(\infty(2k+1,s,2k+1)) > Z(\infty(2k,s,2k+2)) > \cdots > Z(\infty(4,s,4k-2)) > Z(\infty(2,s,4k))$;

(4) 当 $a+b=4k+3$ 时, $Z(\infty(3,s,4k)) > Z(\infty(5,s,4k-2)) > \cdots > Z(\infty(2k+1,s,2k+2)) > Z(\infty(2k+3,s,2k)) = Z(\infty(2k,s,2k+3)) > Z(\infty(2k-2,s,2k+5)) > \cdots > Z(\infty(4,s,4k-1)) > Z(\infty(2,s,4k+1))$.

推论 9.6.3 在 s 和 $a+b=c$ 固定的哑铃图 $\infty(a,s,b)$ 中, 匹配能量最大的图是 $\infty(3,s,c-3)$, 最小的图是 $\infty(2,s,c-2)$; Hosoya 指标最大的图是 $\infty(3,s,c-3)$, 最小的图是 $\infty(2,s,c-2)$.

9.7 双圈图中的匹配能量极值图

在这一节中, 我们刻画在双圈图中匹配能量与 Hosoya 指标取得极值的图. 为此, 先介绍几个引理.

引理 9.7.1 设 $b \geqslant 2$, $s \geqslant 1$, 则 $\mu(\infty(3,0,b+s)) - \mu(\infty(3,s,b)) \approx -\mu(P_{s-1}) \cdot \mu(P_2 \cup P_{b-2})$.

证明 由定理 1.3.1, 我们有

$$\mu(\infty(3,0,b+s)) - \mu(\infty(3,s,b))$$
$$= [\mu(Q(3,b+s+1)) - \mu(C_4 \cup P_{b+s-1})]$$
$$\quad - [\mu(Q(3,b+s+1)) - \mu(Q(3,s) \cup P_{b-1})]$$
$$= \mu(Q(3,s) \cup P_{b-1}) - \mu(C_4 \cup P_{b+s-1})$$
$$= \mu(C_4 \cup P_s \cup P_{b-1}) - \mu(P_3 \cup P_{s-1} \cup P_{b-1}) - \mu(C_4 \cup P_{b+s-1})$$
$$= \mu(C_4 \cup P_{s-1} \cup P_{b-2}) - \mu(P_3 \cup P_{s-1} \cup P_{b-1})$$
$$= \mu(P_{s-1})(\mu(C_4 \cup P_{b-2}) - \mu(P_3 \cup P_{b-1}))$$
$$= \mu(P_{s-1})(\mu(P_4 \cup P_{b-2}) - \mu(P_3 \cup P_{b-1}) - \mu(P_2 \cup P_{b-2}))$$
$$= \begin{cases} \mu(P_{s-1})(\mu(P_{b-6}) - \mu(P_2 \cup P_{b-2})), & b \geqslant 6, \\ -\mu(P_{s-1})\mu(P_2 \cup P_{b-2}), & b = 5, \\ \mu(P_{s-1})(-\mu(P_{4-b}) - \mu(P_2 \cup P_{b-2})), & b \leqslant 4. \end{cases}$$
$$\approx -\mu(P_{s-1})\mu(P_2 \cup P_{b-2}).\quad\square$$

引理 9.7.2 设 $n \geqslant 7$, 则 $\mu(\infty(3,0,n-1)) - \mu(\infty(3,n)) \approx \mu(P_2 \cup P_{n-2})$.

证明 由定理 1.3.1, 我们有

$$\mu(\infty(3,0,n-1)) - \mu(\infty(3,n))$$
$$= [\mu(Q(3,n)) - \mu(C_4 \cup P_{n-2})]$$
$$\quad - [\mu(Q(3,n)) - \mu(P_3 \cup P_{n-1})]$$
$$= \mu(P_3 \cup P_{n-1}) - \mu(C_4 \cup P_{n-2})$$
$$= \mu(P_3 \cup P_{n-1}) - \mu(P_4 \cup P_{n-2}) + \mu(P_2 \cup P_{n-2})$$
$$\approx \mu(P_2 \cup P_{n-2}).\quad\square$$

9.7 双圈图中的匹配能量极值图

引理 9.7.3 设 $n \geqslant 7$, 则

$$\mu(\theta(0,2,n-4)) - \mu(\infty(3,0,n-5))$$
$$= \begin{cases} -\mu(P_1), & n=7, \\ -\mu(P_0), & n=8, \\ 0, & n=9, \\ \mu(P_{n-10}), & n \geqslant 10. \end{cases}$$

证明 由定理 1.3.1, 我们有

$$\mu(\theta(0,2,n-4)) - \mu(\infty(3,0,n-5))$$
$$= [\mu(Q(3,n-4)) - \mu(P_{n-2})]$$
$$\quad - [\mu(Q(3,n-4)) - \mu(C_4 \cup P_{n-6})]$$
$$= \mu(C_4 \cup P_{n-6}) - \mu(P_{n-2})$$
$$= \mu(P_4 \cup P_{n-6}) - \mu(P_{n-2}) - \mu(P_2 \cup P_{n-6})$$
$$= \mu(P_3 \cup P_{n-7}) - \mu(P_2 \cup P_{n-6})$$
$$= \begin{cases} -\mu(P_1), & n=7, \\ -\mu(P_0), & n=8, \\ 0, & n=9, \\ \mu(P_{n-10}), & n \geqslant 10. \end{cases} \qquad \square$$

定理 9.7.1 设 G 是 n 个点的第一类连通双圈图, $G \in \mathbb{B}_1$, 则

(1) $ME(S_n^{+*}) \leqslant ME(G)$, 仅当 $G \cong S_n^{+*}$ 时取等号.

(2) 当 $n=4$ 时, $ME(G) \leqslant ME(\theta(0,1,1))$, 仅当 $G \cong \theta(0,1,1)$ 时取等号.

(3) 当 $n=5$ 时, $ME(G) \leqslant ME(\theta(0,1,2))$, 仅当 $G \cong \theta(0,1,2)$ 或 $\theta(1,1,1)$ 时取等号.

(4) 当 $n \geqslant 6$ 时, $ME(G) \leqslant ME(\theta(0,2,n-4))$, 仅当 $G \cong \theta(0,2,n-4)$ 时取等号.

证明 设 G 是有 n 点的第一类连通双圈图, 其中包含导出子图 $\theta(a,b,c)$. 由推论 9.3.1 知, 将依附于 $\theta(a,b,c)$ 的每棵树替换成星图, 其匹配能量会减小, 再重复使用第一种图变换, 将图 $\theta(a,b,c)$ 逐步变为 S_4^{+*}, 由引理 9.3.3 知, 匹配能量会减小. 在 S_4^{+*} 中, 对所有相似点对 (x,y) 上使用第三种图变换, 将所有悬挂点集中悬挂在其中的一个点 (比如 x 上), 其匹配能量会减小. 最后我们得到的图是 $G_{uu'H_1}^{vu''H_2}$, 这里的 $G = S_4^{+*} = G_1$ (图 3.4), $H_1 = K_{1,s}$ 和 $H_2 = K_{1,t}$, u' 和 u'' 分别是 $H_1 = K_{1,s}$ 和 $H_2 = K_{1,t}$ 的中心点, 且 $s+t = n-4$. 由于

$$\sum_{t \sim v, t \in V(G_1)} \mu(G_1 \setminus \{u,v,t\}) - \sum_{s \sim u, s \in V(G_1)} \mu(G_1 \setminus \{u,v,s\}) = \mu(K_1).$$

由定理 2.5.3 和引理 9.3.2, 我们得到定理 9.7.1(1).

(2)—(4) 由推论 9.3.2, 将依附于 $\theta(a,b,c)$ 的每棵树替换成阶数相同的路, 其匹配能量会增加. 再重复使用第四种图变换, 逐步将 $\theta(a,b,c)$ 上悬挂的路变为内部路, 最后变为一个 n 阶的 $\theta(a',b',c')$ 图, $a'+b'+c'=n-2$, 由推论 9.3.4 知, 匹配最大根会增加.

$n=4$ 点的 θ-图只有一个. $n=5$ 点的 θ-图有两个, 它们匹配等价. 若 $n(\geqslant 6)$, 由推论 9.4.3 知, 匹配能量大的是 $\theta(0,2,n-4)$. □

推论 9.7.1 设 G 是 n 个点的第一类连通双圈图, $G\in\mathbb{B}_1$, 则

(1) $Z(S_n^{+*})\leqslant Z(G)$, 仅当 $G\cong S_n^{+*}$ 时取等号;

(2) 当 $n=4$ 时, $Z(G)\leqslant Z(\theta(0,1,1))$, 仅当 $G\cong\theta(0,1,1)$ 时取等号;

(3) 当 $n=5$ 时, $Z(G)\leqslant Z(\theta(0,1,2))$, 仅当 $G\cong\theta(0,1,2)$ 或 $\theta(1,1,1)$ 时取等号;

(4) 当 $n\geqslant 6$ 时, $Z(G)\leqslant Z(\theta(0,2,n-4))$, 仅当 $G\cong\theta(0,2,n-4)$ 时取等号.

定理 9.7.2 设 G 是 n 个点的第二类连通双圈图, $G\in\mathbb{B}_2$, 则

(1) $ME(S_n^{++})\leqslant ME(G)$, 仅当 $G\cong S_n^{++}$ 时取等号;

(2) 当 $n=5$ 时, $ME(G)\leqslant ME(\infty(2,2))$, 仅当 $G\cong\infty(2,2)$ 时取等号;

(3) 当 $n=6$ 时, $ME(G)\leqslant ME(\infty(2,3))$, 仅当 $G\cong\infty(2,3)$ 时取等号;

(4) 当 $n\geqslant 7$ 时, $ME(G)\leqslant ME(\infty(3,0,n-5))$, 仅当 $G\cong\infty(3,0,n-5)$ 时取等号.

证明 (1) 设 G 是有 n 点的第二类连通双圈图, 其中包含导出子图 $\infty(a,s,b)$ 或 $\infty(a,b)$. 由推论 9.3.1 知, 将依附于 ∞-图上的每棵树替换成星图, 其匹配能量会减小, 再重复使用第一种图变换, 将 ∞-图逐步变为 S_5^{++}, 引理 9.3.3 知, 匹配能量会增加. 在 S_5^{++} 中, 对所有相似点对 (x,y) 上使用第三种图变换, 将所有悬挂点集中悬挂在其中的一个点 (比如 x 上), 其匹配能量会减小. 最后我们得到的图是 $G_{uu'H_1}^{vu''H_2}$, 这里的 $G=S_5^{++}=G_2$ (图 3.4), $H_1=K_{1,s}$ 和 $H_2=K_{1,t}$, u' 和 u'' 分别是 $H_1=K_{1,s}$ 和 $H_2=K_{1,t}$ 的中心点, 且 $s+t=n-5$. 由于

$$\sum_{t\sim v, t\in V(G_2)}\mu(G_2\setminus\{u,v,t\})-\sum_{s\sim u, s\in V(G_2)}\mu(G_2\setminus\{u,v,s\})=2\mu(2K_1).$$

由定理 2.5.3 和引理 9.3.2, 我们得到定理 9.7.2(1).

由推论 9.3.2, 将依附于 ∞-图的每棵树替换成阶数相同的路, 其匹配能量会增加. 再重复使用第四种图变换, 逐步将 ∞-图上悬挂的路变为内部路, 最后变为一个 n 阶的图 $\infty(a',s',b')$ 或 $\infty(a',b')$, 由推论 9.3.4, 其匹配能量会增加.

(2), (3) 5 个点的 ∞-图只有一种, 即 $\infty(2,2)$. 6 个点的 ∞-图有两个: $\infty(3,2)$ 和 $\infty(2,0,2)$. 由附录 2 知, 定理成立.

(4) $n \geqslant 7$, 由推论 9.5.2 知, 在图 $\infty(a,b), a+b+1 = n$ 中匹配能量最大的是 $\infty(3, n-4)$. 由推论 9.6.3 和引理 9.7.1 知, 在图 $\infty(a,s,b), a+b+s+2 = n$ 中匹配能量最大的是 $\infty(3, 0, n-5)$, 由引理 9.7.2, $ME(\infty(3, 0, n-5)) > ME(\infty(3, n-4))$. □

推论 9.7.2 设 G 是 n 个点的第二类连通双圈图, $G \in \mathbb{B}_2$, 则

(1) $Z(S_n^{++}) \leqslant Z(G)$, 仅当 $G \cong S_n^{++}$ 时取等号;

(2) 当 $n = 5$ 时, $Z(G) \leqslant Z(\infty(2,2))$, 仅当 $G \cong \infty(2,2)$ 时取等号;

(3) 当 $n = 6$ 时, $Z(G) \leqslant Z(\infty(2,3))$, 仅当 $G \cong \infty(2,3)$ 或 $\infty(2,0,2)$ 时取等号;

(4) 当 $n \geqslant 7$ 时, $Z(G) \leqslant Z(\infty(3,0,n-5))$, 仅当 $G \cong \infty(3,0,n-5)$ 时取等号.

引理 9.7.4 (1) $\mu(\infty(2,2)) - \mu(\theta(0,1,2)) = -\mu(P_1)$;

(2) $\mu(\infty(3,2)) - \mu(\theta(0,2,2)) = -\mu(P_2)$.

定理 9.7.3 设 G 是 n 个点的连通双圈图, $G \in \mathbb{B}_1 \cup \mathbb{B}_2$, 则

(1) $ME(S_n^{+*}) \leqslant ME(G)$, 仅当 $G \cong S_n^{+*}$ 时取等号;

(2) 当 $n = 4$ 时, $ME(G) \leqslant ME(\theta(0,1,1))$, 仅当 $G \cong \theta(0,1,1)$ 时取等号;

(3) 当 $n = 5$ 时, $ME(G) \leqslant ME(\theta(0,1,2))$, 仅当 $G \cong \theta(0,1,2)$ 或 $\theta(1,1,1)$ 时取等号;

(4) 当 $n = 6$ 时, $ME(G) \leqslant ME(\theta(0,2,2))$, 仅当 $G \cong \theta(0,2,2)$ 时取等号;

(5) 当 $n = 7$ 时, $ME(G) \leqslant ME(\theta(0,2,3))$, 仅当 $G \cong \theta(0,2,3)$ 时取等号;

(6) 当 $n = 8$ 时, $ME(G) \leqslant ME(\infty(3,0,3))$, 仅当 $G \cong \infty(3,0,3)$ 时取等号;

(7) 当 $n = 9$ 时, $ME(G) \leqslant ME(\infty(3,0,4))$, 仅当 $G \cong \infty(3,0,4)$ 或 $\theta(0,2,5)$ 时取等号;

(8) 当 $n \geqslant 10$ 时, $ME(G) \leqslant ME(\infty(3,0,n-5))$, 仅当 $G \cong \infty(3,0,n-5)$ 时取等号.

证明 由定理 9.7.1, 定理 9.7.2, 引理 3.3.8 和引理 9.3.2 得到 (1). 由定理 9.7.1 得到 (2). 由定理 9.7.1, 定理 9.7.2, 引理 9.7.4 得到 (3) 和 (4). 由定理 9.7.1, 定理 9.7.2, 引理 9.7.3 得到 (5)—(8). □

推论 9.7.3 设 G 是 n 个点的连通双圈图, $G \in \mathbb{B}_1 \cup \mathbb{B}_2$, 则

(1) $Z(S_n^{+*}) \leqslant Z(G)$, 仅当 $G \cong S_n^{+*}$ 时取等号;

(2) 当 $n = 4$ 时, $Z(G) \leqslant Z(\theta(0,1,1))$, 仅当 $G \cong \theta(0,1,1)$ 时取等号;

(3) 当 $n = 5$ 时, $Z(G) \leqslant Z(\theta(0,1,2))$, 仅当 $G \cong \theta(0,1,2)$ 或 $\theta(1,1,1)$ 时取等号;

(4) 当 $n = 6$ 时, $Z(G) \leqslant Z(\theta(0,2,2))$, 仅当 $G \cong \theta(0,2,2)$ 时取等号;

(5) 当 $n = 7$ 时, $Z(G) \leqslant Z(\theta(0,2,3))$, 仅当 $G \cong \theta(0,2,3)$ 时取等号;

(6) 当 $n = 8$ 时, $Z(G) \leqslant Z(\infty(3,0,3))$, 仅当 $G \cong \infty(3,0,3)$ 时取等号;

(7) 当 $n = 9$ 时, $Z(G) \leqslant Z(\infty(3,0,4))$, 仅当 $G \cong \infty(3,0,4)$ 或 $\theta(0,2,5)$ 时取等号;

(8) 当 $n \geqslant 10$ 时, $Z(G) \leqslant Z(\infty(3,0,n-5))$, 仅当 $G \cong \infty(3,0,n-5)$ 时取等号.

9.8 广义 θ-图匹配能量排序

我们把 k-条路 $P_{n_1+2}, P_{n_2+2}, \cdots, P_{n_k+2}$ 的两个端点分别黏结成为两个点后得到的图称为广义 $\theta(n_1, n_2, n_3, \cdots, n_k)$ 图 (图 9.5), 这里的 $n_i \geqslant 0$, 且至多有一个等于 0, $i = 1, 2, \cdots, k$. 为了方便, 我们把 k-条路 $P_{n_1+1}, P_{n_2+1}, \cdots, P_{n_k+1}$ 的一个端点黏结成为一个点后得到的图称为广义 $T(n_1, n_2, n_3, \cdots, n_k)$ 图 (或 k-叉树), 把图 $P_{n_1} \cup P_{n_2} \cup \cdots \cup P_{n_k}$ 简记为 $P(n_1, n_2, \cdots, n_k)$. 在这节中, 我们给出 k 个变量 $(n_1, n_2, n_3, \cdots, n_k)$ 中的两个变量变动, 其余变量固定时, 广义 θ-图匹配能量的一个完全排序. 作为推论, 也给出了这些图的 Hosoya 指标的一个排序.

引理 9.8.1[34] (容斥原理) 设 S 是一个有限集, a, b 是两个性质, 以 $N(a')$, $N(b')$, $N(ab)$ 和 $N(a'b')$ 分别表示集合 S 中不具有性质 a、不具有性质 b、同时具有性质 a 且 b、同时不具有性质 a 且 b 的元的个数, 则

$$N(ab) = |S| - N(a') - N(b') + N(a'b').$$

为了方便, 在下面我们约定 P_0, P_{-1} 都是空图, 且 $\mu(P_0) = 1, \mu(P_{-1}) = 0$. $T(0, n_2, \cdots, n_k) = T(n_2, \cdots, n_k), T(-1, n_2, \cdots, n_k) = P(n_2, \cdots, n_k)$.

引理 9.8.2 设 $1 \leqslant n_1 \leqslant n_2$, $-1 \leqslant n_i (i = 3, \cdots, k)$, 则

$$\mu(T(n_1, n_2, \cdots, n_k)) - \mu(T(n_1 - 2, n_2 + 2, \cdots, n_k))$$
$$= \mu(P(1))[\mu(T(n_2 - n_1 + 1, n_3, \cdots, n_k)) - \mu(P(n_2 - n_1 + 2, n_3, \cdots, n_k))].$$

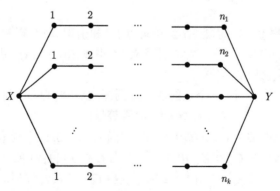

图 9.5 广义 $\theta(n_1, n_2, n_3, \cdots, n_k)$ 图

9.8 广义 θ-图匹配能量排序

证明　(1) 存在 $n_i(i \geqslant 3)$ 是 -1. 若存在至少两个 n_i 是 -1, 由引理 9.8.2 前的约定, 此时, 引理 9.8.2 中等式左右两端均为 0, 结论成立.

若只有一个 $n_i = -1$, 不妨设 $n_3 = -1$, 利用引理 2.2.2, 我们有

$$\mu(T(n_1, n_2, -1, \cdots, n_k)) - \mu(T(n_1 - 2, n_2 + 2, -1, \cdots, n_k)) = \mu(P(n_1, n_2, n_4, \cdots, n_k)) - \mu(P(n_1 - 2, n_2 + 2, n_4, \cdots, n_k)) = \mu(P(1, n_2 - n_1 + 1, n_4, \cdots, n_k)) = \mu(P(1))[\mu(T(n_2 - n_1 + 1, -1, n_4, \cdots, n_k)) - \mu(P(n_2 - n_1 + 2, -1, n_4, \cdots, n_k))],$$
结论也成立.

(2) $n_i \geqslant 0 (i \geqslant 3)$. 当 $n_1 \geqslant 3$ 时,

$$\mu(T(n_1, n_2, \cdots, n_k)) = x\mu(P(n_1, n_2, \cdots, n_k)) - \mu(P(n_1 - 1, n_2, \cdots, n_k)) - \mu(P(n_1, n_2 - 1, \cdots, n_k)) - \sum_{i=3}^{k} \mu(P(n_1, n_2, n_3, \cdots, n_i - 1, \cdots, n_k)).$$

$$\mu(T(n_1 - 2, n_2 + 2, \cdots, n_k)) = x\mu(P(n_1 - 2, n_2 + 2, \cdots, n_k)) - \mu(P(n_1 - 3, n_2 + 2, \cdots, n_k)) - \mu(P(n_1 - 2, n_2 + 1, \cdots, n_k)) - \sum_{i=3}^{k} \mu(P(n_1 - 2, n_2 + 2, n_3, \cdots, n_i - 1, \cdots, n_k)).$$

由引理 2.2.2 知

$$\mu(T(n_1, n_2, \cdots, n_k)) - \mu(T(n_1 - 2, n_2 + 2, \cdots, n_k)) = x\mu(P(1, n_2 - n_1 + 1, n_3, \cdots, n_k)) - \mu(P(1, n_2 - n_1 + 2, n_3, \cdots, n_k)) - \mu(P(1, n_2 - n_1, n_3, \cdots, n_k)) - \sum_{i=3}^{k} \mu(P(1, n_2 - n_1 + 1, n_3, \cdots, n_i - 1, \cdots, n_k)) = \mu(P(1))[\mu(T(n_2 - n_1 + 1, n_3, \cdots, n_k)) - \mu(P(n_2 - n_1 + 2, n_3, \cdots, n_k))].$$

当 $n_1 = 2$ 时,

$$\mu(T(2, n_2, \cdots, n_k)) = x\mu(P(2, n_2, \cdots, n_k)) - \mu(P(1, n_2, \cdots, n_k)) - \mu(P(2, n_2 - 1, \cdots, n_k)) - \sum_{i=3}^{k} \mu(P(2, n_2, n_3, \cdots, n_i - 1, \cdots, n_k)).$$

$$\mu(T(0, n_2 + 2, \cdots, n_k)) = \mu(T(n_2 + 2, \cdots, n_k)) = x\mu(P(n_2 + 2, \cdots, n_k)) - \mu(P(n_2 + 1, \cdots, n_k)) - \sum_{i=3}^{k} \mu(P(n_2 + 2, n_3, \cdots, n_i - 1, \cdots, n_k)).$$

由引理 2.2.2 知

$$\mu(T(2, n_2, \cdots, n_k)) - \mu(T(0, n_2 + 2, \cdots, n_k)) = x\mu(P(1, n_2 - 1, n_3 \cdots, n_k)) - \mu(P(1, n_2, n_3 \cdots, n_k)) - \mu(P(1, n_2 - 2, n_3 \cdots, n_k)) - \sum_{i=3}^{k} \mu(P(1, n_2 - 1, n_3, \cdots, n_i - 1, \cdots, n_k)) = \mu(P(1))[\mu(T(n_2 - 1, n_3, \cdots, n_k)) - \mu(P(n_2, n_3, \cdots, n_k))].$$
结论成立.

当 $n_1 = 1$ 时,

$$\mu(T(1, n_2, \cdots, n_k)) = x\mu(T(n_2, \cdots, n_k)) - \mu(P(n_2, \cdots, n_k)).$$

$$\mu(T(-1, n_2 + 2, \cdots, n_k)) = \mu(P(n_2 + 2, \cdots, n_k)) = \mu(P(1, n_2 + 1, \cdots, n_k)) - \mu(P(n_2, \cdots, n_k)).$$

由 $P(1) = x$, 我们有

$$\mu(T(1, n_2, \cdots, n_k)) - \mu(T(-1, n_2 + 2, \cdots, n_k)) = \mu(P(1))[\mu(T(n_2, n_3, \cdots, n_k)) -$$

$\mu(P(n_2+1,n_3,\cdots,n_k))]$. 结论也成立. □

引理 9.8.3 设 $n_i \geqslant 1(i=3,\cdots,k), t \geqslant s \geqslant a \geqslant 1$,
$$\mu(T(s,t,n_3,\cdots,n_k)) - \mu(T(s-a,t+a,n_3,\cdots,n_k)) = \mu(P(a-1))[\mu(T(t-s+a-1,n_3,\cdots,n_k)) - \mu(P(t-s+a,n_3,\cdots,n_k))].$$

证明 $\mu(T(s,t,n_3,\cdots,n_k)) = x\mu(P(s,t,n_3,\cdots,n_k)) - \mu(P(s-1,t,n_3,\cdots,n_k)) - \mu(P(s,t-1,n_3,\cdots,n_k)) - \sum_{i=3}^{k}\mu(P(s,t,n_3,\cdots,n_i-1\cdots,n_k))$.

$\mu(T(s-a,t+a,n_3,\cdots,n_k)) = x\mu(P(s-a,t+a,n_3,\cdots,n_k)) - \mu(P(s-a-1,t+a,n_3,\cdots,n_k)) - \mu(P(s-a,t+a-1,n_3,\cdots,n_k)) - \sum_{i=3}^{k}\mu(P(s+a,t-a,n_3,\cdots,n_i-1\cdots,n_k))$.

由引理 2.2.2 知

$\mu(T(s,t,n_3,\cdots,n_k)) - \mu(T(s-a,t+a,n_3,\cdots,n_k)) = x\mu(P(a-1,t-s+a-1,n_3,\cdots,n_k)) - \mu(P(a-1,t-s+a,n_3,\cdots,n_k)) - \mu(P(a-1,t-s+a-2,n_3,\cdots,n_k)) - \sum_{i=3}^{k}\mu(P(a-1,t-s+a-1,n_3,\cdots,n_i-1,\cdots,n_k)) = \mu(P(a-1))[\mu(T(t-s+a-1,n_3,\cdots,n_k)) - \mu(P(t-s+a,n_3,\cdots,n_k))]$. □

引理 9.8.4 设 $2 \leqslant n_1 \leqslant n_2, 0 \leqslant n_i(i=3,\cdots,k)$, 则 $\mu(\theta(n_1,n_2,\cdots,n_k)) - \mu(\theta(n_1-2,n_2+2,\cdots,n_k)) = \mu(P(1))[\mu(\theta(n_2-n_1+1,n_3,\cdots,n_k)) - 2\mu(T(n_2-n_1+2,n_3,\cdots,n_k)) + \mu(P(n_2-n_1+3,n_3,\cdots,n_k))]$.

证明 $\mu(\theta(n_1,n_2,n_3,\cdots,n_k)) = x\mu(T(n_1,n_2,n_3,\cdots,n_k)) - \mu(T(n_1-1,n_2,n_3,\cdots,n_k)) - \mu(T(n_1,n_2-1,n_3,\cdots,n_k)) - \sum_{i=3}^{k}\mu(T(n_1,n_2,n_3,\cdots,n_i-1\cdots,n_k))$.

$\mu(\theta(n_1-2,n_2+2,n_3,\cdots,n_k)) = x\mu(T(n_1-2,n_2+2,n_3,\cdots,n_k)) - \mu(T(n_1-3,n_2+2,n_3,\cdots,n_k)) - \mu(T(n_1-2,n_2+1,n_3,\cdots,n_k)) - \sum_{i=3}^{k}\mu(T(n_1-2,n_2+2,n_3,\cdots,n_i-1\cdots,n_k))$.

利用引理 9.8.2, 我们有

$\mu(\theta(n_1,n_2,n_3,\cdots,n_k)) - \mu(\theta(n_1-2,n_2+2,n_3,\cdots,n_k)) = x\mu(P(1))[\mu(T(n_2-n_1+1,n_3,\cdots,n_k)) - \mu(P(n_2-n_1+2,n_3,\cdots,n_k))] - \mu(P(1))[\mu(T(n_2-n_1+2,n_3,\cdots,n_k)) - \mu(P(n_2-n_1+3,n_3,\cdots,n_k))] - \mu(P(1))[\mu(T(n_2-n_1,n_3,\cdots,n_k)) - \mu(P(n_2-n_1+1,n_3,\cdots,n_k))] - \sum_{i=3}^{k}\mu(P(1))[\mu(T(n_2-n_1+1,n_3,\cdots,n_i-1\cdots,n_k)) - \mu(P(n_2-n_1+2,n_3,\cdots,n_i-1\cdots,n_k))] = \mu(P(1))[\mu(\theta(n_2-n_1+1,n_3,\cdots,n_k)) - 2\mu(T(n_2-n_1+2,n_3,\cdots,n_k)) + \mu(P(n_2-n_1+3,n_3,\cdots,n_k))]$. □

引理 9.8.5 (1) 设 $s \geqslant 1, n_i \geqslant 0(i=3,\cdots,k)$, 则 $\mu(\theta(2s,2s,n_3,\cdots,n_k)) - \mu(\theta(2s-1,2s+1,n_3,\cdots,n_k)) = \mu(\theta(0,n_3,\cdots,n_k)) - 2\mu(T(1,n_3,\cdots,n_k)) + \mu(P(2,n_3,\cdots,n_k))$;

(2) 设 $s \geqslant 0, n_i \geqslant 0(i=3,\cdots,k)$, 则 $\mu(\theta(2s+1,2s+1,n_3,\cdots,n_k))-\mu(\theta(2s,2s+2,n_3,\cdots,n_k)) = \mu(\theta(0,n_3,\cdots,n_k)) - 2\mu(T(1,n_3,\cdots,n_k)) + \mu(P(2,n_3,\cdots,n_k))$.

证明 (1) $\mu(\theta(2s,2s,n_3,\cdots,n_k)) = x\mu(T(2s,2s,n_3,\cdots,n_k)) - \mu(T(2s-1,2s,n_3,\cdots,n_k)) - \mu(T(2s,2s-1,n_3,\cdots,n_k)) - \sum_{i=3}^{k}\mu(T(2s,2s,n_3,\cdots,n_i-1,\cdots,n_k))$.

$\mu(\theta(2s-1,2s+1,n_3,\cdots,n_k)) = x\mu(T(2s-1,2s+1,n_3,\cdots,n_k)) - \mu(T(2s-2,2s+1,n_3,\cdots,n_k)) - \mu(T(2s-1,2s,n_3,\cdots,n_k)) - \sum_{i=3}^{k}\mu(T(2s-1,2s+1,n_3,\cdots,n_i-1,\cdots,n_k))$.

由引理 9.8.3 知

$\mu(\theta(2s,2s,n_3,\cdots,n_k)) - \mu(\theta(2s-1,2s+1,n_3,\cdots,n_k)) = x[\mu(T(0,n_3,\cdots,n_k)) - \mu(P(1,n_3,\cdots,n_k))] - [\mu(T(1,n_3,\cdots,n_k)) - \mu(P(2,n_3,\cdots,n_k))] - \sum_{i=3}^{k}[\mu(T(0,n_3,\cdots,n_i-1,\cdots,n_k)) - \mu(P(1,n_3,\cdots,n_i-1,\cdots,n_k))] = \mu(\theta(0,n_3,\cdots,n_k)) - 2\mu(T(1,n_3,\cdots,n_k)) + \mu(P(2,n_3,\cdots,n_k))$.

(2) $\mu(\theta(2s+1,2s+1,n_3,\cdots,n_k)) = x\mu(T(2s+1,2s+1,n_3,\cdots,n_k)) - \mu(T(2s,2s+1,n_3,\cdots,n_k)) - \mu(T(2s+1,2s,n_3,\cdots,n_k)) - \sum_{i=3}^{k}\mu(T(2s+1,2s+1,n_3,\cdots,n_i-1,\cdots,n_k))$.

$\mu(\theta(2s,2s+2,n_3,\cdots,n_k)) = x\mu(T(2s,2s+2,n_3,\cdots,n_k)) - \mu(T(2s-1,2s+2,n_3,\cdots,n_k)) - \mu(T(2s,2s+1,n_3,\cdots,n_k)) - \sum_{i=3}^{k}\mu(T(2s,2s+2,n_3,\cdots,n_i-1,\cdots,n_k))$.

由引理 9.8.3 知

$\mu(\theta(2s+1,2s+1,n_3,\cdots,n_k)) - \mu(\theta(2s,2s+2,n_3,\cdots,n_k)) = x[\mu(T(0,n_3,\cdots,n_k)) - \mu(P(1,n_3,\cdots,n_k))] - [\mu(T(1,n_3,\cdots,n_k)) - \mu(P(2,n_3,\cdots,n_k))] - \sum_{i=3}^{k}[\mu(T(0,n_3,\cdots,n_i-1,\cdots,n_k)) - \mu(P(1,n_3,\cdots,n_i-1,\cdots,n_k))] = \mu(\theta(0,n_3,\cdots,n_k)) - 2\mu(T(1,n_3,\cdots,n_k)) + \mu(P(2,n_3,\cdots,n_k))]$. □

定理 9.8.1 设 $n_i \geqslant 0 (i=3,\cdots,k)$ 是一个固定整数, 则

(1) 当 $n_1+n_2=4m$ 时, $\theta(1,4m-1,n_3,\cdots,n_k) \prec \theta(3,4m-3,n_3,\cdots,n_k) \prec \theta(5,4m-5,n_3,\cdots,n_k) \prec \cdots \prec \theta(2m-1,2m+1,n_3,\cdots,n_k) \prec \theta(2m,2m,n_3,\cdots,n_k) \prec \theta(2m-2,2m+2,n_3,\cdots,n_k) \prec \cdots \prec \theta(4,4m-4,n_3,\cdots,n_k) \prec \theta(2,4m-2,n_3,\cdots,n_k) \prec \theta(0,4m,n_3,\cdots,n_k)$;

(2) 当 $n_1+n_2=4m+1$ 时, $\theta(1,4m,n_3,\cdots,n_k) \prec \theta(3,4m-2,n_3,\cdots,n_k) \prec \theta(5,4m-4,n_3,\cdots,n_k) \prec \cdots \prec \theta(2m+1,2m,n_3,\cdots,n_k) = \theta(2m,2m+1,n_3,\cdots,n_k) \prec \theta(2m-2,2m+3,n_3,\cdots,n_k) \prec \cdots \prec \theta(4,4m-3,n_3,\cdots,n_k) \prec \theta(2,4m-1,n_3,\cdots,n_k) \prec \theta(0,4m+1,n_3,\cdots,n_k)$;

(3) 当 $n_1+n_2=4m+2$ 时, $\theta(1,4m+1,n_3,\cdots,n_k) \prec \theta(3,4m-1,n_3,\cdots,n_k) \prec$

$\theta(5, 4m-3, n_3, \cdots, n_k) \prec \cdots \prec \theta(2m+1, 2m+1, n_3, \cdots, n_k) \prec \theta(2m, 2m+2, n_3, \cdots, n_k) \prec \theta(2m-2, 2m+4, n_3, \cdots, n_k) \prec \cdots \prec \theta(4, 4m-2, n_3, \cdots, n_k) \prec \theta(2, 4m, n_3, \cdots, n_k) \prec \theta(0, 4m+2, n_3, \cdots, n_k);$

(4) 当 $n_1 + n_2 = 4m + 3$ 时,$\theta(1, 4m+2, n_3, \cdots, n_k) \prec \theta(3, 4m, n_3, \cdots, n_k) \prec \theta(5, 4m-2, n_3, \cdots, n_k) \prec \cdots \prec \theta(2m+3, 2m, n_3, \cdots, n_k) = \theta(2m, 2m+3, n_3, \cdots, n_k) \prec \theta(2m-2, 2m+5, n_3, \cdots, n_k) \prec \cdots \prec \theta(4, 4m-1, n_3, \cdots, n_k) \prec \theta(2, 4m+1, n_3, \cdots, n_k) \prec \theta(0, 4m+3, n_3, \cdots, n_k).$

证明 考虑图 $\theta(n_2 - n_1 + 1, n_3, \cdots, n_k)(0 \leqslant n_i, n_1 \leqslant n_2, i = 1, 2 \cdots, k)$ 中的 t-匹配 (图 9.6),如果一个 t-匹配至少包含集合 $\{e_1, e_2, \cdots, e_{k-1}\}$ 中的一条边,称这样的 t-匹配具有性质 a,如果一个 t-匹配至少包含集合 $\{f_1, f_2, \cdots, f_{k-1}\}$ 中的一条边,称这样的 t-匹配具有性质 b,由引理 9.8.1,同时具有性质 a 和 b 的 t-匹配的数目 $N(ab) = |S| - N(a') - N(b') + N(a'b')$,这里的 $|S|$ 等于 $\theta(n_2 - n_1 + 1, n_3, \cdots, n_k)$ 上的 t-匹配的数目,$N(a')$ 恰好等于 $T(n_2 - n_1 + 2, n_3, \cdots, n_k)$ 的 t-匹配的数目,$N(b')$ 恰好等于 $T(n_2 - n_1 + 2, n_3, \cdots, n_k)$ 的 t-匹配的数目,$N(a'b')$ 恰好等于 $P(n_2 - n_1 + 3, n_3, \cdots, n_k)$ 的 t-匹配的数目. 另一方面,多项式 $\mu(\theta(n_2 - n_1 + 1, n_3, \cdots, n_k))$,$\mu(T(n_2 - n_1 + 2, n_3, \cdots, n_k))$ 和 $\mu(P(n_2 - n_1 + 3, n_3, \cdots, n_k))$ 都是 $D = n_2 + n_3 + \cdots + n_k - n_1 + 3$ 次的多项式. 于是多项式 $\mu(\theta(n_2 - n_1 + 1, n_3, \cdots, n_k)) - 2\mu(T(n_2 - n_1 + 2, n_3, \cdots, n_k)) + \mu(P(n_2 - n_1 + 3, n_3, \cdots, n_k))$ 中的 x^{D-2t} 的系数等于 $(-1)^t(|S| - N(a') - N(b') + N(a'b')) = (-1)^t N(ab)$. 故 $\mu(\theta(n_2 - n_1 + 1, n_3, \cdots, n_k)) - 2\mu(T(n_2 - n_1 + 2, n_3, \cdots, n_k)) + \mu(P(n_2 - n_1 + 3, n_3, \cdots, n_k)) \approx \mu(\theta(n_2 - n_1 + 1, n_3, \cdots, n_k))$.

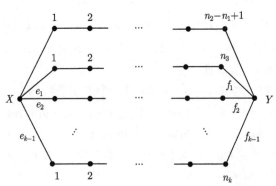

图 9.6 带有边集 $\{e_1, e_2, \cdots, e_{k-1}\}$ 和 $\{f_1, f_2, \cdots, f_{k-1}\}$ 的广义 $\theta(n_2-n_1+1, n_3, \cdots, n_k)$ 图

由引理 9.8.4,当 $2 \leqslant n_1 \leqslant n_2, 0 \leqslant n_i(i = 3, \cdots, k)$ 时,有

$$\mu(\theta(n_1, n_2, \cdots, n_k)) - \mu(\theta(n_1-2, n_2+2, \cdots, n_k)) \approx \mu(P(1))\mu(\theta(n_2-n_1+1, n_3, \cdots, n_k)).$$
(9.8.1)

9.8 广义 θ-图匹配能量排序

等式 (9.8.1) 左端的图的点数为 $n_1 + n_2 + \cdots + n_k + 2$, 右端的图的点数为 $n_2 + n_3 + \cdots + n_k - n_1 + 4$, 它们的差为 $2n_1 - 2$. 于是由引理 9.6.1 知, 当 n_1 为奇数时有 $\theta(n_1, n_2, \cdots, n_k) \succ \theta(n_1 - 2, n_2 + 2, \cdots, n_k)$, 当 n_1 为偶数时有 $\theta(n_1, n_2, \cdots, n_k) \prec \theta(n_1 - 2, n_2 + 2, \cdots, n_k)$, 由此便得到 (1)—(4) 中的不等式的前半段和后半段.

类似地, 由引理 9.8.5(1) 知, 当 $s \geqslant 1, n_i \geqslant 0 (i = 3, \cdots, k)$ 时, 我们有

$$\mu(\theta(2s, 2s, n_3, \cdots, n_k)) - \mu(\theta(2s-1, 2s+1, n_3, \cdots, n_k)) \approx \mu(\theta(0, n_3, \cdots, n_k)). \quad (9.8.2)$$

等式 (9.8.2) 左端的图的点数为 $4s + n_3 + \cdots + n_k + 2$, 右端的图的点数为 $n_2 + \cdots + n_k + 2$, 它们的差为 $4s$. 于是由引理 9.6.1, 得到定理 9.8.1(1) 中间的偏序关系 $\theta(2m-1, 2m+1, n_3, \cdots, n_k) \prec \theta(2m, 2m, n_3, \cdots, n_k)$.

类似地, 由引理 9.8.5(2) 知, 当 $s \geqslant 0, n_i \geqslant 0 (i = 3, \cdots, k)$ 时, 我们有

$$\mu(\theta(2s+1, 2s+1, n_3, \cdots, n_k)) - \mu(\theta(2s, 2s+2, n_3, \cdots, n_k)) \approx \mu(\theta(0, n_3, \cdots, n_k)). \quad (9.8.3)$$

等式 (9.8.3) 左端的图的点数为 $4s + n_3 + \cdots + n_k + 4$, 右端的图的点数为 $n_3 + \cdots + n_k + 2$, 它们的差为 $4k + 2$. 于是由引理 9.6.1, 得到定理 9.8.1(3) 中间的偏序关系 $\theta(2m+1, 2m+1, n_3, \cdots, n_k) \prec \theta(2m, 2m+2, n_3, \cdots, n_k)$. 定理证毕. □

下面的四个推论是定理 9.8.1 的直接推论.

推论 9.8.1 设 $n_i \geqslant 0 (i = 3, \cdots, k)$ 是一个固定整数, 则 $\theta(n_1, n_2, n_3, \cdots, n_k)$ 图的匹配能量大小排序规律如下:

(1) 当 $n_1 + n_2 = 4m$ 时, $ME(\theta(1, 4m-1, n_3, \cdots, n_k)) < ME(\theta(3, 4m-3, n_3, \cdots, n_k)) < ME(\theta(5, 4m-5, n_3, \cdots, n_k)) < \cdots < ME(\theta(2m-1, 2m+1, n_3, \cdots, n_k)) < ME(\theta(2m, 2m, n_3, \cdots, n_k)) < ME(\theta(2m-2, 2m+2, n_3, \cdots, n_k)) < \cdots < ME(\theta(4, 4m-4, n_3, \cdots, n_k)) < ME(\theta(2, 4m-2, n_3, \cdots, n_k)) < ME(\theta(0, 4m, n_3, \cdots, n_k))$;

(2) 当 $n_1 + n_2 = 4m + 1$ 时, $ME(\theta(1, 4m, n_3, \cdots, n_k)) < ME(\theta(3, 4m-2, n_3, \cdots, n_k)) < ME(\theta(5, 4m-4, n_3, \cdots, n_k)) < \cdots < ME(\theta(2m+1, 2m, n_3, \cdots, n_k)) = ME(\theta(2m, 2m+1, n_3, \cdots, n_k)) < ME(\theta(2m-2, 2m+3, n_3, \cdots, n_k)) < \cdots < ME(\theta(4, 4m-3, n_3, \cdots, n_k)) < ME(\theta(2, 4m-1, n_3, \cdots, n_k)) < ME(\theta(0, 4m+1, n_3, \cdots, n_k))$;

(3) 当 $n_1 + n_2 = 4m + 2$ 时, $ME(\theta(1, 4m+1, n_3, \cdots, n_k)) < ME(\theta(3, 4m-1, n_3, \cdots, n_k)) < ME(\theta(5, 4m-3, n_3, \cdots, n_k)) < \cdots < ME(\theta(2m+1, 2m+1, n_3, \cdots, n_k)) < ME(\theta(2m, 2m+2, n_3, \cdots, n_k)) < ME(\theta(2m-2, 2m+4, n_3, \cdots, n_k)) < \cdots < ME(\theta(4, 4m-2, n_3, \cdots, n_k)) < ME(\theta(2, 4m, n_3, \cdots, n_k)) < ME(\theta(0, 4m+2, n_3, \cdots, n_k))$;

(4) 当 $n_1+n_2 = 4m+3$ 时, $ME(\theta(1,4m+2,n_3,\cdots,n_k)) < ME(\theta(3,4m,n_3,\cdots,n_k)) < ME(\theta(5,4m-2,n_3,\cdots,n_k)) < \cdots < ME(\theta(2m+3,2m,n_3,\cdots,n_k)) = ME(\theta(2m,2m+3,n_3,\cdots,n_k)) < ME(\theta(2m-2,2m+5,n_3,\cdots,n_k)) < \cdots < ME(\theta(4,4m-1,n_3,\cdots,n_k)) < ME(\theta(2,4m+1,n_3,\cdots,n_k)) < ME(\theta(0,4m+3,n_3,\cdots,n_k))$.

推论 9.8.2 设 $n_i \geqslant 0 (i=3,\cdots,k)$ 是一个固定整数, 则 $\theta(n_1,n_2,n_3,\cdots,n_k)$ 图的 Hosoya 指标大小排序规律如下:

(1) 当 $n_1+n_2 = 4m$ 时, $Z(\theta(1,4m-1,n_3,\cdots,n_k)) < Z(\theta(3,4m-3,n_3,\cdots,n_k)) < Z(\theta(5,4m-5,n_3,\cdots,n_k)) < \cdots < Z(\theta(2m-1,2m+1,n_3,\cdots,n_k)) < Z(\theta(2m,2m,n_3,\cdots,n_k)) < Z(\theta(2m-2,2m+2,n_3,\cdots,n_k)) < \cdots < Z(\theta(4,4m-4,n_3,\cdots,n_k)) < Z(\theta(2,4m-2,n_3,\cdots,n_k)) < Z(\theta(0,4m,n_3,\cdots,n_k))$;

(2) 当 $n_1+n_2 = 4m+1$ 时, $Z(\theta(1,4m,n_3,\cdots,n_k)) < Z(\theta(3,4m-2,n_3,\cdots,n_k)) < Z(\theta(5,4m-4,n_3,\cdots,n_k)) < \cdots < Z(\theta(2m+1,2m,n_3,\cdots,n_k)) = Z(\theta(2m,2m+1,n_3,\cdots,n_k)) < Z(\theta(2m-2,2m+3,n_3,\cdots,n_k)) < \cdots < Z(\theta(4,4m-3,n_3,\cdots,n_k)) < Z(\theta(2,4m-1,n_3,\cdots,n_k)) < Z(\theta(0,4m+1,n_3,\cdots,n_k))$;

(3) 当 $n_1+n_2 = 4m+2$ 时, $Z(\theta(1,4m+1,n_3,\cdots,n_k)) < Z(\theta(3,4m-1,n_3,\cdots,n_k)) < Z(\theta(5,4m-3,n_3,\cdots,n_k)) < \cdots < Z(\theta(2m+1,2m+1,n_3,\cdots,n_k)) < Z(\theta(2m,2m+2,n_3,\cdots,n_k)) < Z(\theta(2m-2,2m+4,n_3,\cdots,n_k)) < \cdots < Z(\theta(4,4m-2,n_3,\cdots,n_k)) < Z(\theta(2,4m,n_3,\cdots,n_k)) < Z(\theta(0,4m+2,n_3,\cdots,n_k))$;

(4) 当 $n_1+n_2 = 4m+3$ 时, $Z(\theta(1,4m+2,n_3,\cdots,n_k)) < Z(\theta(3,4m,n_3,\cdots,n_k)) < Z(\theta(5,4m-2,n_3,\cdots,n_k)) < \cdots < Z(\theta(2m+3,2m,n_3,\cdots,n_k)) = Z(\theta(2m,2m+3,n_3,\cdots,n_k)) < Z(\theta(2m-2,2m+5,n_3,\cdots,n_k)) < \cdots < Z(\theta(4,4m-1,n_3,\cdots,n_k)) < Z(\theta(2,4m+1,n_3,\cdots,n_k)) < Z(\theta(0,4m+3,n_3,\cdots,n_k))$.

推论 9.8.3 (1) 在 n 个点的 $\theta(n_1,n_2,n_3,\cdots,n_k)$ 图中, 匹配能量第一小和第二小的图分别为 $\theta(1,1,\cdots,1,n-k-1)$ 和 $\theta(1,1,\cdots,1,3,n-k-1)$;

(2) 在 n 个点的 $\theta(n_1,n_2,n_3,\cdots,n_k)$ 图中, 匹配能量第一大和第二大的图分别为 $\theta(0,2,\cdots,2,n-2k+2)$ 和 $\theta(0,2,\cdots,2,4,n-2k)$.

推论 9.8.4 (1) 在 n 个点的 $\theta(n_1,n_2,n_3,\cdots,n_k)$ 图中, Hosoya 指标第一小和第二小的图分别为 $\theta(1,1,\cdots,1,n-k-1)$ 和 $\theta(1,1,\cdots,1,3,n-k-1)$;

(2) 在 n 个点的 $\theta(n_1,n_2,n_3,\cdots,n_k)$ 图中, Hosoya 指标第一大和第二大的图分别为 $\theta(0,2,\cdots,2,n-2k+2)$ 和 $\theta(0,2,\cdots,2,4,n-2k)$.

9.9 树、单圈及双圈图的补图的匹配能量

在 9.9 节和 9.10 节中, 我们研究图的补图的匹配能量和 Hosoya 指标, 这一节

9.9 树、单圈及双圈图的补图的匹配能量

先研究树、单圈及双圈图的补图的情形; 下一节将研究由一些路构造出的图的补图的情形. 本节中使用的一些图的记号见 2.5 节和 3.3 节.

引理 9.9.1 设 G_1, G_2 是两个 n 阶图, 如果存在 m_i 阶图 $H_i (i = 1, 2, \cdots, s)$, 满足

$$\mu(G_1) - \mu(G_2) = \sum_{i=1}^{s} \mu(H_i), \tag{9.9.1}$$

则

(1) $n - m_i$ 都是一个偶数;

(2) $p(G_1, k) - p(G_2, k) = \sum_{i=1}^{s} (-1)^{\frac{n-m_i}{2}} p\left(H_i, k - \frac{n-m_i}{2}\right), k \geqslant 0.$

证明 (1) 由于多项式 $\mu(G_i, x)(i = 1, 2)$ 中 $x^{n-(2k-1)}$ 的系数均为零, 则多项式 $\mu(G_1, x) - \mu(G_2, x)$ 中 $x^{n-(2k-1)}$ 的系数也为零. 于是 $\mu(H_i)(i = 1, 2, \cdots, s)$ 的首项 x_i^m 必定形如 x^{n-2k}, 对某个整数 k. 故 $n - 2k = m_i$, 则 $n - m_i$ 是一个偶数.

(2) 比较 (9.9.1) 式左右两边 x^{n-2k} 的系数, 左边为 $(-1)^k (p(G_1, k) - p(G_2, k))$, 右边为 $\sum_{i=1}^{s} (-1)^{k - \frac{n-m_i}{2}} p\left(H_i, k - \frac{n-m_i}{2}\right)$. □

引理 9.9.2 设 G_1, G_2 是两个 n 阶图, $\mu(G_1) \neq \mu(G_2)$, 如果存在 m_i 阶图 $H_i (i = 1, 2, \cdots, s)$, 满足

$$\mu(G_1) - \mu(G_2) = \sum_{i=1}^{s} \mu(H_i),$$

则 $ME(\overline{G_1}) > ME(\overline{G_2})$, 进一步地, $Z(\overline{G_1}) > Z(\overline{G_2})$.

证明 由定理 2.1.1,

$$p(\overline{G_1}, k) - p(\overline{G_2}, k)$$

$$= \sum_{r=0}^{k} (-1)^r \binom{n-2r}{2k-2r} (2k-2r-1)!! [p(G_1, r) - p(G_2, r)]$$

$$= \sum_{r=0}^{k} (-1)^r \binom{n-2r}{2k-2r} (2k-2r-1)!! \sum_{i=1}^{s} (-1)^{\frac{n-m_i}{2}} p\left(H_i, r - \frac{n-m_i}{2}\right)$$

$$= \sum_{i=1}^{s} \sum_{r=0}^{k} (-1)^{r - \frac{n-m_i}{2}} \binom{n-2r}{2k-2r} (2k-2r-1)!! p\left(H_i, r - \frac{n-m_i}{2}\right)$$

$$= \sum_{i=1}^{s} \sum_{r=\frac{n-m_i}{2}}^{k} (-1)^{r - \frac{n-m_i}{2}} \binom{n-2r}{2k-2r} (2k-2r-1)!! p\left(H_i, r - \frac{n-m_i}{2}\right),$$

再由定理 2.1.1,

$$p\left(\overline{H_i}, k-\frac{n-m_i}{2}\right)$$
$$=\sum_{r=0}^{k-\frac{n-m_i}{2}}(-1)^r\binom{m_i-2r}{2\left(k-\frac{n-m_i}{2}\right)-2r}\left(2\left(k-\frac{n-m_i}{2}\right)-2r-1\right)!!p(H_i,r)$$
$$=\sum_{r=\frac{n-m_i}{2}}^{k}(-1)^{r-\frac{n-m_i}{2}}\binom{n-2r}{2k-2r}(2k-2r-1)!!p\left(H_i,r-\frac{n-m_i}{2}\right),$$

于是 $p(\overline{G_1},k)-p(\overline{G_2},k)=\sum_{i=1}^{s}p\left(\overline{H_i},k-\frac{n-m_i}{2}\right)\geqslant 0$.

由 $\mu(G_1)\neq\mu(G_2)$ 及推论 1.5.1 我们得到 $\mu(\overline{G_1})\neq\mu(\overline{G_2})$, 于是

$$ME(\overline{G_1})>ME(\overline{G_2}),\quad Z(\overline{G_1})>Z(\overline{G_2}).\qquad\square$$

引理 9.9.3 设 G 是一个图, $e=uv\in E(G)$ 且 $d(u)\geqslant 2,d(v)\geqslant 2$, $N(u)\cap N(v)=\varnothing$, 则 $ME(\overline{G})>ME(\overline{G^{(e)}})$, $Z(\overline{G})>Z(\overline{G^{(e)}})$, 这里的图 $G^{(e)}$ 见图 2.6.

证明 由定理 2.5.1 和引理 9.9.2, 显然. $\qquad\square$

设 G 是一个连通图, $u\in V(G)$, (T,v) 是带有根点 v 的一棵 $n(\geqslant 2)$ 阶树, 以 $G_{u,v}T$ 表示将图 G 的点 u 和 T 的点 v 黏结后得到的图, $K_{1,n-1}$ 为 n 个点的星图, 中心点记为 w.

推论 9.9.1 设 G 是一个连通图, $u\in V(G)$, (T,v) 是带有根点 v 的一棵 $n(\geqslant 2)$ 阶树, 则 $ME(\overline{G_{u,v}T})\geqslant ME(\overline{G_{u,w}K_{1,n-1}})$, 进一步地, $Z(\overline{G_{u,v}T})\geqslant Z(\overline{G_{u,w}K_{1,n-1}})$, 仅当 $G_{u,v}T\cong G_{u,w}K_{1,n-1}$ 时取等号.

证明 对图 $G_{u,v}T$ 的 G 与 T 之间的割边重复的使用引理 9.9.3, 得证. $\qquad\square$

引理 9.9.4 设 G 是至少有两个点的连通图, $u\in V(G)$, $n\geqslant 3$, $1<i<n$, 则 $ME(\overline{G_{u,1}P_n})>ME(\overline{G_{u,i}P_n})$, $Z(\overline{G_{u,1}P_n})>Z(\overline{G_{u,i}P_n})$, 这里的图 $G_{u,i}P_n$ 见图 2.7.

证明 由定理 2.5.2 和引理 9.9.2, 显然. $\qquad\square$

推论 9.9.2 设 G 是一个连通图, $u\in V(G)$, (T,v) 是带有根点 v 的一棵 $n(\geqslant 2)$ 阶树, 则 $ME(\overline{G_{u,v}T})\leqslant ME(\overline{G_{u,1}P_n})$, $Z(\overline{G_{u,v}T})\leqslant Z(\overline{G_{u,1}P_n})$, 仅当 $G_{u,v}T\cong G_{u,1}P_n$ 时取等号.

证明 对图 $G_{u,v}T$ 的距离点 v 最远的分叉点 (度数大于 2 的点) 重复的使用引理 9.9.4, 得证. $\qquad\square$

引理 9.9.5 设 G,H_1,H_2 是三个连通图, 它们都至少有两个点, $u,v\in V(G)$, $u'\in V(H_1), u''\in V(H_2)$, 且 $G\setminus u\cong G\setminus v$, 则

$$ME(\overline{G_{uu'H_1}^{vu''H_2}})>ME(\overline{G_{vu'H_1}^{vu''H_2}}),\quad Z(\overline{G_{uu'H_1}^{vu''H_2}})>Z(\overline{G_{vu'H_1}^{vu''H_2}}),$$

这里的图 $G_{uu'H_1}^{vu''H_2}$ 和 $G_{vu'H_1}^{vu''H_2}$ 见图 2.8.

9.9 树、单圈及双圈图的补图的匹配能量

证明 由定理 2.5.3 和引理 9.9.2, 显然. □

引理 9.9.6 设 G 是至少有三个点的连通图, $e = uv \in E(G)$, $n \geqslant 1, d(v) \geqslant 2$, 则

$$ME(\overline{G^{e,n}}) > ME(\overline{G_{v,1}P_{n+1}}), \quad Z(\overline{G^{e,n}}) > Z(\overline{G_{v,1}P_{n+1}}).$$

这里的图 $G^{e,n}$ 见图 2.9, 图 $G_{v,1}P_{n+1}$ 见图 2.7.

证明 由定理 2.5.4 和引理 9.9.2, 显然. □

定理 9.9.1 设 T 是 n 个点的一棵树, 则

$$ME(\overline{K_{1,n-1}}) \leqslant ME(\overline{T}) \leqslant ME(\overline{P_n}),$$

仅当两个图同构时取等号.

证明 由推论 9.9.1 和推论 9.9.2, 显然. □

推论 9.9.3 设 T 是 n 个点的一棵树, 则

$$Z(\overline{K_{1,n-1}}) \leqslant Z(\overline{T}) \leqslant Z(\overline{P_n}),$$

仅当两个图同构时取等号.

众所周知, 设 T 是 n 个点的一棵树, 有 $ME(K_{1,n-1}) \leqslant ME(T) \leqslant ME(P_n)$. 比较定理 9.9.1, 我们要问, 不等式 $ME(G_1) \leqslant ME(G_2)$ 是否隐含不等式 $ME(\overline{G_1}) \leqslant ME(\overline{G_2})$, 答案是否定的, 例如, $ME(P_4) \leqslant ME(C_4)$, 但 $ME(\overline{P_4}) = ME(P_4) > ME(\overline{C_4}) = ME(2P_2)$.

定理 9.9.2 设 G 是 n 个点的一个连通单圈图, 则

$$ME(\overline{S_n^+}) \leqslant ME(\overline{G}) \leqslant EM(\overline{C_n}),$$

仅当两个图同构时取等号.

证明 类似于定理 3.3.2, 略. □

推论 9.9.4 设 G 是 n 个点的一个连通单圈图, 则

$$Z(\overline{S_n^+}) \leqslant Z(\overline{G}) \leqslant Z(\overline{C_n}),$$

仅当两个图同构时取等号.

定理 9.9.3 设 G 是 n 个点的第一类连通双圈图, $G \in \mathbb{B}_1$, 则

(1) $ME(\overline{S_n^{+*}}) \leqslant ME(\overline{G})$, 仅当 $G \cong S_n^{+*}$ 时取等号;

(2) 当 $n = 4$ 时, $ME(\overline{G}) \leqslant ME(\overline{\theta(0,1,1)})$, 仅当 $G \cong \theta(0,1,1)$ 时取等号;

(3) 当 $n = 5$ 时, $ME(\overline{G}) \leqslant ME(\overline{\theta(0,1,2)})$, 仅当 $G \cong \theta(0,1,2)$ 或 $\theta(1,1,1)$ 时取等号;

(4) 当 $n = 6$ 时, $ME(\overline{G}) \leqslant ME(\overline{\theta(0,1,3)})$, 仅当 $G \cong \theta(0,1,3)$ 或 $\theta(1,1,2)$ 时取等号;

(5) 当 $n = 7$ 时, $ME(\overline{G}) \leqslant ME(\overline{\theta(0,1,4)})$, 仅当 $G \cong \theta(0,1,4)$, $\theta(1,1,3)$ 或 $\theta(1,2,2)$ 时取等号;

(6) 当 $n \geqslant 8$ 时, $ME(\overline{G}) \leqslant ME(\overline{\theta(a,b,c)})$, 这里的 $a+b+c = n-2$, 且 a, b, c 几乎相等, 仅当两个图同构时取等号.

证明 利用引理 3.3.4 和引理 9.9.2, 证明类似与定理 3.3.3, 略. □

推论 9.9.5 设 G 是 n 个点的第一类连通双圈图, $G \in \mathbb{B}_1$, 则

(1) $Z(\overline{S_n^{+*}}) \leqslant Z(\overline{G})$, 仅当 $G \cong S_n^{+*}$ 时取等号;

(2) 当 $n = 4$ 时, $Z(\overline{G}) \leqslant Z(\overline{\theta(0,1,1)})$, 仅当 $G \cong \theta(0,1,1)$ 时取等号;

(3) 当 $n = 5$ 时, $Z(\overline{G}) \leqslant Z(\overline{\theta(0,1,2)})$, 仅当 $G \cong \theta(0,1,2)$ 或 $\theta(1,1,1)$ 时取等号;

(4) 当 $n = 6$ 时, $Z(\overline{G}) \leqslant Z(\overline{\theta(0,1,3)})$, 仅当 $G \cong \theta(0,1,3)$ 或 $\theta(1,1,2)$ 时取等号;

(5) 当 $n = 7$ 时, $Z(\overline{G}) \leqslant Z(\overline{\theta(0,1,4)})$, 仅当 $G \cong \theta(0,1,4)$, $\theta(1,1,3)$ 或 $\theta(1,2,2)$ 时取等号;

(6) 当 $n \geqslant 8$ 时, $Z(\overline{G}) \leqslant Z(\overline{\theta(a,b,c)})$, 这里的 $a+b+c = n-2$, 且 a, b, c 几乎相等, 仅当两个图同构时取等号.

定理 9.9.4 设 G 是 n 个点的第二类连通双圈图, $G \in \mathbb{B}_2$, 则

(1) $ME(\overline{S_n^{++}}) \leqslant ME(\overline{G})$, 仅当 $G \cong S_n^{++}$ 时取等号;

(2) 当 $n = 5$ 时, $ME(\overline{G}) \leqslant ME(\overline{\infty(2,2)})$, 仅当 $G \cong \theta(2,2)$ 时取等号;

(3) 当 $n \geqslant 6$ 时, $ME(\overline{G}) \leqslant ME(\overline{\infty(2,n-6,2)}))$, 仅当两个图同构时取等号.

证明 利用引理 3.3.5—引理 3.3.7 和引理 9.9.2, 证明类似与定理 3.3.4, 略. □

推论 9.9.6 设 G 是 n 个点的第二类连通双圈图, $G \in \mathbb{B}_2$, 则

(1) $Z(\overline{S_n^{++}}) \leqslant Z(\overline{G})$, 仅当 $G \cong S_n^{++}$ 时取等号;

(2) 当 $n = 5$ 时, $Z(\overline{G}) \leqslant Z(\overline{\infty(2,2)})$, 仅当 $G \cong \theta(2,2)$ 时取等号;

(3) 当 $n \geqslant 6$ 时, $Z(\overline{G}) \leqslant Z(\overline{\infty(2,n-6,2)})$, 仅当两个图同构时取等号.

引理 9.9.7 (1) $\mu(\theta(0,1,2)) - \mu(\infty(2,2)) = \mu(K_1)$;

(2) $\mu(\theta(0,1,3)) - \mu(\infty(2,0,2)) = -\mu(P_0) = -1$;

(3) $\mu(\theta(0,1,4)) - \mu(\infty(2,1,2)) = -2\mu(K_1)$.

证明 $\mu(\theta(0,1,2)) = x^5 - 6x^3 + 6x$, $\mu(\infty(2,2)) = x^5 - 6x^3 + 5x$,

$\mu(\theta(0,1,3)) = x^6 - 7x^4 + 11x^2 - 2$, $\mu(\infty(2,0,2)) = x^6 - 7x^4 + 11x^2 - 1$,

$\mu(\theta(0,1,4)) = x^7 - 8x^5 + 17x^3 - 8x$, $\mu(\infty(2,1,2)) = x^7 - 8x^5 + 17x^3 - 6x$. □

引理 9.9.8 设 G_1, G_2 是两个 n 阶图, $\mu(G_1) \neq \mu(G_2)$, 如果存在 m_i 阶图 $H_i(i = 1, 2, \cdots, s)$ 和 d 阶图 D, 满足

(1) $\mu(G_1) - \mu(G_2) = [\mu(H_1) - \mu(D)] + \sum_{i=2}^{s} \mu(H_i)$;

9.9 树、单圈及双圈图的补图的匹配能量

(2) D 是 H_1 的一个点导出子图;

(3) 导出子图 $\overline{H_1}[V(H_1) \setminus V(D)]$ 有完美匹配,

则 $ME(\overline{G_1}) > ME(\overline{G_2})$, $Z(\overline{G_1}) > Z(\overline{G_2})$.

证明 类似于引理 9.9.2, 我们可以得到

$$p(\overline{G_1}, k) - p(\overline{G_2}, k) = \left[p\left(\overline{H_1}, k - \frac{n - m_1}{2}\right) - p\left(\overline{D}, k - \frac{n - d}{2}\right)\right] + \sum_{i=2}^{s} p\left(\overline{H_i}, k - \frac{n - m_i}{2}\right).$$

由于 $\overline{H_1}[V(H_1) \setminus V(D)]$ 有完美匹配 $\left(\text{即} \dfrac{m_1 - d}{2}\text{-匹配}\right)$, 则图 $\overline{D}$ 的任何一个 $\left(k - \dfrac{n - d}{2}\right)$-匹配合并上 $\overline{H_1}[V(H_1) \setminus V(D)]$ 那个完美匹配便得到图 $\overline{H_1}$ 的一个 $\left(k - \dfrac{n - m_i}{2}\right)$-匹配, 这意味着 $p\left(\overline{H_1}, k - \dfrac{n - m_1}{2}\right) \geqslant p\left(\overline{D}, k - \dfrac{n - d}{2}\right)$.

故 $ME(\overline{G_1}) > ME(\overline{G_2})$, 进一步地, $Z(\overline{G_1}) > Z(\overline{G_2})$. □

引理 9.9.9 设 $m \geqslant 2$, $n = 3m + 2, 3m + 1$ 或 $3m$.

(1) $\mu(\infty(2, 3m - 4, 2)) - \mu(\theta(m, m, m)) = \mu(P_{m-2} \cup Q(m - 2, m - 1)) + \mu(P_{m-2} \cup C_{2m-2}) - \mu(P_{2m-4} \cup P_{m-4})$;

(2) $\mu(\infty(2, 3m - 5, 2)) - \mu(\theta(m - 1, m, m)) = \mu(P_{m-3} \cup Q(m, m - 3)) + \mu(P_{m-2} \cup C_{2m-3}) - \mu(P(2m - 5, m - 4)) + \mu(P_{m-1})$;

(3) $\mu(\infty(2, 3m - 6, 2)) - \mu(\theta(m - 1, m - 1, m)) = \mu(P_{m-3} \cup Q(m - 3, m - 1)) + \mu(P_{m-2} \cup C_{2m-4}) - \mu(P(2m - 6, m - 4))$.

证明 (1) $\mu(\infty(2, 3n - 4, 2)) = \mu(Q(2, 3m - 1)) - \mu(P_1 \cup Q(2, 3m - 4)) = [\mu(P_{3m+2}) - \mu(P(1, 3m - 1)] - \mu(P_1)[\mu(P_{3m-1}) - \mu(P(1, 3m - 4))]$.

$\mu(\theta(m, m, m)) = \mu(Q(2m + 1, m)) - \mu(T(m, m, m - 1)) = [\mu(P_{3m+2}) - \mu(P(m, 2m))] - [\mu(P(m, 2m)) - \mu(P(m, m - 1, m - 1)].$

利用引理 2.2.2 和引理 5.4.9, 我们有

$\mu(\infty(2, 3n - 4, 2)) - \mu(\theta(m, m, m)) = [\mu(P(m, 2m)) - \mu(P(1, 3m - 1))] + [\mu(P(m, 2m)) - \mu(P(1, 3m - 1))] + [\mu(P(1, 1, 3m - 4)) - \mu(P(m, m - 1, m - 1))] = \mu(P(m - 2, 2m - 2)) + \mu(P(m - 2, 2m - 2)) + [\mu(P(0, 0, 3m - 4)) - \mu(P(m - 1, m - 2, m - 1))] + [\mu(P(1, 3m - 5)) - \mu(P(2m - 2, m - 2))] = \mu(P(m - 2, 2m - 2)) + \mu(P(m - 2, 2m - 2)) - \mu(P(m - 1, m - 2, m - 3)) - \mu(P(2m - 4, m - 2)) - \mu(P(2m - 4, m - 4)) = \mu(P_{m-2})[\mu(P_{2m-2}) - \mu(P(m - 1, m - 3))] + \mu(P_{m-2})[\mu(P_{2m-2}) - \mu(P_{2m-4})] - \mu(P(2m - 4, m - 4)) = \mu(P_{m-2} \cup Q(m - 2, m - 1)) + \mu(P_{m-2} \cup C_{2m-2}) - \mu(P(2m - 4, m - 4))$.

(2) $\mu(\infty(2, 3n - 5, 2)) = [\mu(P_{3m+1}) - \mu(P(1, 3m - 2))] - \mu(P_1)[\mu(P_{3m-2}) - \mu(P(1, 3m - 5))]$.

$\mu(\theta(m-1,m,m)) = [\mu(P_{3m+1}) - \mu(P(m,2m-1))] - [\mu(P(m,2m-1)) - \mu(P(m-1,m-1,m-1))]$.

利用引理 2.2.2 和引理 5.4.9, 我们有

$\mu(\infty(2,3n-5,2)) - \mu(\theta(m-1,m,m)) = [\mu(P(m,2m-1)) - \mu(P(1,3m-2))] + [\mu(P(m,2m-1)) - \mu(P(1,3m-2))] + [\mu(P(1,1,3m-5)) - \mu(P(m-1,m-1,m-1))] = \mu(P(m-2,2m-3)) + \mu(P(m-2,2m-3)) + [\mu(P(0,0,3m-5)) - \mu(P(m-2,m-2,m-1))] + [\mu(P(1,3m-6)) - \mu(P(2m-3,m-2))] = \mu(P(m-2,2m-3)) + \mu(P(m-2,2m-3)) - \mu(P(m-3,m-3,m-1)) - \mu(P(2m-5,m-2)) - \mu(P(2m-5,m-4)) = [\mu(P(m-3,2m-2)) + \mu(P_{m-1})] + \mu(P(m-2,2m-3)) - \mu(P(m-3,m-3,m-1)) - \mu(P(2m-5,m-2)) - \mu(P(2m-5,m-4)) = [\mu(P(m-3,2m-2)) - \mu(P(m-3,m-3,m-1))] + [\mu(P(m-2,2m-3)) - \mu(P(2m-5,m-2))] - \mu(P(2m-5,m-4)) + \mu(P_{m-1}) = \mu(P_{m-3} \cup Q(m,m-3)) + \mu(P_{m-2} \cup C_{2m-3}) - \mu(P(2m-5,m-4)) + \mu(P_{m-1})$.

(3) $\mu(\infty(2,3n-6,2)) = [\mu(P_{3m}) - \mu(P(1,3m-3))] - \mu(P_1)[\mu(P_{3m-3}) - \mu(P(1,3m-6))]$.

$\mu(\theta(m-1,m-1,m)) = [\mu(P_{3m}) - \mu(P(m,2m-2))] - [\mu(P(m-1,2m-1)) - \mu(P(m-2,m-1,m-1))]$.

利用引理 2.2.2 和引理 5.4.9, 我们有

$\mu(\infty(2,3n-6,2)) - \mu(\theta(m-1,m-1,m)) = [\mu(P(m,2m-2)) - \mu(P(1,3m-3))] + [\mu(P(m-1,2m-1)) - \mu(P(1,3m-3))] + [\mu(P(1,1,3m-6)) - \mu(P(m-2,m-1,m-1))] = \mu(P(m-2,2m-4)) + \mu(P(m-3,2m-3)) + [\mu(P(0,0,3m-6)) - \mu(P(m-3,m-2,m-1))] + [\mu(P(1,3m-7)) - \mu(P(2m-4,m-2))] = \mu(P(m-2,2m-4)) + \mu(P(m-3,2m-3)) - \mu(P(m-4,m-3,m-1)) - \mu(P(2m-6,m-2)) - \mu(P(2m-6,m-4)) = [\mu(P(m-3,2m-3)) - \mu(P(m-4,m-3,m-1))] + [\mu(P(m-2,2m-4)) - \mu(P(2m-6,m-2))] - \mu(P(2m-6,m-4)) = \mu(P_{m-3} \cup Q(m-3,m-1)) + \mu(P_{m-2} \cup C_{2m-4}) - \mu(P(2m-6,m-4))$. □

定理 9.9.5 设 G 是 n 个点的连通双圈图, $G \in \mathbb{B}_1 \cup \mathbb{B}_2$, 则

(1) $ME(\overline{S_n^{+*}}) \leqslant ME(\overline{G})$, 仅当 $G \cong S_n^{+*}$ 时取等号;

(2) 当 $n=4$ 时, $ME(\overline{G}) \leqslant ME(\overline{\theta(0,1,1)})$, 仅当 $G \cong \theta(0,1,1)$ 时取等号;

(3) 当 $n=5$ 时, $ME(\overline{G}) \leqslant ME(\overline{\theta(0,1,2)})$, 仅当 $G \cong \theta(0,1,2)$ 或 $\theta(1,1,1)$ 时取等号;

(4) 当 $n \geqslant 6$ 时, $ME(\overline{G}) \leqslant ME(\overline{\infty(2,n-6,2)})$, 仅当两个图同构时取等号.

证明 由定理 9.9.3 知, 在 n 个点的第一类连通双圈图中, 补图的匹配能量最小的图是 S_n^{+*}, 由定理 9.9.4 知, 在 n 个点的第二类连通双圈图中, 补图的匹配能量最小的图是 S_n^{++}, 由引理 3.3.8 知, S_n^{+*} 的补图的匹配能量小于 S_n^{++} 的补图的匹配能量.

由定理 9.9.3 知, 当 $n=4$ 时, 在 4 个点的第一类连通双圈图中, 补图的匹配能量最大的图是 $\theta(0,1,1)$; 当 $n=5$ 时, 在 5 个点的第一类连通双圈图中, 补图的匹配能量最大的图是 $\theta(0,1,2)$ 和 $\theta(1,1,1)$; 当 $n=6$ 时, 在 6 个点的第一类连通双圈图中, 补图的匹配能量最大的图是 $\theta(0,1,3)$ 和 $\theta(1,1,2)$; 当 $n=7$ 时, 在 7 个点的第一类连通双圈图中, 补图的匹配能量最大的图是 $\theta(0,1,4)$, $\theta(1,1,3)$ 和 $\theta(1,2,2)$. 当 $n \geqslant 8$ 时, 在 n 个点的第一类连通双圈图中, 补图的匹配能量最大的图是 $\theta(a,b,c)$, $a+b+c=n-2$, 且 a,b,c 几乎相等. 由定理 9.9.4 知, 在 5 个点的第二类连通双圈图中, 补图的匹配能量最大的图分别是 $\infty(2,2)$, 在 $n(\geqslant 6)$ 个点的第二类连通双圈图中, 补图的匹配能量最大的图分别是 $\infty(2,n-6,2)$. 由引理 9.9.7, 引理 9.9.2 知, $\theta(0,1,2)$ 的补图的匹配能量大于 $\infty(2,2)$ 的补图的匹配能量, $\infty(2,0,2)$ 的补图的匹配能量大于 $\theta(0,1,3)$ 的补图的匹配能量, $\infty(2,1,2)$ 的补图的匹配能量大于 $\theta(0,1,4)$ 的补图的匹配能量.

观察引理 9.9.9(1) 的等式的右边, 记 $H_1 = P_{m-2} \cup C_{2m-2}, D = P_{m-4} \cup P_{2m-4}$, 图 D 是图 H_1 的一个点导出子图, 且导出子图 $\overline{H_1}[V(H_1) \setminus V(D)]$ 有完美匹配, 由引理 9.9.8 知, $ME(\infty(2,3n-4,2)) > ME(\theta(m,m,m))$. 同理, 观察引理 9.9.9(2) 的等式的右边, 记 $H_1 = P_{m-2} \cup C_{2m-3}, D = P_{m-4} \cup P_{2m-5}$, 图 D 是图 H_1 的一个点导出子图, 且导出子图 $\overline{H_1}[V(H_1) \setminus V(D)]$ 有完美匹配, 由引理 9.9.8 知, $ME(\infty(2,3n-5,2)) > ME(\theta(m-1,m,m))$. 观察引理 9.9.9(3) 的等式的右边, 记 $H_1 = P_{m-2} \cup C_{2m-4}, D = P_{m-4} \cup P_{2m-6}$, 图 D 是图 H_1 的一个点导出子图, 且导出子图 $\overline{H_1}[V(H_1) \setminus V(D)]$ 有完美匹配, 由引理 9.9.8 知, $ME(\infty(2,3n-6,2)) > ME(\theta(m-1,m-1,m))$. 得证. □

推论 9.9.7 设 G 是 n 个点的连通双圈图, $G \in \mathbb{B}_1 \cup \mathbb{B}_2$, 则
(1) $Z(\overline{S_n^{+*}}) \leqslant Z(\overline{G})$, 仅当 $G \cong S_n^{+*}$ 时取等号;
(2) 当 $n=4$ 时, $Z(\overline{G}) \leqslant Z(\overline{\theta(0,1,1)})$, 仅当 $G \cong \theta(0,1,1)$ 时取等号;
(3) 当 $n=5$ 时, $Z(\overline{G}) \leqslant Z(\overline{\theta(0,1,2)})$, 仅当 $G \cong \theta(0,1,2)$ 或 $\theta(1,1,1)$ 时取等号;
(4) 当 $n \geqslant 6$ 时, $Z(\overline{G}) \leqslant Z(\overline{\infty(2,n-6,2)})$, 仅当两个图同构时取等号.

9.10 由路产生的一些图的补图的匹配能量

把 k-条路 $P_{a_1+2}, P_{a_2+2}, \cdots, P_{a_k+2}$ 的所有端点黏结成一个点后得到的图称 k-梅花图, 记为 $\varphi(a_1, a_2, \cdots, a_k)$ (图 9.7). 在本节中, 我们研究了 k-条路的并图、k-叉树、k-梅花图以及一类广义 θ-图的补图的匹配能量与 Hosoya 指标. 在只有两条路的长度变化, 其他路的长度不变的情况下, 我们给出了这些图的补图的匹配能量和 Hosoya 指标的全排序, 特别地, 刻画了这些图的补图中匹配能量取得极值的图, 同时, 也刻画了这些图的补图中 Hosoya 指标取得极值的图.

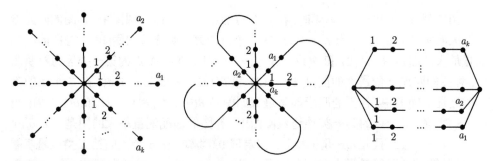

图 9.7　k-叉树 $T(a_1, a_2, \cdots, a_k)$, k-梅花图 $\varphi(a_1, a_2, \cdots, a_k)$ 和广义 θ-图 $\theta(a_1, a_2, \cdots, a_k)$

为了方便, 在下面我们约定 P_0, P_{-1}, P_{-2} 都是空图, 且 $\mu(P_0) = 1, \mu(P_{-1}) = 0, \mu(P_{-2}) = -1$.

9.10.1　路并补图的匹配能量

引理 9.10.1　设 $1 \leqslant a, a \leqslant b$, 则

$$\mu(P_a \cup P_b)) - \mu(P_{a-1} \cup P_{b+1}) = \mu(P_{b-a}).$$

证明　由引理 2.2.2 显然. □

由引理 9.10.1 和引理 9.9.2, 下面的定理和推论是显然的.

定理 9.10.1　在所有点数为 n 的两条路的补图中, 它们的匹配能量和 Hosoya 指标满足

$$EM(\overline{P_{\lfloor \frac{n}{2} \rfloor} \cup P_{\lceil \frac{n}{2} \rceil}}) > EM(\overline{P_{\lfloor \frac{n}{2} \rfloor - 1} \cup P_{\lceil \frac{n}{2} \rceil + 1}}) > \cdots > EM(\overline{P_1 \cup P_{n-1}}),$$

$$Z(\overline{P_{\lfloor \frac{n}{2} \rfloor} \cup P_{\lceil \frac{n}{2} \rceil}}) > Z(\overline{P_{\lfloor \frac{n}{2} \rfloor - 1} \cup P_{\lceil \frac{n}{2} \rceil + 1}}) > \cdots > Z(\overline{P_1 \cup P_{n-1}}).$$

推论 9.10.1　在点数为 n 的 k 条路的补图中, 如果 $n = mk + d, 0 \leqslant d < k$, 则匹配能量最大的图是 $\overline{dP_{m+1} \cup (k-d)P_m}$, 最小的图是 $\overline{(k-1)P_1 \cup P_{n-k+1}}$; Hosoya 指标最大的图是 $\overline{dP_{m+1} \cup (k-d)P_m}$, 最小的图是 $\overline{(k-1)P_1 \cup P_{n-k+1}}$.

9.10.2　k-叉树补图的匹配能量

设 G 是至少有一个点的图, $u \in V(G)$, 路 P_{a+1} 和 P_{b+1} 的一个端点都和 G 的点 u 黏结后得到的图记为 $G_u(a, b)$ (图 9.8).

引理 9.10.2　设 $1 \leqslant a, a \leqslant b$, 则

$$\mu(G_u(a, b)) - \mu(G_u(a-1, b+1)) = -\sum_{i \sim u} \mu(G \setminus u, i)\mu(P_{b-a}).$$

证明　由定理 1.3.1(c) 知, $\mu(G_u(a,b)) = x\mu(G \setminus u)\mu(P_a)\mu(P_b) - \mu(G \setminus u)\mu(P_{a-1}) \cdot \mu(P_b) - \mu(G \setminus u)\mu(P_a)\mu(P_{b-1}) - \sum_{i \sim u} \mu(G \setminus u, i)\mu(P_a)\mu(P_b)$, $\mu(G_u(a-1, b+1)) =$

$x\mu(G\setminus u)\mu(P_{a-1})\mu(P_{b+1}) - \mu(G\setminus u)\mu(P_{a-2})\mu(P_{b+1}) - \mu(G\setminus u)\mu(P_{a-1})\mu(P_b) - \sum_{i\sim u}\mu(G\setminus u,i)\mu(P_{a-1})\mu(P_{b+1})$.

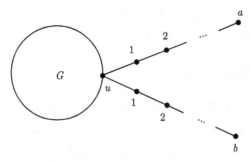

图 9.8 图 $G_u(a,b)$

利用引理 2.2.2,

$\mu(G_u(a,b)) - \mu(G_u(a-1,b+1)) = x\mu(G\setminus u)[\mu(P_a)\mu(P_b) - \mu(P_{a-1})\mu(P_{b+1})] - \mu(G\setminus u)[\mu(P_{a-1})\mu(P_b) - \mu(P_{a-2})\mu(P_{b+1})] - \mu(G\setminus u)[\mu(P_a)\mu(P_{b-1}) - \mu(P_{a-1})\mu(P_b)] - \sum_{i\sim u}\mu(G\setminus u,i)[\mu(P_a)\mu(P_b) - \mu(P_{a-1})\mu(P_{b+1})] = x\mu(G\setminus u)\mu(P_{b-a}) - \mu(G\setminus u)\mu(P_{b-a+1}) - \mu(G\setminus u)\mu(P_{b-a-1}) - \sum_{i\sim u}\mu(G\setminus u,i)\mu(P_{b-a}) = -\sum_{i\sim u}\mu(G\setminus u,i)\mu(P_{b-a})$.

最后的等式利用 $\mu(P_{b-a+1}) = x\mu(P_{b-a}) - \mu(P_{b-a-1})$. □

注 当 $G = K_1$, 即 G 是只有一个点时, 约定 $\sum_{i\sim u}\mu(G\setminus u,i) = 0$, 引理 9.10.2 也成立.

由引理 9.10.2 和引理 9.9.2, 下面的定理和推论是显然的.

定理 9.10.2 设 G 是至少有两个点的连通图, $u \in V(G)$, 路 P_n 的点从一端到另一端分别标记为 $v_1, v_2, \cdots, v_n$, 图 G 的点 u 和路 P_n 的点 v_i 黏结后得到的图记为 $G_{u,i}P_n$, 则下面的不等式成立

$$EM(\overline{G_{u,1}P_n}) > EM(\overline{G_{u,2}P_n}) > \cdots > EM(\overline{G_{u,\lfloor\frac{n}{2}\rfloor}P_n}),$$

$$Z(\overline{G_{u,1}P_n}) > Z(\overline{G_{u,2}P_n}) > \cdots > Z(\overline{G_{u,\lfloor\frac{n}{2}\rfloor}P_n}).$$

推论 9.10.2 在点数为 n 的 k-叉树 $T_{a_1,a_2,\cdots,a_k}$ 的补图中, 这里 $a_i \geqslant 1 (i = 1, 2, \cdots, k)$, $\sum_{i=1}^{k} a_i = n - 1$, 如果 $n - 1 = mk + d, 0 \leqslant d < k$, 则匹配能量最大的图是 $\overline{T_{\underbrace{1,1,\cdots,1}_{k-1},n-k}}$, 最小的图是 $\overline{T_{\underbrace{m+1,\cdots,m+1}_{d},\underbrace{m,\cdots,m}_{k-d}}}$; Hosoya 指标最大的图是 $\overline{T_{\underbrace{1,1,\cdots,1}_{k-1},n-k}}$, 最小的图是 $\overline{T_{\underbrace{m+1,\cdots,m+1}_{d},\underbrace{m,\cdots,m}_{k-d}}}$.

9.10.3 梅花图补图的匹配能量

设 G 是至少有一个点的图,$u \in V(G)$,圈 C_{a+1} 和 C_{b+1}, $a \geqslant 2, b \geqslant 2$ 的上一点都和 G 的点 u 黏结后得到的图记为 $G_uC(a,b)$ (图 9.9).

引理 9.10.3 设 $3 \leqslant a, a \leqslant b$,则

$$\mu(G_uC(a,b)) - \mu(G_uC(a-1,b+1)) = -\left[x\mu(G \setminus u) + \sum_{i \sim u}\mu(G \setminus u, i)\right]\mu(P_{b-a}).$$

证明 由定理 1.3.1(c) 知,$\mu(G_uC(a,b)) = x\mu(G \setminus u)\mu(P_a)\mu(P_b) - 2\mu(G \setminus u)\mu(P_{a-1})\mu(P_b) - 2\mu(G \setminus u)\mu(P_a)\mu(P_{b-1}) - \sum\limits_{i \sim u}\mu(G \setminus u,i)\mu(P_a)\mu(P_b)$, $\mu(G_u(a-1,b+1)) = x\mu(G \setminus u)\mu(P_{a-1})\mu(P_{b+1}) - 2\mu(G \setminus u)\mu(P_{a-2})\mu(P_{b+1}) - 2\mu(G \setminus u)\mu(P_{a-1})\mu(P_b) - \sum\limits_{i \sim u}\mu(G \setminus u,i)\mu(P_{a-1})\mu(P_{b+1})$.

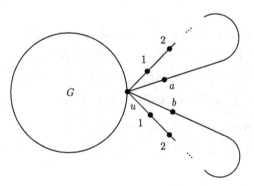

图 9.9 图 $G_uC(a,b)$

利用引理 2.2.2,

$\mu(G_uC(a,b)) - \mu(G_uC(a-1,b+1)) = x\mu(G\setminus u)[\mu(P_a)\mu(P_b) - \mu(P_{a-1})\mu(P_{b+1})] - 2\mu(G\setminus u)[\mu(P_{a-1})\mu(P_b) - \mu(P_{a-2})\mu(P_{b+1})] - 2\mu(G\setminus u)[\mu(P_a)\mu(P_{b-1}) - \mu(P_{a-1})\mu(P_b)] - \sum\limits_{i\sim u}\mu(G\setminus u,i)[\mu(P_a)\mu(P_b) - \mu(P_{a-1})\mu(P_{b+1})] = x\mu(G\setminus u)\mu(P_{b-a}) - 2\mu(G\setminus u)\mu(P_{b-a+1}) - 2\mu(G \setminus u)\mu(P_{b-a-1}) - \sum\limits_{i\sim u}\mu(G \setminus u,i)\mu(P_{b-a}) = -[x\mu(G \setminus u) + \sum\limits_{i\sim u}\mu(G \setminus u,i)]\mu(P_{b-a})$.

最后的等式利用 $\mu(P_{b-a+1}) = x\mu(P_{b-a}) - \mu(P_{b-a-1})$. □

注 当 $G = K_1$,即 G 是只有一个点 u 时,约定 $\mu(G\setminus u) = 1, \sum\limits_{i\sim u}\mu(G\setminus u,i) = 0$,引理 9.10.3 也成立.

由引理 9.10.3 和引理 9.9.2,下面的定理和推论是显然的.

定理 9.10.3 设 G 是至少有一个点的连通图,$u \in V(G)$,设 $a+b=n$,则 $G_uC(a,b)$ 的补图的匹配能量和 Hosoya 指标满足下面的不等式

$$EM(\overline{G_uC(2,n-2)}) > EM(\overline{G_uC(3,n-3)}) > \cdots > EM\left(\overline{G_uC\left(\left\lfloor\frac{n}{2}\right\rfloor,\left\lceil\frac{n}{2}\right\rceil\right)}\right).$$

$$Z(\overline{G_uC(2,n-2)}) > Z(\overline{G_uC(3,n-3)}) > \cdots > Z\left(\overline{G_uC\left(\left\lfloor\frac{n}{2}\right\rfloor,\left\lceil\frac{n}{2}\right\rceil\right)}\right).$$

推论 9.10.3 在点数为 n 的 k-梅花图 $\varphi(a_1,a_2,\cdots,a_k)$ 的补图中, 这里 $a_i \geqslant 2(i=1,2,\cdots,k), \sum\limits_{i=1}^{k} a_i = n-1$, 如果 $n-1 = mk+d, 0 \leqslant d < k$, 则匹配能级最大的图是 $\overline{\varphi(\underbrace{2,2,\cdots,2}_{k-1},n-2k+1)}$, 最小的图是 $\overline{\varphi(\underbrace{m+1,\cdots,m+1}_{d},\underbrace{m,\cdots,m}_{k-d})}$; Hosoya 指标最大的图是 $\overline{\varphi(\underbrace{2,2,\cdots,2}_{k-1},n-2k+1)}$, 最小的图是 $\overline{\varphi(\underbrace{m+1,\cdots,m+1}_{d},\underbrace{m,\cdots,m}_{k-d})}$.

9.10.4 广义 θ-图补图的匹配能量

设 G 是至少有两个点的连通图, $u,v \in V(G)$, 路 P_{a+2} 和 $P_{b+2}(a \geqslant 0, b \geqslant 0)$ 的一个端点都和 G 的点 u 黏结, 另一个端点都和 G 的点 v 黏结后得到的图记为 $G_{u,v}(a,b)$ (图 9.10), 这里的 a,b 不能同时为 0.

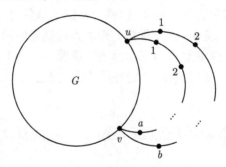

图 9.10 图 $G_{u,v}(a,b)$

引理 9.10.4 设 G 是至少有三个点的连通图, $u,v \in V(G)$ 且 u 和 v 在图 G 中不邻接. $0 \leqslant a, a \leqslant b$, 则

$$\mu(G_{u,v}(a,b)) - \mu(G_{u,v}(a-1,b+1)) = \sum_{j\sim v}\sum_{i\sim u} \mu(G\setminus u,v,i,j)\mu(P_{b-a}).$$

证明 同引理 9.10.2, 符号 $G_u(a,b)$ 表示路 P_{a+1}, P_{b+1} 的一个端点都和图 G 的点 u 黏结后得到的图. 由定理 1.3.1(c) 知, $\mu(G_{u,v}(a,b)) = x\mu((G\setminus u)_v(a,b)) - \mu((G\setminus u)_v(a-1,b)) - \mu((G\setminus u)_v(a,b-1)) - \sum\limits_{i\sim u}\mu((G\setminus u,i)_v(a,b)$, $\mu(G_{u,v}(a-1,b+1)) = x\mu((G\setminus u)_v(a-1,b+1)) - \mu((G\setminus u)_v(a-2,b+1)) - \mu((G\setminus u)_v(a-1,b)) - \sum\limits_{i\sim u}\mu((G\setminus u,i)_v(a-1,b+1)$.

利用引理 9.10.2,
$$\mu(G_{u,v}(a,b)) - \mu(G_{u,v}(a-1,b+1)) = x[\mu((G\setminus u)_v(a,b)) - \mu((G\setminus u)_v(a-1,b+1))] - [\mu((G\setminus u)_v(a-1,b)) - \mu((G\setminus u)_v(a-2,b+1))] - [\mu((G\setminus u)_v(a,b-1)) - \mu((G\setminus$$

$u)_v(a-1,b))] - \sum_{i \sim u}[\mu((G \setminus u,i)_v(a,b)) - \mu((G \setminus u,i)_v(a-1,b+1))] = -x\sum_{j \sim v}\mu(G \setminus u,v,j)\mu(P_{b-a}) + \sum_{j \sim v}\mu(G\setminus u,v,j)\mu(P_{b-a+1}) + \sum_{j \sim v}\mu(G\setminus u,v,j)\mu(P_{b-a-1}) + \sum_{j \sim v}\sum_{i \sim u}\mu(G\setminus u,v,i,j)\mu(P_{b-a}) = \sum_{j \sim v}\sum_{i \sim u}\mu(G \setminus u,v,i,j)\mu(P_{b-a})$.

最后的等式利用 $\mu(P_{b-a+1}) = x\mu(P_{b-a}) - \mu(P_{b-a-1})$. □

注 (1) 在图 G 中, 当点 i 即邻接于 u, 又邻接于 v 时, 在引理 9.10.3 中我们约定 $\mu(G \setminus u,v,i,i) = 0$.

(2) 当点 u 和 v 在图 G 中邻接时, 引理 9.10.3 将变为

$$\mu(G_{u,v}(a,b)) - \mu(G_{u,v}(a-1,b+1))$$
$$= \left[\sum_{j \sim v, j \neq u}\sum_{i \sim u, i \neq v}\mu(G \setminus u,v,i,j) - \mu(G \setminus u,v)\right]\mu(P_{b-a}).$$

此时等式右边不全是多项式相加, 有多项式是相减, 不能直接利用引理 9.9.2, 情况比较复杂. 为了回避这种情形, 下面我们要求 θ-图的每条内部路的长至少为 2.

由引理 9.10.4 和引理 9.9.2, 下面的定理和推论是显然的.

定理 9.10.4 设 G 是至少有三个点的连通图, $u,v \in V(G)$ 且 u 和 v 在图 G 中不邻接, 设 $a+b = n$, 则 $G_{u,v}(a,b)$ 的补图的匹配能量与 Hosoya 指标满足下面的不等式

$$EM(\overline{G_{u,v}(1,n-1)}) < EM(\overline{G_u(2,n-2)}) < \cdots < EM\left(\overline{G_{u,v}\left(\left\lfloor\frac{n}{2}\right\rfloor,\left\lceil\frac{n}{2}\right\rceil\right)}\right).$$

$$Z(\overline{G_{u,v}(1,n-1)}) < Z(\overline{G_u(2,n-2)}) < \cdots < Z\left(\overline{G_{u,v}\left(\left\lfloor\frac{n}{2}\right\rfloor,\left\lceil\frac{n}{2}\right\rceil\right)}\right).$$

推论 9.10.4 在满足条件 $a_i \geqslant 1(i=1,2,\cdots,k)$, $\sum_{i=1}^{k}a_i = n-2$ 有 n 个点, k 条内部路的广义 $\theta(a_1,a_2,\cdots,a_k)$ 的补图中, 如果 $n-2-k = mk+d, 0 \leqslant d < k$, 则匹配能量最大的图是 $\overline{\theta(\underbrace{m+2,\cdots,m+2}_{d},\underbrace{m+1,\cdots,m+1}_{k-d})}$, 最小的图是 $\overline{\theta(\underbrace{1,1,\cdots,1}_{k-1},n-k-1)}$; Hosoya 指标最大的图是 $\overline{\theta(\underbrace{m+2,\cdots,m+2}_{d},\underbrace{m+1,\cdots,m+1}_{k-d})}$, 最小的图是 $\overline{\theta(\underbrace{1,1,\cdots,1}_{k-1},n-k-1)}$.

9.11 一些说明

本章中的错排数和 Ménage 问题的计算见文献 [20], 9.1 节中的其他内容见文献 [84] 和 [85]. Coulson 积分公式见文献 [86], 9.2 节中的其他内容见文献 [87]. 文献

9.11 一些说明

[2], [88]—[92] 研究了树、单圈图、双圈图以及三圈图中匹配能量取得极值的图. 文献 [93]—[98] 研究了图的某些参数 (如直径、围长、匹配数、色数、团数等) 给定的条件下匹配能量取得极值的图. 文献 [99] 研究了随机图中匹配能量取得极值的图. 本章所用的方法与这些文献不同, 我们使用两个匹配多项式做差, 这样不仅能得到极值图, 还能得到所研究图类的匹配能量的完全排序或部分排序. 9.3 节属于作者. 9.4 节来自文献 [100], 9.5 节来自文献 [101], 9.6 节—9.10 节都属于作者, 等待发表. 关于 Hosoya 指标的研究读者参阅文献 [102]—[109].

参考文献

[1] Heilmann O J, Lieb E H. Monomers and dimers[J]. Ph-vs. Rev. Lett., 1970, 24: 1412-1414.

[2] Gutman I, Wagner S. The matching energy of a graph[J]. Discrete Applied Mathematics, 2012, 160: 2177-2187.

[3] Hosoya H. Topological index, a newly proposed quantity characterizing the topological nature of structural isomers of saturated hydrocarbons[J]. Bull. Chem. Soc. Jpn., 1971, 44: 2332-2339.

[4] Bondy J A, Murty U S R. Graph Theory[M]. Graduate Texts in Mathematics, vol. 244. New York: Springer-Verlag, 2008.

[5] Farrell E J. An introduction to matching polynomial[J]. J. Combinatorial Theory, Series B, 1979, 27: 75-86.

[6] Godsil C D, Gutman I. On the theory of the matching polynomials[J]. J. Graph Theory, 1981, 5: 137-144.

[7] Cvetković D, Doob M, Sachs H. Spectra of Graphs[M]. New York: Academic Press, 1980.

[8] Riordan J. An Introduction to Combinatorial Analysis[M]. New York: Wiley, 1958.

[9] Harary F. Graph Theory[M]. Reading: Addison-Wesley, 1969.

[10] Kunz H. Location of the zeros of the partition function for some classical lattice systems[J]. Phys. Lett. A, 1970, 32: 311-312.

[11] Heilmann O J, Lieb E H. Theory of monomer-dimer systems[J]. Comm. Math. Phys., 1972, 25: 190-232.

[12] Gruber C, Kunz H. General properties of polymer systems[J]. Comm. Math. Ph-vs., 1971, 22: 133-161.

[13] Gutman I. The acyclic polynomial of a graph[J]. Publ. lizst. Math., 1977, 22: 63-69.

[14] Gutman I, Harary F. Generalizations of the matching polynomial[J]. Utilitas Mathematica, 1983, 24: 97-106.

[15] Godsil C D, Gutman I. On the Matching Polynomial of A Graph[M]. Algebraic Methods in Graph Theory. Colloq. Math. Soc. János Bolyai 25. Szeged (Hungary): Elsevier Science Ltd, 1978.

[16] Gutman I, Hosoya H. On the calculation of the acyclic polynomial[J]. Theoret. Chim. Acta., 1978, 48: 279-286.

[17] Gutman I, Milun M, Trinajstic N. Non-parametric resonance energies of arbitrary conjugated systems[J]. J. Amer. Chem. Soc., 1977, 99: 1692-1704.

[18] Gutman I. A note on analogies between the characteristic and the matching polynomial of a graph[J]. Publ. lizst. Math., 1982, 31: 27-31.

[19] Godsil C D. Hermite polynomials and a duality relation for matchings polynomials[J]. Combinatorica, 1981, 1 (3): 257–262.

[20] Godsil C D. Algebraic Combinatorics[M]. New York, London: Chapman and Hall, 1993.

[21] Godsil C D, Gutman I. Some remarks on the matching polynomial and its zeros[J]. Croatica Chemica Acta, 1981, 54: 53-59.

[22] Beezer R A, Farrell E J. The matching polynomials of a regular graph[J]. Discrete Math., 1995, 137: 7-8.

[23] Farrell E J, Guo J M. On the characterizing properties of matching polynomials[J]. Vishwa International Journal of Graph Theory, 1993, 2(1): 55-62.

[24] Farrell E J, Guo J M, Constantine G M. On matching coefficents[J]. Discrete Math., 1991, 89: 203-210.

[25] Farrell E J, Jr Whitehead E G. Connections between the matching and chromatic polynomials[J]. Internat. J. Math. and Math. Sci., 1992, 15: 757-766.

[26] Cheng Y K, Wong K B. Extensions of barrier sets to nonzero roots of the matching polynomial[J]. Discrete Mathematics, 2010, 310: 3544-3550.

[27] Cheng Y K, Wong K B. Generalized D-graphs for nonzero roots of the matching polynomial[J]. Discrete Mathematics, 2011, 311: 2174-2186.

[28] Cheng Y K, Chen W. An analogue of the Gallai-Edmonds Structure Theorem for nonzero roots of the matching polynomial[J]. Journal of Combinatorial Theory, Series B, 2010, 100: 119-127.

[29] Lass B. Matching polynomials and duality[J]. Combinatorica, 2004, 24(3): 427-440.

[30] Lovász L, Plummer M. Matching Theory[M]. Ann. of Discrete Math., vol. 29. New York: North-Holland, 1986.

[31] Lovász L. Combinatorial Problems and Exercises[M]. Amsterdam: North-Holland, 1979.

[32] Araujo O, Estrada M, Morales D A, Rada J. The higher-order matching polynomial of a graph[J]. International Journal of Mathematics and Mathematical Sciences, 2005, 10: 1565-1576.

[33] Dong F M. A new expression for matching polynomials[J]. Discrete Mathematics, 2012, 312: 803-807.

[34] Hall M. Combinatorial Theory[M]. New York: John Wiley and Sons, 1986.

[35] Jerrum M. Two-dimensional monomer-dimer systems are computationally intractable[J]. J. Stat. Phys., 1987, 48: 121-134.

[36] Zhang F J, Zheng M L. Matching polynomials of special graphs[J]. 新疆大学学报, 1989, 6(1): 1-4.

[37] 张福基, 周明琨. 一类图的特征多项式与匹配多项式 [J]. 新疆大学学报, 1987, 4(1): 1-5.

[38] Zhang F J, Zhou M K. Matching polynomials of two classes of graphs[J]. Discrete Appl. Math., 1988, 20: 253-260.

[39] Zhang F J, Zhou M K. Matching polynomials of two classes of graphs[J]. 新疆大学学报, 1988, 5(1): 1-16.

[40] Yan W G, Yeh Y N. On the matching polynomial of subdivision graphs[J]. Discrete Applied Mathematics, 2009, 157: 195-200.

[41] 马海成. 两种图多项式根的重数的一个注记[J]. 数学研究, 2003, 36(2): 215-218.

[42] Godsil C D. Algebraic matching theory[J]. Electron. J. Combin., 1995, 2: 1-14.

[43] Ku C Y, Chen W. An analogue of the Gallai-Edmonds Structure Theorem for non-zero roots of the matching polynomial[J]. J. Comb. Theory Ser. B, 2010, 100: 119-127.

[44] Cvetković D, Doob M, Gutman I, Torgasev A. Recent Results in the Theory of Graph Spectra[M]. Amsterdam: North-Holland, 1988.

[45] Work E S. A note on comparability graph of tree[J]. Proc. AMS, 1965, 16: 17-20.

[46] 马海成, 夏恒. 匹配最大根不大于 2 的图[J]. 吉林化工学院学报, 2001, 18(2): 67-69.

[47] 马海成. $2 < M_1(G) < \sqrt{2+\sqrt{5}}$ 的图[J]. 内蒙古大学学报, 2005, (5): 485-487.

[48] 马海成. 匹配根对图的刻画[J]. 曲阜师范大学学报, 2001, 27(1): 33-36.

[49] 朱伟. 匹配次大根等于 1 的图[D]. 青海民族大学硕士学位论文, 2010.

[50] Petrović M M, Gutman I, Lepović M. Graphs with small numbers of independent edges[J]. Discrete Mathematics, 1994, 126: 239-244.

[51] Ma H C, Ren H Z, Li S G. On graphs with at most two positive roots for the matching polynomials[J]. Journal of Mathematic, 2013, (6): 1000-1008.

[52] Ghorbani E. Graphs with few matching roots[J]. Graphs and Combinatorics, 2013, 29: 1377-1389.

[53] Wong P K. Cages—a survey[J]. J. Graph Theory, 1982, 6: 1-22.

[54] 马海成, 赵海兴. 小度数和大度数图中的匹配唯一图[J]. 数学研究与评论, 2004, 24(2): 369-373.

[55] 李改杨. 几类图的匹配唯一性[J]. 应用数学, 1992, 5(3): 53-59.

[56] 郭知熠, 曾道智, 张建平. 具有度序列 $(4^1, 2^{p-1})$ 图的匹配唯一性[J]. 华中理工大学学报, 1990, (6): 135-140.

[57] 李改杨, 李改龙. 关于度序列为 $(6^1, 2^{p-1})$ 的图的匹配唯一性[J]. 武汉城市建设学院学报, 1990, 7(4): 40-46.

[58] 李改杨. 具有度序列为 $(8^1, 2^{p-1})$ 图的匹配唯一性[J]. 武汉城市建设学院学报, 1999, 16(1): 52-57.

[59] 申世昌. 一类 T 形树匹配唯一的充要条件[J]. 数学研究, 2001, 34(4): 411-415.

[60] 申世昌. 两类图及补图的匹配惟一性[J]. 东北师大学报, 2006, 38(4): 41-44.

[61] 申世昌. 几乎等长 T 形树的匹配唯一性[J]. 纯粹数学与应用数学, 2008, 24(1): 107-110.

[62] 申世昌. $T(2, 3, n)$ 及补图的匹配唯一性[J]. 西南师范大学学报, 2006, 31(2): 23-25.

[63] 申世昌, 冶成福. $T(1,3,n)$ 及补图匹配唯一性的一点注记[J]. 青海师范大学学报, 2006, (2): 4-6.

[64] 申世昌. 完美 T 形树的匹配唯一性[J]. 西南师范大学学报, 2002, 27(5): 696-699.

[65] 申世昌. 两类新的匹配唯一性图族[J]. 数学研究, 2006, 39(4): 410-413.

[66] 申世昌. 一类图的匹配唯一性[J]. 河南师范大学学报, 2007, 35(2): 44-46.

[67] 申世昌. $K_1 \cup T(1,3,n)$ 及其补图的匹配刻画[J]. 西南师范大学学报, 2009, 34(3): 5-9.

[68] 马海成. 两类图的匹配等价类[J]. 数学研究, 2000, 33(2): 218-222.

[69] 马海成. 点并路的匹配等价图类[J]. 青海师大学报, 2003, (1): 6-8.

[70] 马海成. I 形图的匹配等价图类[J]. 数学研究, 2002, 35(1): 65-71.

[71] 马海成. $K_1 \cup I_n$ 的匹配等价图类[J]. 兰州大学学报, 2005, 41(5): 127-130.

[72] 马海成. 两种度序列图的匹配等价图类[J]. 数学研究, 2004, 37(2): 188-192.

[73] 马海成. 匹配最大根小于 2 的图的匹配等价图类[J]. 系统科学与数学, 2003, 23(3): 337-342.

[74] 马海成. 匹配最大根小于等于 2 的图的匹配等价[J]. 数学学报, 2006, 49(6): 1355-1360.

[75] Ma H C, Li Y K. The matching equivalence graphs with the maximum matching root less than or equal to 2[J]. Applied Mathematics, 2016, 7: 920-926.

[76] Ma H C, Ren H Z. The new methods for constructing matching-equivalence graphs[J]. Discrete Mathematic, 2007, 307: 125-131.

[77] 马海成. 路并的匹配等价图数[J]. 西南师大学报, 2006, 32(3): 6-9.

[78] 杨陈, 马海成. I 形图的并的匹配等价图数[J]. 计算机工程与应用, 2014, 51(9): 68-71.

[79] 马海成. 点圈并图的匹配等价图数[J]. 东北师大学报, 2006, 38(4): 36-40.

[80] 闵嗣鹤, 严士健. 初等数论[M]. 北京：人民教育出版社, 1983.

[81] Comtet L. 高等组合学[M]. 谭明术, 等译. 大连：大连理工大学出版社, 1991.

[82] Li X L, Shi Y T, Gutman I. Graph Energy[M]. New York: Springer, 2012.

[83] 钟玉泉. 复变函数论[M]. 3 版. 北京：高等教育出版社. 2004.

[84] 马海成, 曹占月. 满足某些不等式条件的置换的计数[J]. 吉林化工学院学报, 2000, 17(2): 77-79.

[85] 马海成, 李生刚. 满足某些不等式条件的置换的计数[J]. 厦门大学学报, 2015, 54(6)：850-853.

[86] Gutman I, Mateljević M. Note on the Coulson integral formula[J]. J. Math. Chem., 2006, 39: 259-266.

[87] 马海成, 李生刚. 图的多项式与 Hosoya 指标[J]. 东北师范大学学报, 2013, 45(4): 41-44.

[88] Ji S J, Li X L, Shi Y T. Extremal matching energy of bicyclic graphs[J]. MATCH Commun. Math. Comput. Chem., 2013, 70: 697-706.

[89] Ji S J, Ma H. The extremal matching energy of graphs[J]. Ars Comb., 2014, 115: 343-355.

[90] Chen L, Shi Y T. Maximal matching energy of tricyclic graphs[J]. MATCH Commun. Math. Comput. Chem., 2015, 73: 105-119.

[91] Gutman I. Graph with greatest number of matching[J]. Publ. Inst. Math., 1980, 27: 67-76.

[92] Chen L, Liu J, Shi Y. Bounds on the matching energy of unicyclic odd-cycle graphs[J]. MATCH Commun. Math. Comput. Chem., 2016, 75(2): 315-330.

[93] Li S L, Yan W G. The matching energy of graphs with given parameters[J]. Discr. Appl. Math., 2014, 162: 415-420.

[94] Xu K, Das K C, Zheng Z. The minimal matching energy of (n, m)-graphs with a given matching number[J]. MATCH Commun. Math. Comput. Chem., 2015, 73: 93-104.

[95] Chen L, Liu J F, Shi Y T. Matching energy of unicyclic and bicyclic graphs with a given diameter[J]. Complexity, 2015, 21: 224-238.

[96] Ma G, Ji S J, Bian Q J, Li X. The maximum matching energy of bicyclic graphs with even girth[J]. Discr. Appl. Math., 2016, 206: 203-210.

[97] Wang W H, So W. On minimum matching energy of graphs[J]. MATCH Commun. Math. Comput. Chem., 2015, 74: 399-410.

[98] Chen L, Liu J F. The bipartite unicyclic graphs with the first $\lfloor (n-3)/4 \rfloor$ largest matching energies[J]. Appl. Math. and Comput., 2015, 268: 644-656.

[99] Chen X L, Li X L, Lian H S. The matching energy of random graphs[J]. Discr. Appl. Math., 2015, 193: 102-109.

[100] 马海成, 刘小花. θ-图的匹配能量和 Hosoya 指标排序 [J]. 厦门大学学报, 2019, 58(3): 391-396.

[101] 马海成, 刘小花. "8" 字图的匹配能级和 Hosoya 指标全排序 [J]. 中山大学学报, 2019, 58(1): 144-148.

[102] Gutman I, Zhang F. On the ordering of graphs with respect to their matching numbers[J]. Discr. Appl. Math., 1986, 15: 25-33.

[103] Hou Y. On acyclic systems with minimal Hosoya index[J]. Discr. Appl. Math., 2002, 119: 251-257.

[104] Wagner S. Extremal trees with respect to Hosoya index and Merrifield-Simmons index[J]. MATCH Commun. Math. Comput. Chem., 2007, 57: 221-233.

[105] Zhu Z, Li S C, Tan L S. Tricyclic graphs with maximum Merrifield-Simmons index[J]. Discr. Appl. Math., 2010, 158: 204-212.

[106] Wagner S, Gutman I. Maxima and minima of the Hosoya index and the Merrifield-Simmons index—A survey of results and techniques[J]. Acta Appl. Math., 2010, 112: 323-346.

[107] Deng H Y. The smallest Merrifield-Simmons index of $(n, n+1)$-graphs[J]. Math. Comput. Model., 2009, 49: 320-326.

[108] Deng H Y. The largest Hosoya index of $(n, n+1)$-graphs[J]. Comput. Math. Appl., 2008, 56: 2499-2506.

[109] Liu Y, Zhuang W, Liang Z F. Largest Hosoya index and smallest Merrifield-Simmons index in tricyclic graphs[J]. MATCH Commun. Math. Comput. Chem., 2015, 73: 195-224.

附　　录

附录 1　两个点至五个点的图的匹配多项式、匹配根、匹配能量及 Hosoya 指标

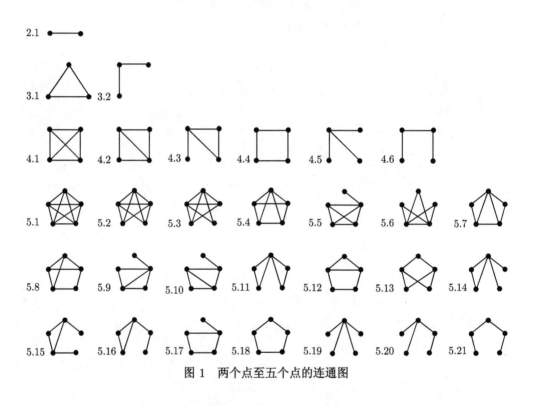

图 1　两个点至五个点的连通图

表 1　两个点到五个点的图的匹配多项式、匹配根、能量及 Hosoya 指标

图 G	匹配多项式	匹配多项式的根	匹配能量 $E(G)$	Hosoya 指标 $Z(G)$
2.1	$x^2 - 1$	± 1	2	2
3.1	$x^3 - 3x$	$0, \pm\sqrt{3}$	$2\sqrt{3}$	4
3.2	$x^3 - 2x$	$0, \pm\sqrt{2}$	$2\sqrt{2}$	3
4.1	$x^4 - 6x^2 + 3$	$\pm\sqrt{3-\sqrt{6}}, \pm\sqrt{3+\sqrt{6}}$	$2(\sqrt{3-\sqrt{6}} + \sqrt{3+\sqrt{6}})$	10

附录 2 六个点的图的匹配多项式、匹配根、匹配能量及 Hosoya 指标

续表

图 G	匹配多项式	匹配多项式的根	匹配能量 $E(G)$	Hosoya 指标 $Z(G)$
4.2	$x^4 - 5x^2 + 2$	$\pm\sqrt{\dfrac{5-\sqrt{17}}{2}}, \pm\sqrt{\dfrac{5+\sqrt{17}}{2}}$	$2\left(\sqrt{\dfrac{5-\sqrt{17}}{2}} + \sqrt{\dfrac{5+\sqrt{17}}{2}}\right)$	8
4.3	$x^4 - 4x^2 + 1$	$\pm\sqrt{2-\sqrt{3}}, \pm\sqrt{2+\sqrt{3}}$	$2(\sqrt{2-\sqrt{3}} + \sqrt{2+\sqrt{3}})$	6
4.4	$x^4 - 4x^2 + 2$	$\pm\sqrt{2-\sqrt{2}}, \pm\sqrt{2+\sqrt{2}}$	$2(\sqrt{2-\sqrt{2}} + \sqrt{2+\sqrt{2}})$	7
4.5	$x^4 - 3x^2$	$0^2, \pm\sqrt{3}$	$2(\sqrt{3})$	4
4.6	$x^4 - 3x^2 + 1$	$\pm\sqrt{\dfrac{3-\sqrt{5}}{2}}, \pm\sqrt{\dfrac{3+\sqrt{5}}{2}}$	$2\left(\sqrt{\dfrac{3-\sqrt{5}}{2}} + \sqrt{\dfrac{3+\sqrt{5}}{2}}\right)$	5
5.1	$x^5 - 10x^3 + 15x$	$0, \pm\sqrt{5-\sqrt{10}}, \pm\sqrt{5+\sqrt{10}}$	$2(\sqrt{5-\sqrt{10}} + \sqrt{5+\sqrt{10}})$	26
5.2	$x^5 - 9x^3 + 12x$	$0, \pm\sqrt{\dfrac{9-\sqrt{33}}{2}}, \pm\sqrt{\dfrac{9+\sqrt{33}}{2}}$	$2\left(\sqrt{\dfrac{9-\sqrt{33}}{2}} + \sqrt{\dfrac{9+\sqrt{33}}{2}}\right)$	22
5.3	$x^5 - 8x^3 + 9x$	$0, \pm\sqrt{4-\sqrt{7}}, \pm\sqrt{4+\sqrt{7}}$	$2(\sqrt{4-\sqrt{7}} + \sqrt{4+\sqrt{7}})$	18
5.4	$x^5 - 8x^3 + 10x$	$0, \pm\sqrt{4-\sqrt{6}}, \pm\sqrt{4+\sqrt{6}}$	$2(\sqrt{4-\sqrt{6}} + \sqrt{4+\sqrt{6}})$	19
5.5	$x^5 - 7x^3 + 6x$	$0, \pm 1, \pm\sqrt{6}$	$2(1 + \sqrt{6})$	14
5.6	$x^5 - 7x^3 + 6x$	$0, \pm 1, \pm\sqrt{6}$	$2(1 + \sqrt{6})$	14
5.7	$x^5 - 7x^3 + 7x$	$0, \pm\sqrt{\dfrac{7-\sqrt{21}}{2}}, \pm\sqrt{\dfrac{7+\sqrt{21}}{2}}$	$2\left(\sqrt{\dfrac{7-\sqrt{21}}{2}} + \sqrt{\dfrac{7+\sqrt{21}}{2}}\right)$	15
5.8	$x^5 - 7x^3 + 8x$	$0, \pm\sqrt{\dfrac{7-\sqrt{17}}{2}}, \pm\sqrt{\dfrac{7+\sqrt{17}}{2}}$	$2\left(\sqrt{\dfrac{7-\sqrt{17}}{2}} + \sqrt{\dfrac{7+\sqrt{17}}{2}}\right)$	16
5.9	$x^5 - 6x^3 + 4x$	$0, \pm\sqrt{3-\sqrt{5}}, \pm\sqrt{3+\sqrt{5}}$	$2(\sqrt{3-\sqrt{5}} + \sqrt{3+\sqrt{5}})$	11
5.10	$x^5 - 6x^3 + 5x$	$0, \pm 1, \pm\sqrt{5}$	$2(1 + \sqrt{5})$	12
5.11	$x^5 - 6x^3 + 5x$	$0, \pm 1, \pm\sqrt{5}$	$2(1 + \sqrt{5})$	12
5.12	$x^5 - 6x^3 + 6x$	$0, \pm\sqrt{3-\sqrt{3}}, \pm\sqrt{3+\sqrt{3}}$	$2(\sqrt{3-\sqrt{3}} + \sqrt{3+\sqrt{3}})$	13
5.13	$x^5 - 6x^3 + 6x$	$0, \pm\sqrt{3-\sqrt{3}}, \pm\sqrt{3+\sqrt{3}}$	$2(\sqrt{3-\sqrt{3}} + \sqrt{3+\sqrt{3}})$	13
5.14	$x^5 - 5x^3 + 2x$	$0, \pm\sqrt{\dfrac{5-\sqrt{17}}{2}}, \pm\sqrt{\dfrac{5+\sqrt{17}}{2}}$	$2\left(\sqrt{\dfrac{5-\sqrt{17}}{2}} + \sqrt{\dfrac{5+\sqrt{17}}{2}}\right)$	8
5.15	$x^5 - 5x^3 + 3x$	$0, \pm\sqrt{\dfrac{5-\sqrt{13}}{2}}, \pm\sqrt{\dfrac{5+\sqrt{13}}{2}}$	$2\left(\sqrt{\dfrac{5-\sqrt{13}}{2}} + \sqrt{\dfrac{5+\sqrt{13}}{2}}\right)$	9
5.16	$x^5 - 5x^3 + 4x$	$0, \pm 1, \pm 2$	6	10
5.17	$x^5 - 5x^3 + 4x$	$0, \pm 1, \pm 2$	6	10
5.18	$x^5 - 5x^3 + 5x$	$0, \pm\sqrt{\dfrac{5-\sqrt{5}}{2}}, \pm\sqrt{\dfrac{5+\sqrt{5}}{2}}$	$2\left(\sqrt{\dfrac{5-\sqrt{5}}{2}} + \sqrt{\dfrac{5+\sqrt{5}}{2}}\right)$	11
5.19	$x^5 - 4x^3$	$0^3, \pm 2$	4	5
5.20	$x^5 - 4x^3 + 2x$	$0, \pm\sqrt{2-\sqrt{2}}, \pm\sqrt{2+\sqrt{2}}$	$2(\sqrt{2-\sqrt{2}} + \sqrt{2+\sqrt{2}})$	7
5.21	$x^5 - 4x^3 + 3x$	$0, \pm 1, \pm\sqrt{3}$	$2(1 + \sqrt{3})$	8

附录 2 六个点的图的匹配多项式、匹配根、匹配能量及 Hosoya 指标

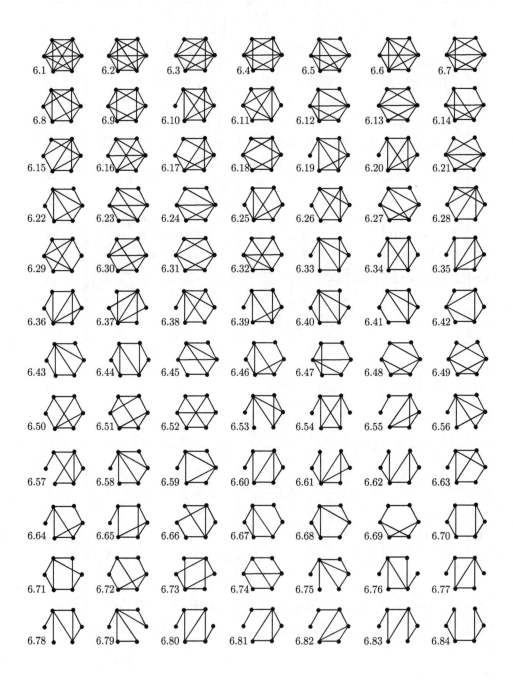

附录 2 六个点的图的匹配多项式、匹配根、匹配能量及 Hosoya 指标

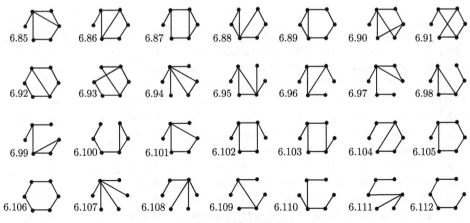

图 2 六个点的连通图

表 2 六个点的图的匹配多项式、匹配根、能量及 Hosoya 指标

图 G	匹配多项式	匹配多项式的根	匹配能量 $E(G)$	Hosoya 指标 $Z(G)$
6.1	$x^6 - 15x^4 + 45x^2 - 15$	$\pm 3.3243, \pm 1.8892, \pm 0.6167$	11.6604	76
6.2	$x^6 - 14x^4 + 39x^2 - 12$	$\pm 3.2157, \pm 1.8189, \pm 0.5922$	11.2536	66
6.3	$x^6 - 13x^4 + 33x^2 - 9$	$\pm 3.1129, \pm 1.7321, \pm 0.5564$	10.8028	56
6.4	$x^6 - 13x^4 + 34x^2 - 10$	$\pm 3.0902, \pm 1.7648, \pm 0.5798$	10.8696	58
6.5	$x^6 - 12x^4 + 27x^2 - 6$	$\pm 3.0179, \pm 1.6257, \pm 0.4993$	10.2858	46
6.6	$x^6 - 12x^4 + 27x^2 - 6$	$\pm 3.0179, \pm 1.6257, \pm 0.4993$	10.2858	46
6.7	$x^6 - 12x^4 + 28x^2 - 7$	$\pm 2.9939, \pm 1.6592, \pm 0.5326$	10.3714	48
6.8	$x^6 - 12x^4 + 29x^2 - 8$	$\pm 2.9685, \pm 1.6946, \pm 0.5623$	10.4508	50
6.9	$x^6 - 12x^4 + 30x^2 - 8$	$\pm 2.9380, \pm 1.7509, \pm 0.5498$	10.4774	51
6.10	$x^6 - 11x^4 + 21x^2 - 3$	$\pm 2.9323, \pm 1.4988, \pm 0.3941$	9.6504	36
6.11	$x^6 - 11x^4 + 22x^2 - 4$	$\pm 2.9075, \pm 1.5312, \pm 0.4492$	9.7758	38
6.12	$x^6 - 11x^4 + 23x^2 - 5$	$\pm 2.8814, \pm 1.5660, \pm 0.4956$	9.886	40
6.13	$x^6 - 11x^4 + 23x^2 - 5$	$\pm 2.8814, \pm 1.5660, \pm 0.4956$	9.886	40
6.14	$x^6 - 11x^4 + 24x^2 - 6$	$\pm 2.8536, \pm 1.6031, \pm 0.5354$	9.9842	42
6.15	$x^6 - 11x^4 + 24x^2 - 6$	$\pm 2.8536, \pm 1.6031, \pm 0.5354$	9.9842	42
6.16	$x^6 - 11x^4 + 24x^2 - 6$	$\pm 2.8536, \pm 1.6031, \pm 0.5354$	9.9842	42
6.17	$x^6 - 11x^4 + 25x^2 - 7$	$\pm 2.8241, \pm 1.6430, \pm 0.5702$	10.0746	44
6.18	$x^6 - 11x^4 + 25x^2 - 6$	$\pm 2.8197, \pm 1.6667, \pm 0.5212$	10.0152	43
6.19	$x^6 - 10x^4 + 17x^2 - 2$	$\pm 2.8059, \pm 1.4142, \pm 0.3564$	9.153	30
6.20	$x^6 - 10x^4 + 18x^2 - 3$	$\pm 2.7782, \pm 1.4479, \pm 0.4306$	9.3134	32
6.21	$x^6 - 10x^4 + 17x^2 - 2$	$\pm 2.8059, \pm 1.4142, \pm 0.3564$	9.153	30
6.22	$x^6 - 10x^4 + 18x^2 - 3$	$\pm 2.7782, \pm 1.4479, \pm 0.4306$	9.3134	32
6.23	$x^6 - 10x^4 + 19x^2 - 4$	$\pm 2.7487, \pm 1.4848, \pm 0.4901$	9.4472	34
6.24	$x^6 - 10x^4 + 19x^2 - 4$	$\pm 2.7487, \pm 1.4848, \pm 0.4901$	9.4472	34

续表

图 G	匹配多项式	匹配多项式的根	匹配能量 $E(G)$	Hosoya 指标 $Z(G)$
6.25	$x^6 - 10x^4 + 19x^2 - 4$	$\pm 2.7487, \pm 1.4848, \pm 0.4901$	9.4472	34
6.26	$x^6 - 10x^4 + 20x^2 - 5$	$\pm 2.7171, \pm 1.5252, \pm 0.5396$	9.5638	36
6.27	$x^6 - 10x^4 + 20x^2 - 4$	$\pm 2.7119, \pm 1.5559, \pm 0.4740$	9.4836	35
6.28	$x^6 - 10x^4 + 20x^2 - 5$	$\pm 2.7171, \pm 1.5252, \pm 0.5396$	9.5638	36
6.29	$x^6 - 10x^4 + 20x^2 - 4$	$\pm 2.7119, \pm 1.5559, \pm 0.4740$	9.4836	35
6.30	$x^6 - 10x^4 + 21x^2 - 5$	$\pm 2.6772, \pm 1.6, \pm 0.5220$	9.5984	37
6.31	$x^6 - 10x^4 + 21x^2 - 4$	$\pm 2.6712, \pm 1.6289, \pm 0.4597$	9.5196	36
6.32	$x^6 - 10x^4 + 21x^2 - 6$	$\pm 2.6830, \pm 1.5694, \pm 0.5817$	9.6682	38
6.33	$x^6 - 9x^4 + 13x^2 - 1$	$\pm 2.6867, \pm 1.3040, \pm 0.2854$	8.5522	24
6.34	$x^6 - 9x^4 + 14x^2 - 2$	$\pm 2.6563, \pm 1.3361, \pm 0.3985$	8.7818	26
6.35	$x^6 - 9x^4 + 15x^2 - 3$	$\pm 2.6238, \pm 1.3727, \pm 0.4809$	8.9548	28
6.36	$x^6 - 9x^4 + 15x^2 - 3$	$\pm 2.6238, \pm 1.3727, \pm 0.4809$	8.9548	28
6.37	$x^6 - 9x^4 + 12x^2$	$0, \pm 2.7152, \pm 1.2758$	7.982	22
6.38	$x^6 - 9x^4 + 14x^2 - 2$	$\pm 2.6563, \pm 1.3361, \pm 0.3985$	8.7818	26
6.39	$x^6 - 9x^4 + 15x^2 - 2$	$\pm 2.6180, \pm 1.4142, \pm 0.3820$	8.8284	27
6.40	$x^6 - 9x^4 + 14x^2 - 2$	$\pm 2.6563, \pm 1.3361, \pm 0.3985$	8.7818	26
6.41	$x^6 - 9x^4 + 16x^2 - 4$	$\pm 2.5887, \pm 1.4142, \pm 0.5463$	9.0984	30
6.42	$x^6 - 9x^4 + 15x^2 - 2$	$\pm 2.6180, \pm 1.4142, \pm 0.3820$	8.8284	27
6.43	$x^6 - 9x^4 + 15x^2 - 3$	$\pm 2.6238, \pm 1.3727, \pm 0.4809$	8.9548	28
6.44	$x^6 - 9x^4 + 16x^2 - 3$	$\pm 2.5822, \pm 1.4560, \pm 0.4607$	8.9978	29
6.45	$x^6 - 9x^4 + 16x^2 - 4$	$\pm 2.5887, \pm 1.4142, \pm 0.5463$	9.0984	30
6.46	$x^6 - 9x^4 + 16x^2 - 3$	$\pm 2.5822, \pm 1.4560, \pm 0.4607$	8.9978	29
6.47	$x^6 - 9x^4 + 17x^2 - 4$	$\pm 2.5430, \pm 1.5031, \pm 0.5232$	9.1386	31
6.48	$x^6 - 9x^4 + 17x^2 - 3$	$\pm 2.5353, \pm 1.5413, \pm 0.4432$	9.0396	30
6.49	$x^6 - 9x^4 + 16x^2 - 2$	$\pm 2.5755, \pm 1.4938, \pm 0.3676$	8.8738	28
6.50	$x^6 - 9x^4 + 17x^2 - 4$	$\pm 2.5430, \pm 1.5031, \pm 0.5232$	9.1386	31
6.51	$x^6 - 9x^4 + 18x^2 - 4$	$\pm 2.4903, \pm 1.5953, \pm 0.5034$	9.178	32
6.52	$x^6 - 9x^4 + 18x^2 - 6$	$\pm 2.5080, \pm 1.5147, \pm 0.6448$	9.335	34
6.53	$x^6 - 8x^4 + 9x^2$	$0, \pm 2.5779, \pm 1.1637$	7.4832	18
6.54	$x^6 - 8x^4 + 10x^2 - 1$	$\pm 2.5457, \pm 1.1873, \pm 0.3308$	8.1276	20
6.55	$x^6 - 8x^4 + 12x^2 - 3$	$\pm 2.4737, \pm 1.2523, \pm 0.5591$	8.5702	24
6.56	$x^6 - 8x^4 + 9x^2$	$0, \pm 2.5779, \pm 1.1637$	7.4832	18
6.57	$x^6 - 8x^4 + 11x^2 - 2$	$\pm 2.5112, \pm 1.2165, \pm 0.4630$	8.3814	22
6.58	$x^6 - 8x^4 + 10x^2 - 1$	$\pm 2.5457, \pm 1.1873, \pm 0.3308$	8.1276	20
6.59	$x^6 - 8x^4 + 11x^2 - 1$	$\pm 2.5043, \pm 1.2770, \pm 0.3127$	8.188	21
6.60	$x^6 - 8x^4 + 12x^2 - 2$	$\pm 2.4659, \pm 1.3150, \pm 0.4361$	8.434	23
6.61	$x^6 - 8x^4 + 11x^2 - 2$	$\pm 2.5112, \pm 1.2165, \pm 0.4630$	8.3814	22
6.62	$x^6 - 8x^4 + 13x^2 - 2$	$\pm 2.4142, \pm 1.4142, \pm 0.4142$	8.4852	24
6.63	$x^6 - 8x^4 + 12x^2 - 2$	$\pm 2.4659, \pm 1.3150, \pm 0.4361$	8.434	23
6.64	$x^6 - 8x^4 + 12x^2 - 1$	$\pm 2.4578, \pm 1.3677, \pm 0.2975$	8.246	22

附录 2 六个点的图的匹配多项式、匹配根、匹配能量及 Hosoya 指标

续表

图 G	匹配多项式	匹配多项式的根	匹配能量 $E(G)$	Hosoya 指标 $Z(G)$
6.65	$x^6 - 8x^4 + 13x^2 - 2$	$\pm 2.4142, \pm 1.4142, \pm 0.4142$	8.4852	24
6.66	$x^6 - 8x^4 + 12x^2 - 2$	$\pm 2.4659, \pm 1.3150, \pm 0.4361$	8.434	23
6.67	$x^6 - 8x^4 + 13x^2 - 3$	$\pm 2.4236, \pm 1.3602, \pm 0.5254$	8.6184	25
6.68	$x^6 - 8x^4 + 13x^2 - 2$	$\pm 2.4142, \pm 1.4142, \pm 0.4142$	8.4852	24
6.69	$x^6 - 8x^4 + 14x^2 - 3$	$\pm 2.3649, \pm 1.4693, \pm 0.4985$	8.6654	26
6.70	$x^6 - 8x^4 + 14x^2 - 2$	$\pm 2.3530, \pm 1.5188, \pm 0.3957$	8.535	25
6.71	$x^6 - 8x^4 + 13x^2 - 2$	$\pm 2.4142, \pm 1.4142, \pm 0.4142$	8.4852	24
6.72	$x^6 - 8x^4 + 14x^2 - 3$	$\pm 2.3649, \pm 1.4693, \pm 0.4985$	8.6654	26
6.73	$x^6 - 8x^4 + 12x^2$	$0, \pm 2.4495, \pm 1.4142$	7.7274	21
6.74	$x^6 - 8x^4 + 14x^2 - 4$	$\pm 2.3761, \pm 1.4142, \pm 0.5952$	8.771	27
6.75	$x^6 - 7x^4 + 6x^2$	$0, \pm 2.4495, \pm 1.0000$	6.899	14
6.76	$x^6 - 7x^4 + 7x^2$	$0, \pm 2.4065, \pm 1.0994$	7.0118	15
6.77	$x^6 - 7x^4 + 8x^2 - 1$	$\pm 2.3674, \pm 1.1195, \pm 0.3773$	7.7284	17
6.78	$x^6 - 7x^4 + 8x^2$	$0, \pm 2.3583, \pm 1.1994$	7.1154	16
6.79	$x^6 - 7x^4 + 7x^2 - 1$	$\pm 2.4142, \pm 1, \pm 0.4142$	7.6568	16
6.80	$x^6 - 7x^4 + 9x^2 - 1$	$\pm 2.3138, \pm 1.2343, \pm 0.3501$	7.7964	18
6.81	$x^6 - 7x^4 + 9x^2 - 2$	$\pm 2.3244, \pm 1.1472, \pm 0.5304$	8.004	19
6.82	$x^6 - 7x^4 + 10x^2 - 2$	$\pm 2.2638, \pm 1.2793, \pm 0.4883$	8.0628	20
6.83	$x^6 - 7x^4 + 9x^2 - 1$	$\pm 2.3138, \pm 1.2343, \pm 0.3501$	7.7964	18
6.84	$x^6 - 7x^4 + 11x^2 - 1$	$\pm 2.1701, \pm 1.4812, \pm 0.3111$	7.9248	20
6.85	$x^6 - 7x^4 + 9x^2 - 1$	$\pm 2.3138, \pm 1.2343, \pm 0.3501$	7.7964	18
6.86	$x^6 - 7x^4 + 10x^2 - 2$	$\pm 2.2638, \pm 1.2793, \pm 0.4883$	8.0628	20
6.87	$x^6 - 7x^4 + 10x^2 - 1$	$\pm 2.2504, \pm 1.3519, \pm 0.3287$	7.862	19
6.88	$x^6 - 7x^4 + 10x^2 - 2$	$\pm 2.2638, \pm 1.2793, \pm 0.4883$	8.0628	20
6.89	$x^6 - 7x^4 + 11x^2 - 2$	$\pm 2.1889, \pm 1.4142, \pm 0.4569$	8.12	21
6.90	$x^6 - 7x^4 + 9x^2$	$0, \pm 2.3028, \pm 1.3028$	7.2112	17
6.91	$x^6 - 7x^4 + 10x^2 - 2$	$\pm 2.2638, \pm 1.2793, \pm 0.4883$	8.0628	20
6.92	$x^6 - 7x^4 + 11x^2 - 3$	$\pm 2.2059, \pm 1.3376, \pm 0.5870$	8.261	22
6.93	$x^6 - 7x^4 + 11x^2 - 2$	$\pm 2.1889, \pm 1.4142, \pm 0.4569$	8.12	21
6.94	$x^6 - 6x^4 + 3x^2$	$0, \pm 2.3344, \pm 0.7420$	6.1528	10
6.95	$x^6 - 6x^4 + 5x^2$	$0, \pm 2.2361, \pm 1.0000$	6.4722	12
6.96	$x^6 - 6x^4 + 6x^2 - 1$	$\pm 2.1889, \pm 1, \pm 0.4569$	7.2916	14
6.97	$x^6 - 6x^4 + 6x^2 - 1$	$\pm 2.1889, \pm 1, \pm 0.4569$	7.2916	14
6.98	$x^6 - 6x^4 + 7x^2 - 1$	$\pm 2.1192, \pm 1.1590, \pm 0.4071$	7.3706	15
6.99	$x^6 - 6x^4 + 7x^2$	$0, \pm 2.1010, \pm 1.2593$	6.7206	14
6.100	$x^6 - 6x^4 + 8x^2 - 1$	$\pm 2.0285, \pm 1.3213, \pm 0.3731$	7.4458	16
6.101	$x^6 - 6x^4 + 6x^2$	$0, \pm 1.1260, \pm 2.1753$	6.6026	13
6.102	$x^6 - 6x^4 + 7x^2 - 1$	$\pm 2.1192, \pm 1.1590, \pm 0.4071$	7.3706	15
6.103	$x^6 - 6x^4 + 7x^2$	$0, \pm 2.1010, \pm 1.2593$	6.7206	14
6.104	$x^6 - 6x^4 + 8x^2 - 2$	$\pm 2.0529, \pm 1.2086, \pm 0.5700$	7.663	17

续表

图 G	匹配多项式	匹配多项式的根	匹配能量 $E(G)$	Hosoya 指标 $Z(G)$
6.105	$x^6 - 6x^4 + 8x^2 - 1$	$\pm 2.0285, \pm 1.3213, \pm 0.3731$	7.4458	16
6.106	$x^6 - 6x^4 + 9x^2 - 2$	$\pm 1.9319, \pm 1.4142, \pm 0.5176$	7.7274	18
6.107	$x^6 - 5x^4$	$0, 0, \pm 2.2361$	4.4722	6
6.108	$x^6 - 5x^4 + 3x^2$	$0, \pm 2.0743, \pm 0.8350$	5.8186	9
6.109	$x^6 - 5x^4 + 4x^2$	$0, \pm 2, \pm 1$	6	10
6.110	$x^6 - 5x^4 + 5x^2 - 1$	$\pm 1.9319, \pm 1, \pm 0.5176$	6.899	12
6.111	$x^6 - 5x^4 + 5x^2$	$0, \pm 1.9021, \pm 1.1756$	6.1554	11
6.112	$x^6 - 5x^4 + 6x^2 - 1$	$\pm 1.8019, \pm 1.2470, \pm 0.4450$	6.9878	13